职业技术·职业资格培训教材

# 中央空调系统操作员（四级）

ZHONGYANG KONGTIAO XITONG CAOZUOYUAN

主　编　谢　晶
编　者　袁　进　傅秀丽　高增权　王金锋　厉建国
主　审　卢士勋　陈邓曼

中国劳动社会保障出版社

**图书在版编目(CIP)数据**

中央空调系统操作员：四级/人力资源和社会保障部教材办公室等组织编写. —北京：中国劳动社会保障出版社，2014

1+X 职业技术·职业资格培训教材

ISBN 978-7-5167-0912-2

Ⅰ.①中… Ⅱ.①人… Ⅲ.①集中空气调节系统-技术培训-教材 Ⅳ.①TB657.2

中国版本图书馆 CIP 数据核字(2014)第 044755 号

**中国劳动社会保障出版社出版发行**

(北京市惠新东街1号 邮政编码:100029)

*

北京北苑印刷有限责任公司印刷装订 新华书店经销

787 毫米×1092 毫米 16 开本 21.25 印张 401 千字

2014 年 4 月第 1 版 2018 年 4 月第 2 次印刷

**定价: 52.00 元**

读者服务部电话:(010)64929211/64921644/84626437

营销部电话:(010)64961894

出版社网址: http: //www. class. com. cn

# 内容简介

本教材由人力资源和社会保障部教材办公室、中国就业培训技术指导中心上海分中心、上海市职业技能鉴定中心依据上海 1+X 中央空调系统操作员（四级）职业技能鉴定细目组织编写。教材从强化培养操作技能，掌握实用技术的角度出发，较好地体现了当前最新的实用知识与操作技术，对于提高从业人员基本素质，掌握中央空调系统操作员（四级）的核心知识与技能有直接的帮助和指导作用。

本教材在编写中根据本职业的工作特点，以能力培养为根本出发点，采用模块化的编写方式。本教材分为 3 章，主要包括操作与调整中央空调系统、处理中央空调系统故障、维护中央空调系统。

本教材可作为中央空调系统操作员（四级）职业技能培训与鉴定考核教材，可供全国中、高等职业技术院校相关专业师生参考使用，以及本职业从业人员培训使用。

# 前 言

职业培训制度的积极推进，尤其是职业资格证书制度的推行，为广大劳动者能够系统地学习相关职业的知识和技能，提高就业能力、工作能力和职业转换能力提供了可能，同时也为企业选择适应生产需要的合格劳动者提供了依据。

随着我国科学技术的飞速发展和产业结构的不断调整，各种新兴职业应运而生，传统职业中也越来越多、越来越快地融进了各种新知识、新技术和新工艺。因此，加快培养合格的、适应现代化建设要求的高技能人才就显得尤为迫切。近年来，上海市在加快高技能人才建设方面进行了有益的探索，积累了丰富而宝贵的经验。为优化人力资源结构，加快高技能人才队伍建设，上海市人力资源和社会保障局在提升职业标准、完善技能鉴定方面做了积极的探索和尝试，推出了1+X培训与鉴定模式。1+X中的1代表国家职业标准，X是为适应经济发展的需要，对职业的部分知识和技能要求进行的扩充和更新。随着经济发展和技术进步，X将不断被赋予新的内涵，并不断得到深化和提升。

上海市1+X培训与鉴定模式得到了国家人力资源和社会保障部的支持和肯定。为配合上海市开展的1+X培训与鉴定的需要，人力资源和社会保障部教材办公室、中国就业培训技术指导中心上海分中心、上海市职业技能鉴定中心联合组织有关方面的专家、技术人员共同编写了职业技术·职业资格培训系列教材。

职业技术·职业资格培训教材严格按照1+X鉴定考核细目进行编写，教材内容充分反映了当前从事职业活动所需要的核心知识与技能，较好地体现了适用性、先进性与前瞻性。聘请编写1+X鉴定考核细目的专家以及相关行业的专家参与教材的编审工作，保证了教材内容的科学性及与鉴定考核细目以及题库的紧密衔接。

职业技术·职业资格培训教材突出了适应职业技能培训的特色，使读者通过学习与培训，不仅有助于通过鉴定考核，而且能够真正掌握本职业的核心技术与操作技能，从而实现从懂得了什么到会做什么的飞跃。

职业技术·职业资格培训教材立足于国家职业标准，也可为全国其他省市开展新职业、新技术职业培训和鉴定考核，以及为高技能人才培养提供借鉴或参考。

新教材的编写是一项探索性工作，由于时间紧迫，不足之处在所难免，欢迎各使用单位及个人对教材提出宝贵意见和建议，以便教材修订时补充更正。

人力资源和社会保障部教材办公室
中国就业培训技术指导中心上海分中心
上海市职业技能鉴定中心

# 目　录

# 第 1 章

## 操作与调整中央空调系统

# 第 1 节　制冷空调基础

## 学习单元 1　制冷电工基础知识

### 学习目标

熟悉制冷空调相关的电工基础知识。

### 一、直流与交流电路基础

#### 1. 叠加原理与戴维南定理

（1）叠加原理。欧姆定律只能解决最简单的电阻支路。叠加原理可以用于复杂的多电源电路，如图 1—1a 所示的电路，其中有两个电源，各支路中的电流是由这两个电源共同作用产生的。

叠加原理内容如下：在线性电路中，任何一条支路中的电流，都可以看成是由电路中各个电源（电压源或电流源）分别作用时，在此支路中所产生的电流的代数和。用图 1—1 来解释叠加原理。

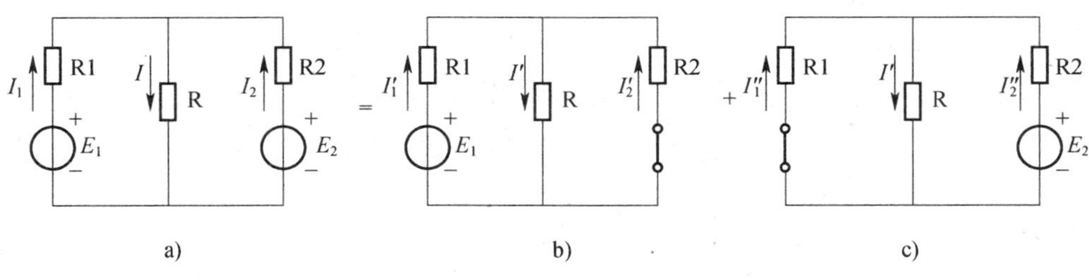


图 1—1　叠加原理

在图 1—1a 所示电路中有两个电源 $E_1$ 和 $E_2$。根据叠加原理，可分别求出电源 $E_1$ 和电源 $E_2$ 分别作用时所产生的电流，然后把这些电流相加，即可得到电路的实际电流，如图 1—1b、图 1—1c 所示，即

$$I_1 = I'_1 + I''_1,\ I_2 = I'_2 + I''_2,\ I = I' + I''$$

电路中只有一个电源单独作用，就是假设去除其余的电源（将各个理想电压源短路，即其电动势为零；将各个电流源开路，即其电流为零），但是它们的内阻（若已知）仍应计算在内。

需要注意的是，功率的计算不能使用叠加原理。叠加原理的数学依据是线性方程的可加性。而功率的方程不是线性方程，所以不能叠加。即

$$P = I^2R = (I' + I'')^2R = I'^2R + 2I'I''R + I''^2R \neq I'^2R + I''^2R$$

（2）戴维南定理。在有些情况下，只需要计算一个复杂电路中某一支路的电流，如果用前面所述的方法进行计算，必然会引出一些不需要的电流。为了使计算简便，常常应用等效电源的方法。

现在来说明什么是等效电源。当只需计算复杂电路中的一个支路的电流时，可以将这个支路划出（图 1—2 中的 ab 支路，其中电阻为 $R_L$），而把其余部分看作一个有源二端网络（图 1—2 中的方框部分）。

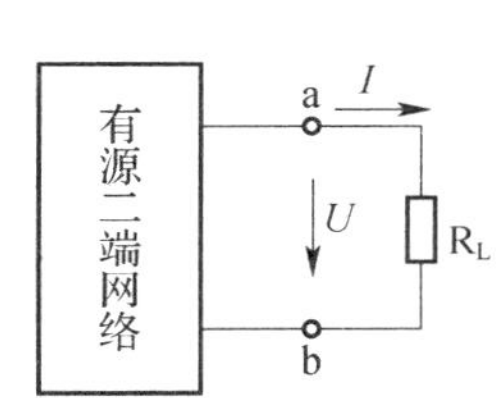


图 1—2　有源二端网络

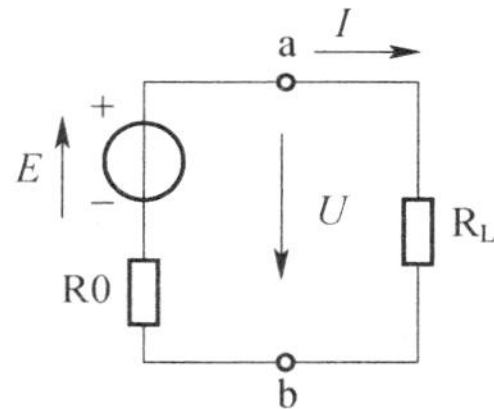


图 1—3　等效电路

所谓有源二端网络，就是具有两个出线端的部分电路，其中含有电源。有源二端网络可以是简单的或任意复杂的电路。但是，不论它的简繁程度如何，它对所要计算的这个支路而言，仅相当于一个电源，因为它对这个支路供给电能。因此，这个有源二端网络可以化简为一个等效电源。经这种等效变换后，ab 支路中的电流 $I$ 及其两端的电压 $U$ 没有变动。

任何一个有源二端线性网络都可以用一个电动势为 $E$ 的理想电压源和内阻 R0 串联的单口网络来等效代替（图 1—3），这就是戴维南定理。

等效电源的电动势 $E$ 就是有源二端网络的开路电压 $U_0$，即将负载断开后 a、b 两端之间的电压。等效电源的内阻 R0 等于有源二端网络中所有电源均除去（将各个理想电压源短路，即其电动势为零；将各个理想电流源开路，即其电流为零）后所得到的无源网络 a、b 两端之间的等效电阻。

图 1—3 所示的等效电路是一个最简单的电路，其中电流可由下式计算：

$$I=\frac{E}{R_0+R_L}$$

式中　$E$——等效电源的电动势，V；

$R_0$——等效电源的内阻，Ω；

$R_L$——负载电阻，Ω。

等效电源的电动势和内阻可通过计算或者通过实验得出。

**2. 电压源与电流源**

电路要工作，就离不开电源。一个实际工作的电源可以用两种不同的电路模型来表示，一种是用电压的形式来表示，称为电压源；一种是用电流的形式来表示，称为电流源。

（1）电压源。任何一个电源，例如发电机、电池或各种信号源，都含有电动势 $E$ 和内阻 R0，如图 1—4a 所示。在分析与计算电路时，往往把它们分开，组成由 $E$ 和 R0 串联的电源电路模型，此即电压源，如图 1—4b 所示。其中，$U$ 是电源端电压，$R_L$ 是负载电阻，$I$ 是负载电流。

图 1—4　信号源电路和电压源电路

a）信号源　b）电压源

根据图 1—4b 所示的电路，可得出

$$U=E-IR_0$$

由此可作出电压源的外特性曲线，如图 1—5 所示。当电压源开路时，$I=0$，$U=U_0=E$；当短路时，$U=0$，$I=I_S=E/R_0$，内阻 $R_0$ 越小，则直线越平。

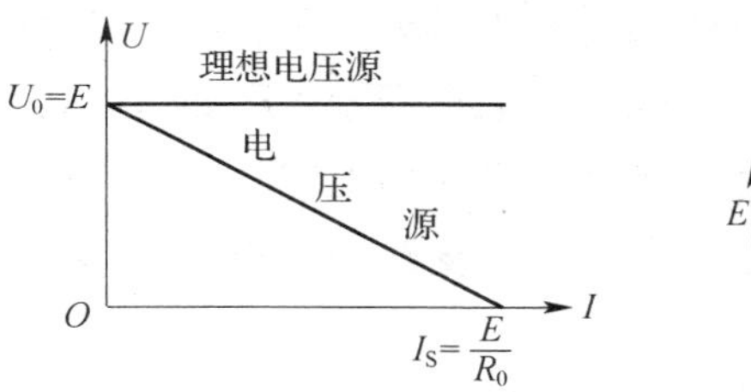


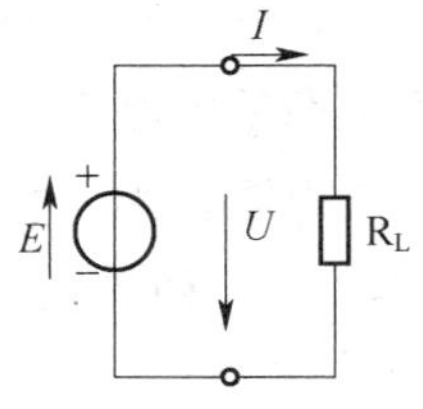


图 1—5　电压源外特征曲线与理想电压源

当 $R_0=0$ 时，电压 $U$ 恒等于电动势 $E$，是一定值，而其中的电流 $I$ 则是任意的，由负载电阻 $R_L$ 及电压 $U$ 本身确定。这样的电源称为理想电压源（或称恒压源），其符号及电路如图 1—5 所示。它的外特性曲线是与横轴平行的一条直线。

理想电压源是理想的电源，实际并不存在。如果一个电源的内阻远小于负载电阻，即当 $R_0 \ll R_L$ 时，则内阻压降 $IR_0 \ll U$，于是 $U \approx E$，基本上恒定，可以认为是理想电压源。

通常用的稳压电源也可认为是一个理想电压源。

（2）电流源。电源除用电动势 $E$ 和内阻 $R_0$ 串联的电路模型来表示外，还可以用另一种电路模型来表示。

如将电压源端电压公式 $U=E-IR_0$ 两端除以 $R_0$，可得

$$\frac{U}{R_0}=\frac{E}{R_0}-I=I_S-I$$

即

$$I_S=\frac{U}{R_0}+I$$

式中　$I_S=\dfrac{E}{R_0}$——电源的短路电流，A；

$I$——负载电流，A；

$\dfrac{U}{R_0}$——引出的另一个电流，A，如图 1—6 所示。

图 1—6 所示是电流源的电路模型，两条支路并联，其中电流分别为 $I_S$ 和 $\dfrac{U}{R_0}$。对负载电阻 $R_L$ 来讲，电流源与电压源（图 1—4b）的作用是一样的，其上电压 $U$ 和通过的电流 $I$ 没有改变。

电流源的外特性曲线如图 1—7 所示。当电流源开路时，$I=0$，$U=U_0=I_SR_0$；当电流源短路时，$U=0$，$I=I_S$。

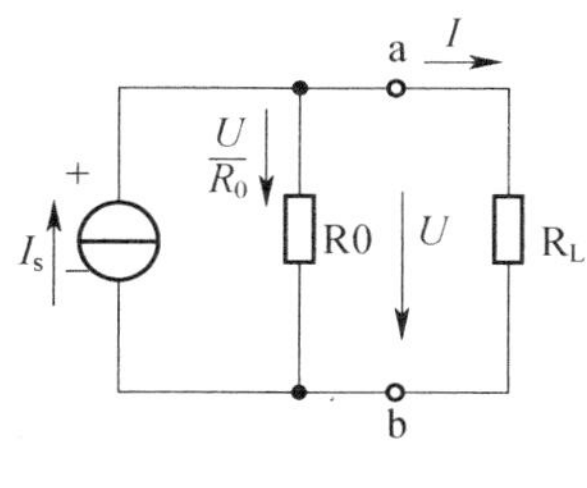

图 1—6　电流源

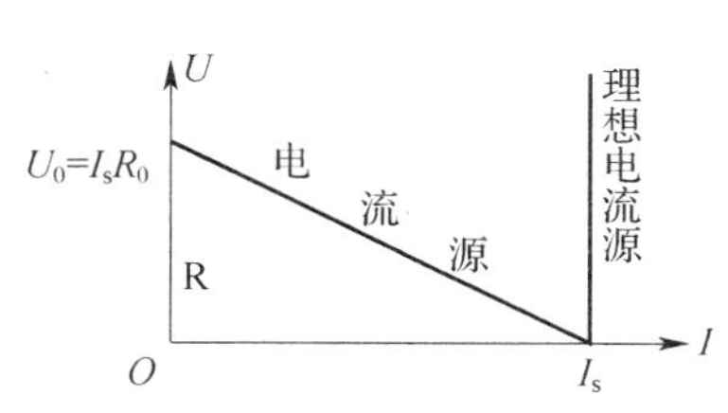

图 1—7　电流源外特性曲线

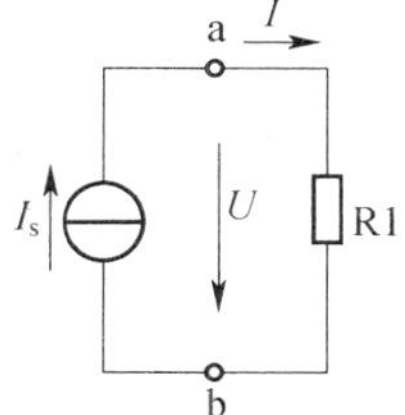

图 1—8　理想电流源

当 $R_0$ 的阻值为无穷大，即 $R_0=\infty$时，（相当于并联支路 $R_0$ 断开），电流 $I$ 恒等电流 $I_S$，是一定值，而其两端的电压 $U$ 则是任意的，由负载电阻 $R_L$ 及电流 $I_S$ 本身确定。这样的电源称为理想电流源（或称恒流源），其符号及电路如图 1—8 所示。它的外特性曲线将是与纵轴平行的一条直线，如图 1—7 所示。

理想电流源也是理想的电源。如果一个电源的内阻远较负载电阻为大，即 $R_0 \gg R_L$ 时，则 $I \approx I_S$，基本上恒定，可以认为是理想电流源。

（3）电压源与电流源的等效变换。电压源的外特性曲线和电流源的外特性曲线实质上是相同的（图 1—5 与图 1—7 中的斜线）。因此，电源的这两种电路模型（图 1—4b 和图 1—6）对外电路来讲效果相同，可以等效变换。

电压源和电流源的等效关系是只对外电路而言的，对于电源内部，则是不等效的。例如，在图 1—4b 中，当电压源开路时，$I=0$，电源内阻 $R_0$ 上不损耗功率，但在图 1—6 中，当电流源开路时，电源内部仍有电流，内阻 $R_0$ 上有功率损耗；当电压源和电流源短路时也是这样，两者对外电路是等效的$\left(U=0,\ I_S=\dfrac{E}{R_0}\right)$，但电源内部的功率损耗却不一样，电压源有损耗，而电流源无损耗（$R_0$ 被短路，其中不通过电流）。

一般不限于内阻 $R_0$，只要一个电动势为 $E$ 的理想电压源和某个电阻 $R$ 串联的电路，都可以化为一个电流为 $I_S$ 的理想电流源和这个电阻并联的电路（图 1—9），两者是等效的，其中：

$$I_S=\frac{E}{R} \text{ 或 } E=I_SR$$

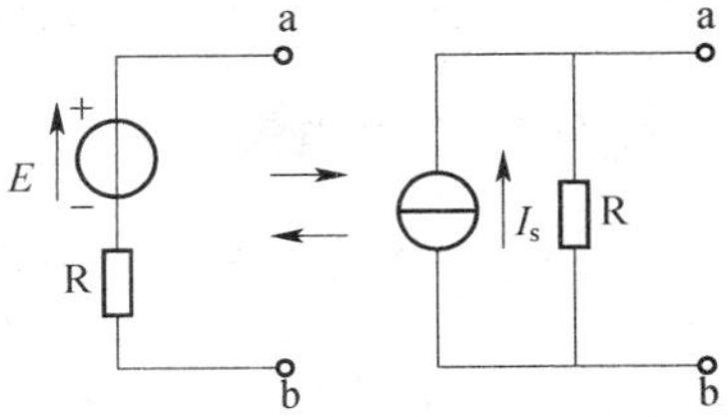

图 1—9　电压源和电流源的转化

在分析与计算电路时，也可以用这种等效变换的方法。

在进行电压源和电流源的等效变换时，要注意以下几点：①电压源和电流源的正方向要一致；②所谓等效，是指对外电路而言，电源内电路不等效；③理想电压源和理想电流源之间没有等效的关系。因为对理想电压源（$R_0=0$）来讲，其短路电流 $I_S$ 为无穷大，对理想电流源（$R_0=\infty$）来讲，其开路电压 $U_0$ 为无穷大，都不能得到有限的数值，故两者之间不存在等效变换的条件。

表 1—1 为电压源和电流源对照表。

**表 1—1**　　**电压源和电流源对照表**

| 状态 | | 电源 | | | |
|---|---|---|---|---|---|
| | | 电压源 | 电流源 | 理想电压源 | 理想电流源 |
| 开路 | $U$ | $E$ | $I_SR_0$ | $E$ | × |
| | $I$ | 0 | 0 | 0 | × |
| 短路 | $U$ | 0 | 0 | × | 0 |
| | $I$ | $E/R_0$ | $I_S$ | × | $I_S$ |
| 等效变换 | | $E=I_SR_0$ | $E/R_0=I_S$ | 不等效 | |

### 3. 交流纯电感电路与纯电容电路

（1）交流纯电感电路。电感元件简称电感，简易的电感是由导线绕制而成的线圈。电感的特性是在交变电流的作用下要产生交变的磁通 $\Phi$（磁场），而交变的磁通又在线圈中产生感应电动势 $e_L$。

电感元件的主要参数为电感量，用字母 $L$ 表示。电感量的单位为亨利（H）或毫亨利（mH）。线圈的匝数越多，其电感量越大。

图 1—10a 所示为电感元件的交流电路。电感元件上的电压 $u$ 和电流 $i$ 的正弦波形如图 1—10b 所示。从中可以看出，电感的电流与电压是频率相同的正弦量。但在相位上，电流比电压滞后 90°。

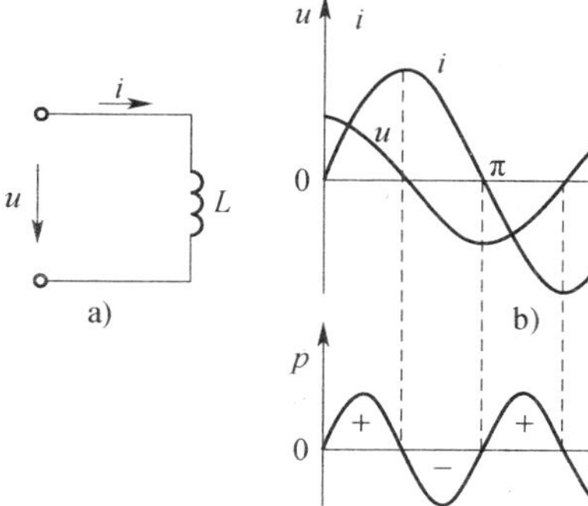


图 1—10　电感元件的交流电路

a）电路图　b）电压与电流的正弦波形

c）功率波形

在电感元件电路中，电压的幅值（或有效值）与电流的幅值（或有效值）之比值为 $\omega L$，即

$$\frac{U_m}{I_m}=\frac{U}{I}=\omega L$$

$\omega L$ 所起的作用同电阻相似，它的单位为欧姆（Ω）。当电压 $U$ 一定时，$\omega L$ 越大，则电流 $I$ 越小，可见它具有对交流电流起阻碍作用的物理性质，因此称其为感抗，用 $X_L$ 表示，即

$$X_L=\omega L=2\pi fL$$

线圈的感抗 $X_L$ 与电感量 $L$、交流电频率 $f$ 成正比。对于一固定圈来讲，通过的交流电的频率越高，其感抗越大。因此，电感线圈对高频电流的阻碍作用很大，而对直流则可视作短路（当 $f=0$ 时，$X_L=0$）。

电感元件的瞬时功率 $p_L$ 的功率波形如图 1—10c 所示。从中可以看出，电感元件的瞬时功率一会为正，一会为负，其平均功率 $P=0$。电感元件的平均功率为零，表示其本身没有能量消耗，只有电源与电感之间的能量互换：当 $p_L>0$ 时，从电源取用能量，转化为磁场能；当 $p_L<0$ 时，将磁场能转化为电能，返还给电源。这种互换的规模，用无功功率 $Q$ 来衡量。规定无功功率等于瞬时功率 $p_L$ 的幅值。无功功率的计算公式为

$$Q=UI=I^2X_L$$

式中，$U$、$I$ 分别为交流电的有效值。

无功功率的单位是乏（var）或千乏（kvar）。

电感元件和后面将要讲的电容元件都是储能元件，它们与电源间进行能量互换是工作的需要，虽然不消耗能量，但其对电源来说，也是一种负担。但对储能元件来说，没有消耗能量，故往返于电源与储能元件之间的功率命名为无功功率。因此，平均功率也称为有功功率。

（2）交流纯电容电路。图 1—11a 所示是由电容元件组成的正弦交流电路。其上电压 $u$ 和电流 $i$ 的正弦波形如图 1—11b 所示。从中可以看出，电容的电压与电流也是频率相同的正弦量。但在相位上，电流比电压超前 90°，与电感元件正好相反。

在由电容元件组成的电路中，电压的幅值（或有效值）与电流的幅值（或有效值）之比为$\frac{1}{\omega C}$，即

$$\frac{U_{\mathrm{m}}}{I_{\mathrm{m}}}=\frac{U}{I}=\frac{1}{\omega C}$$

显然，它的单位还是欧姆（Ω）。当电压 $U$ 一定时，$\frac{1}{\omega C}$越大，则电流 $I$ 越小，可见它对电流也起阻碍作用，故称之为容抗，用 $X_{\mathrm{C}}$ 表示。

$$X_{\mathrm{C}}=\frac{1}{\omega C}=\frac{1}{2\pi fC}$$

容抗 $X_{\mathrm{C}}$ 与电容 $C$、频率 $f$ 成反比。因此，对直流电路（$f=0$）来讲，$X_{\mathrm{C}}$ 趋向于无穷大，因此电容元件对直流有隔断作用，可视为开路状态。

电容元件的正弦交流电路的瞬时功率 $p$ 的波形如图 1—11c 所示。从中可以看出，电容元件的平均功率 $P=0$。这表明，在电容元件的正弦交流电路中，像电感电路一样，没有能量的消耗，只有电源与电容元件间的能量互换。其能量互换的规模，也用无功功率来衡量，其大小等于瞬时功率 $p$ 的幅值。对比图 1—10c 和图 1—11c 可以看到，在相同电流下，当电感的瞬时功率为正值时，电容的瞬时功率为负值，所以电容的无功功率取负值表示，即

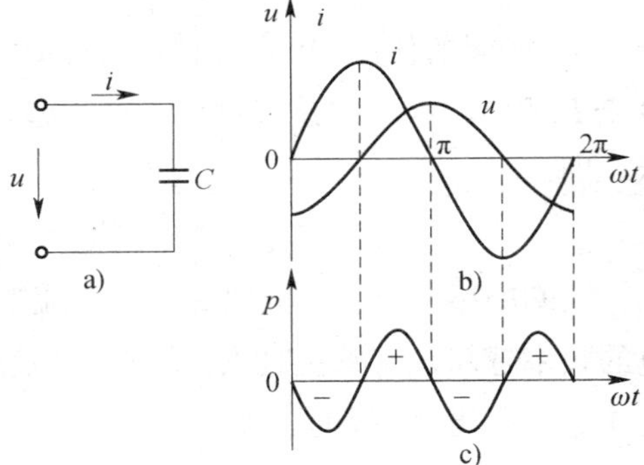

图 1—11　电容元件的交流电路

a）电路图　b）电压与电流的正弦波形　c）功率波形

$$Q=-UI=-I^{2}X_{\mathrm{C}}$$

式中，$U$、$I$ 分别为交流电的有效值。

### 4. 单相异步电动机构造与原理

电动机是实现电能与机械能互相转换的设备。发电机把机械能转换成电能，电动机则把电能转换为机械能。

按电流分，电动机可分为直流电动机和交流电动机两大类。交流电动机又分为同步电动机和异步电动机。由于异步电动机具有结构简单、价格便宜、运行可靠、维护方便等特点，因而其在生产中应用最广泛。

异步电动机又分为三相和单相两类。三相异步电动机被广泛用来驱动各种机械设备，在制冷空调工程里面，制冷压缩机、水泵、风机等大部分由三相异步电动机驱动。单相异步电动机的容量较小、性能较差，多应用于小型电动设备，如家用电冰箱和空调器内的压缩机和风机驱动等。

各种类型异步电动机的工作原理是相同的，都是利用旋转磁场和转子载流导体间的相互作用来工作的。当其正常工作时，转子的转速与旋转磁场的转速有一转速差，故称为异步电动机。

平时所讲的交流电动机，主要是指交流异步电动机。

单相交流异步电动机由单相电源供电，其结构也是由定子和转子组成，转子多为鼠笼式。由于单相异步电动机的定子绕组为单相绕组，因此，当通入单相交流电时，在定子绕组内只能产生一个大小随时间按正弦规律变化，而空间位置不动的脉动磁场，该磁场与静止的转子之间没有相对运动，不能产生电磁转矩，因而转子不能自行启动。如果此时用外力将转子转动一下，那么转子就会以该旋转方向继续转动下去。因此，单相异步电动机的运转需要特殊的启动装置，主要用分相法和罩极法来解决这个问题。

（1）分相式单相异步电动机。为使电动机能够自行启动，单相电动机定子内装有主绕组 U（也称工作绕组）和辅助绕组 Z（也称启动绕组），这两个绕组在空间位置上相差 90°，辅助绕组 Z 与一电容器 C 串联之后再与主绕组 U 并联结入电源。选择适当的电容容量，使工作绕组的电流 $i_U$ 和启动绕组中的电流 $i_Z$，在相位上差近乎 90°，这就是分相，如图 1—12 所示。

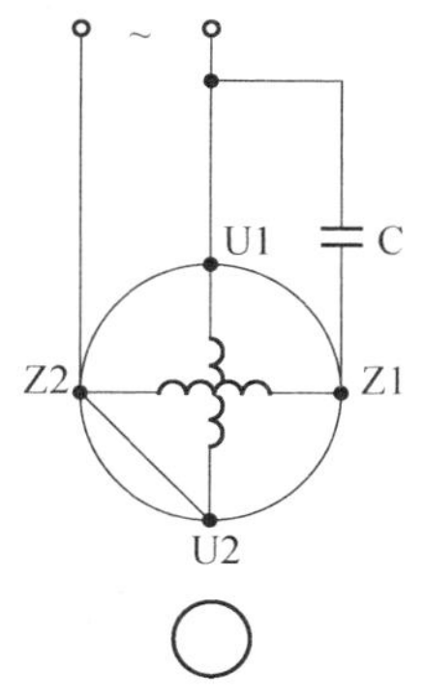

图 1—12 分相启动

当电动机接通电源后，绕组内流过电流，如图 1—13a 所示，定子绕组产生的旋转合成磁场，单相电流分相后形成的旋转磁场如图 1—13b、图 1—13c、图 1—13d 所示，这在原理上与三相异步电动机旋转磁场的产生是一样的。在旋转磁场的作用下，电动机转子就转动起来了。

当电动机启动后，启动绕组和电容器既可以继续接在电路中工作，也可以利用离心开

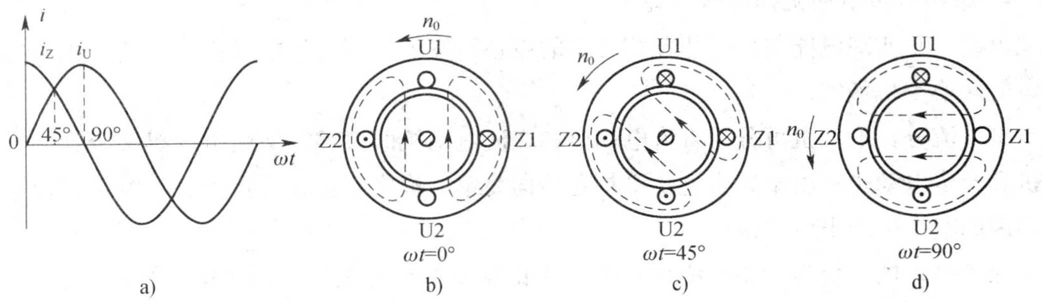


图 1—13　单相电流分相后形成的旋转磁场

关或者电动机启动控制电路把启动绕组和电容器从电路中切除。

单相异步电动机的转动方向由旋转磁场的旋转方向决定，要改变电动机的旋转方向，只要将辅助绕组（或者主绕组）接到电源上的两个端子对调即可，也就是改变其中某一绕组的电流方向。

除用电容器来分相外，也可以与辅助绕组串联适当的电阻（或辅助绕组本身的电阻比主绕组大得多），以达到分相的目的。

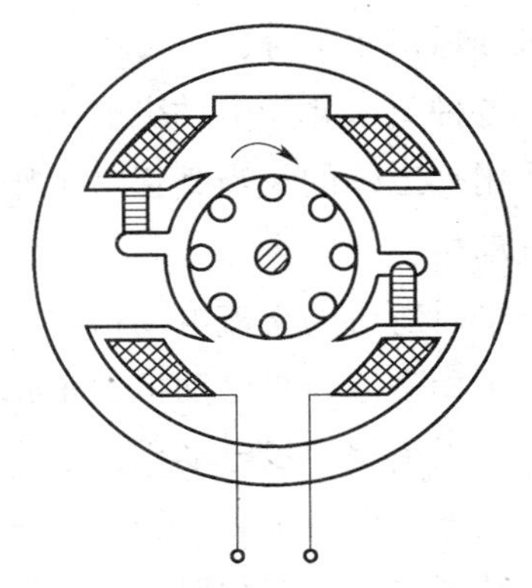

图 1—14　罩极式单相异步电动机

（2）罩极式单相异步电动机。用罩极法启动的单相异步电动机的结构如图 1—14 所示。定子铁心向转子突出两极，单相绕组绕在磁极，在磁极的约 1/3 位置开一凹槽，将磁极表面分为大小两部分，在小的部分上套装一个短路铜环，当定子绕组通过单相交流电而产生脉动磁场时，处于脉动磁场中的短路铜环将感应出滞后于定子绕组电流的又一电流，于是将通过磁极表面的磁通分为两部分，这两部分磁通不但大小不等，而且在相位上也不相同。这两个在空间位置上不同，在时间上又有相位差的磁通就形成了旋转磁场。

在这个旋转磁场的作用下，转子就产生启动转矩而自行转动起来，它的旋转方向是由磁极的未罩部分向被罩部分的方向旋转，如图 1—14 箭头所示方向。这种电动机虽结构简单，但启动转矩小，因此只适用于风扇或小型鼓风机上。

**5. 三相异步电动机构造与原理**

（1）三相异步电动机的基本结构。三相异步电动机的结构包括两个部分：静止不动的定子和可以旋转的转子，如图 1—15 所示。

1）定子。定子是用来产生旋转磁场的，它由定子铁心和定子绕组组成。环形的定子

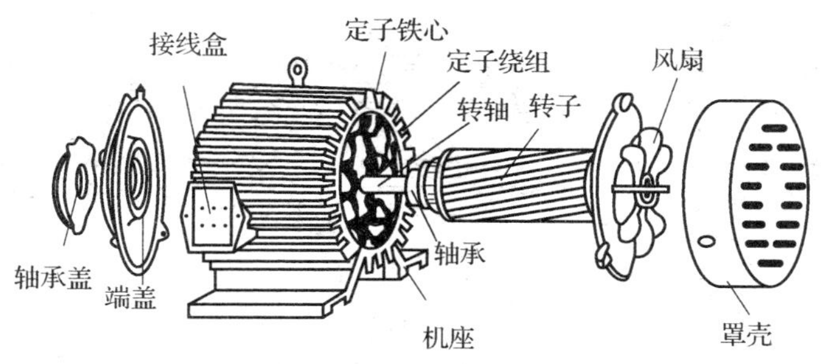


图 1—15　三相异步电动机的构造

铁心由冲了槽的硅钢片叠成，固定在机座上，铁心槽内按一定顺序嵌放 3 个定子绕组。每个绕组为一相，构成对称的三相绕组。线圈用绝缘的铜（或铝）导线绕制，绕组的 6 根（始端 U1、V1、W1 和末端 U2、V2、W2）引出线固定在机壳的接线盒内。

三相定子绕组可按星形或三角形两种方式联结，但必须严格地按照一定的首尾关系接线。三线绕组究竟采用何种联结方式，要依据电动机每相绕组所承受的电压是否满足额定电压的要求。例如，对于 380/220V，Y/△的异步电动机，当线电压为 380V 时，只能接成星形联结；当线电压为 220V 时，则只能接成三角形联结，如图 1—16 所示。

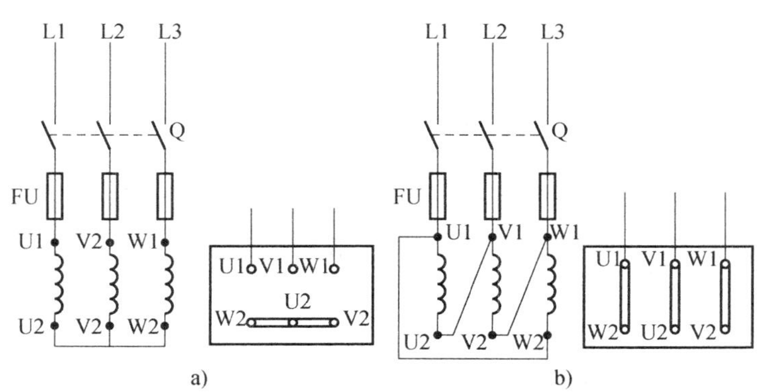


图 1—16　定子绕组接线方式

a）星形联结　b）三角形联结

2）转子。转子是电动机的转动部分，由转子铁心、转子绕组和转轴组成。转子铁心由硅钢片叠成并压装在转轴上，转轴上加载机械负载。在转子铁心的外圆周上有槽，槽内放置转子绕组。转子按其绕组的构造可分为鼠笼式和绕线式两种，笼型转子应用较多，笼型转子是在转子槽内放置铜条，其两端用短路环连接，或者在槽中浇注铝液，铸成一鼠笼状，其结构如图 1—17 所示。

（2）三相异步电动机的工作原理。图 1—18a 所示为一异步电动机的模型。在一个装

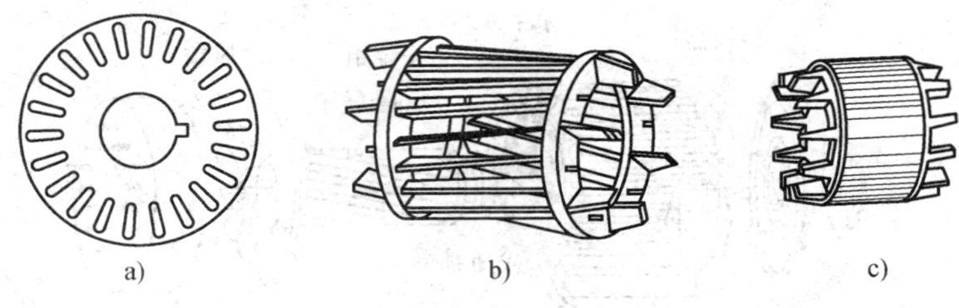


图 1—17　铸铝的笼型转子结构

a）转子硅钢片　b）转子绕组结构　c）外形

有摇柄的马蹄形磁铁中，放着一个可自由转动的笼型转子，磁铁和转子间没有机械联系。当转动磁铁时，转子就会随之做同方向转动，当摇柄反向转动时，转子也跟着反向转动。异步电动机的转动原理与上述情况相同。

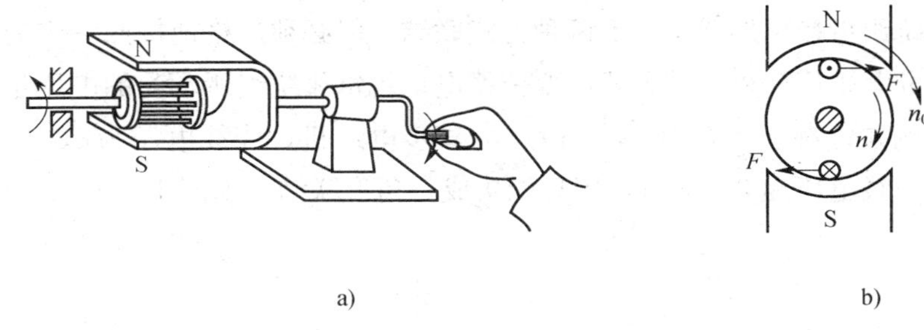


图 1—18　异步电动机转动原理

当磁极旋转时，磁极间磁场围绕转子旋转，转子绕组内的磁通 $\Phi$ 发生变化，从而产生感应电动势和感应电流（转子绕组是闭合的）。在磁场中的通电导体要受到电磁力的作用（电磁力的方向可用左手定则确定），因此转子绕组也会受到电磁力的作用，电磁力对转轴形成电磁转矩，迫使转子以与旋转磁场相同的转向旋转，如图 1—18b 所示。

（3）三相异步电动机的转向及转速。

1）旋转磁场及其转向。当三相异步电动机的定子绕组接到三相电源上时，便在电动机内部产生旋转磁场，其原理如图 1—19 所示。设电动机的 3 个定子绕组为星形联结，其始端 U1、V1、W1 分别接到电源的 U、V、W 三相上，取绕组始端到末端的方向作为电流的正方向，则定子绕组内通过的电流 $i_U$、$i_V$ 和 $i_W$ 如图 1—19a 所示。

当 $\omega t=0°$时，$i_U$ 为零；$i_V$ 为负值，其方向与正方向相反，即自 V2 到 V1；$i_W$ 为正值，其方向与正方向相同，即自 W1 到 W2。将每相电流产生的磁场相加，得到三相电流的合成磁场，如图 1—19b 所示。其中，线圈中的“⊗”表示电流流入，“⊙”表示电流流出。

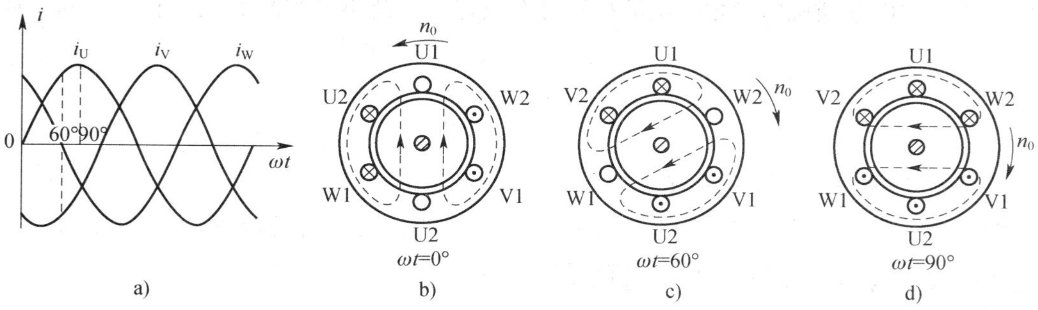


图 1—19 三相对称电流产生的旋转磁场（$p=1$）

图 1—19c 所示为 $\omega t=60°$时的合成磁场，此时，$i_W$ 为零；$i_U$ 为正值；$i_V$ 为负值。可见其合成磁场已经顺时针旋转了 60°。图 1—19d 所示为 $\omega t=90°$时的合成磁场，此时，$i_U$ 为正值；$i_V$ 为负值；$i_W$ 为负值，其合成磁场已经顺时针旋转了 90°。

以此类推，当电流交变一周，即 $\omega t$ 从 0°到 360°时，合成磁场也旋转了一周（360°），此即为三相交流电动机内的旋转磁场。

以上分析的旋转磁场及其旋转方向，是流入电动机三相定子绕组的电流相序为 U→V→W 所形成的。如果把电动机定子绕组与三相电源的连接导线中的任意两相调换，如将 V 相和 W 相交换，则此时流入电动机的电流相序改为 U→W→V，则电动机三相绕组的电流如图 1—20a 所示，其旋转磁场的方向如图 1—20b、图 1—20c、图 1—20d 所示。

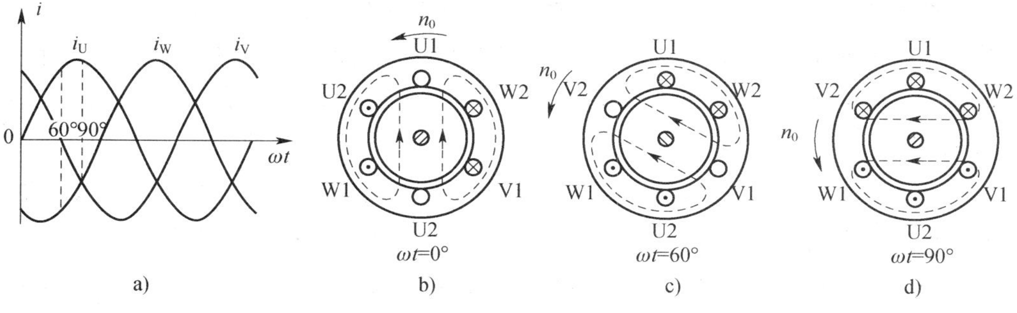


图 1—20 旋转磁场的反方向旋转（$p=1$）

综上可以看出，旋转磁场的旋转方向已经改变。由于转子跟随旋转磁场旋转，所以在使用三相异步电动机且发现其旋转转向与要求相反时，只需任意交换引入导线的两相即可使电动机反转。

2）三相异步电动机的转速。三相异步电动机的转速有同步转速 $n_0$ 与转子转速 $n$ 之分。同步转速又称磁场转速，它与三相交流电的频率 $f$ 和电动机的极对数 $p$（旋转磁场的磁极对数，它由电动机内三相绕组的排列分布决定，在此不详解）有关，它们之间有如下关系：

$$n_0 = \frac{60f}{p} \quad (\text{r/min})$$

式中，60 为分钟和秒的换算系数。

对于某一异步电动机来讲，$f$ 和 $p$ 通常是一定的，因此磁场转速 $n_0$ 为一常数。在我国，工频为 50 Hz，不同极对数 $p$ 的同步转速 $n_0$（r/min）见表 1—2。

**表 1—2　　不同极对数 $p$ 的同步转速 $n_0$**

| p | 1 | 2 | 3 | 4 | 5 | 6 |
|---|---|---|---|---|---|---|
| $n_0$（r/min） | 3 000 | 1 500 | 1 000 | 750 | 600 | 500 |

转子转速与磁场旋转的方向相同，但转子的转速 $n$ 总是要小于磁场转速 $n_0$。因为如果两者相等，则转子与旋转磁场之间就没有相对运动，因而磁力线就不切割转子线圈，转子感应电动势和电流就都为零，这样转子就不可能继续以 $n_0$ 的转速转动，因此，转子转速与同步转速必须要有差别，这也是异步电动机名称的由来。

用转差率 $s$ 来表示转子转速 $n$ 与磁场转速 $n_0$ 相差的程度，即

$$s = \frac{n_0 - n}{n_0} \times 100\%$$

转差率是异步电动机的一个重要物理量，转子转速越接近磁场转速，转差率越小。三相异步电动机的额定转速与同步转速相近，转差率很小。通常异步电动机在额定负载时，其转差率为 1%～9%。在电动机启动瞬间，$n=0$，$s=1$，转差率最大；空载运行时，转差率最小，$s<0.5\%$。

**【例 1—1】**　有一台三相异步电动机，其额定转速为 $n=1\,450$ r/min。试求电动机的极对数和额定负载时的转差率。（电源频率 $f=50$ Hz）

**解：**异步电动机的额定转速接近而略小于同步转速，而同步转速对应于与不同的极对数有一系列规定值（表 1—2）。显然，与 1 450 r/min 最接近的同步转速为 1 500 r/min，与此相对应的磁极对数 $p=2$。其额定负载时的转差率为

$$s = \frac{n_0 - n}{n_0} \times 100\% = \frac{1\,500 - 1\,450}{1\,500} \times 100\% = 3.3\%$$

（4）异步电动机主要参数。

1）额定电压。额定电压是指电动机在额定运行时定子绕组上应加的线电压，单位为 V。一般规定电动机的电压不应高于或低于额定值的 5%。

2）额定电流。额定电流是指电动机在额定运行时定子绕组的线电流，单位为 A。当电动机空载时，电流最小，并随着输出功率的增大而增大。

3）额定功率及效率。额定功率是指电动机在额定转速下，转轴上所输出的机械功率，单位为 kW。由于电动机本身有功率损耗（如线圈电阻的热效应、交变磁场引起的铁心发热以及机械摩擦损耗等），因此输出功率要小于输入功率。所谓效率 $\eta$ 就是输出功率与输入功率之比。输入功率的大小为

$$P=\sqrt{3}U_1I_1\cos\varphi$$

4）额定转速。电动机满负荷运转时的转子转速，单位为 r/min。

5）功率因数。因为电动机定子绕组可看作是一电阻与电感串联的电路，因此电动机的功率因数 $\cos\varphi<1$。在额定负载时，$\cos\varphi$ 为 0.7～0.9，在空载时，$\cos\varphi$ 为 0.2～0.3。因此，电动机应尽量满负荷运转。

（5）使用三相异步电动机的注意事项。

1）三相异步电动机缺相运行是多发性故障。接触不良、导线断裂、熔体熔断等都能造成缺相运行。外部表现为转速下降、声音异常、电流增大等，很容易烧坏电动机，一旦发现应立即切断电源。

2）电动机的过载运行将使转速降低、电流增大，时间太长就可能过热，加速绕组绝缘老化，降低使用寿命；当严重过载时，甚至会发生堵转现象而烧毁电动机。

3）电源电压过高或过低、绕组接线错误或发生短路等，都将使电动机过热，损伤绕组绝缘，甚至烧坏电动机。

**6. 三相异步电动机的连接**

（1）三相异步电动机正转控制。图 1—21 所示为典型的三相交流异步电动机控制线路。其工作原理如下。

启动：先合上开关 QS，按下启动按钮 SB2（常开），接触器 KM 线圈通电，其主触点闭合，电动机 M 启动；同时，KM 动合辅助触点闭合（与 SB2 并联的常开触点），松开 SB2 后，控制电路继续导通，电动机 M 持续运转。

停止：按下停止按钮 SB1（常闭），接触器 KM 线圈断电，KM 主触点断开，电动机 M 停转；同时，辅助触点也断开，松开 SB1 后，由于 SB2 和 KM 辅助触点处于断开状态，控制线路仍旧处于断开状态，为下次启动作好准备。

KH 为热继电器，它的热元件串接在电动机的主线路中，常闭触点串接在控制电路中。如果电动机由于某种原因过载或其负载电流超过额定值，则经过一定时间后，串接在主电路中的热继电器的双金属片就会受热弯曲，从而使串接在控制回路中的常闭触点断开，切断控制线路电源，接触器 KM 的线圈断电，主触点断开，电动机 M 由于失电而停

转，从而达到过载保护控制的目的。

（2）三相异步电动机正反转控制。采用接触器控制电动机的运转很容易实现正反转控制。只要将电动机三相电源进线中的任意两相对调，就可达到电动机反转的目的。

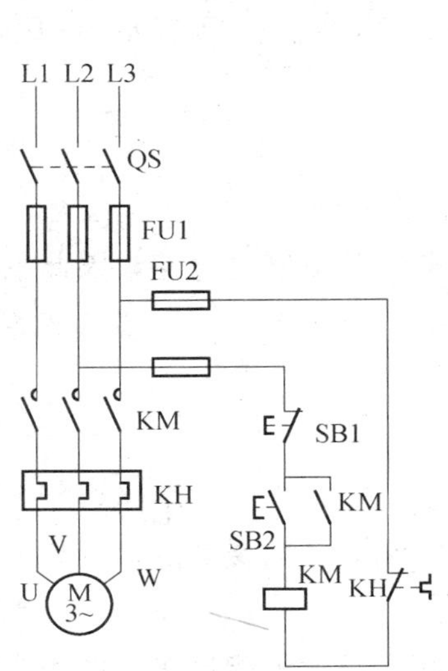


图 1—21　典型的三相交流电动机控制线路

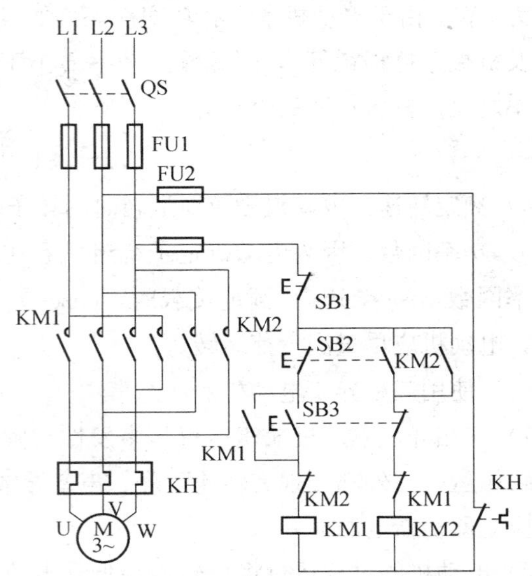


图 1—22　采用接触器与按钮复合联锁三相电动机正反转控制电路

图 1—22 所示为采用接触器与按钮复合联锁三相异步电动机正反转控制电路，该电路安全可靠，操作方便。其采用两个接触器，正转用 KM1，反转用 KM2。当 KM1 接触器的主触点接通时，三相电源相序按 L1—L2—L3 接入电动机，电动机正转；当 KM2 接触器的主触点接通时，三相电源相序按 L3—L2—L1 接入电动机，电动机反转。

控制中要求 KM1 和 KM2 不能同时接通，否则主触点同时闭合会形成 L1 和 L3 两相之间短路。为此在 KM1、KM2 线圈支路中相互串联了对方的一副常闭辅助触点，以保证接触器 KM1 和 KM2 不会同时通电。KM1 和 KM2 两对辅助触点在线路中所起的作用称为联锁或互锁，触点称为联锁触点。SB1 为常闭按钮，SB2、SB3 为组合按钮。合上开关 QS，接通电源，其工作原理如下：

1）正转控制过程。按 SB3→常闭触点断开，继续下按，常开触点闭合→KM1 线圈通电→KM1 自锁触点闭合、主触点闭合，电动机 M 正转启动；KM1 联锁触点断开，KM2 线圈开路，不能得电动作。

2）反转控制过程。按 SB2→常闭触点断开→KM1 线圈断电，KM1 自锁触点复位断开，KM1 联锁触点复位闭合，主触点断开，电动机 M 断电停止→继续下按 SB2，常开触点闭合→KM2 线圈通电→ KM2 自锁触点闭合、主触点闭合，电动机 M 反转启动；KM2 联锁触点断开，KM1 线圈开路，不能得电动作。

在任何时候，按下 SB1，则 KM1 或 KM2 线圈断电，控制电路进入等待状态。当同时按下 SB3、SB2 时，组合按钮互相联锁，KM1 和 KM2 线圈都不能得电，因此电动机不动作。

热继电器 FR 在电路中起电动机过载保护的作用。

## 二、晶体管基础

### 1. 晶体管放大原理

二极管是由一个 PN 结组成的，P 为正，N 为负。二极管的正向导通电阻较小，反向电阻很大，根据组成 PN 结材料的不同，二极管正向导通时两端的电压也不同，硅材料组成的二极管的两端导通电压为 0.6 V 左右，锗材料组成的二极管的两端导通电压为 0.2 V 左右。

三极管从结构上来看是由两个二极管相邻组成的，根据它们组成的不同又可分为 NPN、PNP 两大类，在正常放大的工作情况下，对于 NPN 管：C 极的电位最高，B 极的电位其次，E 极的电位最低。对于 PNP 管：E 极的电位最高，B 极的电位其次，C 极的电位最低。两种类型三极管的符号分别如下：PNP 管，B E C；NPN 管，B C E。

其中，竖直线左边的为 B（基极），带箭头的为 E（发射极），另一个脚为 C（集电极）。下面介绍单管放大器的工作原理。

根据图 1—23 所示，三极工作状态分为三部分：*ON* 线左边为饱和线；*OM* 线下方为截止线；两线中间为放大区。在截止区，三极管 C 与 E 之间的电阻很大，流过的电流很小，相当于开关断开；在饱和区，三极管 C 与 E 之间的电阻很小，相当于开关短路，两端之间的电压近似为 0.3 V；在放大区，三极管的各工作参数会变化。单管基本放大电路是指由一个三极管构成的处于放大区的简单电路，也称单管放大电路，如图 1—24 所示。它是由三极管 VT、电阻 $R_B$ 及 $R_C$、电容 C1 及 C2、电源 $E_B$ 及 $E_C$ 共同组成的，并依靠电容 C1、C2 分别与前面的信号源和后边的负载相连，故将 AO 叫作放大电路输入端，将 BO 叫作放大电路输出端。整个放大电路可分成输入回路和输出回路两部分，输入信号 $u_i$、电容 C1、基极 B 和发射极 E 组成输入回路，而发射极 E、电阻 $R_L$ 及集电极 C 和 C2 组成输出回路。

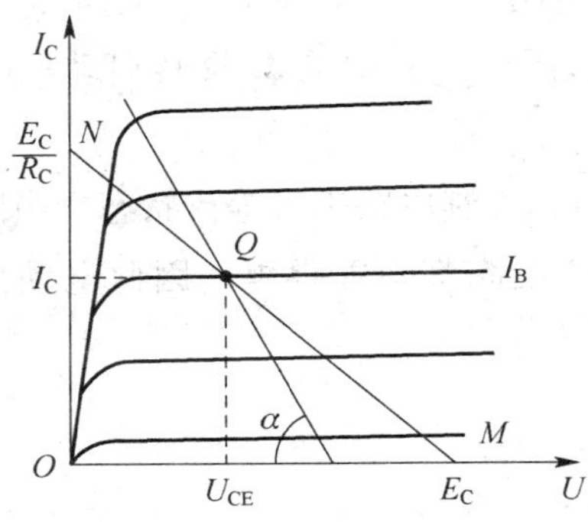

图 1—23　三极管输出特性曲线

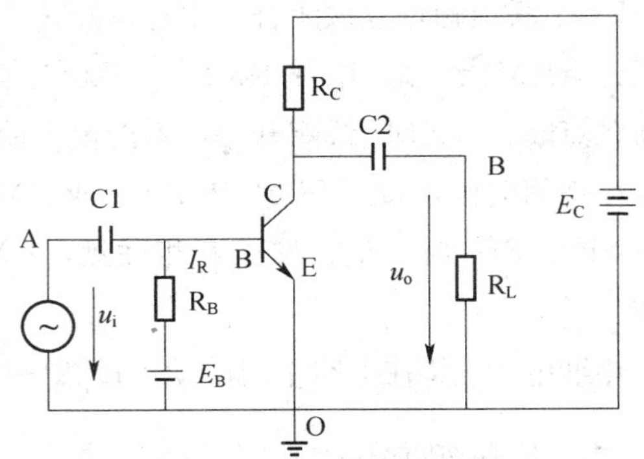

图 1—24　单管放大电路

三极管是放大电路的核心元件，它把直流电源 $E_C$ 供给的能量转换为按输出信号变化的交流电能，基极电源 $E_B$ 和电阻 $R_B$ 使发射极处于正向偏置，并提供适当的基极电流 $I_B$，从而使电路获得合适的工作点；集电极电源 $E_C$，一方面保证集电结处于反偏，使三极管起到放大作用，同时又是放大电路的能源，集电极负载电阻 RC，通过它把电流的变化转变为电压的变化，从而实现电压的放大；耦合电容 C1、C2 又称隔直电容，在电路中起“传递交流，隔断直流”的作用，耦合电容一般采用电解电容，连接时应注意极性。

三极管的静态工作点：在放大电路中同时存在着直流分量和交流分量。直流分量（电压、电流）决定了三极管直流工作状态，交流分量（电压、电流）反映输出信号的变化规律。图 1—25 所示分别为单管放大器的直流通路和交流通路。

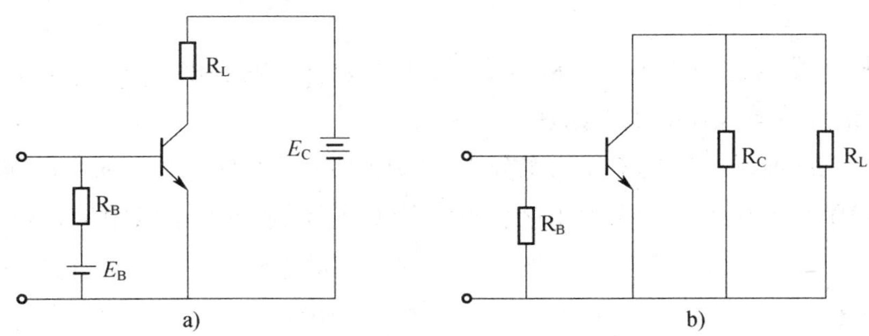

图 1—25　单管放大电路的直流、交流通路

a）直流通路　b）交流通路

当放大器接通电源但无交流信号输入时，电路的状态称为静态，它是由三极管各极直流电流、电压决定的。在三极管输出特性曲线上把此电流和电压决定的那一点叫作静态工作点 $Q$，如图 1—23 所示。从放大器的直流通路中可得到三极管基极电流 $I_B$，集电极与发

射极之间电压 $U_{CE}$ 的表达式为

$$I_B=(E_B-U_{BE})/R_B;\ U_{CE}=E_C-I_CR_C$$

按照三极管电流放大原理，在忽略穿透电流后，静态集电极电流 $I_C\approx\beta I_B$。

将上面的公式画在图 1—23 中就是静态工作点 $Q$ 和直流负载线 $MN$。

当偏置电流 $I_B$ 变化时，直流负载线与其相交就得到不同的静态工作点，一旦放大电路的元件参数确定，直流负载线即被确定，$I_B$ 被确定，$Q$ 点也就自然被确定了。利用三极管的输出特性曲线做出的直流负载线，能够直观地看出放大器静态工作点的变化对放大器性能的影响。图解法的分析过程包括画出直流负载线、确定静态工作点、画出交流负载线及求得输出电压、电流的波形及放大倍数等。

单管放大电路各部分波形介绍如下。

假如放大电路的输入信号 $u_i$ 是正弦波，则放大器各部分的波形如图 1—26 所示。其中，输入电压信号 $u_{BE}$ 为正弦波，最终导致图 1—26 中的输出电压 $u_{CE}$ 的正弦波形变化，但变化的幅度远远大于 $u_{BE}$ 的变化幅度。当输入信号为零时，放大器工作在 $Q$ 点，当图 1—26所示的输入信号 $u_{BE}$ 变化时，$i_B$ 随之变化，工作点在 $Q_1$、$Q_2$ 之间沿直流负载线变化。从图 1—26 中的电流波形可以看出，它们都是由直流分量和交流分量叠加起来的，由于 C2 的隔直作用，只有 $u_{CE}$ 的交流分量到达输出端。此输出电压与输入电压的幅值比，就是放大器的放大倍数 $K$。

其计算公式为

$$K=\frac{U_{om}}{U_{im}}$$

从图 1—26 中还可以看到，输入信号与输出信号之间保持一定的相位关系，输入信号的电流、电压与集电极电流是同相位的，而输出电压信号与它们是反相位的，这是共发射极放大器的重要特征。放大器有较高的放大倍数，同时也会产生一定的非线性失真。失真是指放大器输入、输出信号的相似程度。三极管是非线性器件，合理地选择静态工作点，可使放大电路的失真度得到改善。

单管放大电路的交流负载线：由图 1—24 可知，输出回路的交流通路包括 $R_C$ 与 $R_L$ 的并联，用 $R_L'$ 表示，则

$$\frac{\Delta i_C}{\Delta u_{CE}}=-\frac{1}{R_L'}$$

即这时负载线的斜率将由 $R_L'$ 决定，其次，这条直线必然要通过静态工作点 $Q$，因此，只要通过 $Q$ 点作一条斜率为 $-\frac{1}{R_L'}$ 的直线，就是由交流通路得到的交流负载线。比较交流、

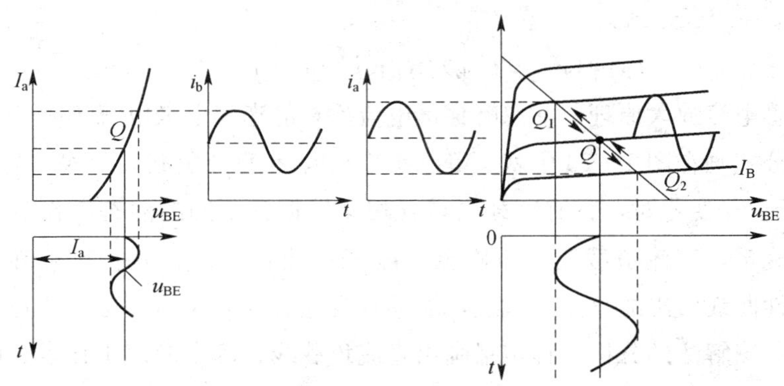


图 1—26　单管放大电路的各部分波形

直流负载线，可看到交流负载线比较陡，在相同的输入电压下，由交流负载线得到的电压放大倍数有所降低。从减小失真的角度考虑，静态工作点 $Q$ 选择在交流负载线的中间较好。当静态工作点 $Q$ 偏上时，输出会出现波形下平的失真，这种失真叫饱和失真，当静态工作点 $Q$ 偏下时，输出会出现波形上平的失真，这种失真叫截止失真。

上面简单介绍了三极管工作在放大区时的情况，下面分析三极管工作在饱和与截止区时的情况。如图 1—27 所示，二极管 VD5、VD6 整流经电容 C2 滤波以后，直流电分别加到由继电器 KA1 线圈、三极管 VT1 与地组成的一条回路；同时，由继电器 KA2 线圈、三极管 VT2 与地组成的另一条回路。下面以由继电器 KA1 线圈、三极管 VT1 与地组成的回路为例，分析继电器的工作情况。当三极管 VT1 的 B 与 E 之间的电压差大于 0.7 V 时，三极管处于饱和状态，其 C 与 E 之间的电阻很小，两端的电压差约为 0.3 V，相当于开关短路，这时整流电压通过继电器 KA1 线圈，三极管 VT1 与地组成通路，有很大的电流通过，继电器产生足够的电磁力进行动作（继电器触点吸合）。当三极管 VT1 的 B 与 E 之间的电压差小于 0.3 V 时，三极管处于截止状态，其 C 与 E 之间的电阻很大，相当于开关断路，这时整流电流不能通过继电器 KA1 线圈，继电器不能产生足够的电磁力进行动作（继电器触点断开）。由继电器 KA2 线圈、三极管 VT2 与地组成的回路工作原理同上。

**2. 稳压电路**

稳压电路可以分成两大类：并联型和串联型。并联型稳压电路如图 1—28 所示。

交流电经变压器改变电压以后经过桥式整流电路整流，输出脉动的直流，通过电容的滤波把交流成分滤除，通过限流电阻把直流电压加到稳压管两端，对输出的直流电压进行稳压，使提供给负载的直流电压不变。它的缺点是稳压的范围比较小。

串联型稳压电路如图 1—29 所示。

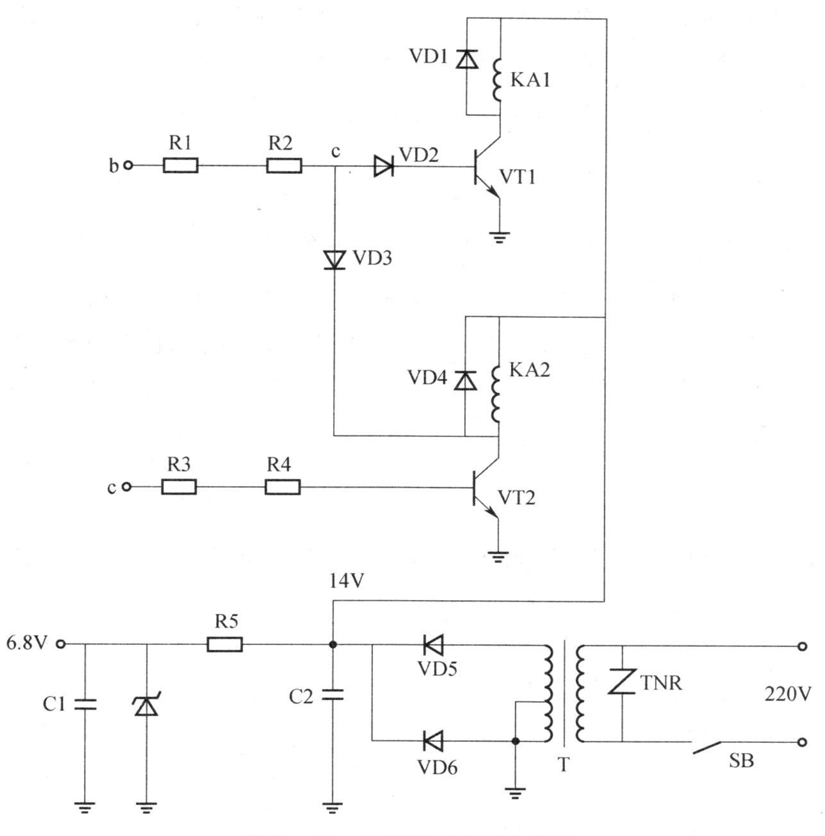


图 1—27　三极管开关工作状态

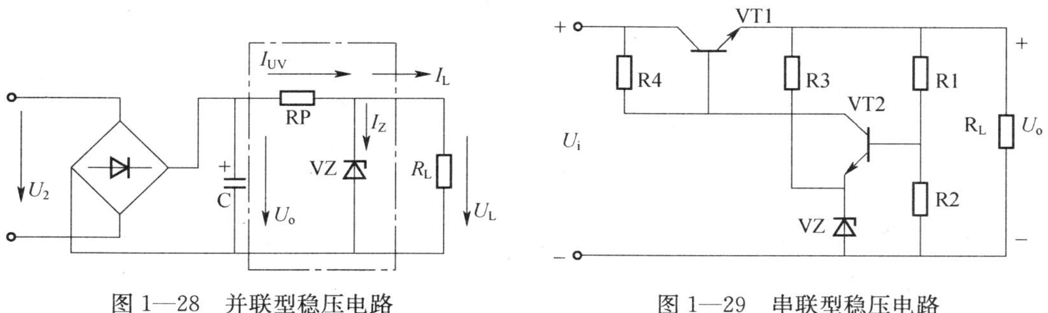


图 1—28　并联型稳压电路　　　　图 1—29　串联型稳压电路

交流电经变压器改变电压以后经过桥式整流电路整流，输出脉动的直流，通过电容的滤波把交流成分滤除，输出的直流成分 $U_i$ 提供给稳压电路，图 1—29 中的电阻 R1、R2 组成分压电路将输出电压变化量的一部分加到三极管 VT2 的基极，组成所谓的取样电路；电阻 R3 和稳压管 VZ 用以提供基准电压，三极管 VT2 将取样电压与基准电压的差值放大，R4 既是三极管 VT2 的集电极电阻，又是 VT1 的偏流电阻，VT1 为调整管。

电路的稳压原理如下：当整流滤波电路输出电压降低或负载电流增大时，引起输出电压 $U_o$ 的降低，这时，稳压过程如下：

$$U_o\downarrow \longrightarrow U_{B2}\downarrow \longrightarrow U_{BE2}\downarrow \longrightarrow I_{C2}\downarrow \longrightarrow U_{C2}\uparrow$$

$$\longrightarrow I_{B1}\uparrow \longrightarrow I_{C1}\uparrow \longrightarrow U_{CE1}\downarrow \longrightarrow U_o\downarrow$$

同理，当 $U_o$ 升高或负载电流减小时，将发生相反的稳压过程。图 1—29 所示电路的稳压输出是固定的，若在 R1 与 R2 中间串联一电位器 $R_W$，电位器中间滑动端接 V2 的基极，则此电路就变成了输出可调的稳压电路。当滑动点靠近 R2 一侧时，可得最大输出电压 $U_{omax}$，其计算公式为

$$U_{omax}=\frac{R1+R2+R_W}{R2}(U_{VW}+U_{BE2})$$

当滑动点靠近 R1 一侧，可得到最小输出电压 $U_{omin}$，其计算公式为

$$U_{omin}=\frac{R1+R2+R_W}{R2+R_W}(U_{VW}+U_{BE2})$$

式中　$U_{VW}$——稳压二极管的工作电压。

稳压电路的主要特性指标有最大输出电流 $I_{omax}$、最大输出电压 $U_{omax}$ 及调节电压的范围。最大输出电流 $I_{omax}$ 取决于调整管的最大允许功耗及最大允许电流，为此可选择具有相同参数的三极管并联或采用复合调整管。

由于分立元件组成的稳压电路具有连线复杂、参数离散、调整烦琐等缺点，因此，出现了集成稳压器件，就是把稳压电路中稳压、取样、比较等部分集成在一块芯片上引出几个引脚。集成稳压电源有固定输出和可调输出两种，其外形和符号如图 1—30 所示。

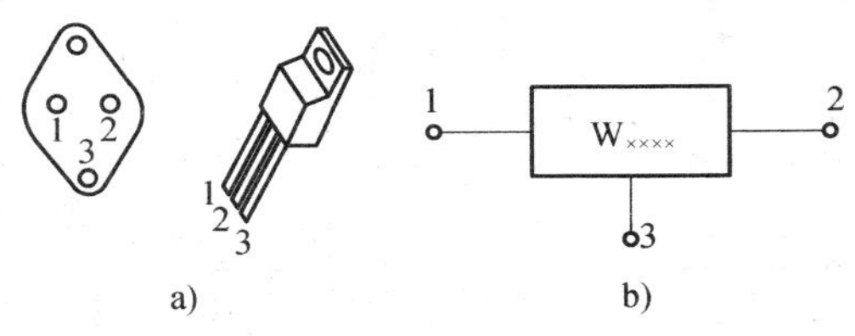


图 1—30　集成稳压电源的外形和符号

a）外形　b）符号

### 3. 振荡电路基本原理

从电路结构看，振荡电路就是一个没有输入信号而带有选频网络的正反馈放大器，当反馈信号 $u_f$ 与输入信号 $u_i$ 同相且等幅时，即使输入信号为零，放大器也仍有稳定的输出，这时电路就产生了自激振荡。因此，振荡的基本条件有两个，即振幅平衡条件和相位平衡条件。

$$|\dot{A}\dot{F}|=1 \quad \varphi_A+\kappa_f=2n\pi \quad n=0,1,2,\cdots$$

要实现单一频率的正弦振荡，还必须使反馈网络具有选频特性。当信号通过这个选频网络后，只有一个频率满足上述两个条件，从而得到单一频率的正弦振荡。按构成选频网

络元件的不同来区分，常见的振荡有 RC 文氏桥振荡、LC 振荡器和石英晶体振荡器。

（1）RC 振荡电路。图 1—31 所示是 RC 振荡电路原理图，放大电路是由运放组成的同相输入、电压串联负反馈放大器。选频电路由 Z1 和 Z2 组成。由 R1、$R_f$ 组成的负反馈网络可使电路稳定，并能够减小波形失真度。串并联的 RC 电路组成正反馈电路，决定反馈系数 $F$，$R$ 和 $C$ 决定振幅频率。

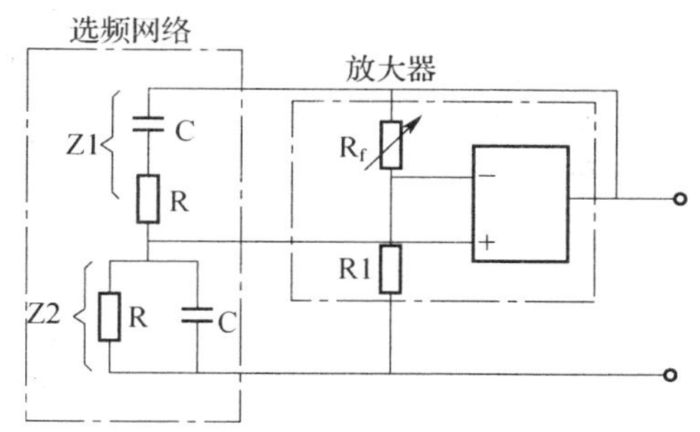


图 1—31　RC 振荡电路原理图

RC 串并联电路的相频、幅频特性如图 1—32所示，其中，当反馈信号相位角 $\omega_o$ 等于零时，幅频特性刚好出现最大值 $F_{max}=1/3$，即除去 $\omega_o$ 点，其他频率都不满足自激振荡条件。$\omega_o$ 的计算公式为

$$\omega_o=\frac{1}{RC}\varphi_f$$

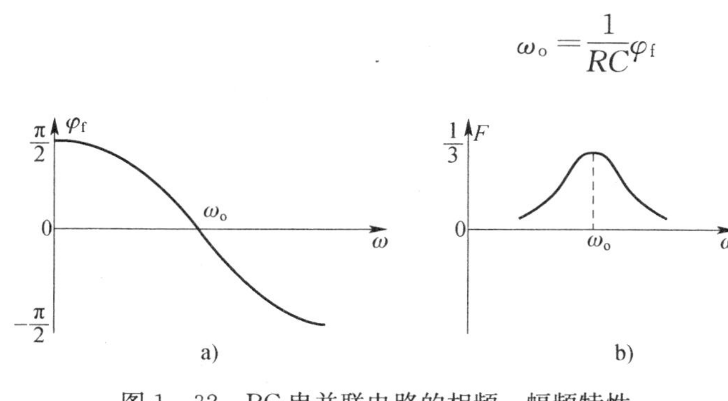


图 1—32　RC 串并联电路的相频、幅频特性

（2）石英晶体振荡电路。以石英晶体取代 LC 振荡器选频网络中的电感、电容元件所构成的振荡电路叫作石英晶体振荡器。它的频率稳定度可达 $10^{-10}\sim10^{-8}$，其在要求频率稳定度较高的设备中有着广泛的应用。

在石英晶体上，按一定方位切下薄片，然后在薄片的两个对应表面上蒸涂金属薄膜构成一对电极，就形成了作为振荡元件的石英晶体。若在切得的晶片上加一个电场，会使晶片产生机械变形；若在晶片上加机械压力，就会在相应的方向产生电场，这种现象叫作压电效应。石英晶振具有压电效应。若在晶片电极上加交变电压，就会产生机械变形振动，同时机械变形振动又会产生交变电场。在一般情况下，这个机械变形的振幅和交变电场的振幅都很小，只有在外加交变电压的频率为某一特定频率时，振幅才突然增大，这种现象称为压电谐振。这种特定的频率叫晶片的固有频率。

石英晶体的等效电路及电抗频率特性如图 1—33 所示。

石英晶体振荡电路的形式是多种多样的。图 1—34 所示是低频石英振荡器振荡电路。其中，由 C1、C2 和石英晶体共同组成选频网络。

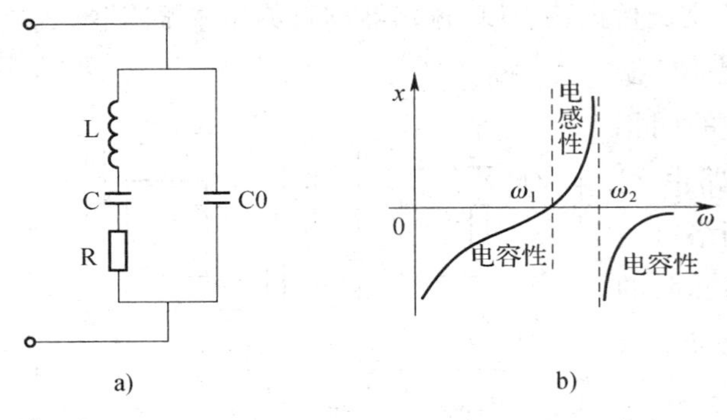

图 1—33　石英晶体的等效电路及电抗频率特性
a）等效电路　b）电抗频率特性

图 1—35 是图 1—34 的交流等效电路，由图 1—35 可以看出，该电路属于电容反馈式振荡电路。其中，③端接三极管基极，②端接地，所以 C2 两端的电压就是反馈电压 $u_f$。用瞬时极性法可判断出③端电压与基极电压同相，电路满足相位平衡条件。因为 $C \ll \left(C_o + \dfrac{C1C2}{C1+C2}\right)$，所以回路中起作用的是 C，因此谐振频率可近似为 $f_o \approx \dfrac{1}{2\pi\sqrt{LC}} = f_s$。又由于 $f_o$ 基本上等于晶体的固有频率 $f_s$，因而电路振荡频率稳定度很高。

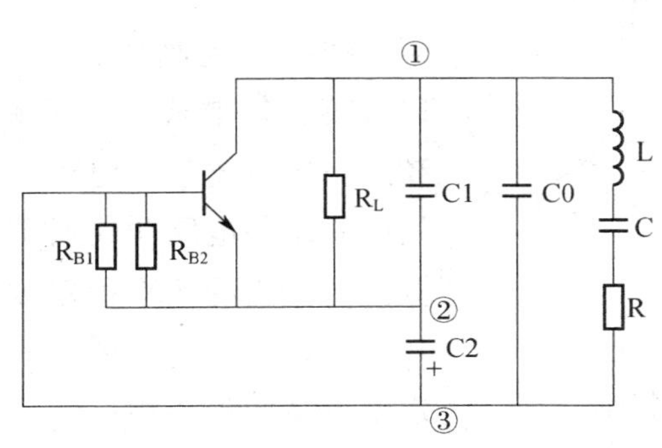

图 1—34　低频石英振荡器振荡电路

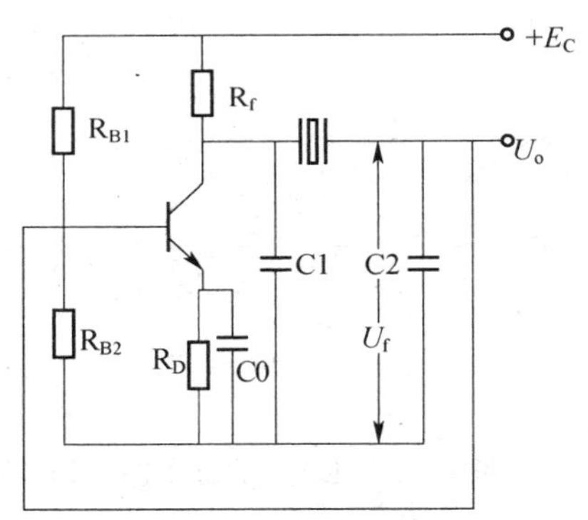

图 1—35　交流等效电路

石英晶体振荡电路中的主体为石英晶体振荡器，石英晶体振荡器简称晶振，其结构如图 1—36 所示。石英晶振的文字符号常用 X、LB、SJT、JT 等表示。

石英晶振由于具有体积小、稳定性好等特点，已广泛应用于空调器的微机芯片时钟电路。

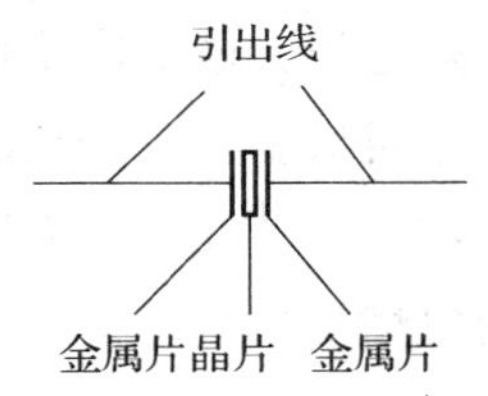

图 1—36　石英晶体的结构

## 三、控制电路的识别与连接

### 1. 三相负载的星形联结

三相电路中的三相负载，可能相同也可能不同。通常把各相负载相同的三相负载叫作对称三相负载，如三相电动机、三相电加热器等。如果各相负载不同，就将其称为不对称的三相负载，如三相照明电路中的负载。

根据不同要求，三相负载既可作星形（即 Y 形）联结，也可做三角形（即△形）联结。把三相负载分别接在三相电源的一根端线和中线之间的接法，叫作三相负载的星形联结。图 1—37 所示为三相负载的星形联结。为讨论问题方便，先作如下说明：①每相负载两端的电压称作负载的相电压，简称相电压，用 $U_{Y相}$ 表示。在忽略输电线上的电压降时，负载的相电压就等于电源的相电压，即 $U_{Y相}=U_{相}$；②三相负载的线电压就是电源的线电压，其仍用 $U_{线}$ 表示，且 $U_{线}=\sqrt{3}U_{Y相}$；③流过每相负载的电流叫作相电流，以 $I_{Y相}$ 表示，流过端线的电流叫作线电流，以 $I_{Y线}$ 表示，流过中线的电流叫作中线电流，以 $I_N$ 表示。

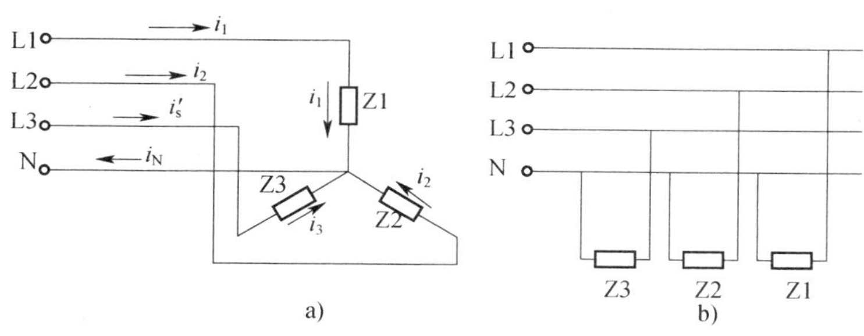


图 1—37　三相负载的星形联结

a）三相负载对称　b）三相负载不对称

对于三相电路中的每一相来说，其就是一个单相电路，所以各相电流与电压间的相位关系及数量关系都可用讨论单相电路的方法来讨论。

在对称三相电压作用下，流过对称三相负载中每相负载的电流应相等，即

$$I_{Y相}=I_1=I_2=I_3$$

当三相对称负载作星形联结时的中线电流为零时，如图 1—38a 所示。此时，取消中线也不影响三相电路的工作，三相四线制就变成三相三线制。通常在高压输电时，由于三相负载都是对称的三相变压器，所以都采用三相三线制输电。

当三相负载不对称时，各相电流的大小不一定相等，相位差也不一定为 120°。图 1—38 所示为三相负载作星形联结时的电流矢量图。由图 1—38 可以看出，三相负载不对称时的中线电流不为零。但通常中线电流比相电流小得多，所以中线的截面积可以小一些。由于低压供电系统中的三相负载经常要变动（如照明电路中的灯具经常要开关），因此其是不对称负载。当中线存在时，它能平衡各相电压，保证三相负载成为 3 个互不影响的独立电路，此时各相负载电压等于电源的相电压，因此不会因负载变动而变动。但是，当中线

断开后，各相电压就不再相等了。经计算以及实际测量证明：阻抗较小的相电压低；阻抗大的相电压高，这时可能会烧坏接在相电压升高的这相中的电器。所以，在三相负载不对称的低压供电系统中，不允许在中线上安装熔断器或开关，而且中线常用钢丝制成，以免中线断开引起事故。当然，另一方面，要力求三相负载平衡，以减小中线电流。例如，在三相照明电路中，就应将照明负载平均分接在三相上，而不要全部集中接在某一相或两相上。

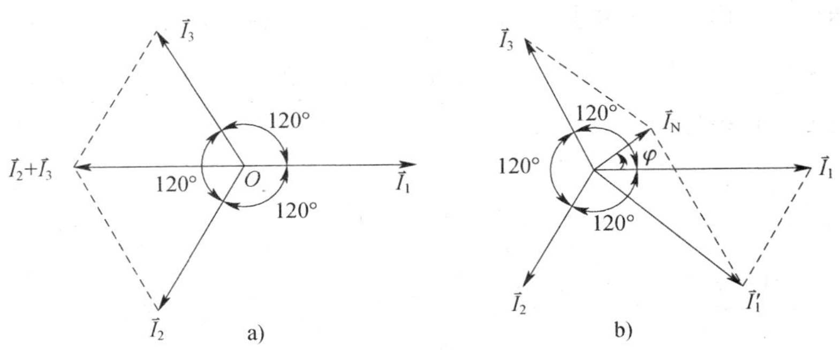


图 1—38　三相负载作星形联结时的电流矢量图

a）三相负载对称　b）三相负载不对称

### 2. 三相负载的三角形联结

前文所述星形联结，是把三相负载分别接在三相电源的一根端线和中线之间的连接方式。若把三相负载分别接在三相电源的每两根端线之间，就将其称为三相负载的三角形联结，如图 1—39a 所示。

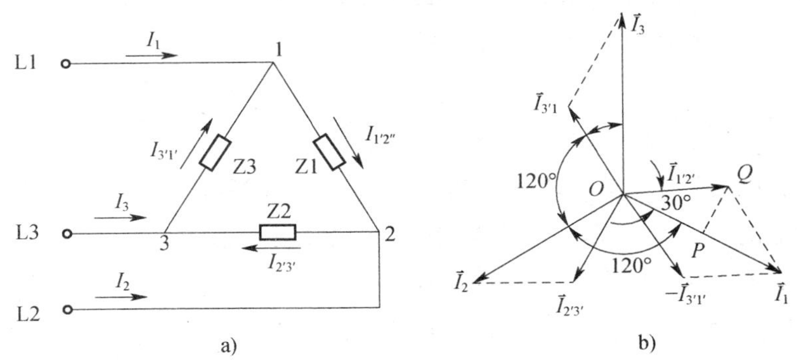


图 1—39　三相负载作三角形联结及其电流矢量图

对于三角形联结的每相负载来说，其也是单相交流电路，所以各相电流、电压和阻抗三者的关系仍与单相电路相同。由于作三角形联结的各相负载是接在两根端线之间的，因此负载的相电压就是线电压，即$U_{\triangle相}=U_{线}$。在对称三相电压作用下，流过对称三相负载中每相负载的电流应相等，即

$$I_{1'2'}=I_{2'3'}=I_{3'1'}=\frac{U_{\triangle相}}{Z_{\triangle}}=\frac{U_{线}}{Z_{\triangle}}$$

而各相电流间的相位差仍为120°。对于作三角形联结的对称负载来说，线电流与相电流的数量关系为

$$I_{\triangle线}=\sqrt{3}\ I_{\triangle相}$$

从图1—39b中可以看出，线电流总是滞后与之对应的相电流30°。

由以上讨论可知，负载作三角形联结时的相电压是作星形联结时的相电压的1.73倍。因此，对于三相负载接到三相电源中应作三角形还是星形联结，要根据三相负载的额定电压而定。若各相负载的额定电压等于电源的线电压，则应作三角形联结，若各相负载的额定电压是电源线电压的0.58倍，则应作星形联结。例如，我国工业用电的线电压绝大多数为380 V，当三相电动机各相的额定电压为380 V时，就应作三角形联结，当电动机各相的额定电压为220 V时，就应作星形联结。若误将作星形联结的负载接成三角形，就会因过压而烧坏负载。反之，若误将作三角的联结的负载接成星形，又会因电压不足而使负载不能正常工作。例如，若误把应作三角形联结的三相电动机接成星形，就会因工作电压不足，在额定负载时因启动转矩较小而不能启动发生堵转现象，甚至会烧坏电动机（降压启动例外）。

异步电动机的启动形式一般分直接启动和降压启动，直接启动即启动时电动机所加电压和正常工作电压相同，故也称全压启动。全压启动优点是电气设备少、线路简单、维修量较小。然而，并不是所有异步电动机在任何情况下都可以采用直接启动的全压启动，这是因为在电源变压器容量不够大的情况下，由于异步电动机启动电流一般可达到额定电流的4～7倍，致使电源变压器输出电压大幅度下降。这样，不仅会减小电动机本身的启动转矩，甚至使电动机无法启动，同时，还会影响同一供电网路中其他设备的正常工作。在大型冷库电气控制线路中，对于10 kW以上较大容量的电动机，启动时需要采用降压启动。在启动时，降低加在电动机定子绕组上的电压，当电动机启动后，再将电压升到额定值，使之在额定电压下运转，这叫作降压启动。由于电流与电压成正比，所以降压启动可以减小启动电流，这是降压启动的根本目的，一般降压启动时的启动电流控制在电动机额定电流的2～3倍。

常用的降压启动有星—三角降压启动、延边降压启动、自耦降压启动等形式，下面分别给予介绍。

**3. 星—三角降压启动的原理**

星—三角降压启动运行电路的控制原理如图 1—40 所示。

主电路的要求是电动机降压启动，当转速达到一定值后，自动转换到三角形运行。主电路包括 L1、L2、L3，开关 QS，熔断器 FU1，热继电器 KH，接触器 KM1、KM2、KM3 主触点，电动机 M。控制电路包括熔断器 FU2，停止按钮 SB1，启动按钮 SB2，接触器 KM1、KM3 辅助常开触点，接触器 KM2、KM3 辅助常闭触点，时间继电器 KT，时间继电器的延时断开触点 KT，接触器 KM1、KM2、KM3 线圈，热继电器常闭触点 KH。

控制电路的启动运行工作过程：合上开关 QS，三相电源通过 FU1 加到 FU2，按下 SB2，L3 相电源经过 KM2 辅助常闭触点、KT 时间继电器的线圈、热继电器 KH 的常闭触点，与 L2 相电源构成回路，KT 时间继电器的线圈得电进行计时；同时，L3 相电源经过 KM2 辅助常闭触点、KT 的延时断开触点、KM3 的线圈，也与 L2 相电源构成回路，因此，KM3 线圈得电，衔铁吸合，KM3 辅助常开触点闭合，KM3 辅助常闭触点断开（保证 KM2 线圈不得电），KM1 线圈得电，KM1 辅助常开触点闭合自锁（保证 KM1 线圈得电吸合）。主电路的运行工作过程：KM3 的吸合使 KM3 的主触点闭合，三相电动机为星形联结；同时，KM1 的吸合使 KM1 的主触点闭合，三相电源经热继电器 KH、KM1 的主触点加到三相电动机上，使三相电动机按星形联结启动。经过运行一定的时间，时间继电器计时到位，KT 的延时断开触点断开，KM3 线圈失电，KM3 的辅助常开触点复位，KM3 的辅助常闭触点闭合，使 KM2 线圈得电，KM2 辅助常闭触点断开，使时间继电器 KT 线圈失电，KT 的延时断开触点复位（为再次启动作准备）。主电路的运行工作过程：KT 的动作使 KM3 线圈失电，衔铁释放，KM3 的主触点断开；同时，KM2 线圈得电，衔铁吸合，主触点闭合，使三相电动机变为三角形联结，三相电源通过 KM1、KM2 的主触点分别加到三相电动机绕组上，使三相电动机按三角形联结运行。

停止控制过程：按下 SB1 停止按钮，控制电路不能构成回路，因此，KM1、KM2 线圈均失电，主触点都断开，使三相电动机失电停止运行。松开 SB1 按钮，由于按钮 SB2 及 KM1 辅助常开触点的断开，同样使控制电路不能构成回路，所以不能自启动。若断开开关 QS，则开关 QS 以下均无电，电动机不运行。

热继电器的保护：当三相电动机在运行过程中由于某种原因使电流超过额定值，运行一段时间后，由于热继电器的发热使常闭触点断开，使控制电路失电，电动机停止运行。即使温度下降恢复正常（KH 常闭触点复位），由于按钮 SB2 及 KM1 辅助常开触点的断开，同样使控制电路不能构成回路，所以不能自启动。

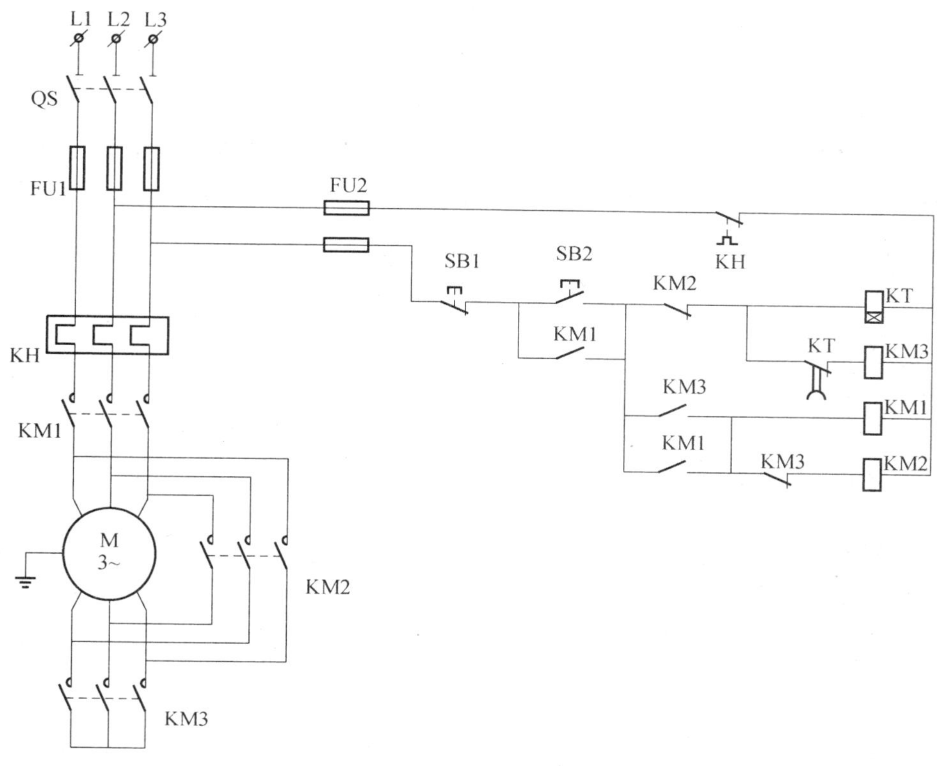


图 1—40　Y—△降压启动运行电路的控制原理

### 4. 延边降压启动原理

延边降压启动运行控制电路如图 1—41 所示，合上开关 QS，使三相电源加到控制电路及主电路。

控制电路的工作过程：按下启动按钮 SB1，KM1 线圈得电，KM1 辅助常开触点闭合自锁；同时，KT 线圈得电进行计时，KM3 线圈得电，辅助常闭触点断开（保证 KM2 线圈不得电）。主电路的工作过程：由于 KM1、KM3 线圈得电使衔铁吸合，从而使它们的主触点闭合，三相电动机进行降压启动。当 KT 计时到一定时间时，延时断开触点 KT 先断开，使 KM3 线圈失电，辅助常闭触点复位，延时闭合触点 KT 闭合，使 KM2 线圈得电，辅助常开触点闭合自锁，辅助常闭触点断开，使时间继电器 KT 的线圈失电，KT 的延时断开触点、延时闭合触点均复位（为下次启动作准备）。主电路的工作过程：当 KT 计时到一定时间时，由于 KM3 失电使其主触点断开，KM2 得电使其主触点闭合，使电动机处于正常的三角形运行。

停止控制过程：按下 SB2 停止按钮，控制电路不能构成回路，因此，KM1、KM2 的线圈均失电，主触点都断开，致使三相电动机失电停止运行。松开 SB2 按钮，由于按钮 SB1 及 KM1 辅助常开触点的断开，同样使控制电路不能构成回路，所以不能自启动。若断开开关 QS，则开关 QS 以下均无电，电动机不运行。

热继电器的保护：当三相电动机在运行过程中，由于某种原因使电流超过额定值，运行一段时间后，由于热继电器的发热使常闭触点断开，使控制电路失电，电动机停止运行。即使温度下降恢复正常（KH 常闭触点复位），由于按钮 SB1 及 KM1 辅助常开触点的断开，同样使控制电路不能构成回路，所以不能自启动。

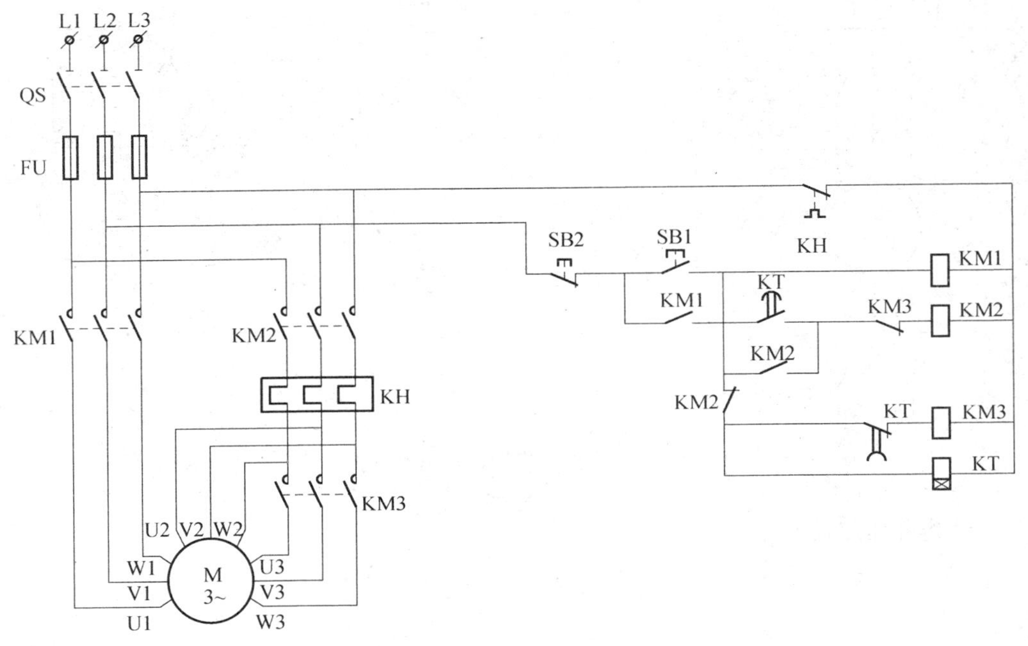


图 1—41　延边降压启动运行控制电路

### 5. 自耦降压启动原理

自耦降压启动控制电路如图 1—42 所示。主电路的工作过程：合上开关 QS，三相电源加到 KM2、KM3 主触点的上端，首先，KM2、KM1 主触点闭合，电动机进行自耦降压启动；然后，KM2、KM1 主触点断开，KM3 主触点闭合，电动机进行正常运行。为了实现上述目的，由控制电路控制交流接触器的吸合、断开。下面分析控制电路的工作过程：合上开关 QS，按下 SB1 按钮，KM1 线圈得电，KM1 主触点闭合（TM 星形联结），KM1 辅助常开触点闭合（KM1 辅助常闭触点断开，保证 KM3 线圈不得电吸合），KM2 线圈得电，KM2 辅助常开触点闭合自锁，KM2 主触点闭合，电动机进行降压启动。过一段时间后，按下 SB2 按钮，由于中间继电器 KA 比较灵敏，动作比交流接触器快，所以

KA 线圈得电，KA 常闭触点断开，KM1 线圈失电，KM1 主触点断开，KM1 辅助常开触点复位，KM2 线圈失电，KM2 辅助常开触点复位，KM2 的主触点断开。KA 常开触点闭合、KM1 的辅助常闭触点复位，KM3 线圈得电，KM3 辅助常闭触点断开，KA 线圈失电，KA 各触点复位。同时，KM3 辅助常开触点闭合自锁，KM3 主触点闭合，电动机进行正常运行。按下 SB3 按钮，KM3 线圈失电，KM3 主触点断开，电动机失电停止运行。KM3 各辅助触点复位并为下次启动作准备。

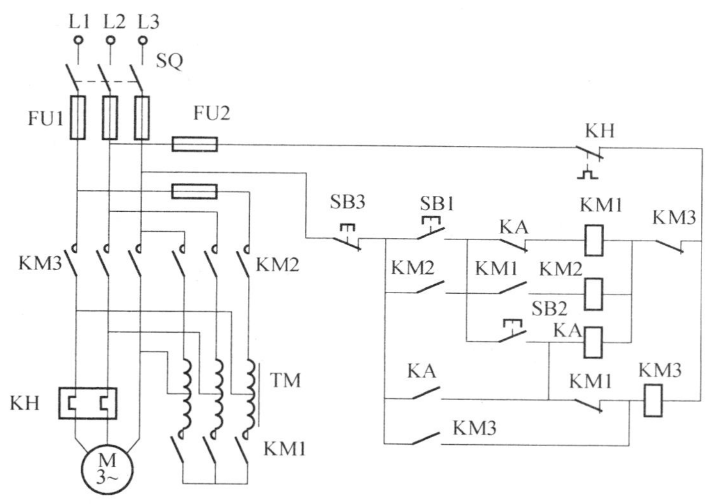


图 1—42　自耦降压启动控制电路

**6. 三相正反转控制线路**

三相正反转控制线路如图 1—43 所示，线路用两个交流接触器实行正反转控制，即正转用接触器 KM1 和反转用接触器 KM2，分别由正转按钮 SB2 和反转按钮 SB3 控制，这两个交流接触器的主触点接线的相序不同，KM1 按 L1—L2—L3 相序接线，KM2 则调换了两相相序，按 L3—L2—L1 相序接线，所以当两个接触器分别工作时，电动机的转向不一样。为了避免两个接触器同时吸合造成短路，因此利用两个交流接触器常闭触点，使一个电路工作，另一个电路不工作，从而使两个交流接触器相互制约，也称为联锁或互锁。当正转接触器 KM1 线圈得电时，串联在反转接触器 KM2 支路的 KM1 常闭触点断开，从而切断了 KM2 支路，这时即使按下反转按钮 SB3，反转接触器 KM2 线圈也不会通电。同理，在反转接触器 KM2 线圈得电时，即使按下正转按钮 SB2，接触器 KM1 线圈也不会通电，这样就能保证不会发生电源线间短路的事故。

正转控制如下：

按下 SB2→KM1 线圈得电→KM1 辅助常开触点闭合自锁、KM1 主触点闭合、KM1

辅助常闭触点分断对 KM2 联锁→电动机 M 启动连续正转。

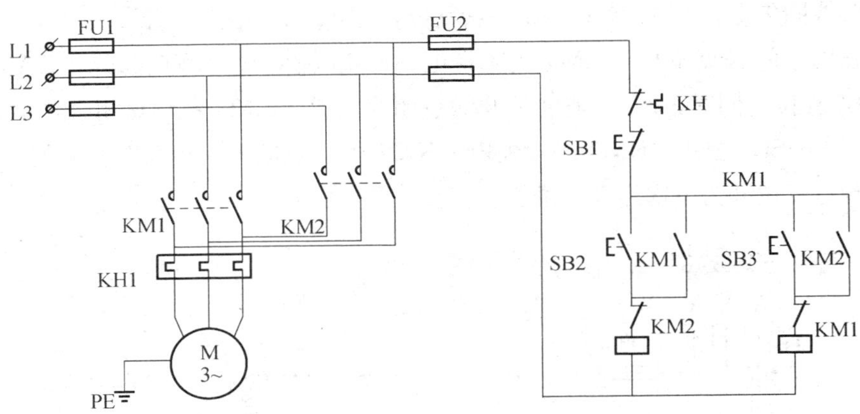


图 1—43　三相正反转控制线路

反转控制如下：

先按下按钮 SB1→KM1 线圈失电→KM1 辅助常开触点断开，解除自锁、KM1 主触点分断、KM1 辅助常闭触点恢复闭合，解除对 KM2 联锁→电动机 M 失电停止运转。

再按下按钮 SB3→KM2 线圈得电→KM2 辅助常开触点闭合自锁、KM2 主触点闭合、KM2 辅助常闭触点分断对 KM1 联锁→电动机 M 启动连续反转。

停止控制如下：

按下停止按钮 SB1→控制电路失电→KM1（或 KM2）主触点分断，电动机 M 失电停止运转。

**7. 按钮联锁正反转控制线路**

按钮联锁正反转控制线路如图 1—44 所示，接触器联锁正反转控制线路存在的缺点是，当需要电动机从一个转向改变为另一个转向时，必须首先按下停止按钮 SB1，然后再按下另一转向的启动按钮。假如不先按下停止按钮，因联锁作用，就不能改变旋转方向，也就是说，要使电动机改变转向，需要按动两个按钮，这对于频繁改变旋转方向的电动机来说是很不方便的。为了达到不按停止按钮就能直接由一个旋转方向改变为另一个旋转方向，又能防止电源线间短路的目的，可采用按钮联锁正反转控制线路。

正转控制如下：

按下按钮 SB2→KM1 线圈得电、SB2 常闭触点断开，切断 KM2 线圈联锁→KM1 辅助常开触点闭合自锁、KM1 主触点闭合→电动机 M 启动连续正转。

反转控制如下：

按下按钮 SB3→SB3 常闭触点断开，切断 KM1 线圈联锁、KM2 线圈得电→KM2 辅助常开触点闭合自锁、KM2 主触点闭合→电动机 M 启动连续反转。

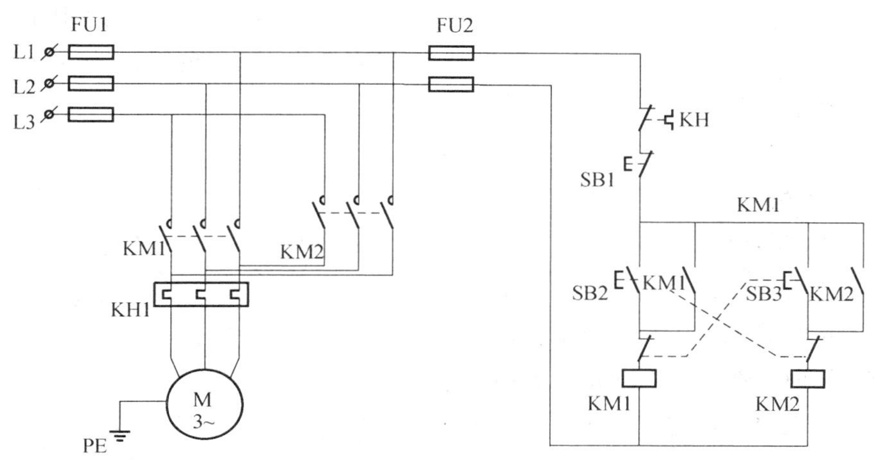


图 1—44　按钮联锁正反转控制线路

停止控制如下：

按下停止按钮 SB1→控制电路失电→KM1（或 KM2）主触点分断电动机 M 失电停止运转。

## 四、整流与稳压电路

电网供给的电能是交流电，然而在制冷电气控制电路中往往都要用直流电来工作。这种把交流电转换为直流电的过程叫整流，晶体二极管具有单向导电性，可以利用这一性质来进行整流。因此把用来整流的晶体二极管又叫作整流管。

### 1. 单相半波整流电路

图 1—45 是由二极管组成的单向半波整流电路。它是由电源变压器 T、晶体二极管 VD 和负载电阻 R 组成的，是一种最简单的整流电路。

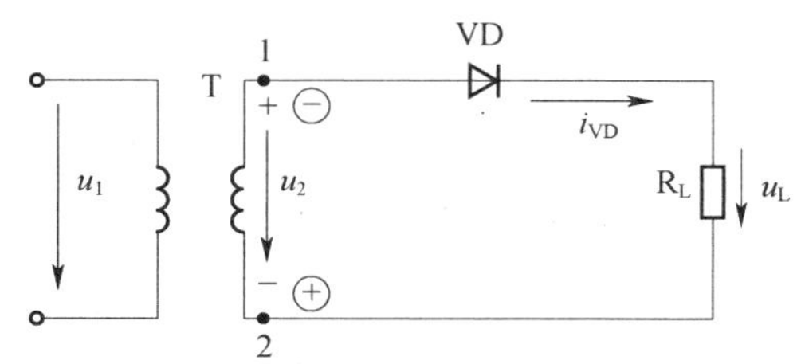


图 1—45　由晶体二极管组成的单相半波整流电路

在 $u_2$ 处于正半周时，当变压器二次绕组中“1”点的电位为正，而“2”点为负时，二极管 VD 两端加的是正向电压，电路处于导通状态，负载 $R_L$ 上有电流 $i_L$ 通过。因为二极管正向电压小，可忽略不计，所以加在负载 $R_L$ 两端的电压 $u_L$就等于变压器二次绕组的电压 $u_2$，即

$$i_L = u_L/R_L = u_2/R_L$$

在电压 $u_2$ 处于负半周时，当变压器二次绕组中“2”点的电位为正，而“1”点电位为负时，二极管 VD 两端加的是反向电压，二极管处于截止状态，电路中无电流通过。因为二极管反向电阻大，相比之下，负载 $R_L$ 可忽略不计，所以电压 $u_2$ 几乎全部加到二极管两端，负载上的电压 $u_L$ 为零，即

$$u_{VD} = u_2,\ u_L = 0,\ i_L = 0$$

根据上述讨论可得，在由二极管组成的单相半波整流电路中的电流和各元件上的电压波形如图 1—46 所示。由于二极管的单相导电性，当线路中输入一个正弦电压时，在负载上获得了方向不变的脉动直流电压，这就叫作整流。由于每个周期内只在半个周期中有输出电压，因此称为半波整流。这个脉动直流电压的大小，可以用平均值来表示。

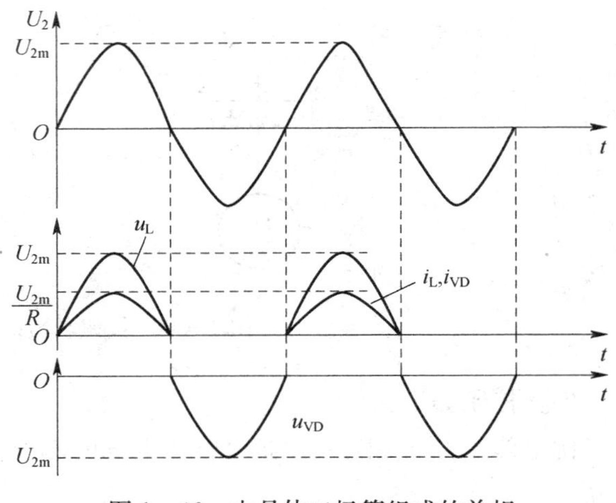

图 1—46　由晶体二极管组成的单相半波整流电路的波形

脉动直流电压的平均值是这样求得的：在一个周期内，以横坐标为一边作矩形，使矩形的面积等于在这个周期内的脉动电压波形曲线和横坐标轴之间所包围的面积，那么矩形另一边的大小就代表脉动电压的平均值 $U_L$，如图 1—47 所示。通过计算可以得到负载 $R_L$ 两端脉动直流电压的平均值为

$$U_L \approx 0.45\ u_2$$

流过负载的电流平均值为

$$I_L \approx 0.45\ u_2/R_L$$

又因二极管 VD 与负载 $R_L$ 串联，所以通过它们的电流相等，即

$$I_{VD} = I_L = 0.45\ u_2/\ R_L$$

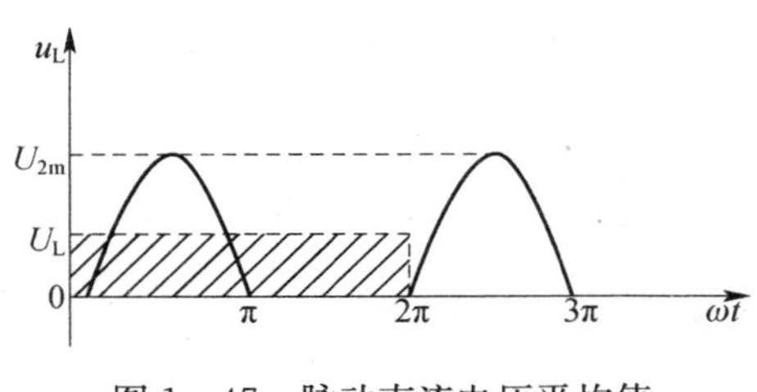

图 1—47　脉动直流电压平均值

实际上，电路中的晶体二极管允许通过的最大电流值一定要大于 $I_{VD}$，其才不至于因电流过大而烧坏。二极管 VD 截止时所承受的最大反向电压为

$$U_{VDm} = 1.41U_2$$

电路中的二极管最大反向工作电压一定要大于 $U_{VDm}$，只有这样考虑到电网的波动（$u_1$ 的

波动）和其他的影响，才不至于损坏二极管，从而使整流电路安全工作。

由以上分析可知，单相半波整流电路的特点如下。

（1）电路简单，只需一个二极管。

（2）输出电压只有正半周期有电压、脉动大、效率低。

（3）由于变压器利用率低，因此当有直流分量通过变压器二次侧时，易发生磁饱和，所以要求变压器铁心截面积必须足够大。此外，值得注意的是，半波整流只适合用在一些小功率电路中。

**2. 单相全波整流电路**

在单相半波整流电路的基础上，再加上一只晶体二极管和一个相同的变压器二次绕组就组成了单相全波整流电路，如图1—48所示。

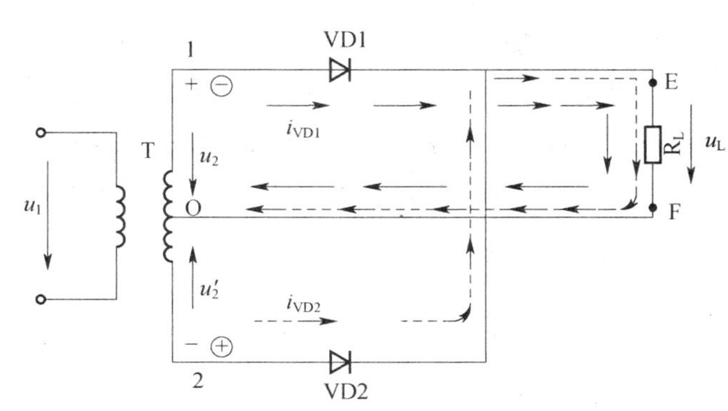


图 1—48　单相全波整流电路

单相全波整流可以看作两个半波整流电路的组合，而负载电阻是公共的。设变压器 T 二次侧两个绕组对于中心抽头“O”点的交流电压的大小相等、方向相反。

在电压 $u_2$ 处于正半周，当变压器二次侧“1”点的电位较“O”点为正，而“2”点的电位较“O”点为负时，加在晶体二极管 VD1 两端为正向电压，VD1 导通，电流 $i_{VD1}$ 经过“1”点，VD1、$R_L$、“O”点自成回路，在负载 $R_L$ 上，电流是由 E 端流到 F 端。同时，加在晶体二极管 VD2 上的是反向电压，VD2 截止，无电流通过。在电压 $u_2$ 处于负半周，当变压器二次侧绕组“1”点的电位较“O”点为负，而“2”点的电位较“O”点为正时，电压 $u_2$ 经“O”点、$R_L$，加到 VD1 上的是反向电压，晶体二极管 VD1 截止，无电流通过。同时，电压 $u_2'$ 经 $R_L$ 加在 VD2 两端的电压是正向电压，VD2 导通，电流 $i_{VD2}$ 经过“2”点，VD2、$R_L$、“O”点自成回路，电流经负载 $R_L$ 时也是由 E 端流到 F 端。

综上可知，在单相全波整流电路中，晶体二极管 VD1 和 VD2 在正、负半周中轮流导通。无论是在正半周还是在负半周，负载 $R_L$ 上都有电流输出，流过负载的电流是单一方向的全波脉动电流，单相全波整流电路中的电流和各元件上的电压波形如图 1—49 所示。

对比图 1—46 和图 1—49 所示的波形可以看出，在负载相同时，全波整流的负载 $R_L$ 上的输出电压和电流的平均值比半波整流大一倍，即

$$U_L = 2 \times 0.45U_2 = 0.9U_2$$

$$I_L = U_L / R_L = 0.9U_2 / R_L$$

由于全波整流电路里 VD1 和 VD2 轮流导通，显然通过每个二极管的平均电流只有通过负载 $R_L$ 的平均电流的一半，即

$$I_{VD1}=I_{VD2}=1/2\ I_L=0.45U_2/R_L$$

在单相全波整流电路中，当 VD1 导通时，其正向电压很小，故它的正极和负极可看成同电位，都等于变压器二次绕组“1”点的电位，它相对于“O”点为正，并加到二极管 VD2 的负极上；同时，“2”点的电位较“O”点为负，并加到二极管 VD2 的正极上。因此，二极管 VD2 所承受的最大反向电压等于变压器二次绕组上的全部电压。当 VD2 导通而 VD1 截止时，二极管 VD1 两端所加的最大反电压也是变压器二次绕组上的全部电压。因此，每一个二极管所承受的最大反向电压为

$$U_{VD1m}=U_{VD2m}=2\times1.4\times U_2=2.8U_2$$

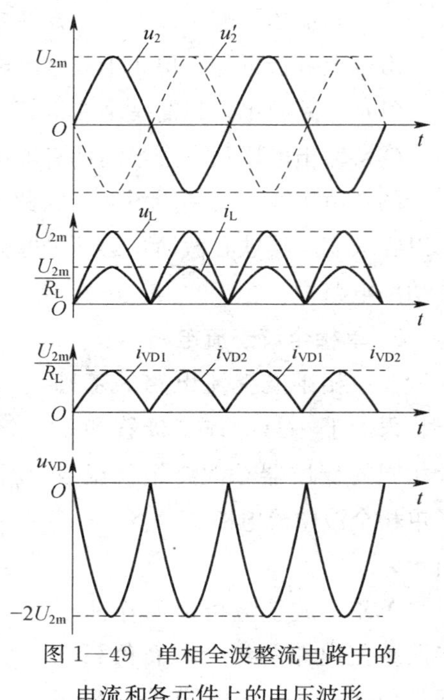

图 1—49　单相全波整流电路中的电流和各元件上的电压波形

和单相半波整流电路相比，单相全波整流电路的特点如下：输出直流电压高、直流电流大，在电源电压正负半周都有输出，脉动较小。但全波整流器中变压器有两个绕组，因此要用两个晶体二极管，且每一个二极管上将承受较大的反向电压。

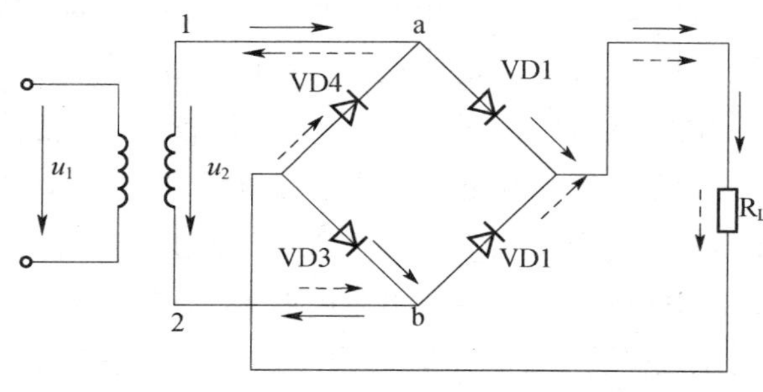

图 1—50　单相桥式整流电路

### 3. 单相桥式整流电路

单相桥式整流电路是应用较广泛的又一种整流电路，它是由 4 个晶体二极管组成的，它们组成电桥形式，因此称为桥式整流电路，如图 1—50 所示。

在 $u_2$ 处于正半周时，“1”点的电位较“2”点为正，晶体二极管 VD1 和 VD3 处于正向连接而导通，电流自 a 点流入，经 VD1、$R_L$、VD3 流至二次绕组“2”端，在 $R_L$ 两端得到半个周期的电压；同时，晶体二极管 VD2 和 VD4 处于反向连接截止。

在 $u_2$ 处于负半周时，“1”点的电位较“2”点为负，晶体二极管 VD2 和 VD4 处于正向连接导通，电流自 b 点流入，经 VD2、$R_L$、VD4 流至二次绕组“1”端，负载两端

又得到同向的半个周期的电压；同时，晶体二极管 VD1 和 VD3 处于反向连接截止。

VD1、VD3 和 VD2、VD4 轮流导通，无论在输入电压的正半周或负半周，负载 $R_L$ 中都有同方向的电流通过。因此，输出电压、电流的波形和全波整流情况相同。单相桥式整流电路中的电流和各元件上的电压波形如图 1—51 所示。

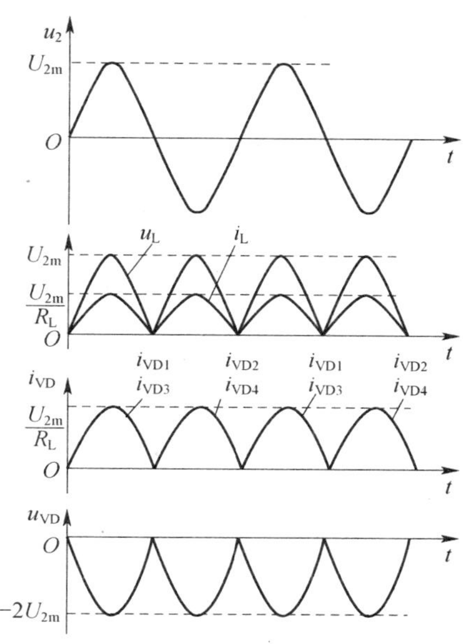


图 1—51　单相桥式整流电路中的电流和各元件上的电压的波形

负载 $R_L$ 两端电压平均值为

$$U_L = 0.9U_2$$

流经负载的平均电流为

$$I_L = U_L/R_L = 0.9U_2/R_L$$

整流二极管 VD1、VD3 和 VD2、VD4 轮流导通，所以通过每个二极管上的平均值是负载电流的一半，即

$$I_{VD1} = I_{VD2} = I_{VD3} = I_{VD4} = 1/2\ I_L = 0.45U_2/R_L$$

当 $u_2$ 处于正半周时，变压器二次绕组“1”点的电位高于“2”点，二极管 VD1、VD3 导通，VD2、VD4 截止。如果忽略二极管 VD1、VD3 的正向压降，“1”的正电位实质上加到 VD2、VD4 的负极上，“2”点的负电位加到 VD2、VD4 的正极上。因此，二极管 VD2、VD4 截止时两端所承受的最大反向电压为

$$U_{VD2m} = U_{VD4m} = 1.4U_2$$

同理，当 $u_2$ 处于负半周时，二极管 VD2、VD4 导通，VD1、VD3 截止。截止时加在 VD1、VD3 两端的最大反向电压为

$$U_{VD1m} = U_{VD3m} = 1.4U_2$$

和全波整流电路相比，单相桥式整流电路有以下的特点。

（1）变压器只需要有一个二次绕组，而且中间无抽头，绕制简单，变压器也不存在直流磁饱和，利用率高。

（2）正、负半周中负载都有输出。

（3）晶体二极管最大的反向电压只是全波整流的一半，但单相桥式整流电路需 4 只晶体二极管，晶体管数目是全波整流电路的两倍。

为了进行比较，现将晶体二极管单相整流电路的 3 种基本形式列于表 1—3。

表 1—3　　晶体二极管单相整流电路的 3 种基本形式

| 电路名称 | 单相半波整流电路 | 单相全波整流电路 | 单相桥式整流电路 |
|---|---|---|---|
| 电路图 | | | |
| 输出波形 | | | |
| 输出直流电压 $U_L$ | $0.45U_2$ | $0.9U_2$ | $0.9U_2$ |
| 输出直流电流 $I_L$ | $0.45U_2/R_L$ | $0.9U_2/R_L$ | $0.9U_2/R_L$ |
| 二极管承受的最大反向电压 | $1.41U_L$ | $2.83U_2$ | $1.41U_2$ |
| 通过二极管平均电流 | $I_L$ | $I_L/2$ | $I_L/2$ |

### 4. 滤波电路

利用整流电路虽然可以将交流电变为单一方向的直流电。但从波形上可以看出，它们的脉动程度较大。因此，它还不是平稳的直流电。为了获得平稳的直流电，必须把脉动直流电中的交流分量去掉。将脉动直流电变为比较平稳的直流电的过程称为滤波。滤波的主要作用就是保留脉动直流的直流部分，而尽量滤除它的交流成分。显然，滤波电路必须由一些对交、直流电流具有不同阻碍作用的元件组成。由电感和电容组成的滤波电路的主要形式如图 1—52 所示。

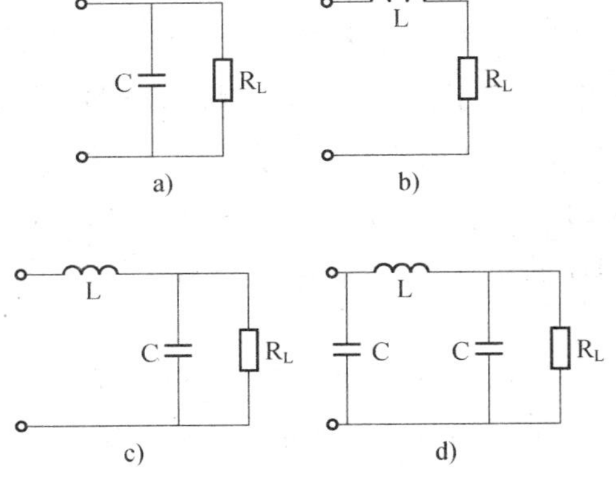


图 1—52　由电感和电容组成的滤波电路的主要形式

a）电容滤波　b）电感滤波

c）Γ 型滤波　d）Π 型滤波

下面以电容滤波器为例来说明滤波器的作用。

电容滤波器，又称 C 型滤波器，实际上就是在整流电路的负载 $R_L$ 两端并联一个电容器 C。图 1—53 所示就是带电容滤波器的半波整流电路。

当 $u_2$ 处于正半周时，二极管 VD 导通，电流分两路：一路经负载 $R_L$，另一路对电容器充电。由于充电时间常数 $\tau_{放}=R_{VD}C$ 很小（$R_{VD}$是二极管正向电阻），充电结果使电容

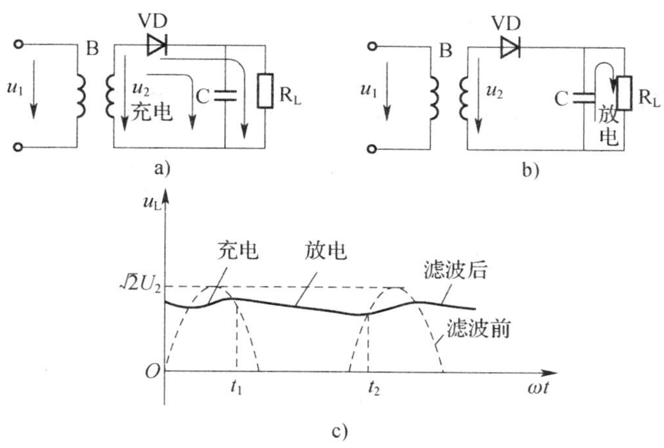


图 1—53　带电容滤波器的半波整流电路

器两端上的电压很快上升，到 $t_1$ 时，$u_C$ 已充到 $u_2$（$t_1$）的数值。以后二极管 VD 因正极的电位 $u_2$ 比负极的电位 $u_C$ 低而截止。这时，电容器 C 就对负载 $R_L$ 放电，所以负载 $R_L$ 上还有电流通过。一般说来，放电的时间常数 $\tau_{放}=R_LC$ 较大，所以放电很缓慢，电容器上的电压 $u_C$ 逐渐下降。到 $t_2$ 时，电压 $u_2$ 又大于 $u_c$，二极管又导通，$u_2$ 又对 C 充电、放电，不断重复，因而使负载两端电压的变化规律如图 1—53c 中的实线所示。

从图 1—53 中可以看出，在单相半波整流电路中接入电容器 C 后，负半周也有电压输出，这是由电容器缓慢放电而供给的。整个输出波形脉动小，比较平坦。输出电压的大小和脉动的幅度取决于时间 $\tau_{放}$，$\tau_{放}$ 越大（也就是电容 $C$ 和负载 $R_L$ 乘积越大），放电越缓慢，输出电压越大，脉动越小，反之亦然。一般来说，加电容器滤波后，单相半波整流电路的输出值比不加滤波器时要高，$U_L=(1.0\sim1.4)U_2$。

电容滤波器在单相桥式整流电路或全波整流电路中的工作原理与半波整流一样，不同处是在正、负半周都对电容器充电（一个周期内对电容器两次充电），这样电容器对 $R_L$ 放电时间就缩短了，因此输出电压比半波高且脉动小。一般来说，加电容滤波器后，单相桥式整流电路的输出 $U_L=(1.1\sim1.4)U_2$，如图 1—54 所示。

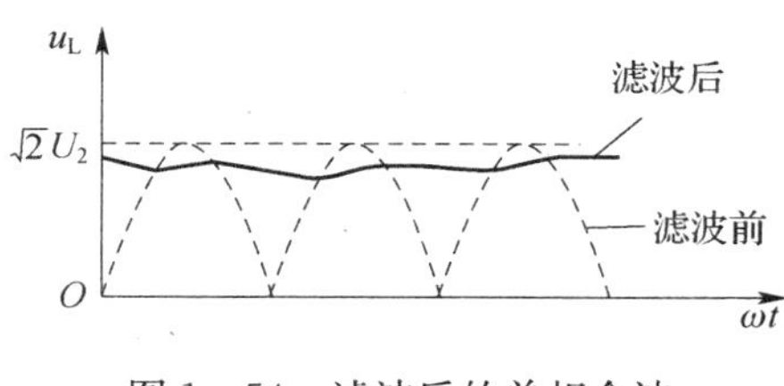


图 1—54　滤波后的单相全波（桥式）整流电路的波形

# 学习单元 2　制冷空调热工与流体基础知识

## 学习目标

掌握热力学基础、单级压缩制冷系统的实际循环、影响制冷循环的因素，以及流体力学基础知识。

### 一、热力学基础

#### 1. 热导率

热导率是物质的一个重要热物理性质参数，它表明物质导热能力的强弱，用符号 $\lambda$ 表示，单位是 W/（m·K）。实验表明，不同物质的热导率是不同的，即使是同一种物质，其热导率的数值还会受到温度、湿度、密度等因素的影响。

对于许多工程材料而言，当温度变化范围不大时，可以认为其热导率与温度呈线性关系，即

$$\lambda = \lambda_0(1 + bt)$$

式中　$\lambda$——温度为 $t$℃时材料的热导率；

$\lambda_0$——温度为 0℃时材料的热导率；

$b$——由实验确定的常数；

$t$——温度。

一般来说，对于气体、造型材料、建筑材料和保温材料，$b$ 为正值，$\lambda$ 随着温度的上升而增大；而对于大多数液体（水除外）和金属材料，$b$ 为负值，$\lambda$ 随着温度的上升而减小。

在工程计算中，热导率按上式取两端点的温度时 $\lambda$ 的算术平均值，并将其作为常数处理。

建筑材料和保温材料在自然环境影响下，内部总含有一定的水分。随着湿度的增加，材料的热导率增加，保温性能明显下降。这是因为水的热导率远大于空气的热导率。当材料的空隙中渗入水分时，热量的传递将随着水分从高温区向低温区迁移而急剧增加。因此，对于建筑物的维护结构，特别是冷、热设备的保温层表面，都应采取适当的防潮措施。

密度对热导率的影响表现在材料的热导率随密度增大而增大，其大小按金属、非金

属、液体、气体的次序排列。

此外，物质的结构、物质的状态也都会影响热导率。

影响热导率的因素有很多，工程上常用材料的热导率一般都是由实验方法测得的。各种材料的热导率可以从有关手册中查到。在选用时，应注意影响材料热导率的各因素的实际情况。表 1—4 列出了几种材料的密度及其热导率的值。

**表 1—4　　几种材料的密度及其热导率的值**

| 材料名称 | 温度 $t$（℃） | 密度 $\rho$（$kg/m^3$） | 热导率 $\lambda$（$W \cdot m^{-1} \cdot K^{-1}$） | 材料名称 | 温度 $t$（℃） | 密度 $\rho$（$kg/m^3$） | 热导率 $\lambda$（$W \cdot m^{-1} \cdot K^{-1}$） |
|---|---|---|---|---|---|---|---|
| 钢 | 20 | 7 833 | 54 | 砂土 | 12 | 1420 | 0.59 |
| 钢 0.5%C | 20 | 7 753 | 36 | 黏土 | 9.4 | 1 850 | 41 |
| 钢 1.5%C | 20 | 7 830 | 50.7 | 珍珠岩粉料 | 20 | 44 | 0.042 |
| 铸钢 | 20 | 7 272 | 52 | 珍珠岩粉料 | 20 | 288 | 0.078 |
| 铸钢 0.4%C | 20 | 8 954 | 398 | 水泥珍珠岩制品 | 20 | 200 | 0.058 |
| 纯铜 | 20 | 19 320 | 315 | 玻璃棉 | 20 | 100 | 0.058 |
| 金 | 20 | 10 524 | 411 | 石棉水泥板 | 20 | 300 | 0.093 |
| 银 99.9% | 20 | 232 | 0.077 | 石膏板 | 20 | 1 100 | 0.41 |
| 泡沫混凝土 | 20 | 627 | 0.29 | 有机玻璃 | 20 | 1 188 | 0.20 |
| 泡沫混凝土 | 20 | 2 400 | 1.54 | 玻璃钢 | 20 | 1 780 | 0.50 |
| 钢筋混凝土 | 20 | 2 344 | 1.84 | 软木 | 20 | 230 | 0.057 |
| 碎石混凝土 | 20 | 1 800 | 0.81 | 刨花（压实的） | 20 | 300 | 0.12 |
| 普通黏土砖墙 | 20 | 1 668 | 0.43 | 陶粒 | 20 | 500 | 0.21 |
| 红砖土墙铬砖 | 900 | 3 000 | 1.99 | 松散稻壳 | — | 127 | 0.12 |
| 耐火黏土砖 | 800 | 2 000 | 1.07 | 松散锯末 | — | 304 | 0.148 |
| 水泥砂浆 | 20 | 1 800 | 0.93 | 松散蛭石 | — | 130 | 0.058 |
| 石灰砂浆 | 20 | 1 600 | 0.81 | 厚纸板 | — | 700 | 0.17 |

### 2. 表面传热系数

表面传热系数，原来也叫对流换热系数、换热系数或放热系数，现按照中华人民共和国国家标准“量和单位”（GB 3100～3102—93）的规定，统一将其叫作表面传热系数，符号规定为 $\alpha$，单位为 W/（$m^2 \cdot K$）。它表示对流换热过程的强弱。在传热学中，研究对流换热问题的关键就是确定表面传热系数。

由于对流换热是对流和导热两种作用的综合结果，因此，一切支配这两种作用的因素和规律，如流动的起因、流动状态、流体的物理性质、物相变化、壁面的几何参数等，都会影响对流换热过程。表面传热系数只是从数值上反映了对流换热现象在不同条件下的综合强度。下面具体分析影响对流换热的主要因素。

（1）流体流动的起因。驱使流体以某一流速在壁面上流动的原因有两种：一种是自然对流；另一种是强制对流，也叫受迫运动。一般地说，强制对流流速较自然对流高，因而强制对流的表面传热系数也高。例如，空气自然对流换热的表面传热系数为 5～25 W/($m^2$·K)，而强制对流的表面传热系数可达 10～100 W/($m^2$·K)。又如，房屋墙壁的外表面受风力的影响，其表面传热系数比内壁面高 1 倍以上。

（2）流体流动的状态。流体的流动存在着层流和紊流两种形式。层流时，沿壁面法线方向的热量传递主要依靠导热，故表面传热系数的大小取决于流体的导热系数。紊流时，依靠导热传递能量的方式只保留在层流底层中，而紊流核心中的热量传递则依靠流体各部分的剧烈位移，此时表面传热系数的大小基本上取决于层流底层的热阻，这是因为层流底层的热阻与紊流核心的热阻相比较，前者起着决定性作用。因此，要强化对流换热过程，可在某种程度上用增加流体流速的方法来实现，因为这样可以使流体流动由层流变为紊流，或使层流底层厚度减小。

（3）流体的物理性质。流体的物理性质因种类、温度、压力而变化。影响对流换热的物理性质主要是比热容 $C_p$、热导率 $\lambda$、密度 $\rho$、粘度 $\mu$ 等。热导率大，流体内和流体与壁面之间的导热热阻小，换热就强。比热容与密度大的流体，单位体积能携带更多的热量，因而以对流作用传递能量的能力也高。粘度大阻碍流体的流动，因而不利于热对流。

（4）换热表面的形状和尺寸。壁面的几何尺寸、形状、位置将会影响流体在壁面上的流态、速度分布和温度分布，从而导致不同的换热效果。在涉及对流换热问题时，应针对壁面的几何因素作具体分析。

（5）流体的相变。当流体在对流换热中发生相变时，会对换热过程产生特殊影响。例如，在沸腾换热和凝结换热过程中，伴随流体液相与气相之间的相互转化，使得它们与单相流体间放热有很大差别。一般来说，同一种流体，有相变时的对流换热要比无相变时激烈得多。

综合上述几个方面的影响，不难得出结论，表面传热系数是众多因素共同作用的结果，是这众多参数的函数，包括流体流速、壁面温度、流体温度、流体的热导率、比热容、密度、动力粘度、容积膨胀系数、壁面形状因素、壁面几何尺寸等。

由于对流换热过程十分复杂，因此单纯依靠数学方法求得表面传热系数是很困难的。一般通过在实物或模型上进行实验的方法，求解对流换热问题。

**3. 传热系数**

一种流体（高温流体）通过一定厚度的固体壁将热量传给另一种流体（低温流体）的

过程叫传热过程。衡量传热过程强弱的指标就是传热系数，一般用 $K$ 表示，单位是 W/(m$^2$·K)。在工程单位制中，传热系数的单位是 kcal/(m$^2$·h·℃)，两者之间的换算关系为

$$1\ \text{kcal/(m}^2\cdot\text{h}\cdot℃) = 1.163\ \text{W/(m}^2\cdot\text{K)}$$

传热系数 $K$ 的物理意义为：冷热流体温差为1℃时，通过单位面积传递的热量。$K$ 值的大小与冷热流体的性质、流动情况、壁的材料、形状和尺寸等因素有关。

实际工程中的传热问题，很多场合是要求对传热过程予以增强或者削弱。例如，在各种换热器中，希望强化传热过程，这样，在相同的传热温差下，传递同样多的热量所需要的传热面积就可以缩小，换热器的结构可以更加紧凑，减少金属的消耗量。但对于制冷系统的低温设备、低温管道，若希望削弱它们与环境之间的热交换，则往往需要采取隔热措施。

**4. 传热量的计算**

（1）无相态变化时的热力计算。对于一个没有相态变化的换热过程，当某物质的温度变化时，该物质吸收或者放出的热量（即过程中换热量 $Q$ 的多少）可以通过下式计算。

$$Q = mC_p(t_2 - t_1)$$

式中 $Q$——过程中的换热量，kJ；

$m$——物质的质量，kg；

$C_p$——物质的比热容，kJ/（kg·K)；

$t_1$——初始温度，℃；

$t_2$——终了温度，℃。

例如，0.5 kg 的水由 5℃加热到 90℃，水吸收的热量为

$$Q = mC_p(t_2 - t_1) = 0.5 \times 1.0 \times (95 - 5) = 45\ \text{kJ}$$

（2）有相态变化时的热力计算。如果换热过程中伴随有物质的相变，则不可以用上式来计算过程中的换热量。这是因为，物质在发生相态变化的过程中，温度不发生变化。但在这个过程中，物质又确确实实地吸收或放出热量。单位质量的物质在这样的过程中吸收或放出的热量，就是该物质的潜热。如果是汽化（冷凝）过程，就称之为汽化（凝结）潜热；如果是升华（凝华）过程，就称其为升华（凝华）潜热。

在有相态变化的换热过程中，换热量多少可以用过程前后的焓差来计算。假设质量为 $m$（kg）的物质，在换热过程初始的比焓为 $h_1$，换热过程结束时的比焓为 $h_2$，那么，在该换热过程中，该物质放出（或吸收）的热量为

$$Q = m(h_2 - h_1)$$

式中 $Q$——过程中的换热量，kJ；

$m$——物质的质量，kg；

$h_1$—— 物质初始比焓，kJ/kg；

$h_2$—— 物质终了比焓，kJ/kg。

例如，把 0.5 kg 的水在 $1.0\times10^5$ Pa 的压力下由 10℃加热到 120℃，水已经变为过热的水蒸气。通过查阅水和热水蒸气热力性质表可知，在 $1.0\times10^5$ Pa 的压力下，10℃的水的比焓为 42.1 kJ/kg；120℃的水蒸气的比焓为 2 716.8 kJ/kg。因此，在该加热过程中，水吸收的热量为

$$Q=m(h_2-h_1)=0.5\times(2\ 716.8-42.1)=1\ 337.35\ \text{kJ}$$

上述公式也适用于没有相态变化的过程。

**5. 压缩机消耗的功和功率**

（1）压缩机消耗的功

1）理论功。单级压缩制冷循环原理图如图 1—55 所示。单级往复式制冷压缩机的理论循环 $\lg p-h$ 图如图 1—56 所示。

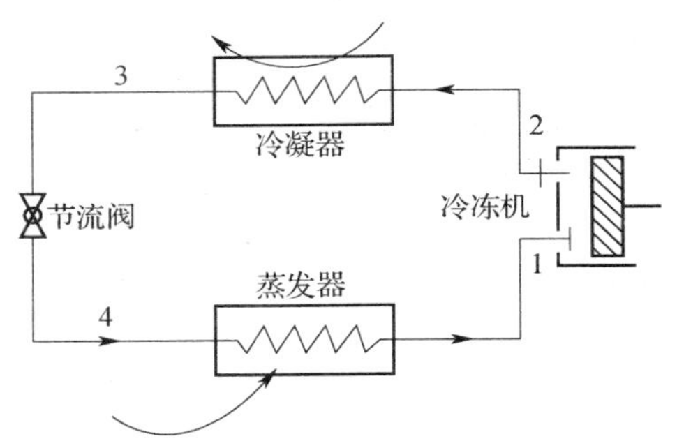


图 1—55　单级压缩制冷循环原理图

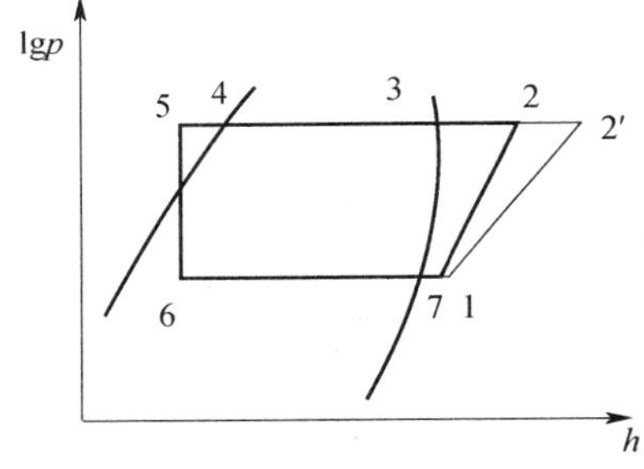


图 1—56　单级往复式制冷压缩机的理论循环 $\lg p-h$ 图

制冷压缩机完成一个理论循环所消耗的功，视压缩过程 1→2 的热力过程不同而不同。可以出现的热力过程有等温过程、等熵过程或多变压缩过程。对于制冷压缩机，它的制冷剂一般都是临界温度比较高的蒸气，压力高时，往往趋于饱和，按通常的吸气状态对制冷剂蒸气进行等温压缩，很可能在达到排气压力前便开始出现液滴，这是不实用的，也是不允许的。因此，通常取 1→2 为等熵压缩过程时的理论循环功为压缩机的理论功，用符号 $P_t$ 表示，单位为 J。

对于实际气体（当然也适用于理想气体），有

$$P_t=G(h_2-h_1)$$

式中　$G$——压缩机压送的气体质量，kg；

$h_1$、$h_2$——制冷剂在进气状态和排气状态下的比焓，J/kg。

制冷压缩机每压缩 1 kg 制冷剂蒸气所消耗的理论功，如按照等熵压缩过程计算，则称为单位等熵压缩功，简称单位理论功，用符号 $w_t$ 表示。

$$w_t = h_2 - h_1$$

2）指示功。指示功是指制冷压缩机每压缩 1 kg 制冷剂蒸气实际消耗的功，包括压缩蒸气及克服蒸气内部不可逆耗散所做的功，称为单位指示功，用符号 $w_i$ 表示。

$$w_i = h_{2'} - h_1$$

式中　$h_{2'}$——实际压缩过程排气状态点的比焓，kJ/kg。

（2）压缩机消耗的功率。对于开启式制冷压缩机所消耗的功率一般用轴功率来衡量。

原动机传到制冷压缩机轴上的功率称为轴功率，用符号 $P_e$ 表示。轴功率的一部分直接用于压缩制冷剂蒸气——指示功率 $P_i$；另一部分用于克服制冷压缩机传动机械的摩擦阻力——摩擦功率 $P_m$。因此，有

$$P_e = P_i + P_m$$

单位时间内制冷压缩机压缩制冷剂蒸气所实际消耗的功率，称为制冷压缩机的指示功率，用符号 $P_i$ 表示，单位为 kW。

$$P_i = \frac{G \cdot w_i}{3\ 600} = \frac{G \cdot (h_{2'} - h_1)}{3\ 600}$$

在计算单位指示功 $w_i$ 或指示功率 $P_i$ 时，实际压缩过程排气状态点的比焓 $h_{2'}$ 很难在制冷剂的有关热力性能图表中查到。在实际工程计算中，可通过指示效率 $\eta_i$ 来求得 $w_i$ 或 $P_i$。指示效率是压缩机的单位理论功 $w_t$ 与单位指示功 $w_i$ 的比值，或者是压缩机的理论功率 $P_t$ 与指示功率 $P_i$ 的比值。

$$\eta_i = \frac{w_t}{w_i} = \frac{h_2 - h_1}{h_{2'} - h_1} = \frac{P_t}{P_i}$$

指示效率 $\eta_i$ 是用来评价压缩机气缸或工作容积内部热力过程完善程度的一个性能指标。它与制冷压缩机的结构、性能、制冷循环的工作条件以及制冷剂的性质等有关。在热力分析和计算中，指示效率可由相应的图表或经验公式求得。

制冷压缩机的指示效率也可以用下述经验公式计算：

$$\eta_i = \lambda_t + bt_0$$

或

$$\eta_i = 1 - 0.6\left[1 - \left(\frac{p_{dk}}{p_{s0}}\right)^{-0.3}\right]$$

式中　$\lambda_t$——压缩机的温度系数，对于开启式压缩机，$\lambda_t = \frac{T_0}{T_k}$；对于封闭式制冷压缩机，

$\lambda_t = \frac{T_x}{AT_k + B\ (T_x - T_0)}$；

$T_0$——蒸发温度，K；

$T_k$——冷凝温度，K；

$T_x$——压缩机的吸气温度，K；

$A$——冷凝温度影响系数，$A=1.0\sim1.15$，随着制冷压缩机尺寸的减小，A 取大值。例如，家用制冷装置，$A=1.15$；商用制冷装置，$A=1.1$；

$B$——制冷压缩机向周围空气散热时对吸气温度的影响系数，一般取值为 $0.25\sim0.8$；

$b$——与制冷压缩机结构和制冷剂种类有关的常数，

卧式氨制冷压缩机，$b=0.002$；

立式氨制冷压缩机，$b=0.001$；

立式氟利昂制冷压缩机，$b=0.002\ 5$；

$t_0$——蒸发温度,℃（代入公式计算时应有相应的正负号）；

$p_{s0}$——制冷压缩机的吸气压力，Pa；

$p_{dk}$——制冷压缩机的排气压力，Pa。

制冷压缩机在运行中总是存在着机械摩擦。用于克服压缩机中各运动部件的摩擦阻力和驱动附属设备（如冷冻机油用的液压泵）的功率，就是摩擦功率。

摩擦功率可以分为两个部分：往复摩擦功率和旋转摩擦功率。往复摩擦功率是活塞、活塞环与气缸壁之间的摩擦损失。由于活塞和活塞环在气缸壁上的滑动速度大而且得不到充分润滑，所以往复摩擦功率占摩擦功率总量的60%～70%。旋转摩擦功率包括轴承、轴封的摩擦损失和驱动冷冻油泵的功率。主轴承、连杆轴承和轴封的润滑条件比较好，其摩擦损失加上驱动油泵的功率占摩擦功率总量的30%～40%。但是，随着压缩机各轴承直径的加大和转速的提高，旋转摩擦功率也随之迅速提高，有的甚至超过了往复摩擦功率。

摩擦功率 $P_m$ 可以利用制冷压缩机的平均摩擦压力和理论输气量乘积的经验公式计算：

$$P_m = \frac{V_h \cdot p_{mf}}{3\ 600}$$

式中 $V_h$——压缩机的理论输气量，$m^3/h$；

$p_{mf}$——平均摩擦压力，kPa，

立式氨制冷压缩机，$p_{mf}=49.05\sim74.48$ kPa；

卧式氨制冷压缩机，$p_{mf}=68.67\sim88.29$ kPa；

氟利昂制冷压缩机，$p_{mf}=34.34\sim63.77$ kPa。

对于封闭式压缩机，内置电动机的转子直接装在压缩机的主轴上，一般用输入功率来衡量其消耗的功率更为恰当。封闭式压缩机配用电动机的输入功率用符号 $P_{in}$表示。

$$P_{in}=\frac{P_e}{\eta_d\eta_{mo}}$$

式中 $P_e$——压缩机的轴功率，kW；

$\eta_d$——传动效率，直连时为 1，采用三角皮带连接时为 0.90～0.95；

$\eta_{mo}$——电动机的效率。

电动机的效率与电动机的类型、额定功率大小以及负载功率大小有关。一般，单相电动机的效率低于三相电动机的效率，额定功率小的电动机效率低于额定功率大的电动机。

**6. 制冷系数**

（1）制冷系数。制冷系数是一个衡量制冷循环经济性的性能指标，其定义如下：制冷系数为完成制冷循环时从被冷却系统中取出的热量（制冷量）$Q_0$ 与完成循环所消耗的能量（机械功）$W$ 的比值，用符号 $\varepsilon$ 表示，即

$$\varepsilon=\frac{Q_0}{W}$$

制冷循环中所消耗的机械功越少，从被冷却环境中吸收的热量越多，则制冷系数 $\varepsilon$ 的值就越大。理论上，$\varepsilon$ 可以小于 1、等于 1 或大于 1，但在通常的普冷工作条件下，$\varepsilon$ 的值总是大于 1。

制冷系数与制冷循环的工作参数、制冷剂的种类等因素有关。

（2）性能系数。随着制冷压缩机运行工况的变化，压缩机所消耗的轴功率也在变化，制冷压缩机配用电动机的实际运行效率也有所变化。为了最终衡量制冷压缩机的动力经济性，采用性能系数 COP（Coefficient of Performance），其是在一定工况下制冷压缩机的制冷量与所消耗的功率之比。对于开启式制冷压缩机，其性能系数是制冷量与轴功率之比，即

$$COP=\frac{Q_0}{P_e}$$

对于封闭式压缩机，其性能系数是制冷量与输入功率之比，即

$$COP=\frac{Q_0}{P_{in}}$$

对于封闭式制冷压缩机，其性能系数还有另外一种表达形式，即能效比 EER（Energy Efficiency Ratio），其单位为 W/W，或者 kW/kW。

## 二、单级压缩制冷系统的实际循环

在本套教材“一级”一册中，已经介绍了单级压缩制冷的理论循环、运行状态、运行参数及单级压缩制冷系统的热力循环计算。蒸气压缩式制冷的实际循环与理论循环之间存在着很多区别，主要有如下几点：①制冷剂在压缩机中被压缩的过程中，气体内部以及气体与气缸壁之间存在着摩擦、气体与外部存在着热交换，所以压缩过程不是等熵过程；②制冷剂流经制冷压缩机的进气阀和排气阀时都存在节流损失，使得压缩机的排气压力升高而吸气压力降低；③制冷剂在通过管道、冷凝器和蒸发器等设备时，制冷剂与管壁或器壁之间存在着摩擦、制冷剂与外界存在热交换；④节流过程并不是绝热节流，节流前后制冷剂的焓有变化。由于这些差别，蒸气压缩的实际循环不仅存在外部的不可逆，同时也存在内部的不可逆，使实际循环的单位压缩功增大，单位制冷量减小，制冷系数与热力完善度都降低。单级压缩制冷的实际循环如图 1—57 所示。

过程 1→$a$：蒸气通过压缩机的吸气阀，由于流通截面积缩小，存在节流效应，所以蒸气的压力、温度有所降低。

过程 $a$→$b$：吸气过程中，首先进入压缩机的蒸气被气缸壁加热，压力不变，温度升高。

过程 $b$→$c$：蒸气被压缩，在压缩的前一阶段，气缸壁对蒸气加热，在压缩过程中的某一点，蒸气温度与气缸壁温度相等，到了压缩的后一阶段，蒸气温度高于气缸壁的温度，蒸气向气缸壁传热，可见，实际的压缩过程远比理论循环的复杂。

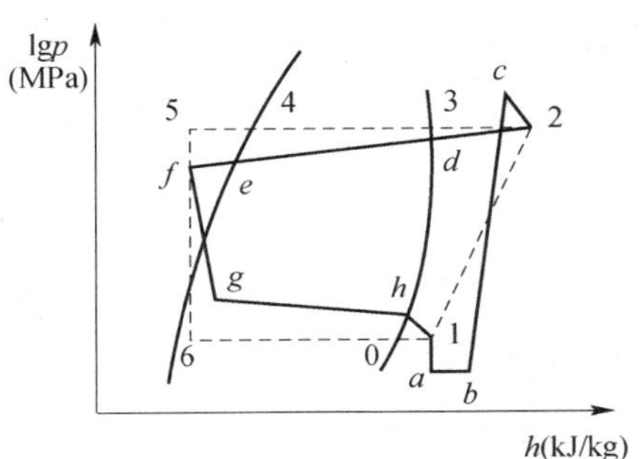

图 1—57　单级压缩制冷的实际循环

过程 $c$→2：蒸气通过压缩机的排气阀，由于节流作用，蒸气的压力、温度有所降低。

过程 2→$f$：高压蒸气在冷凝器中的冷却、冷凝和过冷过程，因为存在流动阻力，因此冷凝器出口处的压力低于进口处的压力；该过程中有传热温差。

过程 $f$→$g$：制冷剂液体经过节流装置；由于制冷剂在蒸发器内流动时同样存在着压力损失，因此，如果希望保持压缩机的吸入状态不变，那么节流后的制冷剂压力要比理论循环的高。

过程 $g$→$h$：蒸发器内有压力损失和传热温差的蒸发过程。

过程 $h$→1：蒸气从蒸发器出来至压缩机吸气阀前的过程，由于流动阻力作用，制冷剂的压力略有下降，下降的程度和这段管路的长度、内径以及布置有关。

实际循环受许多不确定因素的影响，即使影响因素明确了，也难以将其量化，因此不可能对实际循环进行精确的热力计算。所以，一般均以理论循环作为计算基准。但在选择制冷压缩机及其配用的电动机、确定制冷剂管道直径、计算蒸发器和冷凝器的传热面积以及进行机房设计时，都应该考虑这些影响因素，以保证实际需要，并尽量减少制冷量的损失和消耗功率的增加，提高系统的实际制冷系数。

与理论循环相比，实际循环中往往有这样两个过程：高压液态制冷剂的过冷过程和压缩机吸入气体的过热过程。

**1. 过冷过程——膨胀阀前液态制冷剂的再冷却**

将已经冷凝为液体的制冷剂经过再冷却，使之温度低于冷凝温度的过程，称为过冷过程。如图 1—58 所示，如果冷凝到 4 点（制冷剂处于饱和液体状态）就开始节流，那么供给蒸发器的制冷剂的焓值为 $h_4$，此时制冷剂单位质量的制冷量为 $q_{01}=h_1-h_4$(kJ/kg)，制冷剂的干度为 $X_{4'}=(h_{4'}-h_7)/(h_0-h_7)$。如果将冷凝后的液体过冷到 5 点，则经过等焓节流后，供给蒸发器制冷剂的焓值为 $h_6$，这时制冷剂的单位质量制冷量为

$$q_{02}=h_1-h_6$$

制冷剂的干度为

$$X_6=(h_6-h_7)/(h_0-h_7)$$

显然，$X_{4'}>X_6$，$q_{01}<q_{02}$。也就是说，经过再冷却，液体制冷剂得到过冷，会减小节流后制冷剂的干度，增加制冷剂的单位质量制冷量。即在其他条件相同的情况下，提高过冷度也就提高了制冷能力。

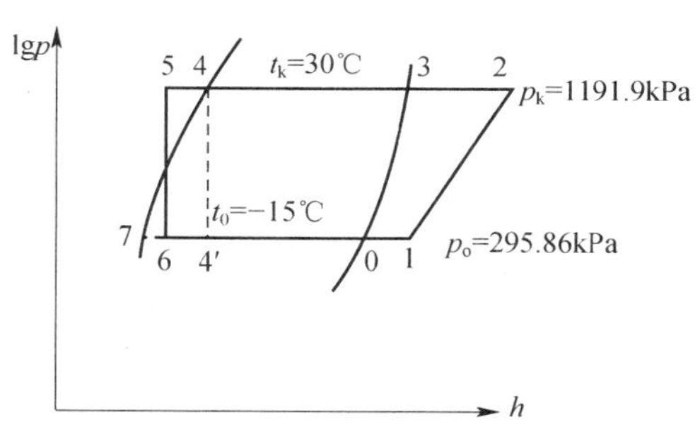

图 1—58　单级压缩制冷循环的工况图

不同制冷剂在同样的过冷度下，其制冷能力提高的数值却不一样。一般每过冷 1℃，氨的制冷量提高 0.4%，R22 提高约 0.8%。在实际工程中，虽然过冷是有益的，但往往要增加一个过冷用换热器，或者通过增大冷凝器的换热面积、提高冷却介质的流量和降低冷却介质的温度等方法来实现过冷。因此，要通过技术经济比较后决定是否采用。在蒸发温度低于−5℃的大中型氨制冷系统中，可以利用中间冷却器内的冷却盘管对制冷剂液体进行过冷，所以，在氨制冷系统中常采用过冷；而在氟利昂制冷系统中，则采用回热装置。

一般制冷剂的过冷度取 3～5℃，过冷的增益计算如下：

（1）制冷剂的单位质量制冷量增加的量

$$\Delta q_0=h_4-h_6$$

（2）制冷剂的过冷度

$$\Delta t_g = t_4 - t_5$$

(3) 过冷过程中每千克制冷剂放出的热量

$$q_g = c \cdot \Delta t_g$$

式中　$c$——制冷剂的比热容，kJ/(kg·k)。

根据热平衡，有

$$\Delta q_0 = q_g = c \cdot \Delta t_g$$

由于过冷过程并未增加压缩机的功耗，因此循环的制冷系数因制冷量的增加而提高了。

$$\varepsilon' = \frac{q_0 + \Delta q_0}{w} = \varepsilon + \frac{\Delta q_0}{w} = \varepsilon + \frac{c}{w} \cdot \Delta t_g$$

从上式可以看出，制冷系数提高的程度与 $c/w$ 和 $\Delta t_g$ 成正比。比值 $c/w$ 则取决于制冷剂的种类和冷热源的温度。

**2. 过热过程**

过热过程是指制冷剂蒸发为干饱和蒸气后继续吸热而成为过热气体的过程。压缩机吸入的一般均为过热气体。在图 1—58 中，由 0 点到 1 点即为过热段。

(1) 过热度

$$\Delta t_R = t_1 - t_0$$

(2) 每千克制冷剂的过热量

$$\Delta h_R = h_1 - h_0$$

如果过热时制冷剂所吸收的热量是来自被冷却物体，那么制冷量就增加了 $\Delta h_R$。这时，要看 $\Delta h_R$ 与压缩机的耗功 $w$ 的增量关系，也就是要做经济分析。一般地讲，它与制冷剂的性质有关，对 R12 来说，这过热较为有利；对 R22 来说，效果不明显；而对 R717 来讲，就不宜采用。

如果过热时制冷剂所吸收的热量不是来自被冷却物体，而是来自周围环境（如发生在蒸发器出口至压缩机吸气阀前的管道内，而这段管道却不在被冷却空间内)，则对制冷量的有效输出是不利的，白白消耗在自然界的空间，所以将其称为有害过热。为减小这种损失，往往将回气管进行隔热处理。

因液体是不易被压缩的，故一旦制冷剂液体进入压缩机，就会造成液压冲击压缩机部件的事故，即通常所说的液击。另外，即使极少量液体进入压缩机，虽不致造成液击，但它与热的气缸壁进行热交换而汽化，占据一定的气缸空间，也会导致压缩机的有效吸气量减少、制冷能力降低，因此保证制冷剂气体进入压缩机时有一定的过热度是必要的，一般在实际过程中总是有 3～7℃的过热度。

### 3. 回热过程

从图 1—58 中可以看出，0～1 段为低压蒸气的吸热过程，而 4～5 段为高压液态制冷剂的放热过程。那么，是不是可以利用 0～1 段的低压蒸气去冷却 4～5 段的高压液体呢?答案是肯定的。通过对几种制冷剂计算的结果进行分析，R12 和 R502 装上这一热交换的回热装置会使制冷系数提高；$NH_3$ 制冷剂采用回热装置后反而会使制冷系数降低；而 R22 处于两者之间，即制冷系数无明显变化。同时，由于氨的绝热指数较高，在相同的温度条件下，氨压缩机的排气温度比 R12 和 R22 的都要高，为防止排气温度过高，氨制冷系统是不宜采用回热装置的。

在采用回热装置的系统中，在没有热量损失的条件下，高压液体制冷剂放出的热量应等于低压制冷剂蒸气吸收的热量，即

$$液体放热=c\cdot G\cdot \Delta t_g$$

$$蒸气吸热=c_p\cdot G\cdot \Delta t_R$$

式中　$c$—— 液态制冷剂的比热容，kJ/（kg・k）；

$c_p$—— 制冷剂蒸气的比热容，kJ/（kg・k）。

回热器的热负荷 $Q_h$ 的计算公式为

$$Q_h=c\cdot G\cdot \Delta t_g=c_p\cdot G\cdot \Delta t_R$$

因为 $c_p<c$，故 $\Delta t_g>\Delta t_R$。

回热装置常常采用盘管式和壳管式热交换器，小型制冷系统常简化为将吸气管与液体管用隔热材料包扎在一起而起到回热作用。

## 三、影响制冷循环的因素

一个制冷系统的运行工况不会是一成不变的。不同用途（如空调与冷藏）的工况不一样；环境条件不同（如空气温度或冷却水温度不同），其工况也不一样；同一系统随着时间的变化热负荷也在变化，因而其运行工况也发生变化。变工况运行是绝对的，工况稳定运行是相对的。因此，要对变工况运行进行分析。

### 1. 冷凝温度

当制冷系统的蒸发温度 $t_0$ 保持不变，而冷凝温度由 $t_k$ 上升到 $t_k'$时，整个系统运行的工况变化如图 1—59 所示。

当冷凝温度为 $t_k$ 时，制冷循环为 5→1→2→3→4→5。当 $t_k$ 上升到 $t_k'$时，制冷循环为 5′→1→2′→3′→4′→5′。

从图 1—59 中可以看出，两个循环是不同的，由于冷凝温度的上升会造成以下影响。

（1）冷凝压力升高，排气温度也升高。

（2）节流后制冷剂的干度增大了。

（3）单位质量制冷量减少了 $\Delta q_0 = q_0 - q_0'$（kJ/kg）。

（4）单位压缩功增大，$\Delta w = w' - w$（kJ/kg）。

（5）制冷系数减小，减小的量为

$$\Delta\varepsilon = \frac{q_0}{w} - \frac{q_0'}{w'}$$

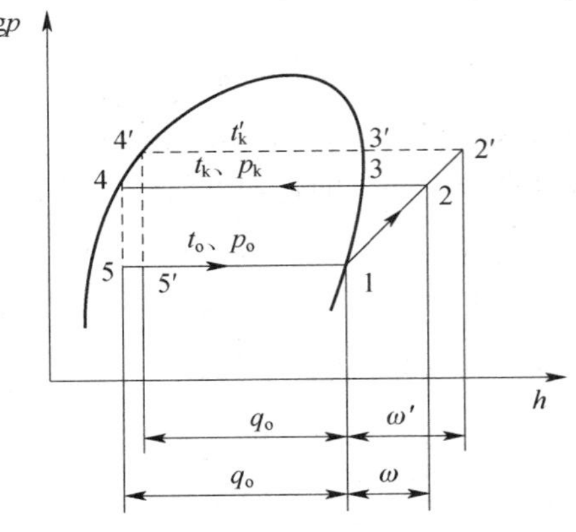


图 1—59　冷凝温度对制冷循环的影响

已知压缩机吸入口制冷剂状态未变，即比体积 $v_1$ 不变，系统制冷剂循环量也没变，仍然为原循环量 $G$。但系统的制冷量 $Q_0 = q_0G$ 变为 $Q_0' = q_0'G$，因为 $q_0' < q_0$，所以 $Q_0' < Q_0$，即系统制冷量减小了。压缩机的功耗由 $N = wG$ 变为 $N' = w'G$，因为 $w' > w$，所以 $N' > N$，即压缩机的功耗增大了。

因为冷凝温度的上升，结果是用较多的功换来较小的制冷量，整个运行的经济性下降。若冷凝温度下降，则制冷量增大，压缩功减小。但对于 R12 和 R22 等有自动膨胀阀及毛细管的制冷系统而言，冷凝温度不宜过低，否则会造成膨胀阀前后压差过小而出现供液不足等现象。

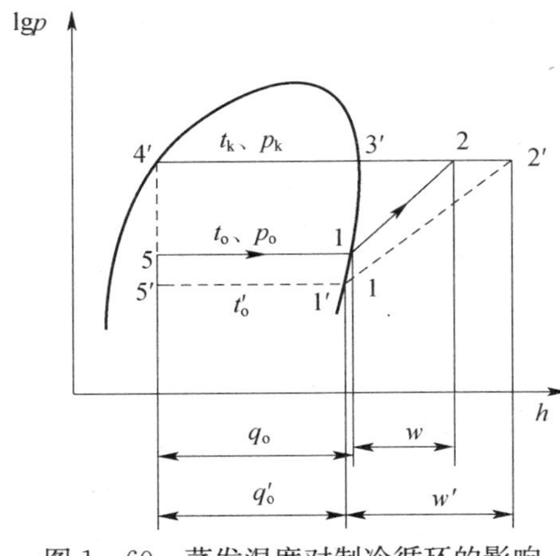


图 1—60　蒸发温度对制冷循环的影响

**2. 蒸发温度**

当制冷系统的冷凝温度 $t_k$ 保持不变，而蒸发温度由 $t_0$ 降到 $t_0'$时，整个系统运行的工况变化如图 1—60 所示。

当蒸发温度为 $t_0$ 时，制冷循环为 5→1→2→3→4→5；当蒸发温度为 $t_0'$时，制冷循环为 5′→1′→2′→3→4→5′。

从图 1—60 中可以看出，因 $t_0$ 的变化使制冷系统的运行工况发生了如下改变。

（1）蒸发压力 $p_0$ 降低，吸气温度下降。

（2）单位质量制冷量从 $q_0$ 减小到 $q_0'$。

（3）压缩机吸入口制冷剂的比体积 $v_1$ 增大到 $v_1'$，造成吸入制冷剂的质量减小，系统制冷剂的循环量随之减小，因此系统的制冷量 $Q_0 = q_0G$ 减小到 $Q_0' = q_0'G$。

（4）关于压缩功是增加还是减小，因比体积发生了改变，所以不能很明显看出来。当实际吸气压力 $p_0$ 从理论最大值逐渐下降时，压缩机的功率将先增大，达到某一最大值后再开始下降。经分析得出，当$\frac{p_k}{p_0}=K^{\frac{K}{K-1}}$时压缩机的消耗功率最大。由于不同制冷剂的 $K$ 值不同，则 $K^{\frac{K}{K-1}}$ 值也不同。例如，氨最大功率在$\frac{p_k}{p_0}=3.11$ 时，R22 为 2.93，R12 为 2.905。因此，可近似看成当$\frac{p_k}{p_0}=3$ 时功率为最大值。但是，不论压缩机的消耗功率是增大还是减小，制冷系数总是降低的。

一般地来讲，蒸发温度 $t_0$ 的变化对制冷量的影响要比冷凝温度 $t_k$ 变化带来的影响要大，因此在实际运行中更需注意。

3. **吸气过热及湿压缩**

吸入制冷剂湿蒸气或过热蒸气对压缩机的制冷量输出有很大影响，影响干度 $x$ 的原因也有很多，这里只讨论吸气状态的影响，如图 1—61 所示。

在图 1—61 中，蒸发温度为 −15℃，冷凝温度为 30℃，过冷度为 5℃。吸气状态分别为干度为 0.9 的湿蒸气、干饱和蒸气、过热到 10℃的过热蒸气。通过计算得出各自的制冷系数、排气温度、单位质量制冷量、单位压缩功见表 1—5。

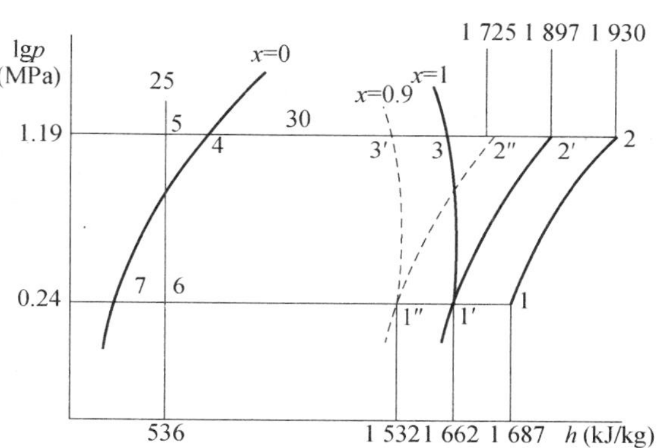

图 1—61　湿压缩与过热压缩对制冷循环的影响

**表 1—5**　　**计算结果**

| 吸气状态 | 单位制冷量（kJ/kg） | 单位压缩功（kJ/kg） | 制冷系数 | 排气温度（℃） |
|---|---|---|---|---|
| $x=0.9$ 的湿蒸气 | 996 | 193 | 5.16 | 36 |
| 干饱和蒸气 | 1 126 | 234 | 4.8 | 98 |
| 过热蒸气 | 1 151 | 243 | 4.75 | 112 |

由于吸气状态从湿到干的变化，则比体积也相应地变化，制冷剂质量流量也会变化。从图 1—61 中可看出，单位质量制冷量及单位压缩功也不一样。

计算结果表明，湿蒸气压缩的制冷系数最大，干饱和蒸气压缩与过热蒸气压缩相差不多；湿蒸气压缩的排气温度最低。在实际运行中，湿压缩不易控制，并且很危险，所以一般氨制冷系统为干饱和压缩运转；氟利昂制冷系统为过热蒸气压缩循环运转。

**4. 供液的再冷却**

如本节前面所述，对膨胀阀前的液态制冷剂进行再冷却，由于过冷过程并未增加压缩机的功耗，因此使得制冷量增加，从而提高了循环的制冷系数。

**5. 排气温度**

制冷压缩机的排气温度过高会引起压缩机的过热，它对压缩机的工作有许多不良影响，具体有如下几个方面。

（1）压缩机排气温度过高会降低其输气系数和增加能耗。

（2）冷冻机油黏度会因此而减小，致使轴承摩擦加剧，甚至引起烧瓦事故。

（3）过高的排气温度会促使制冷剂和冷冻机油在金属的催化下出现热分解，生成对压缩机有害的游离炭、酸类和水分。酸要腐蚀制冷系统的各组成部分和电气绝缘材料，水分会堵住毛细管。积炭聚集在排气阀上，既破坏了其密封性，又增加了流动阻力。积炭使活塞环卡死在活塞环槽内。剥落下来的炭渣如果被带出压缩机，会堵塞节流阀、干燥器等。

（4）压缩机的过热还会招致活塞在气缸里被卡住，以及内置电动机的烧毁。

制冷压缩机的温度水平在很大程度上是影响其使用寿命的重要因素。这是因为化学反应速度随温度的升高而加剧。一般认为，电气绝缘材料的温度上升 10℃，其寿命要减少一半。这一点对全封闭压缩机尤为重要。

因此，必须对制冷压缩机的排气温度加以限制。

**6. 节流**

节流过程是一个不可逆的过程，制冷剂吸收摩擦热，产生无益的汽化，降低了有效制冷量。节流损失的大小除了随着冷凝温度与蒸发温度之差（$T_k - T_0$）的增加而加大，还与制冷剂的性质有关。液态制冷剂的比热容越大（在制冷剂的压焓图上，饱和液体线越平缓）、制冷剂的比潜热越小，或冷凝压力 $p_k$ 越接近其临界压力，节流损失越大。这也是在选择制冷剂时，要尽量使其工作温度区域远离其临界点的原因之一。

## 四、流体力学基本知识

制冷设备以流体（气体、液体）作为载能物质，实现热量的转换或热量的转移。本节主要介绍流体力学基本概念。

**1. 流体的主要物理性质**

（1）密度和比体积。对于匀质流体，单位体积流体的质量称为流体的密度，用 $\rho$ 表示，单位为 $kg/m^3$，其表达式为

$$\rho=\frac{m}{V}$$

单位体积质量（$\rho$）大的物质，其惯性也大。密度的倒数称为比体积，用 $\nu$ 表示，单位为 $m^3/kg$，密度与比体积之间的关系为

$$\nu=\frac{1}{\rho}$$

（2）重度。对于匀质流体，单位体积流体所受的重力称为流体的重度，用 $\gamma$ 表示，单位为 $N/m^3$。当流体体积为 $V$，流体所受重力为 $G$ 时，重度的表达式为

$$\gamma=\frac{G}{V}$$

根据牛顿第二定律，物体所受重力 $G$ 与物体的质量 $m$ 和当地重力加速度 $g$ 三者关系为

$$G=mg$$

因此，可得出 $\gamma$ 与 $\rho$ 的关系为

$$\gamma=\rho g$$

上式表明，流体的重度等于流体的密度和重力加速度的乘积。如果已知重度求密度，只要将重度除以重力加速度 $g=9.81\ m/s^2$ 即可。

值得注意的是，流体的密度和重度受外界压力和温度的影响。因此，当指出某种流体的密度或重度值时，必须指明所处外界压力和温度条件。表 1—6 为常见流体的密度和重度。

**表 1—6　　常见流体的密度和重度**

| 流体名称 | | 密度/（kg/m³） | 重度/（N/m³） | 测定条件 | 流体名称 | | 密度/（kg/m³） | 重度/（N/m³） | 测定条件 |
|---|---|---|---|---|---|---|---|---|---|
| 液体 | 汽油 | 680～740 | 6 670.8～7 259.4 | 15℃ | 气体 | 氢气 | 0.089 9 | 0.881 9 | 0℃ 760 mmHg |
| | 乙醚 | 740 | 7 259.4 | 0℃ | | 甲烷 | 0.716 8 | 7.031 8 | |
| | 纯乙醇 | 790 | 7 749.9 | 15℃ | | 氨气 | 0.771 4 | 7.567 4 | |
| | 甲醇 | 810 | 7 945.1 | 4℃ | | 乙炔 | 1.170 9 | 11.486 5 | |
| | 煤油 | 800～850 | 7 848～8 338.5 | 15℃ | | 一氧化碳 | 1.250 0 | 12.262 5 | |
| | 重油 | 900～959 | 8 829～9 319.5 | 15℃ | | 氮气 | 1.250 5 | 12.267 4 | |
| | 蒸馏水 | 9 810 | 9 810 | 4℃ | | 空气 | 1.292 8 | 12.682 4 | |
| | 海水 | 1 020～1 030 | 10 006.2～10 104.3 | 15℃ | | 氧气 | 1.429 0 | 14.018 5 | |
| | 无水甘油 | 1 260 | 12 360.6 | 0℃ | | 二氧化碳 | 1.976 8 | 19.392 4 | |
| | 水油 | 13 590 | 133 318 | 0℃ | | 氯气 | 3.220 0 | 31.588 2 | |

（3）流体的压缩性和膨胀性。当一定质量的流体所受外界压力增大时，其体积将缩小，密度会增大，该性质称为流体的压缩性；当一定质量的流体因受热温度升高时，其体积将增大，密度会减小，该性质称为流体的膨胀性。

液体的压缩性大小一般用体积压缩系数 $\beta_p$ 表示。$\beta_p$ 是指当温度不变时，压力每增加 1 N/m²，液体体积的相对减小量，即

$$\beta_p = \frac{\Delta V}{-V\Delta p}$$

式中 $\beta_p$——液体体积压缩系数，m²/N；

$V$——压缩前液体的体积，m³；

$\Delta V$——液体体积变化量，m³；

$\Delta p$——压力的增加值，Pa。

上式中的负号表示压力增加时体积减小。

表 1—7 列举了水在 0℃时不同压力条件下的体积压缩系数。

**表 1—7　　水在 0℃时不同压力条件下的体积压缩系数**

| 压力（大气压）/atm | 5 | 10 | 20 | 40 | 80 |
|---|---|---|---|---|---|
| $\beta_p$/（m²/N） | $5.38\times10^{-10}$ | $5.36\times10^{-10}$ | $5.31\times10^{-10}$ | $5.28\times10^{-10}$ | $5.15\times10^{-10}$ |

从表 1—7 可以看出，在表中所列的压力范围内，如在 10 atm（1.013 25 MPa）情况下，压强每升高 1 atm（101.325 kPa），水的体积相对减小量为

$$\frac{\Delta V}{V} = \beta_p \Delta p = 5.36 \times 10^{-10}\ \text{m}^2/\text{N} \times 101\ 325\ \text{Pa} = 5.43 \times 10^{-5}$$

以上数据表明，水的体积相对减少量仅为 0.005%左右，这说明液体的压缩性很小，所以在实际工程中，往往不考虑液体的压缩性，并把液体视为不可压缩的流体。

液体的膨胀性大小一般用体积膨胀系数 $\beta_t$ 表示。$\beta_t$ 是指当压力不变时，温度每增加 1℃，液体体积的相对增大量，即

$$\beta_t = \frac{\Delta V}{V\Delta t}$$

式中 $\beta_t$——液体体积膨胀系数，1/℃；

$V$——膨胀前液体的体积，m³；

$\Delta V$——液体体积的变化量，m³；

$\Delta t$——温度的增加值，℃。

表 1—8 列举了在一个大气压下不同温度时水的重度和密度。

从表 1—8 可以看出，在温度较低时（10～20℃），温度每增加 1℃，水的密度减小量约为 0.015%。也就是说，体积膨胀量约为 0.015%；当温度较高时（70～95℃），温度每增加 1 ℃，水的体积膨胀量也只有 0.06%，这些变化量也是很小的。所以在实际工程中，液体的膨胀性一般也可以不予考虑。

**表 1—8　　在一个大气压下不同温度时水的重度和密度**

| 温度/℃ | 重度/(N/m³) | 密度/(kg/m³) | 温度/℃ | 重度/(N/m³) | 密度/(kg/m³) | 温度/℃ | 重度/(N/m³) | 密度/(kg/m³) |
|---|---|---|---|---|---|---|---|---|
| 0 | 0 806 | 999.9 | 15 | 9 799 | 999.1 | 70 | 9 590 | 977.8 |
| 1 | 9 806 | 999.9 | 20 | 9 790 | 998.2 | 75 | 9 561 | 974.9 |
| 2 | 9 807 | 1 000.0 | 25 | 9 778 | 997.1 | 80 | 9 529 | 971.8 |
| 3 | 9 807 | 1 000.0 | 30 | 9 775 | 995.7 | 85 | 9 500 | 968.7 |
| 4 | 9 807 | 1 000.0 | 35 | 9 749 | 994.1 | 90 | 9 467 | 965.3 |
| 5 | 9 807 | 1 000.0 | 40 | 9 731 | 992.2 | 95 | 9 433 | 961.9 |
| 6 | 9 807 | 1 000.0 | 45 | 9 710 | 990.2 | 100 | 9 399 | 958.4 |
| 7 | 9 807 | 1 000.0 | 50 | 9 690 | 988.1 | | | |
| 8 | 9 806 | 999.9 | 55 | 9 657 | 985.7 | | | |
| 9 | 9 806 | 999.9 | 60 | 9 645 | 983.2 | | | |
| 10 | 9 805 | 999.7 | 65 | 9 617 | 980.6 | | | |

但是，在供热工程中，如自然循环热水采暖系统，不仅不能忽略水的膨胀性，相反地正是利用水的膨胀性而形成自然循环流动所需的动力（称为重力差形成的动力）。图 1—62 所示为自然循环热水采暖系统。水在锅炉中被加热后，温度升高、体积膨胀。而系统中水的全部重量（或质量）是不变的，因此受热的水由于重度减小而变轻，并沿着管道上升至散热器；受热的水在散热器中放出热量后，温度下降、体积减小，重度增加而变重，水就能沿着管道流回锅炉。如此往返不断地进行流动，就形成了热水采暖系统的自然循环。又如，在热水采暖系统中，如果不设膨胀水箱，循环流动是在封闭系统中进行的。当系统中的水受热膨胀时，虽然水的体积变化量很小，但由于膨胀而引起对管道、配件、散热器的膨胀应力是很大的。其后果是轻者引起连接部件松动而渗漏；重者引起管道或散热器的破裂。这就是热水采暖系统中需要安装膨胀水箱的原因之一。

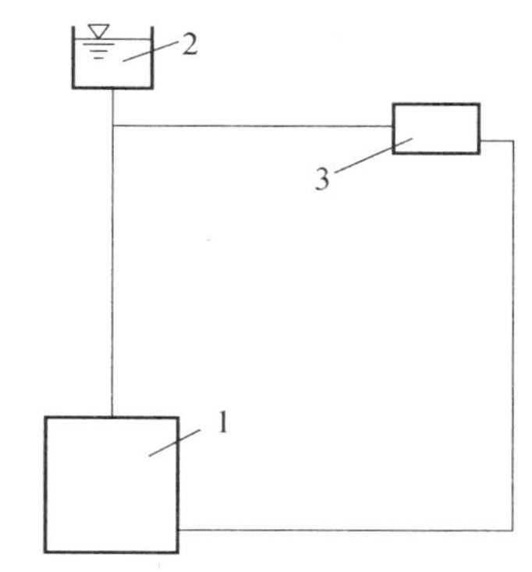

图 1—62　自然循环热水采暖系统
1—锅炉　2—膨胀水箱　3—散热器

（4）流体的黏滞性。当液体流动时，其内部相邻两层之间因有摩擦力，产生相互牵制，这种摩擦称为内摩擦。这种相互牵制的性质称为流体的黏滞性。在日常生活中，水的黏滞性小，流速较快；油的黏滞性大，流速则较慢。

**2. 流体的静压力**

静止流体内部单位面积上的法向表面力称为流体的静压力，物理学中称其为静压强。由实验可知，流体内部任一点处静压力的大小与作用面方位无关，即同一点处各方向的静压力大小相等。

（1）液体的静压力。液体静压力的分布规律有以下几点。

液面下 $h$ 深处任一点的静压力 $p$ 由作用于液面上的外界压力 $p_0$ 和由单位截面上液柱的 $\gamma h$ 两部分组成，即

$$p=p_0+\gamma h$$

式中　$\gamma$——液体的重度，$N/m^3$；

$h$——深度，m；

$p_0$——外界压力，Pa。

由上式可看出，当 $p_0$ 一定时，在液体内同一深度各点的静压力大小相等。

1）静压力 $p$ 的分布与容器的形状无关。在连通器内，同一种连通液体在同一水平面上各点的静压力相等。

2）当外界施加到液体上的压力 $p_0$ 变化时，液体内部各点的静压力 $p$ 将作同样变化。在密闭容器内部的液体，能把它在一处受到的压力传递到液体内部的各个方向，其大小并不改变，这个压力传递的规律称为帕斯卡定律。

（2）气体的静压力。气体的重度很小，在高度差 $h$ 不大时，上式中 $\gamma h$ 项可忽略不计，因此气体内部的静压力一般认为与其所受外界压力相等，即 $p=p_0$。

**3. 流动阻力和能量损失**

（1）流动阻力及能量损失的两种形式

1）沿程阻力和沿程损失。流体在直管中流动时，由于流体的粘滞性和管壁对流体的阻滞作用所承受的摩擦阻力，称为沿程阻力。为了克服沿程阻力而消耗的单位重量流体机械能，称为沿程损失，用 $h_f$ 表示。$h_f$ 分布在管段的全程，与管段的长度成正比，因此其也称为长度损失。

2）局部阻力和局部损失。管道中的弯头、三通、阀件和过流截面有变化时的连接件等统称为管道局部构件。当流体流经管道局部构件时，将发生撞击、旋涡等现象，从而形成较大的流动阻力，该阻力称为局部阻力。局部阻力造成的能量损失比较集中。为了克服局部阻力而消耗的单位质量流体机械能，称为局部损失，用 $h_j$ 表示。

3）整个管道能量损失。整个管道单位重量流体能量损失 $h_w$ 应为所有沿程损失和局部损失的叠加之和，即

$$h_w = \sum h_f + \sum h_j$$

（2）流体流动的两种流型。流动阻力及能量损失既与流动的外部边界条件（如管壁）的情况有关，还与流体自身的流动状态有关。

科学家雷诺通过图 1—63 所示的流体流型实验装置，说明了流体流动状态可分层流和湍流（或称为紊流）两种流型。

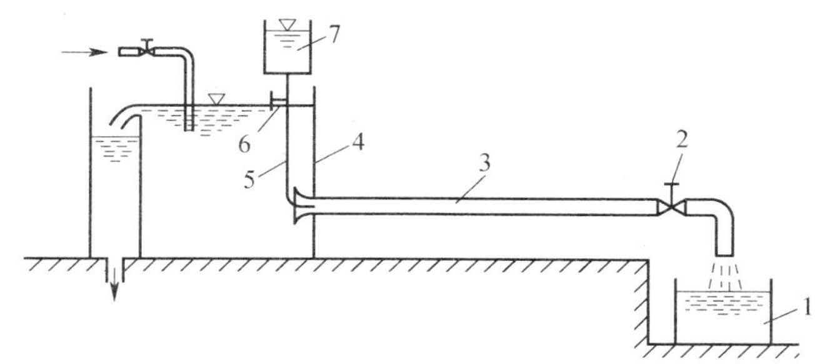


图 1—63 流体流型实验装置

1—排水槽 2—阀门 3—玻璃管 4—水箱 5—细管 6—小阀门 7—色液箱

在图 1—63 中，水箱 4 中的水可以经过玻璃管 3 恒定流出；阀门 2 用以调节玻璃管内的水流量，水箱上部为色液箱 7，其中的颜色液体可经细管 5 注入玻璃管 3 中；6 是调节色液流量的小阀门。实验开始，待水箱内放水稳定后，微微开启阀门 2，使水在玻璃管 3 内缓慢流动，流速很小。然后，打开细管 5 上的小阀门 6，使少量颜色液体注入玻璃管内，这时可以看到一股带有颜色的细线流从玻璃管内穿过，它和周围的清水互不掺混，如图 1—64a 所示。这一现象表明玻璃管内的液体是分层流动的，各流层间的流体质点互不混杂，有条不紊地向前流动，这种流型称为层流。

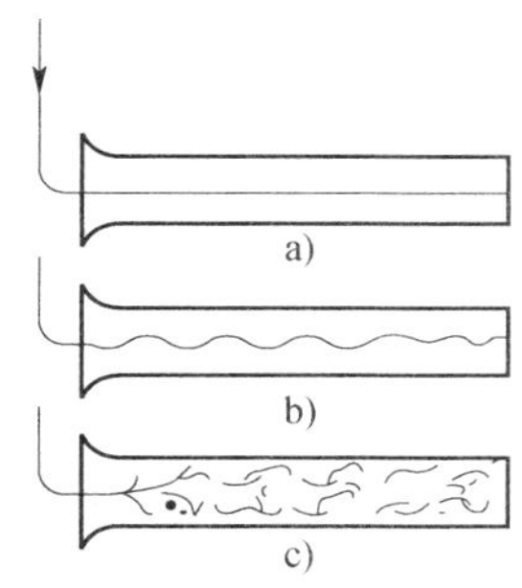


图 1—64 层流与湍流

a）层流 b）过渡状态 c）湍流

如果把阀门 2 逐渐开大，玻璃管中水的流速随之增大，当流速加大到某一数值时，则可看到带有颜色的细线流发生摆动，呈现出波状轮廓，但仍不与周围清水相混，如图 1—64b 所示，此时流型处于过渡状态。

如果继续开大阀门 2，达到一定程度时，就会发现带有颜色的细流线从细管 5 中流出后，马上就向四周扩散，并与周围清水迅速掺混，以致整个玻璃管内的水流都带有颜色，

如图 1—64 所示。这种现象表明玻璃管内液体的流动非常混乱，各流层间的水流质点互相掺混，无规律地向前流动，这种流型称为湍流。如果再慢慢地关小阀门 2，使玻璃管内的水流速度减小，当流速减小到一定程度时，原先出现过的那股带有颜色的细线流便得以恢复，这时玻璃管内水的流型就从湍流又回到层流。

把流型发生转变时的流速称为临界流速。流型由层流转变为湍流时的临界流速称为上临界流速，用符号 $\nu_k'$表示；流型由湍流转变为层流时的临界流速称为下临界流速，用符号 $\nu_k$ 表示。实验证明，上临界流速大于下临界流速，即 $\nu_k' > \nu_k$。当管内流体流速 $\nu > \nu_k'$时，流型为湍流；当管内流体流速 $\nu$ 在 $\nu_k < \nu < \nu_k'$范围内时，流型处于过渡状态。值得注意的是，流体在过渡状态的流型，既可能是湍流，也可能是层流。即使是层流，这种层流也极不稳定，稍有扰动就会转变为湍流。就实际工程来说，扰动是经常存在的，因此认为只要流速 $\nu > \nu_k$，流型就进入了湍流。于是，通常把下临界流速 $\nu_k$ 作为判别流型的界限。

实验证明，临界流速与管径和流体的种类有关。临界流速与流体的运动黏度成正比，与流道管径成反比，即

$$\nu_k \propto \frac{\nu}{d}$$

引入比例系数 Re，上式则变为

$$\nu_k = \mathrm{Re}\frac{\nu}{d} \text{ 或 } \mathrm{Re} = \frac{\nu_k d}{\nu}$$

式中 $Re$——临界雷诺数；

$d$——管径，m；

$\nu_k$——临界流速，m/s；

$\nu$——流体的运动粘度，$m^2/s$。

实验证明，临界雷诺数即流动形态由湍流向层流转变时的雷诺数是一个不随管径大小和流体种类改变的常数。对于圆管压力流，临界雷诺数值 Re＝2 300。因此，当 Re＜2 300时，流型为层流；当 Re＞2 300 时，流型为湍流。

Re 实质上反映运动流体所受惯性力与黏滞力的对比关系，惯性力大，Re 就大，这时惯性力起主导作用，流体扰动加剧，流型为湍流；粘滞力大，Re 就小，这时粘滞力起主导作用，抑制流体扰动，流型为层流。

（3）减小流动阻力的措施

1）减小沿程阻力。减小管壁的粗糙度及用柔性边壁代替刚性边壁，可减小沿程阻力。

2）减小局部阻力。减小湍流局部阻力，主要是防止或推迟流体与壁面的分离，避免

旋涡区的产生或减小旋涡区的大小与强度。

减小局部阻力的主要方法有如下几种。

①使流体进口尽量平顺。

②使用渐扩和渐缩代替流道截面的突然扩大和突然缩小。

③用弧度弯代替直角弯。弧度管的曲率半径 $R$ 一般取圆形弯头直径 $d$ 或矩形弯头高边 $h$ 的 1～2 倍。对于受条件限制而曲率半径较小的矩形弯头，应在弯头内部设置导流叶片，如图 1—65 所示。

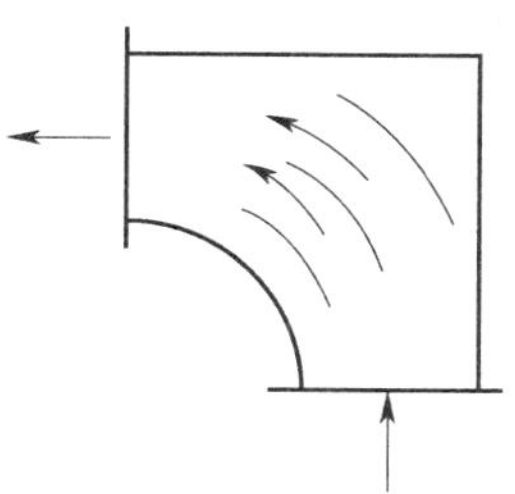

图 1—65　矩形弯头内部设置导流叶片

④三通局部阻力的大小与其作分流还是合流、它的几何参数(如断面形状、分支管中心夹角、支管与总管的面积比等）及支管与总管的流量比（或流速比）有关。减小分支管中心夹角（一般不超过 38°），或将支管与总管连接处的折角取缓，使连接处顺着合流或分流的流向有一定的曲率半径，都可减小三通的阻力。当受安装条件限制时，矩形三通应采用有导流叶片的直角分支管。此外，使两支管的流速与总管流速相等或两支管横截面积之和与总管横截面积相等，也对减小三通阻力有利。

⑤管件的布置与衔接要合理，要尽量缩短管路，减少弯头和分支管路，避免复杂局部管件。两管件之间的距离应大于 3 倍管径，对既要转弯又要扩大截面积的流动，一般应先扩后弯。

⑥管路与泵或风机的连接管应保持直管段，长度不小于出口边长的 1.5～2.5 倍。当受安装条件限制时，出口就转弯的管道应顺着风机叶轮转动方向转向，并在弯管中加装导流叶片。

## 学习单元 3　制冷空调机械制图与机械基础

### 学习目标

1. 了解机械制图与工程施工知识。
2. 掌握通风空调工程图的含义并能够读图。

## 一、机械制图与工程施工知识

### 1. 正投影法

投影法分为中心投影法和平行投影法。

（1）中心投影法。投影线汇交于一点的投影法称为中心投影法。按中心投影法得到的投影称为中心投影。

（2）平行投影法。投影线相互平行的投影法称为平行投影法。按平行投影法得到的投影称为平行投影。在平行投影中，根据投影线与投影面的角度不同，又可分为斜投影和正投影。

①斜投影。平行投影法中，投影线与投影面倾斜时的投影称为斜投影，如图 1—66 中的左图 $a_1b_1c_1d_1$。

②正投影。平行投影法中，投影线与投影面垂直时的投影称为正投影，如图 1—66 中的右图 $abcd$。

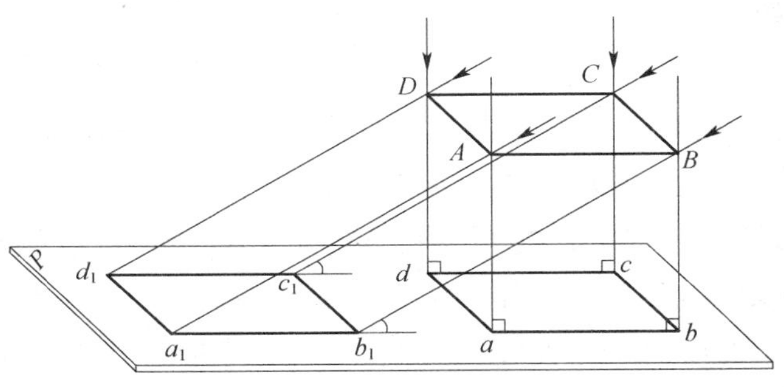

图 1—66　斜投影与正投影

由于正投影得到的投影图能如实表达空间物体的形状和大小，且作图比较方便，因此，其在机械制图中得到了广泛的应用。在实际绘图时，可用平行的视线当做投影面，画在纸上的图形就是物体的投影——视图，即机件向投影面投影所得的图形。

为适应生产实际中机件结构形状的多样性，将机件内外结构形状正确、完整、清晰地表达出来，国家标准《机械制图》规定，有视图、剖视图、剖面图等各种表达方法。

视图为机件向投影面投影所得的图形。它一般只画机件的可见部分，必要时才画出其不可见部分。视图有基本视图、局部视图、斜视图和旋转视图 4 种。

### 2. 基本视图

机件向基本投影面投影所得的图形称为基本视图。

国家标准《机械制图》中规定，采用正六面体的 6 个面作为基本投影面。如图 1—67a 所示，将机件放在正六面体中，由前、后、左、右、上、下 6 个方向，分别向 6 个基本投影面投影，再按图 1—67b 规定的方法展开，正投影面不动，其余各面按箭头所指方向旋转展开，与正投影面成一个平面，即得 6 个基本视图，如图 1—67c 所示。

6 个基本视图的名称和投影方向如下：

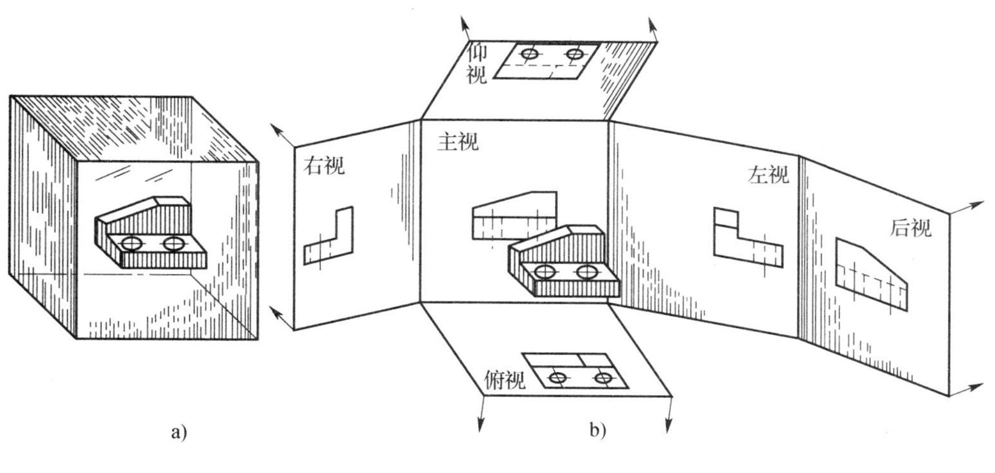


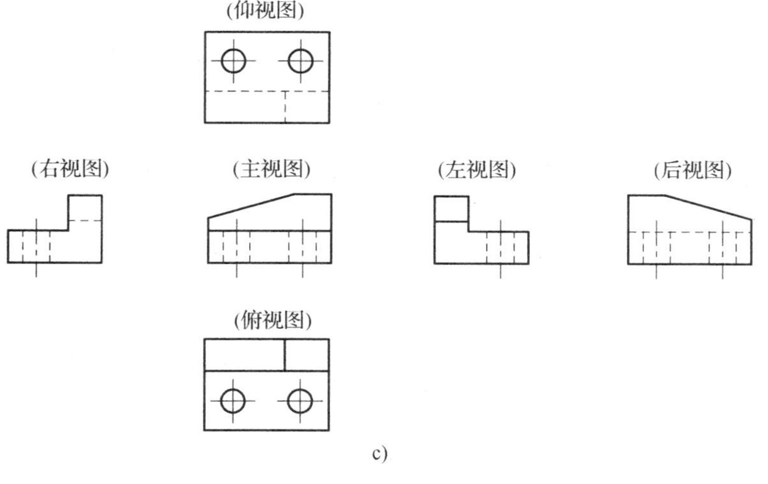


图 1—67　6 个基本视图

（1）主视图——由前向后投影所得的视图。

（2）俯视图——由上向下投影所得的视图。

（3）左视图——由左向右投影所得的视图。

（4）右视图——由右向左投影所得的视图。

（5）仰视图——由下向上投影所得的视图。

（6）后视图——由后向前投影所得的视图。

6 个基本视图的配置应按投影面展开所形成的位置关系，如图 1—67c 所示。当按图 1—67c 所示位置配置时，一律不标注视图的名称。如不能按此位置配置视图，则应在其视图上方标出视图名称“×向”（×代表大写拉丁字母），并在相应视图附近用箭头标明方向，并注上同样的字母，如图1—68所示。

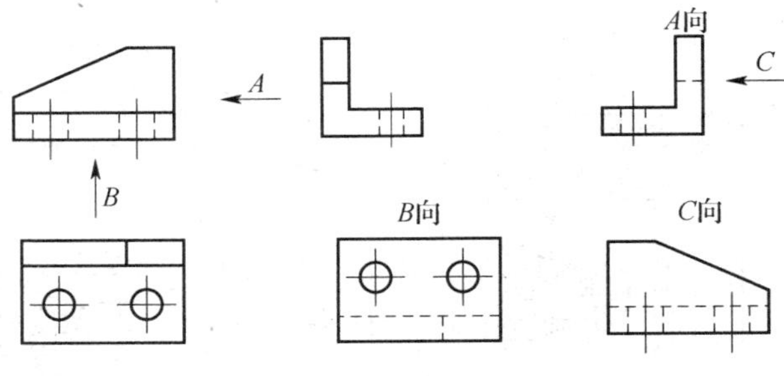


图1—68　基本视图标注示例

6个基本视图之间仍保持着与三视图相同的投影规律，即主、俯、仰、（后）长对正；主、左、右、后高平齐；俯、左、仰、右宽相等。

在6个基本视图中，最常用的是主、俯、左3个视图，各视图的采用应根据机件形状特征而定。

**3. 局部视图**

机件的某一部分向基本投影面投影而得的视图称为局部视图。局部视图是不完整的基本视图。利用局部视图，可以减少基本视图的数量，补充基本视图尚未表达清楚的部分。

图1—69所示机件，主、俯两基本视图已将其基本部分的形状表达清楚，唯有两侧凸台和左侧肋板的厚度尚未表达清楚，因此采用A向、B向两个局部视图加以补充，这样就可以省去两个基本视图，简化了表达方法，节省了画图工作量。

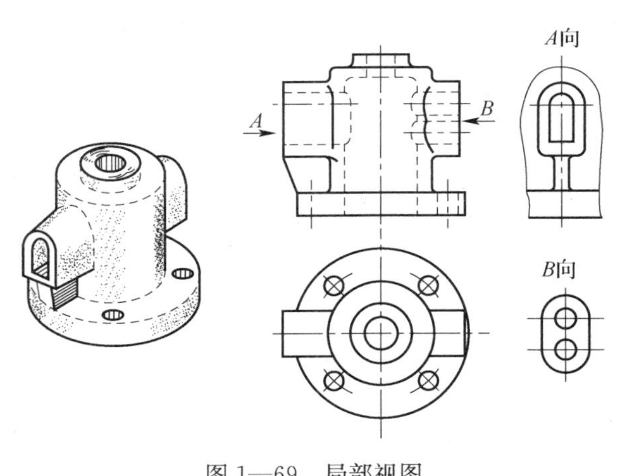


图1—69　局部视图

局部视图的断裂边界一般以波浪线表示。如图1—69中的“A向”。当所表示的局部结构是完整的，且外轮廓线又封闭时，可省略波浪线，如图1—69中的“B向”。

局部视图的位置应尽量设置在投影方向上，并与原视图保持投影关系，如图1—69中的“A向”。有时，为了合理布置图面，也可将局部视图放在其他适当位置，如图1—69中的“B向”。

局部视图上方应标出视图的名称“×向”，并在相应视图附近用箭头指明投影方向和注上相同的字母。当局部视图按投影关系配置，中间又无其他视图隔开时，允许省略标注，如图1—70所示。

**4. 斜视图**

机件向不平行于任何基本投影面的平面投影所得的视图，称为斜视图。

图1—70所示的弯板形机件，其倾斜部分在俯视图和左视图上都不能得到实形投影，

这时，就可以另外一个平行于该倾斜部分的投影面，在该投影面上画出倾斜部分的实形投影，即斜视图。

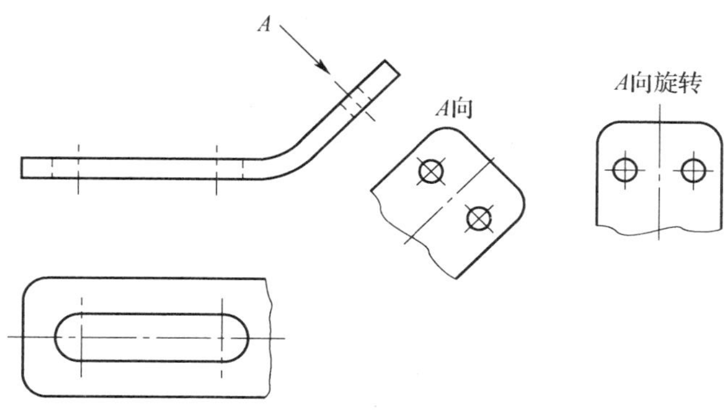


图 1—70　斜视图

斜视图的画法与标注基本上与局部视图相同。在不致引起误解时，可不按投影关系配置；此外，还可将图形旋转摆正，此时，图形上方应标注“×向旋转”。

**5. 旋转视图**

假想将机件的倾斜部分旋转与某一选定的基本投影面平行后再向该投影面投影所得到的视图，称为旋转视图。

图 1—71 所示连杆的右端对水平面倾斜，为将该部分结构形状表达清楚，即可假想将该部分绕机件回转轴线旋转到与水平面平行的位置，再投影而得的俯视图，即为旋转视图。

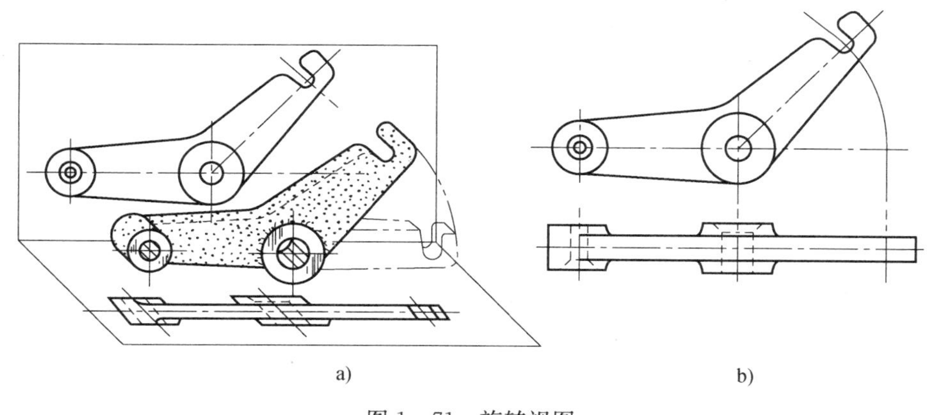

a)　　b)

图 1—71　旋转视图

6. 剖视图

（1）剖视图及其形成。假想用剖切面剖开机件，将处在观察者和剖切面之间的部分移去，而将其余部分向投影面投影所得到的图形，称为剖视图。

如图 1—72a 所示，在机件的视图中，主视图用虚线表达其内部形状，不够清晰。按图 1—72b 所示的方法，假想沿机件前后对称平面将其剖开，去掉前部，将后部向正投影面投影，就得到一个剖视的主视图，如图 1—72c 所示。

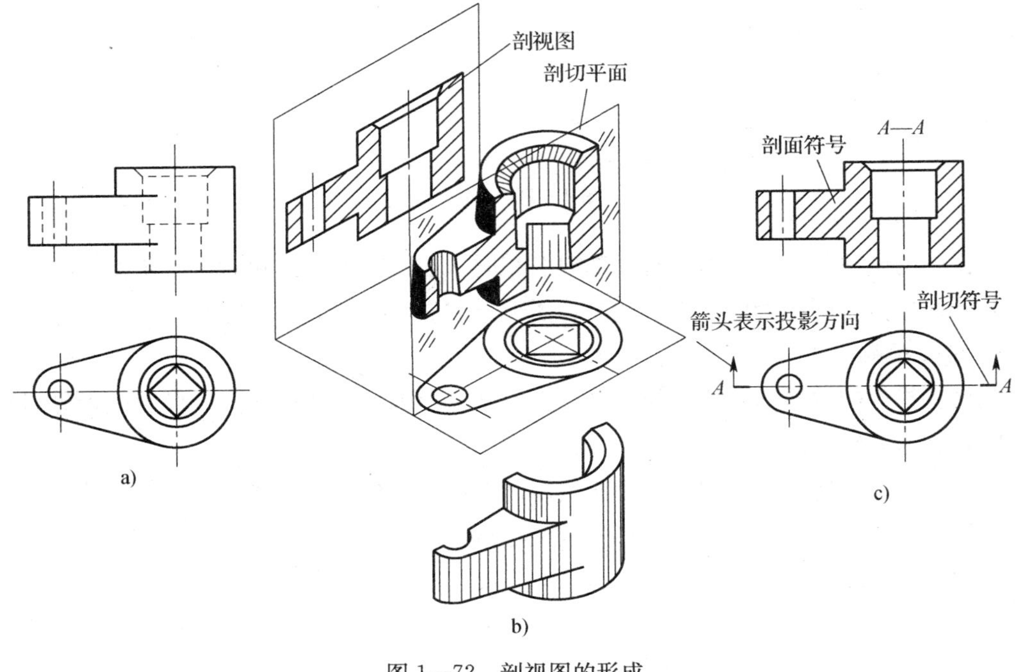


图 1—72　剖视图的形成

（2）剖视图的画法。剖视图是假想将机件剖切后画出的图形，画剖视图时应注意下列几点。

1）剖切位置要适当。剖切面应尽量通过较多的内部结构（孔、槽等）的轴线或对称平面，并平行于选定的投影面。

2）内外轮廓要画齐。机件剖开后，处在剖切平面之后的所有可见轮廓都应画齐，不得遗漏。

3）剖面符号要画好。在剖视图中，凡被剖切的部分均应画上剖面符号。国家标准《机械制图》中规定了各种材料的剖面符号。

金属材料的剖面符号，应画成与水平成 45°的互相平行、间隔均匀的细实线。同一机件各个剖视图的剖面符号应相同。如果图形的主要轮廓与水平成45°或接近45°时，该图剖面线应画成与水平成30°或60°，但倾斜方向仍应与其他视图剖面线一致，如图1—73所示。

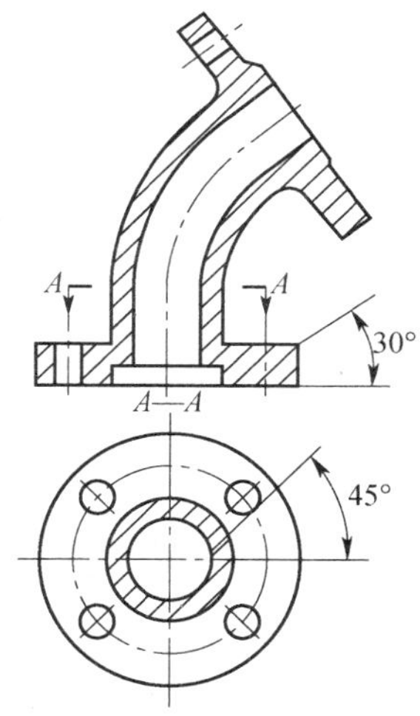

图1—73　剖面线与水平成30°或60°

剖视图是假想剖切面画出的，所以与其相关的视图仍应保持完整；由剖视图已表达清楚的结构，视图中虚线即可省略。

（3）剖视图的标注。一般应在剖视图上方用字母标出剖视图的名称“×－×”，在相应视图上用剖切符号表示剖切位置，用箭头表示投影方向，并注上相同的字母，如图1—72c所示。

由于不同结构形状的机件剖视图具体画法各有不同，所以其相应的标注形式也各有区别。

（4）剖视图的分类。按剖切范围的大小，剖视图可分为全剖视图、半剖视图和局部剖视图。

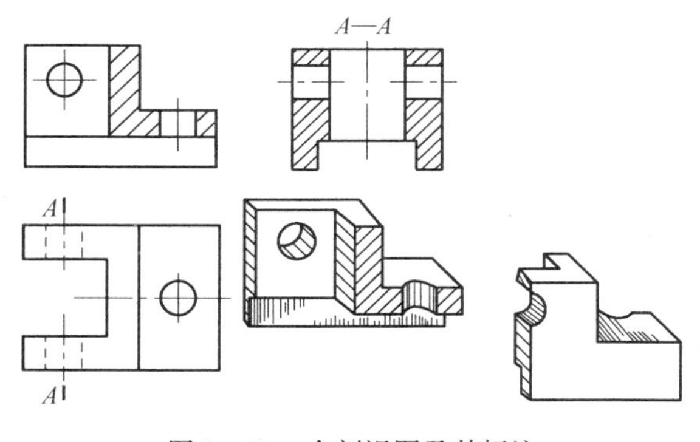

图1—74　全剖视图及其标注

1）全剖视图。用剖切面（一般为平面，也可为柱面）完全地剖开机件所得的剖视图，称为全剖视图。全剖视图及其标注如图1—74所示。

2）半剖视图。当机件具有对称平面时，在垂直于对称平面的投影面上投影所得的图形，可以对称中心线为界，一半画成剖视，另一半画成视图，这种图形称为半剖视图。半剖视图及其尺寸标注如图1—75所示。

3）局部剖视图。用剖切平面局部地剖开机件所得的剖视图，称为局部剖视图。

图1—75的主视图和图1—76的主视图和左视图，均采用了局部剖视图画法。局部剖视图，既能把机件局部的内部形状表达清楚，又能保留机件的某些外形，其剖切范围可根据需要而定，是一种很灵活的表达方法。

局部剖视图以波浪线为界，波浪线既不能与轮廓线重合（或用轮廓线代替），也不能超出轮廓线之外，如图1—77所示。

（5）剖切方法。剖视图是假想将机件剖开而得到的视图，因为机件内部形状的多样

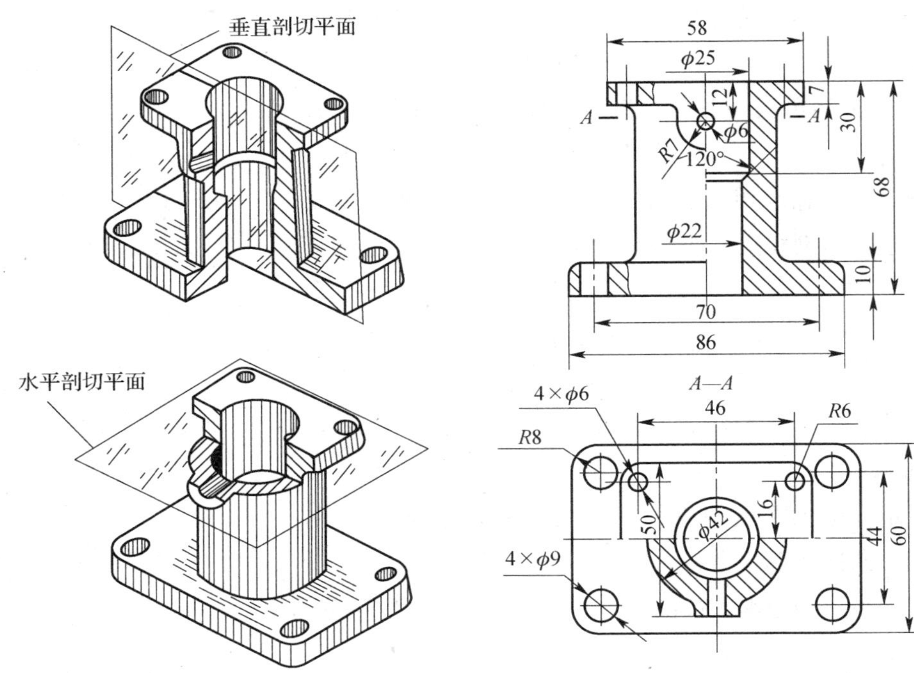


图 1—75　半剖视图及其尺寸标注

性，剖切机件的方法也不尽相同。国家标准《机械制图》规定有单一剖切面、几个互相平行的剖切平面、两相交的剖切平面、组合的剖切平面和不平行于任何基本投影面的剖切平面等。

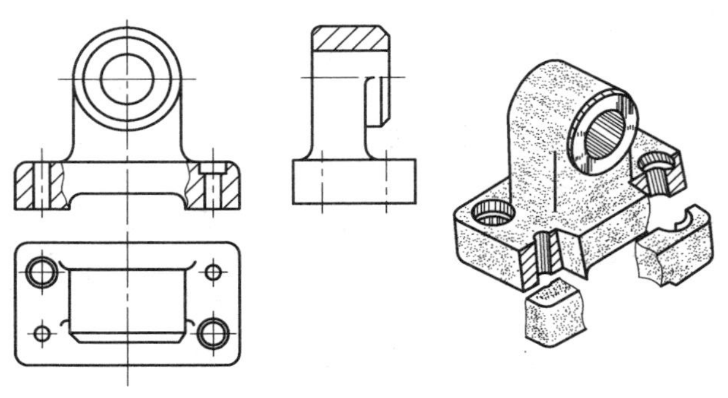

图 1—76　局部剖视图

1）单一剖切面。用一个剖切面剖开机件的方法。一般单一剖切面为平行于基本投影面的剖切平面。前面介绍的全剖视图（图 1—74）、半剖视图（图 1—75）和局部剖视图（图 1—76）均为单一剖切面剖切而得，可见这种剖切方法应用最多。

2）几个平行的剖切平面。用几个互相平行的剖切平面剖开机件的方法称为阶梯剖。

如图 1—78 所示机件，其内部结构（小孔和沉孔）不能用单一剖切面剖开，而是采用两个相互平行的剖切平面将其剖开，主视图为采用阶梯剖方法的全剖视图。

采用阶梯剖画剖视图时，应注意如下几点。

①必须在相应视图上用剖切符号表示剖切位置，在剖切平面的起迄和转折处标注相同字母，剖切符号两端用箭头表示投影方向（当剖视图按投影关系配置，中间又无其他图形隔开时，可省略箭头），并在剖视图上方标出相同字母的名称“×—×”。

②在剖视图中，不应画出剖切平面转折处的投影，因为剖切是假想的。

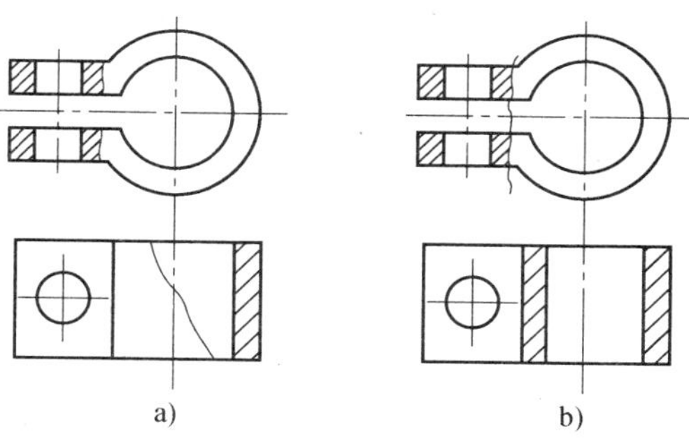


图 1—77　局部剖视图波浪线画法

③在用阶梯剖画出的剖视图中，一般不允许出现不完整要素。仅当两个要素在图形上具有公共对称中心线或轴线时，可以各画一半，此时应以对称中心线或轴线为界，如图 1—79 所示。

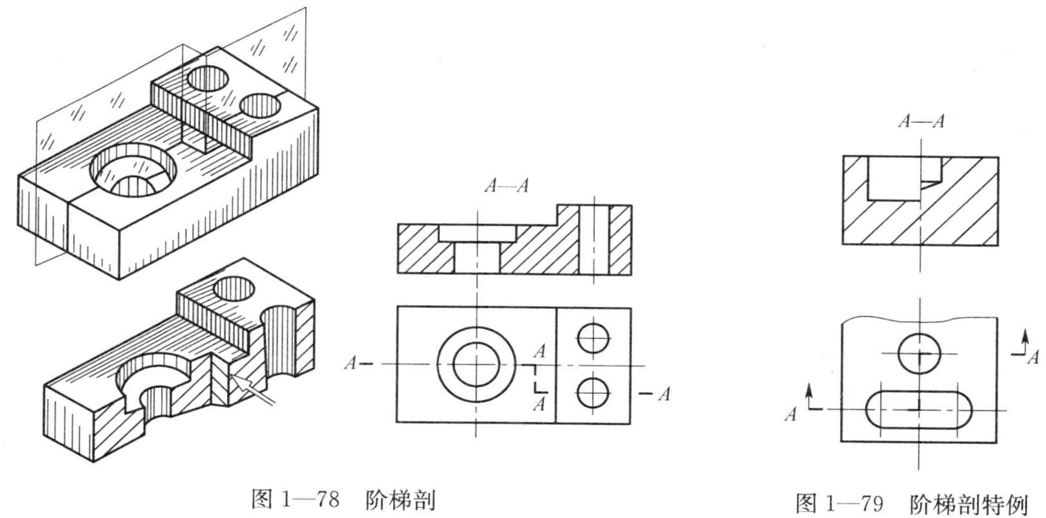


图 1—78　阶梯剖

图 1—79　阶梯剖特例

3）两相交的剖切平面。用两相交的剖切平面（交线垂直于某一基本投影面）剖开机件的方法称为旋转剖。常用于画盘类或具有公共旋转轴线的摇臂类零件的剖视图，图 1—80和图 1—81 所示为采用旋转剖的全剖视图。

采用旋转剖画剖视图时，应注意如下几点。

①假想用相交剖切平面剖开机件后，应将剖开的倾斜结构及其有关部分旋转到与选定的投影面平行位置再进行投影。但在剖切平面后的其他结构一般仍按原来位置投影（如图 1—81 中的小油孔）。

②在旋转剖画出的剖视图及相应视图上，必须加以标注，其标注方法基本与阶梯剖相

同，如图 1—80 和图 1—81 所示。

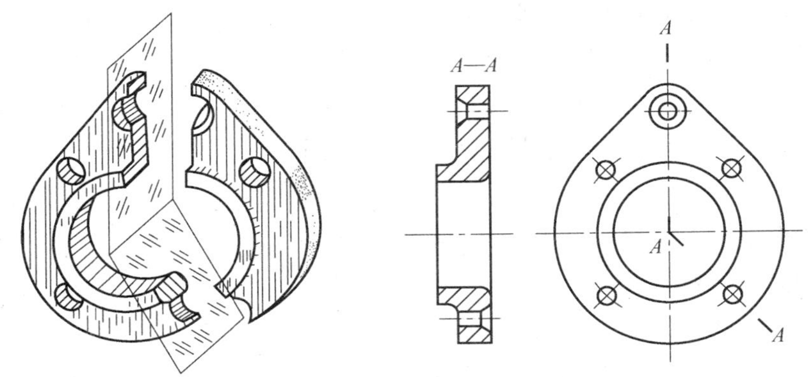


图 1—80　盘盖旋转剖

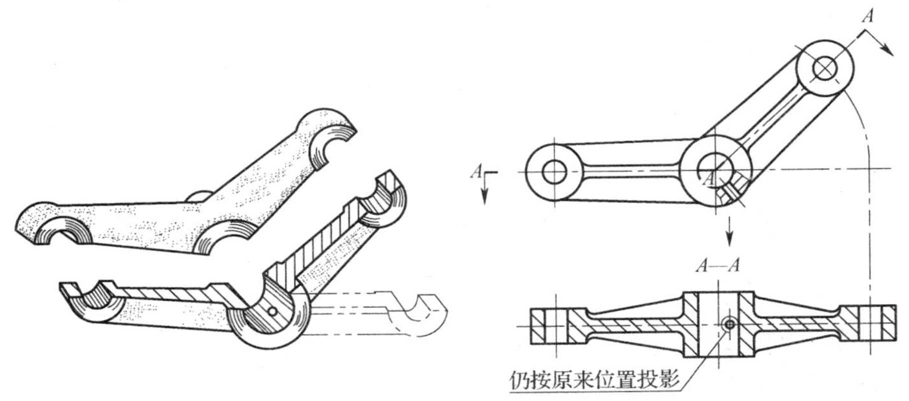


图 1—81　摇臂旋转剖

4）组合的剖切平面。除阶梯剖、旋转剖以外，用组合的剖切平面剖开机件的方法称复合剖。图 1—82 所示为采用复合剖的全剖视图，它表达了复合剖的画法与标注。

5）不平行于任何基本投影面的剖切平面。用不平行于任何基本投影面的剖切平面剖开机件的方法称为斜剖，图 1—83 所示为用斜剖作出的全剖视图。

当采用斜剖画剖视图时，应注意标注剖切符号，画出箭头和写出字母、名称。剖视图一般应配置在箭头所指的方向，并与基本视图保持相应的投影关系。若配置在其他位置，并将图形转正，则必须标明“×—×旋转”。

**7. 常用零件的规定画法及代号标注**

在加工、检验零件时，必须根据零件图中所标注的尺寸进行加工、检验。因此，尺寸标注是零件图的重要内容之一。

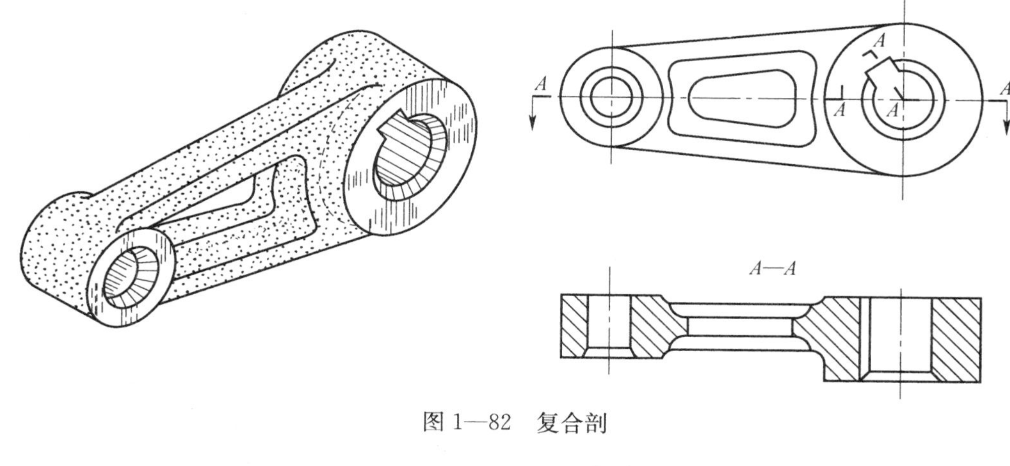


图 1—82　复合剖

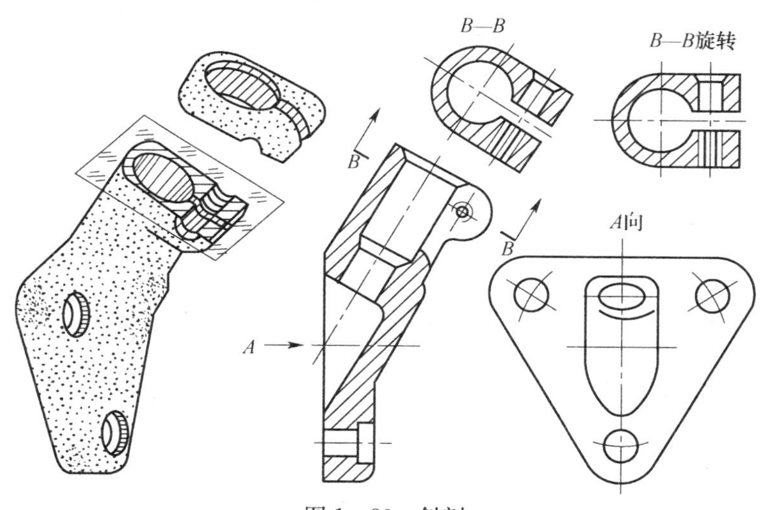


图 1—83　斜剖

零件图中的尺寸标注应符合下列要求，见表 1—9。

具体说明如下：①完整，尺寸标注必须做到定形、定位尺寸齐全，并做到不错、不多、不矛盾；②正确，尺寸标注必须符合制图标准的规定，做到标注的形式、符号、写法正确；③清晰。尺寸标注的布局要清晰，做到书写规范、排列整齐、方便看图；④合理。标注的尺寸要能保证设计要求，又便于加工和测量。

(1) 尺寸基准。要使尺寸标注得合理，首先要确定合理的尺寸基准。零件图上通常选用与其他零件相接触的表面（装配的配合表面、安装基面）、零件的对称平面、回转体的中心轴线、中心线等几何要素作为尺寸基准。每个零件都有长、宽、高 3 个方向的尺寸，每个方向的尺寸至少有一个主要的尺寸基准。

**表 1—9** 常见典型结构的尺寸注法一

| 序号 | 类型 | 旁注法 | | 普通注法 |
|---|---|---|---|---|
| 1 | 光孔 | 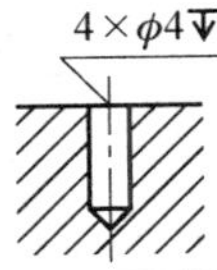 4×φ4↧10 | 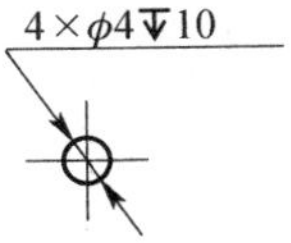 4×φ4↧10 | 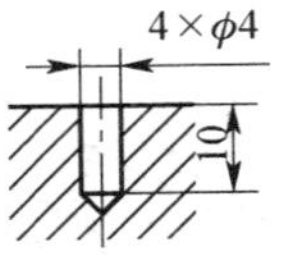 4×φ4<br>10 |
| 2 | 光孔 | 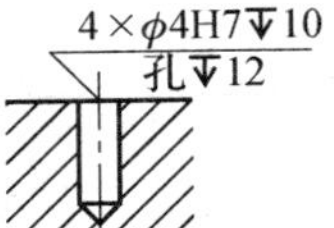 4×φ4H7↧10<br>孔↧12 | 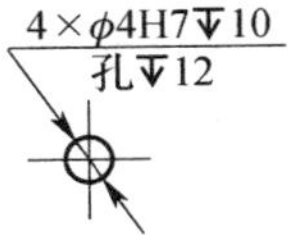 4×φ4H7↧10<br>孔↧12 | 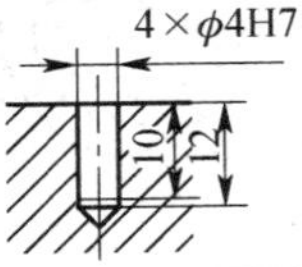 4×φ4H7<br>10<br>12 |
| 3 | 螺孔 | 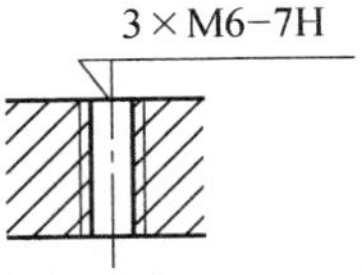 3×M6−7H | 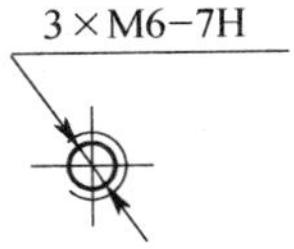 3×M6−7H | 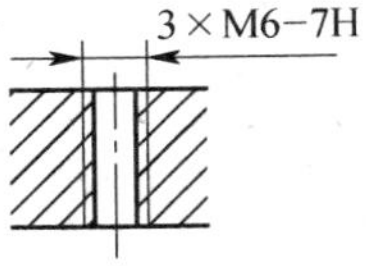 3×M6−7H |
| 4 | 螺孔 | 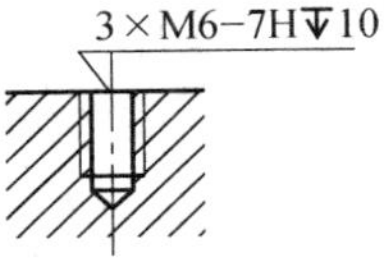 3×M6−7H↧10 | 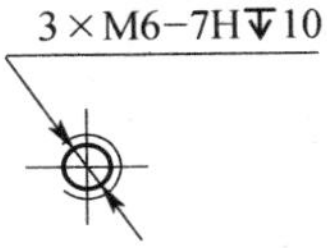 3×M6−7H↧10 | 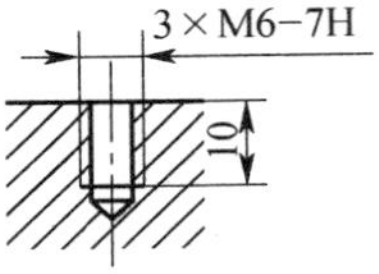 3×M6−7H<br>10 |
| 5 | 螺孔 | 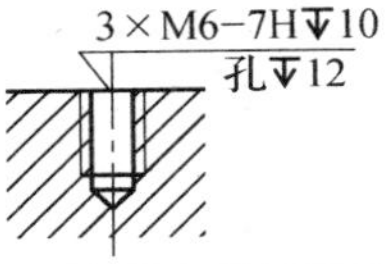 3×M6−7H↧10<br>孔↧12 | 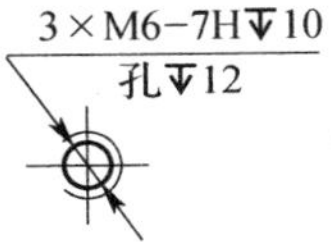 3×M6−7H↧10<br>孔↧12 | 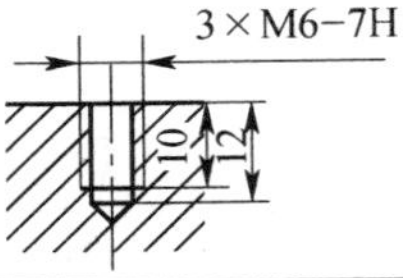 3×M6−7H<br>10<br>12 |
| 6 | 沉孔 | 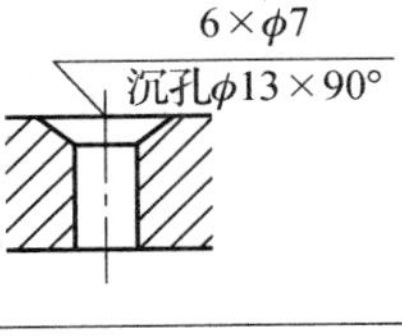 6×φ7<br>沉孔φ13×90° | 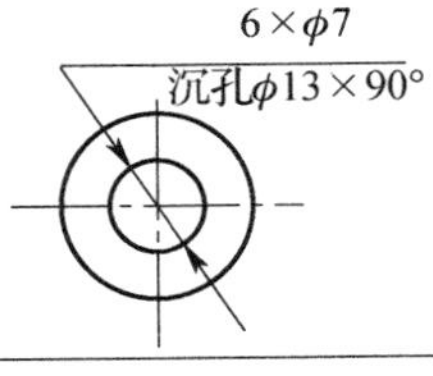 6×φ7<br>沉孔φ13×90° | 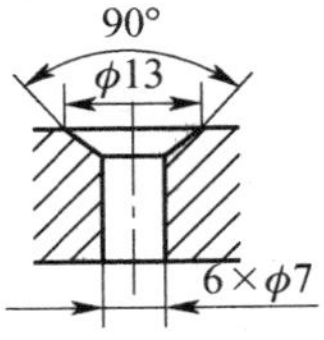 90°<br>φ13<br>6×φ7 |
| 7 | 沉孔 | 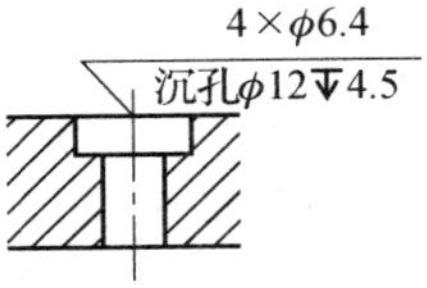 4×φ6.4<br>沉孔φ12↧4.5 | 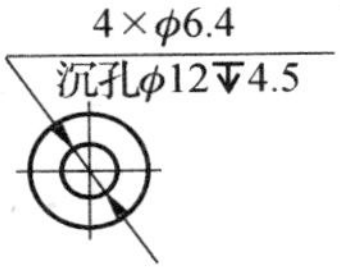 4×φ6.4<br>沉孔φ12↧4.5 | 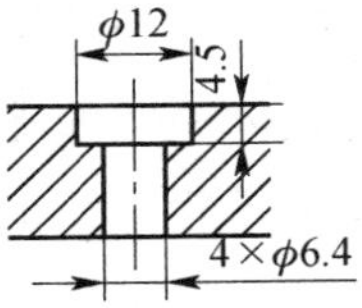 φ12<br>4.5<br>4×φ6.4 |
| 8 | 沉孔 | 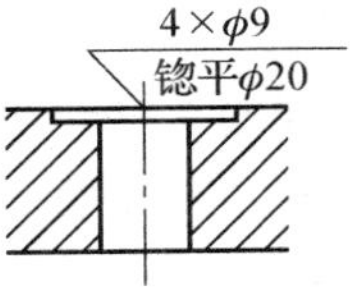 4×φ9<br>锪平φ20 | 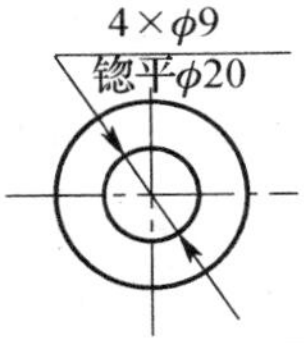 4×φ9<br>锪平φ20 | 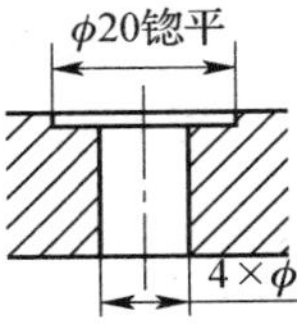 φ20锪平<br>4×φ9 |

有时，由于零件的功用、加工和检验的需要，在同一尺寸方向需要几个尺寸基准，但其中只有一个主要基准，其余是辅助基准。主要基准和辅助基准之间，一定要有尺寸联系。

（2）尺寸标注方法。一个完整的尺寸应包括尺寸界线、尺寸线、尺寸数字和箭头等4项要素，如图1—84所示。

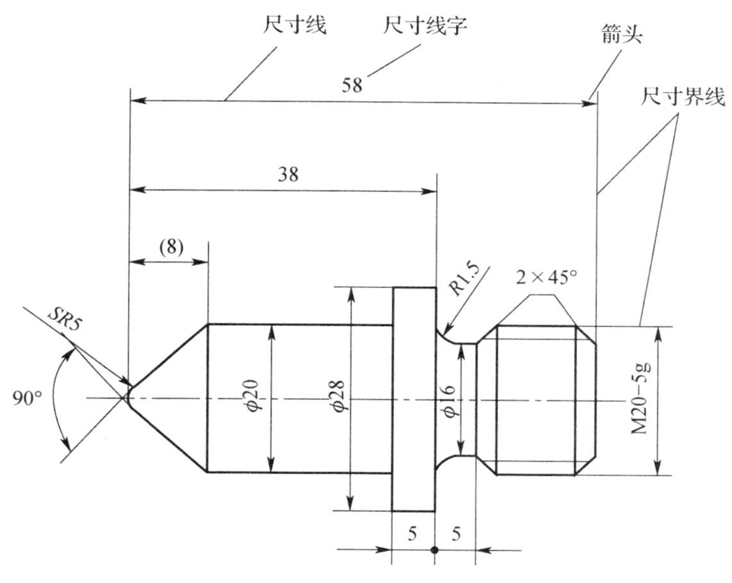


图1—84　尺寸的四要素

零件图上常见的典型结构，其尺寸标注方法见表1—10。

**表1—10**　　**常见典型结构的尺寸标注法二**

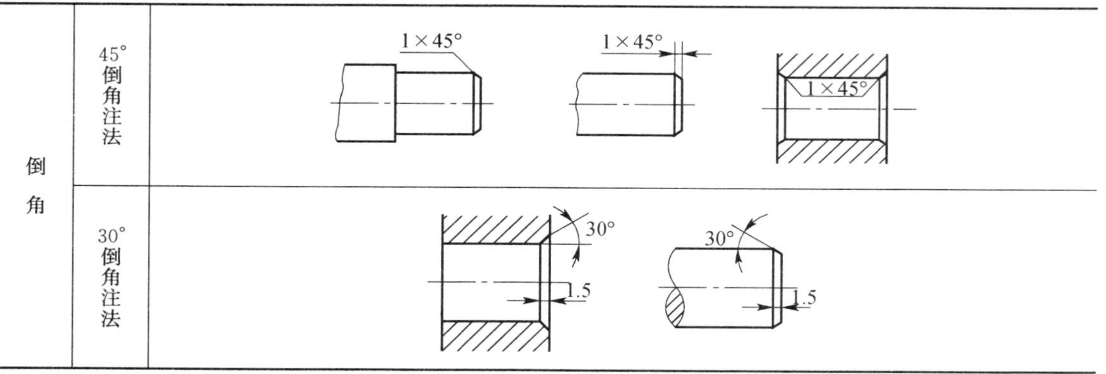

续表

| 退刀槽、越程槽注法 | 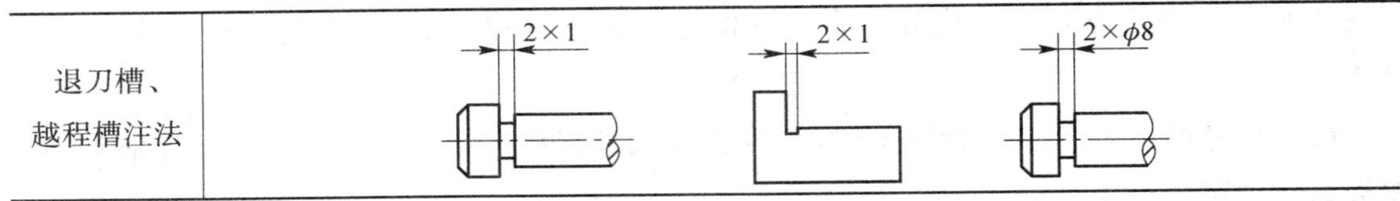 |
|---|---|

（3）尺寸标注的注意事项。

1）各基本形体的定形、定位尺寸要尽量集中在一两个视图上，以方便看图时寻找尺寸，如图 1—85 所示。

2）圆或大于半圆应标注直径，小于半圆应标注半径。在一般情况下圆弧半径尺寸应标在投影成圆的视图上，圆的直径尺寸最好标注在投影成直线的视图上，如图 1—85 所示。

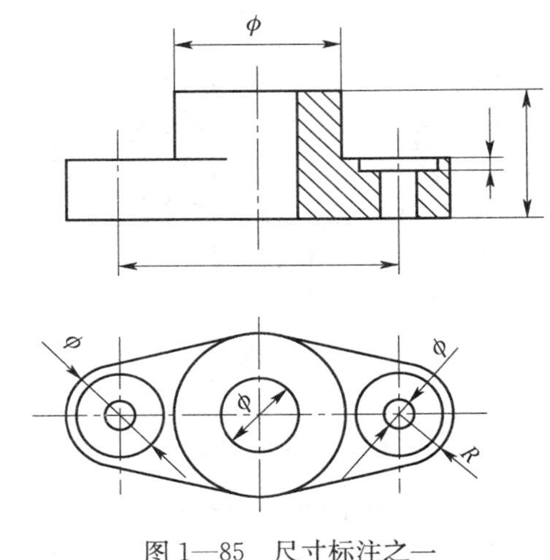


图 1—85　尺寸标注之一

3）尺寸数字应尽量标在视图之外，避免尺寸线、轮廓线和尺寸数字相交。凡有相交时，线条应予断开。

4）对称尺寸按对称标注，同类结构的尺寸只标注一次，不要重复。

5）避免从虚线上引出尺寸界线标注尺寸。

6）对于平行平列尺寸，应使小尺寸靠近视图、大尺寸远离视图，并依次排列，以免尺寸线互相交错，如图 1—86 所示。

7）几何体上的截交线、相贯线是由形体截交自然产生的，不标注尺寸。但基本几何体被切割以后除标出剩余的厚度尺寸外，还要标出切平面的位置尺寸，如图 1—87 所示。对于两个相交的几何体，除要标出它们的本身形状尺寸外，还要标出它们的位置尺寸。

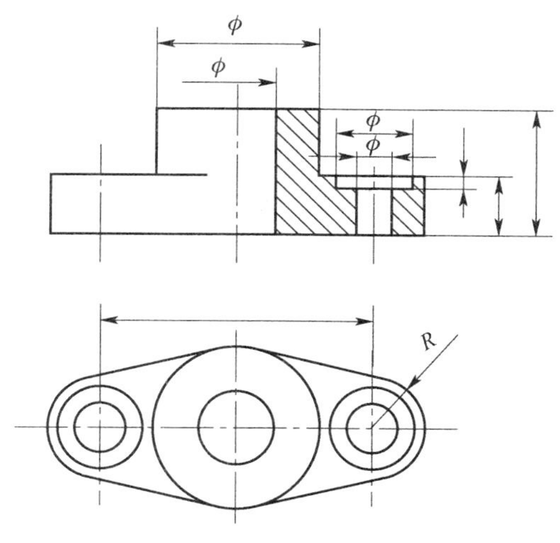


图 1—86　尺寸标注之二

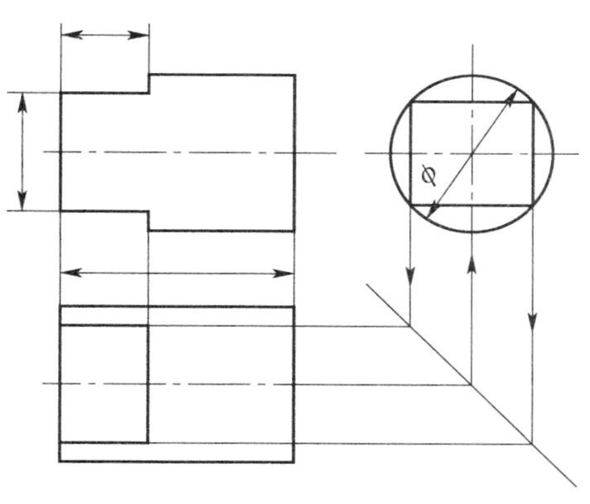


图 1—87　尺寸标注之三

8）重要尺寸一定要直接标出。所谓重要尺寸，是指有配合要求的尺寸、影响机器工作精度和性能的尺寸、决定零件装配位置的尺寸等。图 1—88 所示的轴承架，其轴线到底面高度 $A$ 和安装孔中心距 $B$ 都是重要尺寸，需直接标出。如果不直接标出（图 1—88b），会因相关尺寸（$D$、$C$、$E$、$L$）的误差积累而使重要尺寸不易保证。

9）不要标注成封闭的尺寸链。封闭尺寸链是头尾相连，绕成一整圈的一组尺寸，每个尺寸都是链中的一环。标注尺寸时，在尺寸链中选一个不重要的环不标尺寸，称为开口环。因为开口环不重要，所以不直接标注其尺寸对设计没有影响（图 1—89）。

10）标注尺寸要符合加工方法的要求，如图 1—90 所示，其中左部圆弧尺寸标成 $\Phi60$ 的目的是为了选用加工圆弧的刀具。

11）标注尺寸要便于测量。图1—91a所示的一些图例，是由设计基准标出中心到某面的尺寸，但不易测量。如果这些尺寸对设计要求影响不大，应考虑测量方便，按图 1—91b 的标法标注。

**8. 公差与配合**

（1）公差

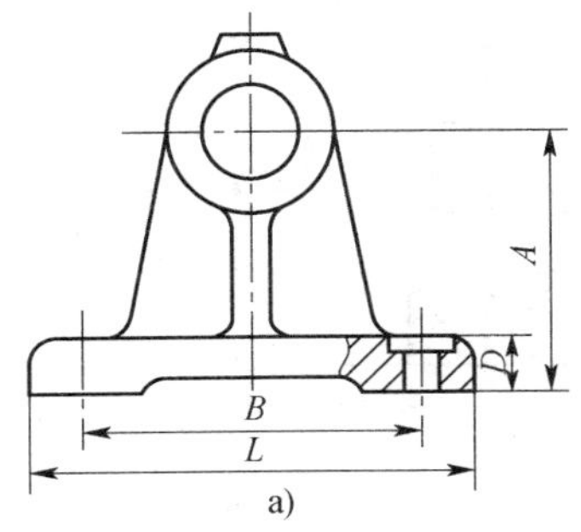


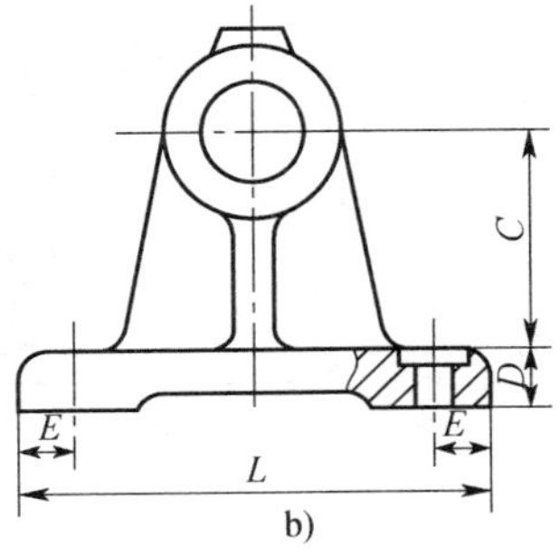


图 1—88　尺寸标注之四

a）正确　b）错误

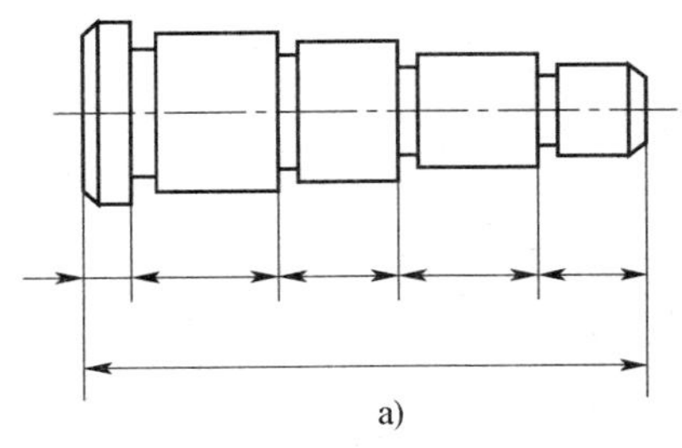


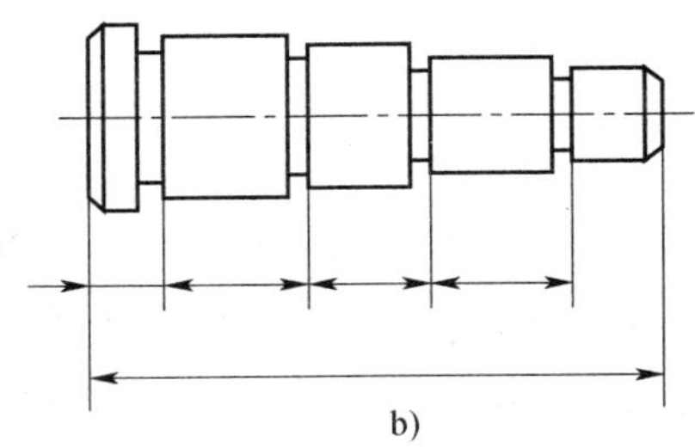


图 1—89　尺寸链

a）封闭尺寸链　b）开口环

公差是允许尺寸的变动量。

公差表示一批零件尺寸允许变动的范围，这个范围大小的数量值就是公差，所以它是绝对值，不是代数值，零公差、负公差的说法都是错误的。公差等于最大极限尺寸与最小极限尺寸之代数差的绝对值，可用公式表示为

孔的公差以 $TD$ 表示，$TD=D_{max}-D_{min}=ES-EI$；

轴的公差以 $Td$ 表示，$Td=d_{max}-d_{min}=es-ei$ 。

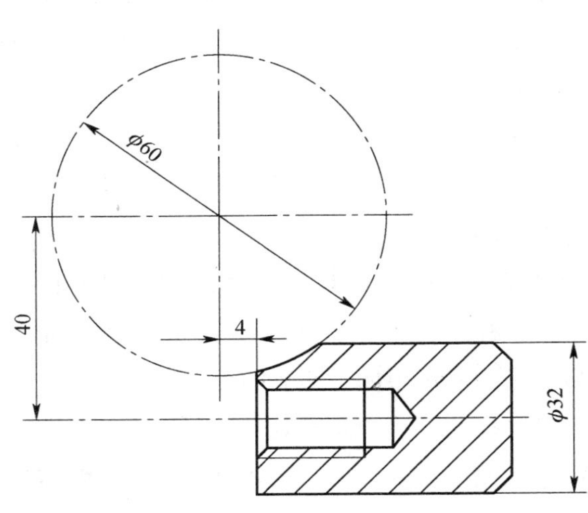


图 1—90　符合加工方法的尺寸标注

公差的大小仅表示对零件加工精度高低的要求，因此并不能根据公差的大小去判断零件尺寸是否合格。上、下偏差表示每个

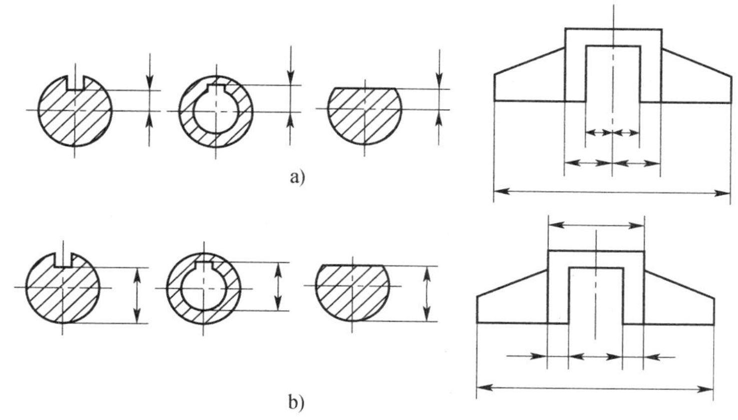


图 1—91　便于测量的尺寸标注

a）不便于测量　b）便于测量

零件实际偏差大小变动的界限，是代数值，是判断零件尺寸是否合格的依据，其与零件加工精度的要求无关。但是，上、下偏差之差的绝对值（公差）与精度有关。公差是误差的允许值，是由设计确定的，不能通过实际测量得到。

（2）配合

基本尺寸相同的、相互结合的孔和轴公差带之间的关系，称为配合。在孔与轴的配合中，孔的尺寸减去轴的尺寸所得的代数差，此差值为正时是间隙，以 $X$ 表示；为负时是过盈，以 $Y$ 表示。根据相互结合的孔、轴公差带的不同相对位置关系，可把配合分为间隙配合、过盈配合、过渡配合 3 种。

## 二、通风空调工程图

### 1. 通风工程施工图的主要内容和基本表示法

通风工程施工图包括基本图、详图和文字说明。基本图有通风系统平面图、剖面图及系统轴测图。详图有设备或构件的制作及安装图等。文字说明包括图纸目录，设计和施工说明、设备和配件明细表等。当详图采用标准图或套用其他工程图纸时，在图纸目录中须加以说明。

设计和施工说明包括以下内容。

（1）设计时使用的有关气象资料、卫生标准等基本数据。

（2）通风系统的划分。

（3）统一做法的说明，如与工程建筑工程的配合施工事项，风管材料和制作的工艺要求，油漆、保温、设备安装技术要求，施工完毕后试运行要求等。

设备和配件明细表就是通风机、电动机、过滤器、除尘器、阀门等以及其他配件的明细表，在表中要注明它们的名称、规格和数量，以便图、表对照，进一步表示图示内容。

通风系统平面图用于表达通风管道、设备的平面布置情况及其有关尺寸。剖面图用于表达通风管道、设备在高度方向的布置情况及其有关尺寸。这类图纸表达的重点在于把整个管道系统的整体布置情况显示清楚，而不在于表达管道及设备的详细构造。为了使通风管道系统表示得比较明显，在通风系统平面图和剖面图中，房屋建筑的轮廓用细线来画（仅剖面图的地面用粗线表示），管道用粗线来画，设备和较小的配件用中粗线和稍细的线来画。

通风系统轴测图用于表达通风管道在空间的曲折交叉情况，反映整个系统的概貌。详图用于表达设备或配件的具体构造和安装情况。

**2. 通风系统平面图、剖面图和轴测图的画法及内容**

（1）画法。通风系统的平面图和剖面图都是根据系统的实际形状按照一般物体的投影规律画出的，而系统的轴测图有单线图和双线图两种。所谓单线系统轴测图，是指用单线条表示管道，而通风机、吸气罩之类设备仍画成简单外形轴测图的系统图。双线系统轴测图则是把整个系统的设备、管道及配件都用轴测投影的方法画成立体形象的系统图。通风系统的轴测图一般都采用斜等轴测的方法来画出。

双线轴测图的特点是立体形象较逼真，但绘制工作费时；而单线轴测图，则常用管道中心线或管道底面中线（对于底面等高的管道）表示管道，图形简洁，但在管线交叉重叠时，表达不够清楚明了。所以，一般对于较简单的系统常用单线图，而较复杂的、重叠又多的系统则采用双线图；圆形管道系统常用单线图，方形管道系统则常用双线图。

（2）通风系统平面图的内容。

1）房屋建筑的平面轮廓（用细线画出）和建筑的主要尺寸，如轴线名称、间距、墙厚等。

2）工艺设备和通风设备（如通风机、电动机、吸气罩、除尘器、送风口等）在图上均应分别标注或编号并列表说明其型号和规格，设备在图上只绘主要轮廓线，并注明其位置尺寸；空调器只表示位置、轮廓尺寸及通风机连接情况。

3）画出通风管、异径管、弯头、三通或接头；注明风管的截面尺寸：矩形风管的截面尺寸注“宽×高”，圆形风管注直径“$\phi$”；管道的定位尺寸，注明离墙面或建筑轴线的距离。

4）导风板、调节阀门、送风口、回风口等均用图例表明，并注明型号、尺寸。用带箭头的符号表明进出风口空气流动的方向。

5）两个以上的进、排风系统或空调系统应加编号。

（3）通风系统剖面图的内容。通风系统的剖面图，除房屋建筑的剖面轮廓外，要表明管道及设备在高度方向的位置，并须注明房屋地面和楼板的标高、设备和风管的位置尺寸及标高。圆管注中心线标高，矩形管的截面尺寸变化而管底保持水平时注管标高。

简单的管道系统可省略剖面图。对于比较复杂的管道系统，当平面图和系统轴测图不能表示清楚时，须有剖面图。剖面图的剖切线应取在需要把管道系统表达较清楚的部位，对于多层房屋建筑且管道又比较复杂的情况，每层平面图上均须画出剖切线。

（4）通风系统轴测图的内容。通风系统的平面和剖面图虽然能够把管道和设备的结构情况表达出来，但当管道在空间曲折或交叉较多时，图常有重叠，需要对各视图反复对照和分析才能看懂。为了便于迅速看懂图纸及对总体一目了然起见，需要画出通风系统轴测图。对于结构较简单的通风系统，有时不画剖面图（为绘图简便，常采用这种方法），则管道系统高度方向的情况及标高、尺寸等就由系统轴测图来表达。因此，系统轴测图也是通风工程的重要施工图纸。

在系统轴测图中，要注明系统的编号；画出主要设备的外形轮廓和各类配件的图例符号（通风施工图的图例符号较少，且常为标准件，一般用文字或标准图号加以注明，因此对图例不做专门介绍）并注出它们的名称和规格型号；注明管道的截面尺寸和标高；当管道有坡度时，要注明坡度与坡向；有时，为了试运行的方便，也可将送风口的风量和风速注出。

**3. 通风施工图的阅读**

在阅读通风工程施工图时，一般先看通风系统平面布置图，初步了解有几个通风系统，各个系统所属的工艺设备和通风设备的位置，管道的走向及其与设备的连接情形。随后，根据平面图中剖切符号，找到相应的剖面图，从剖面图中看到管道布置在高度方向的走向和位置情况以及标高尺寸等。对于整个系统的概貌，可以从系统轴测图中看出，尤其当管道系统比较复杂，在平面图和剖面图中因图线相互交叉或重叠较多而难以完全看清楚时，对照系统轴测图，进一步加以分析后，就能很容易地了解管道系统的布置。对于通风设备或构件的具体构造或安装情况，则应查阅有关的详图。

# 第 2 节　空调系统的启动

## 学习单元 1　启动设备

### 学习目标

1. 掌握空气处理系统的工作流程。
2. 熟悉冷（热）源机组的工作流程。
3. 熟练操作冷媒（冻）水系统、冷却水系统。

### 一、空气处理系统的工作流程

本节主要讨论的是组合式空调装置。

在空调系统中，以空气流动的方向为顺序，主要的调节装置有新风口、粗效过滤器、一次加热器、混合室、表面冷却器（也可以是喷水室）、二次混合室、通风机、二次加热器、风道、精加热器、末端装置、回风道和回风机等。

由于服务的对象、要求、负荷不尽相同，因而空气调节装置也不尽相同。在冬季气温不是很低的地区，可以不设一次加热器，对温度要求不是很严格的房间，精加热器也可以省去。而对空气中灰尘的含量要求很严格的生产车间或实验室，则需安装中效或高效过滤器。

#### 1. 组合式空调机组工作流程及类型

(1) 组合式空调机组工作流程。组合式空调机组，顾名思义，显然不是整机（体）式空气处理机组，而是由若干功能段根据需要组合而成的空气处理机组。用于舒适性空调工程的组合式空调机组结构图如图 1—92 所示，其通常采用的功能段包括空气混合、过滤（还可细分为粗效过滤、中效过滤等几段）、表冷器、送风机、回风机等基本组合单元（图 1—93)，组合起来与一个卧式的柜式风机盘管机组功能差不多。

组合式空调机组自身不带冷（热）源，而是以冷（热）水或蒸气为媒质来对空气进行

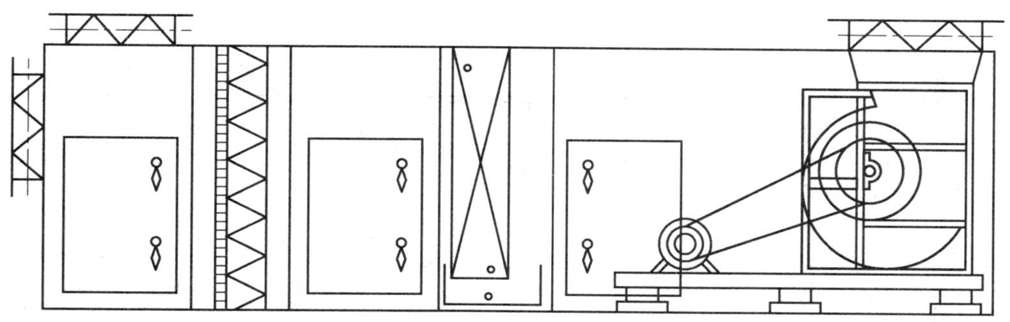

图 1—92　用于舒适性空调工程的组合式空调机组结构图

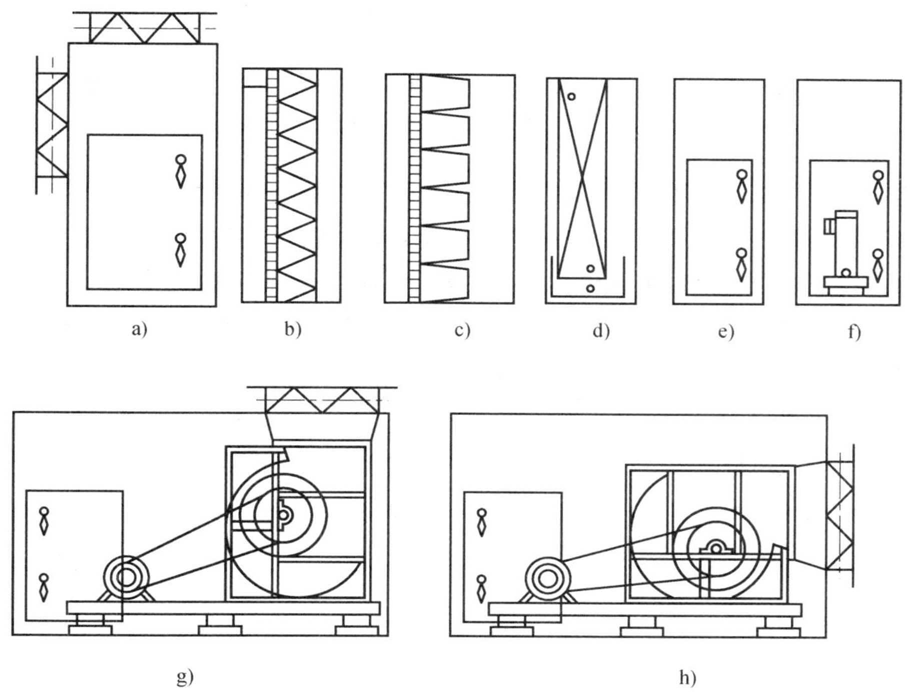


图 1—93　组合式空调机组结构分解图

a）新回风混合段　b）粗效过滤段　c）中效过滤段　d）表冷锻　e）中间段

f）中间加湿段　g）风机段（向上）　h）风机段（水平）

处理的设备。下面以一个二次回风系统混合式空气处理机组（图 1—94）为例来介绍其工作流程。

新风通过新风阀进入空调机箱，与室内来的一次回风在回风段中进行混合。然后，经过过滤器，滤去尘埃和杂物，再经一次加热器加热后进入喷水室。在喷水室中进行热湿处

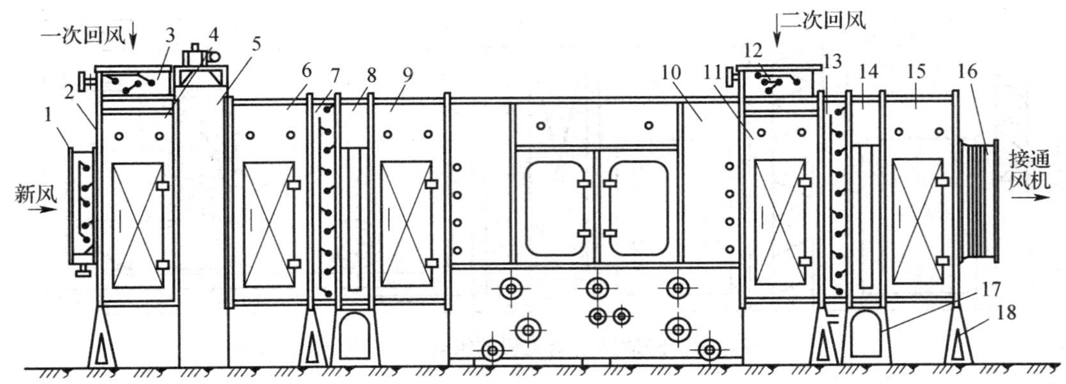


图 1—94　JW 型混合式空气调节机组（二次回风式）

1—新风阀　2—混合式法兰盖　3、12—回风阀　4、11—混合室　5—过滤器　6、9、15—中间室　7、13—混合阀　8—一次加热器　10—喷水室　14—二次加热器　16—风机接管　17—加热器支架　18—三脚架

理，降温除湿后与二次回风进行混合。混合后的空气经二次加热器加热到规定的送风状态。由送风机经设置在送风管道内的消声器降噪，最后送入室内。

由室内排出的空气经回风管道内设置的消声器降噪，由回风机将一部分空气排出系统。其余部分作为回风加以利用。一次回风量和二次回风量的多少由回风阀的开度来控制。

将空气处理过程表示在焓一湿图（图 1—95）上：夏季室外空气状态为 W，回风空气状态为 N，这两股风混合后的状态为 $C_1$。然后，通过加热器等湿加热到 H 点进入喷水室，降温除湿后达到机器露点 L，再与回风混合，混合后的空气状态点为 $C_2$。经二次加热器加热到 O 点，即送风状态。这时，送风温差为 $\Delta t_0$，可以表示为

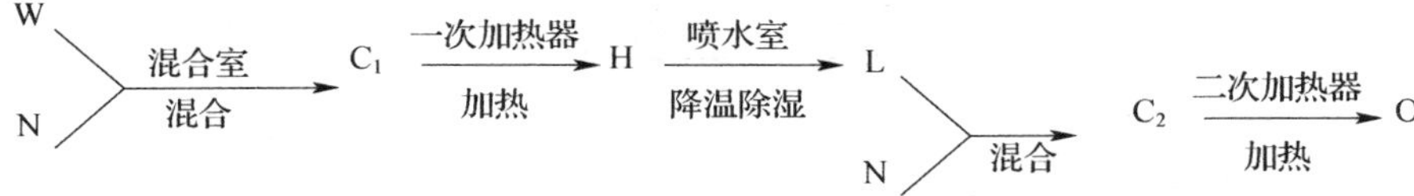


全功能系统组合机组在实际应用中并不多见，选用时应根据工程需要和业主的要求，有选择地选用其中所需要的功能段即可。

（2）组合式空调机组的类型

1）按采用的箱体材料分类

①金属。主要为各种钢板、合金铝板、不锈钢板、镀锌钢板等。

②非金属。主要为玻璃钢、砖或钢筋混凝土等。

2）按安装的形式分类

①卧式。安装、使用、维护方便，适用于大风量空调机组。

②立式。节省占地面积，适用于小风量空调机组。

3）按机组的外形分类

①矩形。制造、安装、维修方便，造价低，稳固性好。

②圆形。结构紧凑、造价较高、稳固性差，适用小风量机组。

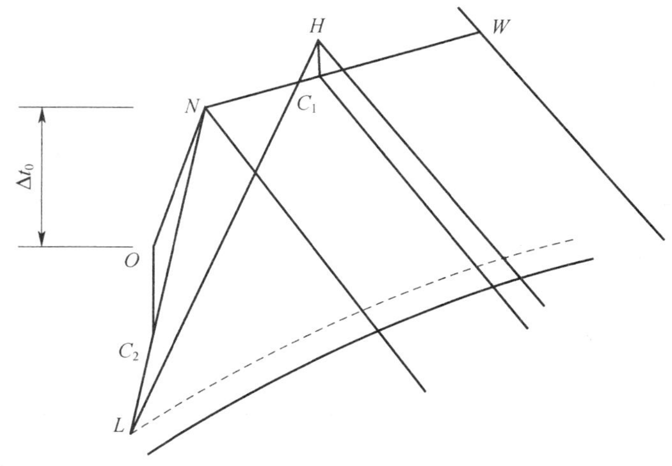


图 1—95　空气处理过程在焓一湿图上的表示

4）按机组系统流程特点分类

①直流式。处理的空气全部来自室外，适用于散发有害物质而空气不能循环的空调房间。

②封闭式。处理的空气全部来自室内，适用于很少有人进出的场合。

③混合式。部分回风与部分新风混合，适用于绝大部分空调房间。

**2. 组合式空调机组的组成部件**

（1）喷水室。喷水室能够处理多种空气，对空气具有一定的净化能力。它的特点是易于加工、金属用量少，但对水质的卫生要求较高，水系统构造较复杂，需要一定的占地面积。在空调工程中，喷水室应用得比较多。

1）喷水室的作用。采用喷淋方式对空气进行处理。在喷水室内，空气与水直接接触进行热湿交换，以达到所要求的温湿度，从而实现对空气的多样处理。

2）喷水室的分类。喷水室分类方式大致有 3 种，即按放置形式、空气流动速度和喷水室的数量来分类。

按放置形式可分为如下两类。

①立式。空气垂直流动且与水流流动的方向相反，这种方式换热效果较好，但空气处理量少，适用于小型空调系统。

②卧式。空气水平流动，与喷水方向相同或相反。

按空气的流动速度可分为如下两类。

①低速喷水室。空气流速为 2～3 m/s。

②高速喷水室。空气流速为 3.5～6.5 m/s。

按喷水室数量也可分为如下两类。

①单级喷水室。被处理空气和冷冻水进行一次热交换，为普通喷水室。

②双级喷水室。将两个卧式单级喷水室串联起来就可以充分利用深井水等天然冷源或人工冷源，达到节约用水的目的。这样，空气与不同温度的水就可以连续进行两次热交换。

3）喷水室结构。喷水室由外壳、水池、喷水管、补水装置、回水过滤器、溢水器等装置组成。

①单级卧式喷水室结构如图 1—96 所示。

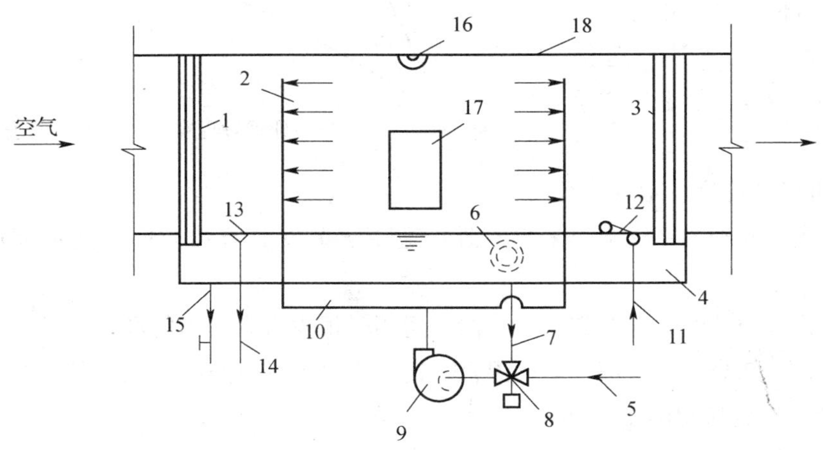


图 1—96　单级喷水室结构

1—前挡水板　2—喷嘴与排管　3—后挡水板　4—底池　5—冷水管
6—滤水器　7—循环水管　8—三通混合阀　9—水泵　10—供水管
11—补水管　12—浮球阀　13—溢水器　14—溢水管　15—泄水管
16—防水灯　17—检查门　18—外壳

②双级喷水室结构如图 1—97 所示。

4）喷水室零件

①喷嘴。喷水室的喷嘴可使水喷射成雾状，从而增加水与空气的接触面积，使之更好地进行热湿交换。喷嘴一般采用铜、不锈钢、尼龙和塑料等耐磨、耐腐蚀性的材料制作。喷嘴以喷孔的大小分为粗喷、中喷及细喷。

a. 粗喷。粗喷是指喷嘴孔径在 4.0～6.0 mm、喷水压力为 0.5～1.5 MPa 的喷射。它喷出的水滴较大，在与空气接触时，水滴温升较慢，不易蒸发。因而其被广泛应用于夏季的降温、降湿处理。在冬季可用其喷循环水以加湿空气。

b. 中喷。中喷介于粗喷与细喷之间，喷嘴孔径为 2.5～3.5 mm，水压为 2 MPa。

c. 细喷。细喷的喷嘴孔径为 2.0～2.5 mm，水压大于 2.5 MPa。这种喷嘴喷出的水滴较细，适用于加湿空气，但是易堵。

在一般的空气调节使用场合，喷水室多采用粗喷。这样，既可以对空气进行降温去湿或绝热加湿处理，又不必经常更换喷嘴。

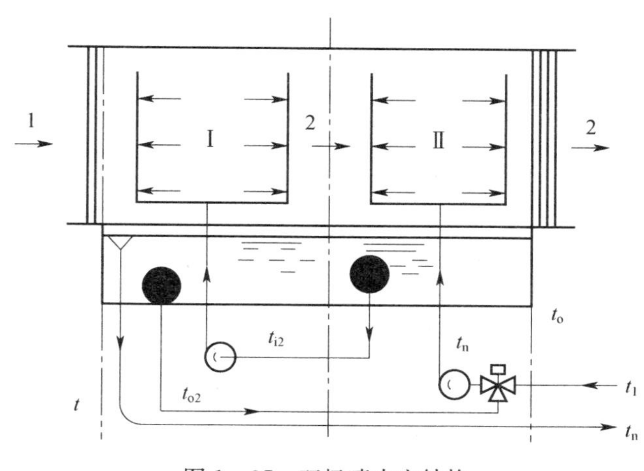


图 1—97　双极喷水室结构

1—进风　2—出风

②挡水板。挡水板为直立的折板或波形板，一般由镀锌薄钢板或塑料板制成。

挡水板一般分为前挡水板和后挡水板（图 1—98）。前挡水板设置在喷嘴之前，作用是防止水滴溅到喷水室之外，同时也起到使进入喷水室的空气均匀分布的作用，所以又称为均风板。后挡水板主要用于阻止混合在空气中较大的水滴进入管道和空调房间。

当气流在两片挡水板之间作曲折前进时，其所夹带的水滴因惯性来不及迅速转弯，碰到挡水板上而附流下来，这样挡水板就起到了气水分离和阻止水滴通过的作用。

在实际工作中，挡水板并不能全部将小水滴分离，它的效果好坏与挡水板的结构、安装质量、空气流速都有很大关系。在有些集中式空调系统中，常在后挡水板上方安装一根淋水管，以加大空气中水滴及附流水滴的重量，使之迅速流入喷水室水池中。

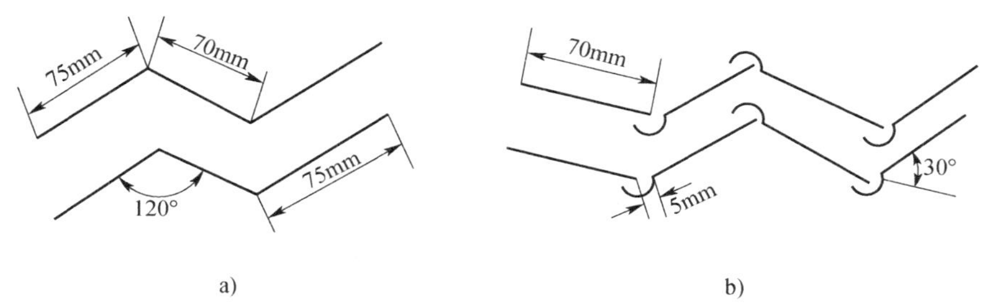


图 1—98　挡水板的结构

a）前挡水板　b）后挡水板

③喷水室外壳。喷水室外壳一般采用 1.5～2 mm 厚的钢板制作，也可以用水泥、砖等材料制作，外壳应有保温措施，不得漏风和渗水。

④水池。水池设在喷水室的底部，目的是为了收集喷雾水。水池的容积按照总喷水量的 3%～5%计算。当正常运行时，水池应储存有一定的水位，以确保喷水量稳定。水池一般装有自动补水机构（即浮球阀），并设有溢流口、排污口及过滤器口。

（2）表面换热器。表面换热器在空调系统中对空气的加热或冷却是通过中间介质来完成的，这个中间介质叫热媒或冷媒。表面换热器就是让热媒或冷媒通过金属表面，使空气加热或冷却的设备。当加热空气时，热媒为热水或蒸汽；当冷却空气时，冷媒为冷水或制冷剂。

1）表面式空气换热器的作用。由冷水机组产生的冷媒水或热源提供的热水、蒸气通过金属壁面与空气进行热交换，以达到冷却、减湿或加热的目的。

2）表面式空气换热器的分类 。按换热器的使用目的，其可分为如下两类。

①空气加热器。利用热水或蒸气对空气加热以提高室内温度。

②表面冷却器。利用冷媒水对空气进行冷却以降低室内温度。

按其传热面结构形式分类，其可分为如下两类。

①板式。可分为螺旋板式、板壳式、波纹板式和板翅式。

②管式。可分为列管式、套管式、蛇形管式和翅片管式。目前，最常用的是翅片管式表面空气换热器。

3）表面冷却器的原理及结构。表面冷却器的工作原理如下：当空气与表面冷却器接触时，冷却器的表面与空气之间存在着温差，依据传热学原理，空气的热量将通过冷却器的表面传递给冷却管内的冷媒，从而使空气的温度得以降低。当冷却器的表面温度低于被处理空气的露点温度时，空气中的水蒸气被凝结，从而达到冷却去湿的目的。

表面冷却器内的冷媒既可以是冷水，也可以是制冷剂。

表面冷却器设备结构紧凑、水系统简单，水与空气不直接接触，且对水质不做卫生要求。表面冷却器由肋管、联箱和护板组成，如图 1—99 所示。其中，肋管是换热的主要部件，它的形式、质量、安装将直接影响换热效果。

对肋管的要求如下：结构紧凑，金属消耗量小；肋片与管壁连接紧密，传热效率高；对空气的阻力小；性能稳定，成本较低；加工、维护简便，可防锈蚀。

常见的肋片形式有绕片式、套片式和二次翻片式、轧片式，如图 1—100 所示。

4）喷水式表面冷却器。表面冷却器只能对空气进行加热、等湿和去湿冷却处理，但它不能对空气进行加湿处理且净化不好。而喷水式表面冷却器则兼有喷水室和表面冷却器的双重作用，从而弥补了普通表面冷却器的不足。它在表面冷却器前设置了喷嘴，将水喷在表面冷却器外表面形成一层水膜，而空气则通过与水膜进行热、湿交换来达到加湿和净化的目的。

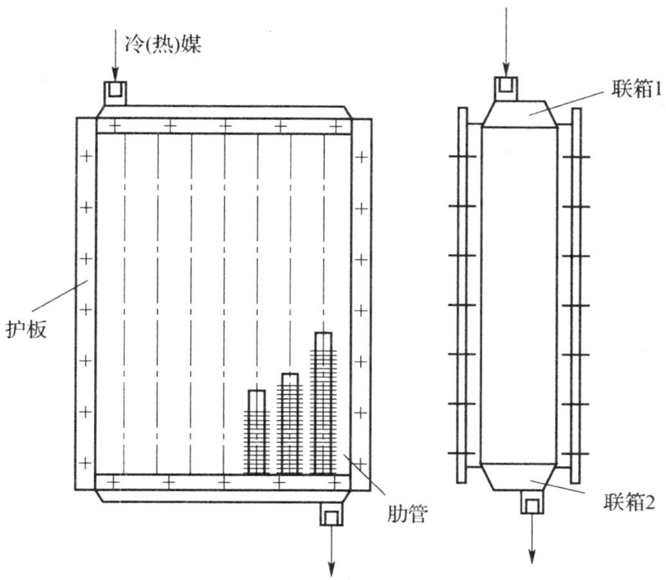


图 1—99　表面冷却器的结构

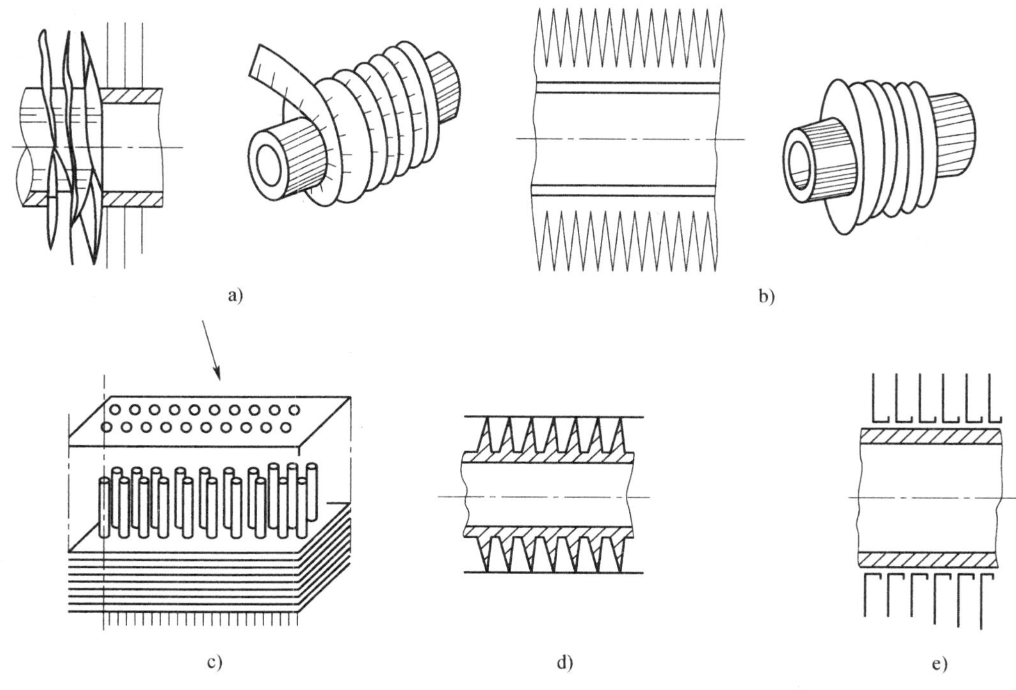


图 1—100　常见肋片形式

a）褶皱式绕片　b）光滑式绕片　c）套片式　d）轧片式　e）二次翻边式肋片

（3）空气的加湿方法及设备

1）空气加湿的意义：在冬季供暖时，用表面式空气换热器对空气进行等湿加热以后，会使其相对湿度下降，空气变得比较干燥，这时就要对空气进行加湿处理。

2）加湿器的分类。

根据对空气的处理方式分类，可将其分为集中式加湿器和局部式加湿器。

①集中式加湿器。就是指在集中空气处理室中对空气进行加湿的设备。

②局部式加湿器。就是指在空调房间内补充加湿处理的设备，也称为补充式加湿器。

按空气加湿的方法分类，可将其分为如下三类。

①水加湿器。在经过处理的空气中直接喷水或让空气通过水表面，通过水的蒸发来使空气被加湿的设备。

②蒸气加湿器。通过加热、节流和电极使水变成水蒸气，对被调节空气进行加湿的设备。

③雾化加湿器。利用超声波或加压喷射的方法将水雾化后喷入风道，对被调节空气进行加湿的设备。

3）常用加湿器。空气加湿器一般有蒸气加湿器以及专门的电加湿设备。

①蒸气加湿。

a. 蒸气喷管。蒸气喷管是在喷管上开有若干个 2～3 mm 的小孔，蒸气从小孔中喷出，与被调节空气混合，从而达到加湿的目的，但蒸气喷管喷出的水蒸气中往往夹杂有水滴，因而会影响加湿效果。

b. 干式蒸气加湿器。干式蒸气加湿器的基本结构如图 1—101 所示。

当蒸气进入喷管外套后，经加热管壁过挡板进分离室。由于蒸气流向改变，通道面积增大，流速降低，因此有部分冷凝水析出。分离出冷凝水的干蒸气，由分离室顶部的调节阀节流降压后进入干燥室，第二次分离出冷凝水，处理后的干蒸气经消声腔从喷管小孔喷出，对空气进行加湿。分离出的冷凝水由疏水器排出。

它具有加湿速度快、均匀性好、能获得高湿度、安装方便、节能等优点。因此，其被广泛应用于医院手术室、电子生物实验室及精密仪器、元件制造车间等。

②电加湿器。电加湿器是利用电能对水进行加热，从而使水汽化进入空气中加湿的设备。常见的电加湿器有电极式加湿器和电热式加湿器。

a. 电极式加湿器。电极式加湿器的外部结构如图 1—102b 所示。电极插入水槽中通电，水被电流加热产生蒸气，由排出管送到空调房间，水槽中设有溢水孔，可通过调节溢水孔位的高低调节水位并通过控制水位控制蒸气的产生量。

b. 电热式加湿器。电热式加湿器内部结构如图 1—102a 所示。它由管状加热器直接加

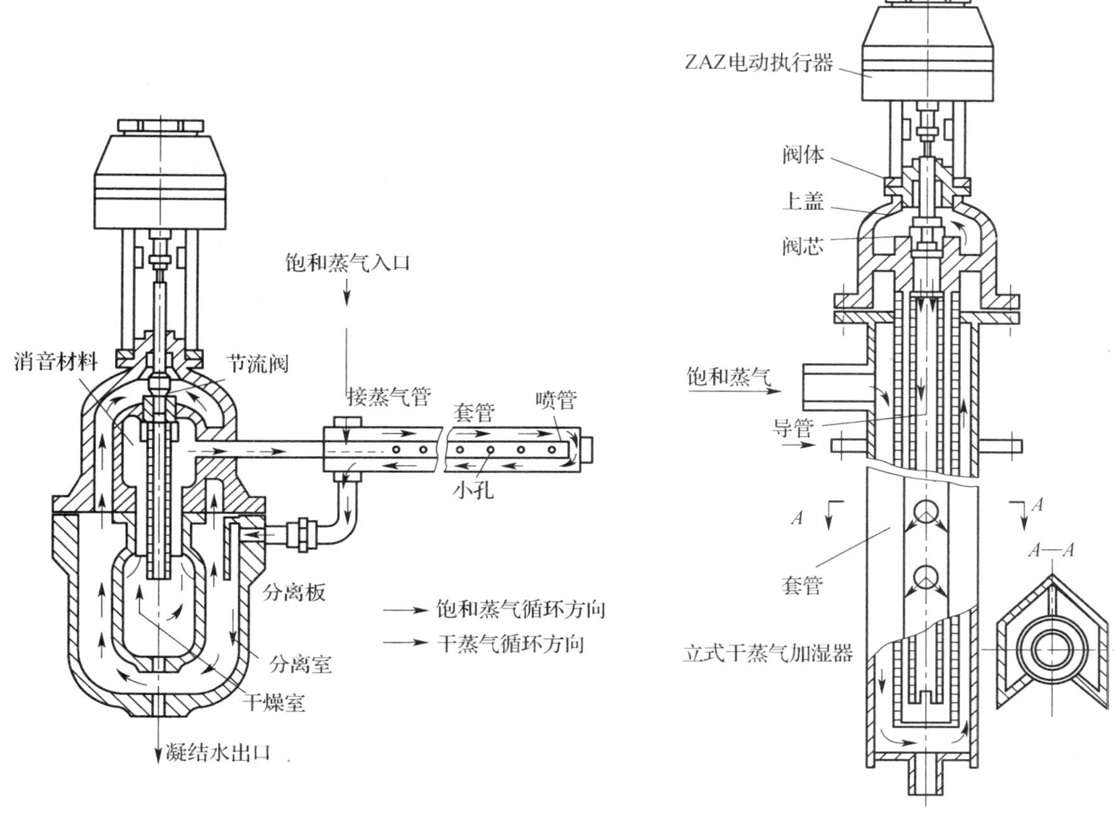


图 1—101　干式蒸气加湿器的基本结构图

热水，产生的水蒸气，由短管喷入被调节的空气中，对空气进行加湿处理。

③喷雾加湿器。这种加湿器直接安装在空调房间，将常温水雾化后喷入房间，通过水雾吸收室内空气中的热量变成水蒸气来增加房间的湿度。常见的有回转喷雾加湿器、离心式喷雾加湿器和超声波雾化加湿器。

a. 回转喷雾加湿器。回转喷雾加湿器的结构如图 1—103 所示。

工作原理：水进入转盘随其转动，在离心力作用下被甩向四周，经分水牙飞出，在与分水牙碰撞中，液态水被粉碎成细小雾滴，在风机作用下送入房间。不宜吹走的大水滴落回集水盘，沿排水管流出。

b. 离心式喷雾加湿器。离心式喷雾加湿器的结构如图 1—104 所示。

工作原理：在电动机的作用下，液态水被吸入管吸入喷雾环中心，在离心力作用下，由喷雾环四周排出与小孔碰撞，水被雾化并被继续提升至喷雾口，随风送入室内，以达到加湿的目的。

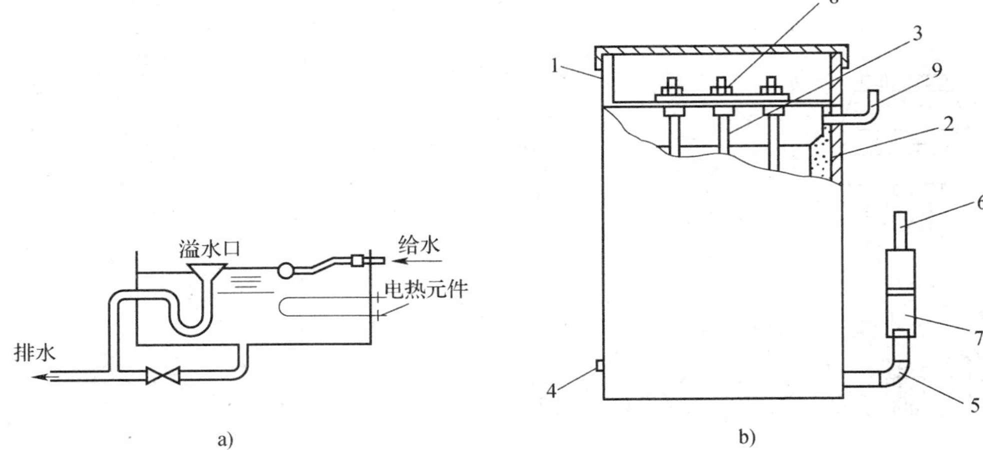


图 1—102　电加湿器

a）内热式加湿器的内部结构图　b）电极式加湿器的外部结构图

1—外壳　2—保温层　3—电极　4—进水管　5—溢水管

6—溢水嘴　7—橡皮管　8—接线柱　9—蒸汽管

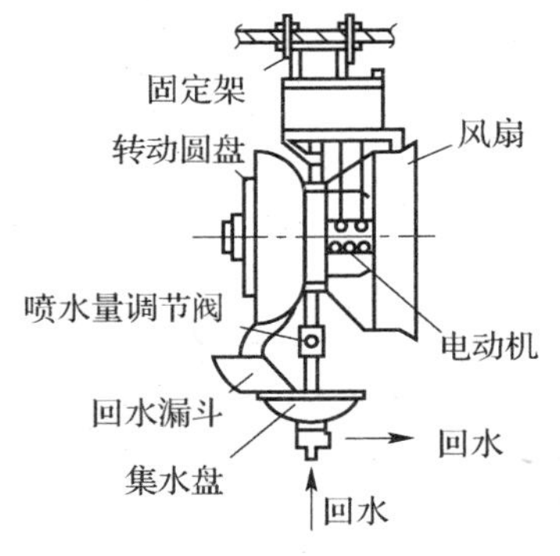


图 1—103　回转喷雾加湿器的结构

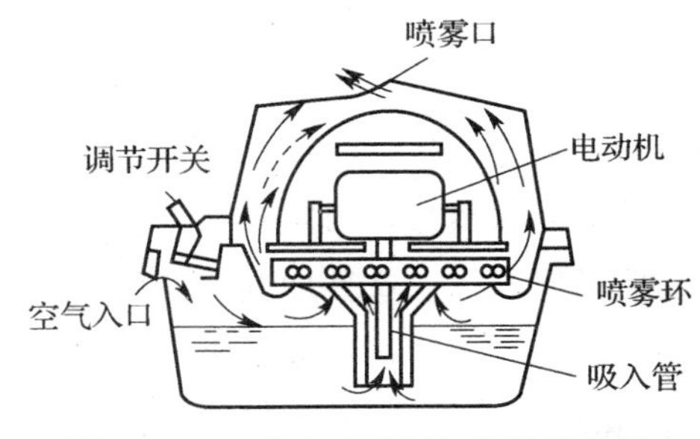


图 1—104　离心式喷雾加湿器的结构

c. 超声波雾化加湿器。超声波雾化加湿器通过超声波发生器发出的高频超声波将水雾化后送入室内，以达到加湿的目的。

（4）空气除湿方法与设备。夏季天气炎热，空气含湿量和相对湿度都很大，这时就要对空气进行除湿处理，以减少其相对湿度。

根据除湿机的工作原理分类，可将其分为如下三类。

①加热通风除湿机。在空气含湿量不变的情况下对空气加热，使空气相对湿度降低，

以达到除湿的目的。

②机械除湿机。利用电能使压缩机产生机械运动，使空气温度降低到其露点温度以下，析出水分后经加热送出，从而降低了空气的相对湿度，达到除湿的目的。

③吸附除湿机。利用某些化学物质吸收水分的能力而制成的除湿设备。

常用除湿机的结构和工作原理如下。

1）加热通风除湿机。它由加热器、送风机和排风机组成。其工作原理是将室内相对湿度较高的空气排出室外，而将室外空气吸入并加热后送入室内，以达到对室内空气除湿的目的。这种方法设备简单、运行费用较低，但受自然条件限制，工作可靠性差。

2）机械除湿机。机械除湿机的结构如图1—105所示。

它由制冷系统、通风系统及控制系统组成。制冷系统采用单级蒸气压缩制冷，由压缩机、冷凝器、毛细管和蒸发器等实现制冷剂循环制冷，并使蒸发器表面温度降到空气露点温度以下。这样，当空气在通风系统的作用下经过蒸发器时，空气中的水蒸气就凝结成液态水析出，从而使空气的含湿量降低。而后，空气又经过冷凝器，吸收其散发的热量后温度升高，使其相对湿度下降后经通风系统返回室内，以达到除湿的目的。

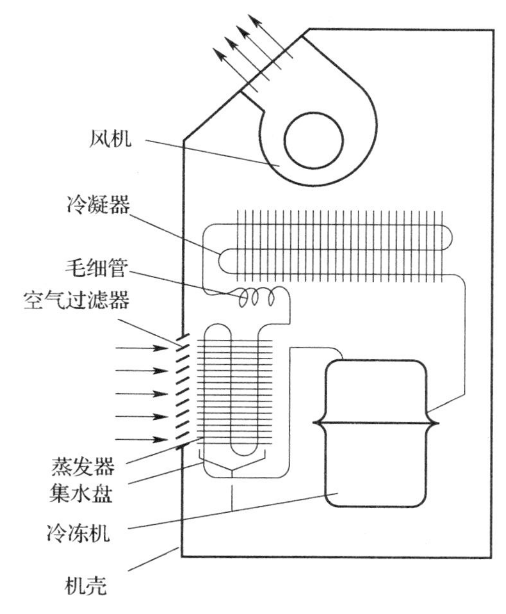

图1—105　机械除湿机的结构

3）吸附除湿机。固体吸附除湿机的除湿原理如下：固体除湿剂有许多孔隙，孔隙中有少量的水，由于毛细管的作用使水面呈凹形，凹形水面的水蒸气分压力比空气中水蒸气分压力低。因此，当空气中的水分经过除湿剂时，水分即被固体除湿剂吸收，于是达到了除湿目的。

①硅胶除湿机。硅胶是一种无毒、无臭、无腐蚀的固体，毛细孔率达50%，国产硅胶有粗细孔之分。粗孔吸湿快，失效也快；细孔吸湿时间长、应用广。当硅胶吸湿达到饱和时需要再生，再生温度为150～180℃。常见的硅胶除湿机如图1—106、图1—107及图1—108所示。

②氯化钙除湿机。氯化钙为白色菱形结晶块，吸水后为结晶水合物，若继续吸水则成为水溶液。常用的氯化钙是工业无水氯化钙，其纯度为95%。当吸水达自重的150%时，其全部溶解。

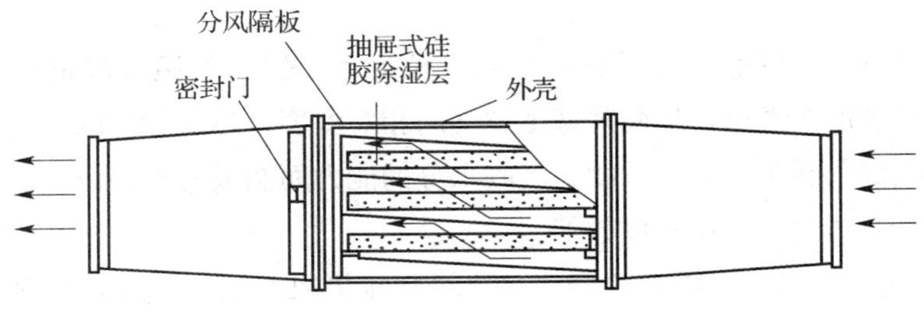


图 1—106 抽屉式硅胶除湿装置

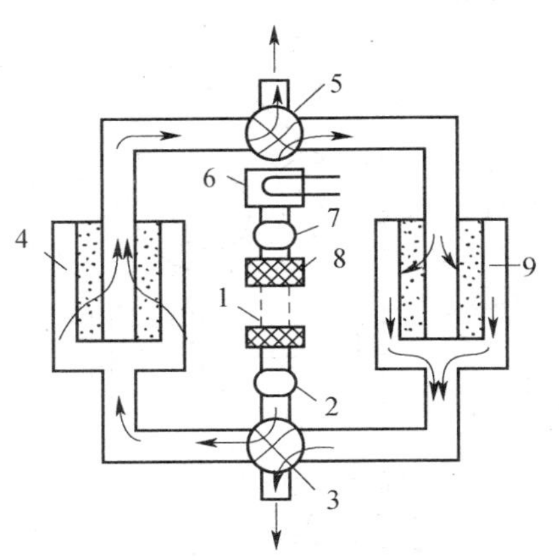


图 1—107 固定转换式硅胶除湿装置

1—湿空气入口 2、7—风机
3、5—转换开关 4、9—硅胶筒
6—加热器 8—再生空气入口

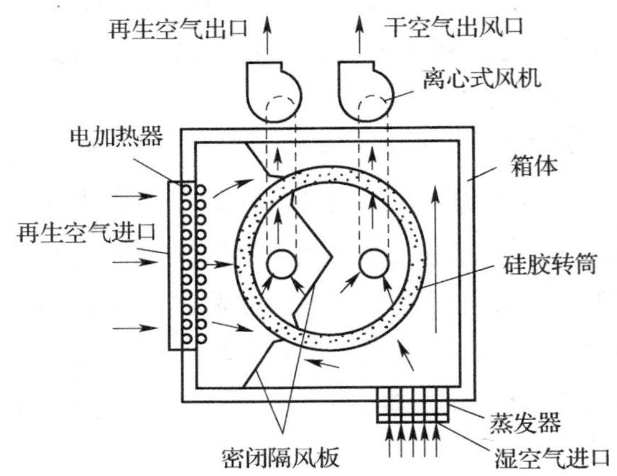


图 1—108 电加热转筒式硅胶除湿机

③液体除湿机。它利用某些液体在常温下可以吸水的特性而达到除湿的目的。

a. 无机盐类液体除湿剂有氯化钙、氯化锂等，这些除湿剂的共同特点是腐蚀性很强，在使用时需要加防腐材料或加缓蚀剂。

b. 有机盐类液体除湿剂主要为三甘醇，三甘醇液体除湿是利用三甘醇内水蒸气分压力小于空气中的水蒸气分压力这一物理特性。当三甘醇水溶液与空气接触时，空气中水蒸气被吸收，于是就达到了除湿目的。除湿后，三甘醇可以再生，经加热蒸发后可循环使用。

三甘醇液体除湿系统分吸湿和再生两个部分，如图 1—109 所示。

吸湿装置由百叶窗、过滤器、喷嘴、表面冷却器、储液箱和除雾器等组成。

再生装置由百叶窗、过滤器、喷嘴、加热器和除雾器等组成。其工作原理如下：被处理室内空气经百叶窗进入除湿器，经过滤器除尘后与喷嘴落下的三甘醇浓溶液相接触，失

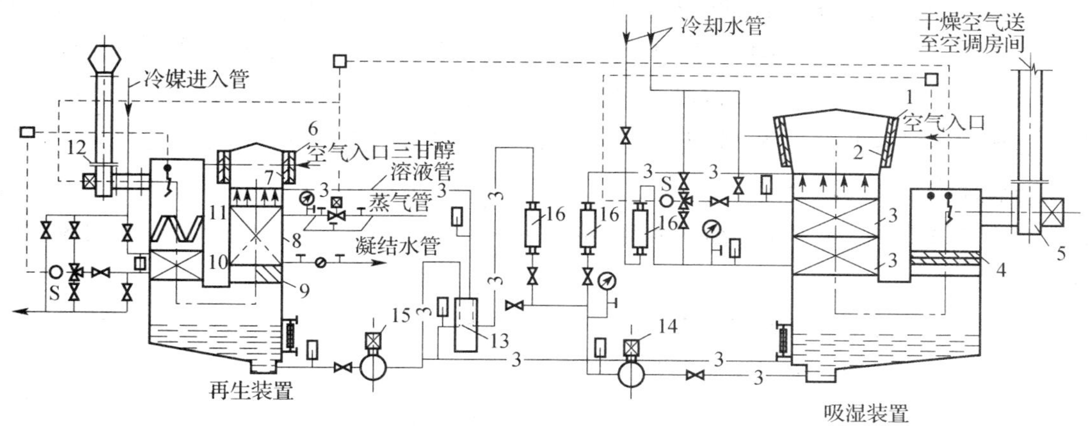


图 1—109　三甘醇液体除湿系统

1、6—进风百叶窗　2、7—滤尘器　3—冷却接触器　4、11—除雾器　5、12—风机　8—加热接触器　9—瓷环或波纹板　10—除雾冷却器　13—螺旋板式换热器　14—循环液泵　15—回液泵　16—转子流量计

去水分后，在风机的作用下送入房间。而吸收水分后的浓溶液变成稀溶液落入储液池。被溶液泵输送进入再生器，重新输送到喷嘴进行喷淋。

溶液经加热器升温后进入再生器由喷嘴喷下，空气经百叶窗、过滤器与升温后的稀溶液在加热接触器上相混合，吸收稀溶液中的水分后经除雾器除掉少量三甘醇蒸气及液滴后由风机排入大气，而变成浓溶液的三甘醇集中在再生器底部并在溶液泵的作用下返回吸湿器储液池。

（5）空气的输送与分配装置。在空调系统中，经过风机和风管处理的空气输送到工作场所，同时将房间内的不良空气排出，因此，风机和风管在空调系统中是输送和分配空气的重要设备。

1）风管阻力的计算。在通风管道中，空气流动的压力损失有两种，即摩擦阻力 $f_1$ 和局部阻力 $f_2$，所以，风管阻力 $\Delta F = f_1 + f_2$。

在计算风管阻力的时候，常用的是等压损失法和假定速度法。

①等压损失法：单位长度风管有相等的压力损失。在已知风机总作用压力的情况下，压力值按风管长度平均分配给风管的各部分，再根据各部分的风量和压力确定风管的尺寸。

②假定速度法：以风管内空气流速作为控制指标，来确定风管的断面尺寸和压力损失。

通风管道阻力计算的目的，主要是为了确定风管断面尺寸及阻力，从而确定风机的型号和动力消耗。

2）风管所用的材料和断面选择。在通风管路中，风管常用的材料有金属、塑料和玻璃钢等。在空调系统中，多用金属材料。金属风管一般均用薄钢板制作，常用的钢板尺寸为 900 mm×1 800 mm，其厚度随管径大小及输送气体的性质而定。用硬聚氯乙烯塑料板、玻璃钢板材料做成的通风管道，表面光滑、制作方便、耐腐蚀，但是造价较高，多用于对防腐要求较高的场合。

在空调系统中，大多采用断面为矩形的风道，矩形风道容易和建筑结构、室内装修相配合。

空调系统中的风机（也称通风机）是由电动机驱动的气体输送机械，它对气体进行调节增压，将经过处理的空气输送到工作场所中去。

风机按其空气流向与风机主轴的相互关系，可分为轴流式和离心式两种。

①轴流式风机中空气的流向与风机主轴平行。这种风机的风量大、风压小、耗电省，但噪声较大。

②离心式风机中空气气流送出的方向与风机旋转轴成直角。这种风机风压较高、风量较小，相对来说噪声较低。在空调系统中常用离心式风机，因为它的风压较大，可以将空气输送到较远的地方。离心式风机的结构比较简单，由机壳、叶轮、旋转轴、轴承和机座组成。当电动机带动叶轮旋转时，叶轮的叶片推动空气运动，使空气流向叶轮和渐开型机壳之间的空间，经减速增压后，由风机出口送出。

（6）空气的净化设备

1）空气净化的意义。空调系统中的空气净化设备能除去空气中的悬浮尘埃，以避免其对人体健康、产品质量以及空调系统热交换设备处理效果的影响，使室内空气的洁净度达到要求。

2）空气净化的分类

①一般净化。用于一般的舒适性空调，采用粗效过滤器。

②中等净化。用于对室内空气含尘量有一定要求的生产工艺车间。先用粗效过滤器，再用中效过滤器，其含尘量以质量浓度表示。

③超净净化。用于电子产品生产、精密零件加工车间。先后用粗、中、高效过滤器，其含尘量以粒/$m^3$ 或粒/L 来表示。

我国规定的空气含尘浓度等级标准见表 1—11。

3）过滤器的种类

①粗效过滤器。主要用于过滤 10～100 μm 的大颗粒灰尘。按滤尘工作原理分类，可将其分为以下两种。

表 1—11　　我国规定空气含尘浓度等级标准

| 等级 | 每立方米（每升）空气中≥0.5 μm 尘粒数 | 每立方米（每升）空气中≥0.5 μm 尘粒数 |
|---|---|---|
| 100 级 | ≤35×100（3.5） | |
| 1000 级 | ≤35×1 000（35） | ≤250（0.25） |
| 100000 级 | ≤35×10 000（350） | ≤2 500×100（2.5） |
| 1000000 级 | ≤35×100 000（3 500） | ≤25 000×100（25） |

注：对空气洁净度为 100 级的洁净室内≥0.5 μm 尘粒的计数，应进行多次采样。当其多次出现时，方可认为该测定数据是可靠的。

a. 金属网格浸油过滤器。在金属网格上涂有油脂，利用油脂的黏性来粘住空气中的灰尘。

b. 干式纤维填充式过滤器。其由玻璃丝、石棉纤维或化学纤维等组成，如图 1—110 所示。利用重力、惯性的作用达到吸附尘粒的目的。按其外形分类，可将其分为抽屉式、块式和袋式。

②中效过滤器。其由泡沫塑料纤维组成，一般做成抽屉状或块状，如图 1—110 所示。

③高效过滤器。采用超细玻璃纤维或超细石棉纤维，做成纸状且孔隙很小。为了提高工作效率，将滤纸多次折叠，并在两层折叠滤纸之间用波纹板分离，以增大迎风面积，提高效率，如图 1—110 所示。

4）过滤器在洁净过程中的作用

①若洁净室的末级过滤器是高效过滤器，那么在它之前应依次设置粗效和中效过滤器。否则，高效过滤器会在短时间内因被堵塞而影响其正常工作。

②超净房间必须要补充一定量的新风以维持房间正压来阻止外部污染空气的进入。一般压力应高于外界 10～20 Pa。

③超净房间的高效过滤器应设置在正压段，且应安装于空调系统的末端。

④除设置净化装置外，还应考虑建筑材料房间的位置和周围环境对超净房间的影响。

（7）电加热器。除用热水或蒸气通过空气加热器加热空气外，还可用电加热器来加热空气。

1）电加热器的特点。电热器的特点是加热均匀、热量稳定、效率高、体积小、调节方便，但电耗较大，在空调机（器）中仍有广泛应用。在中央空调系统中，有时也在各送风支管中或水管外安装电加热器，以补偿热量或实现温度的分区控制。

2）电加热器的种类。按电加热器的基本结构形式分，其有裸线式和管式两种类型。

①裸线式电加热器如图 1—111 所示，其特点为结构简单、热惰性小、加热迅速，但

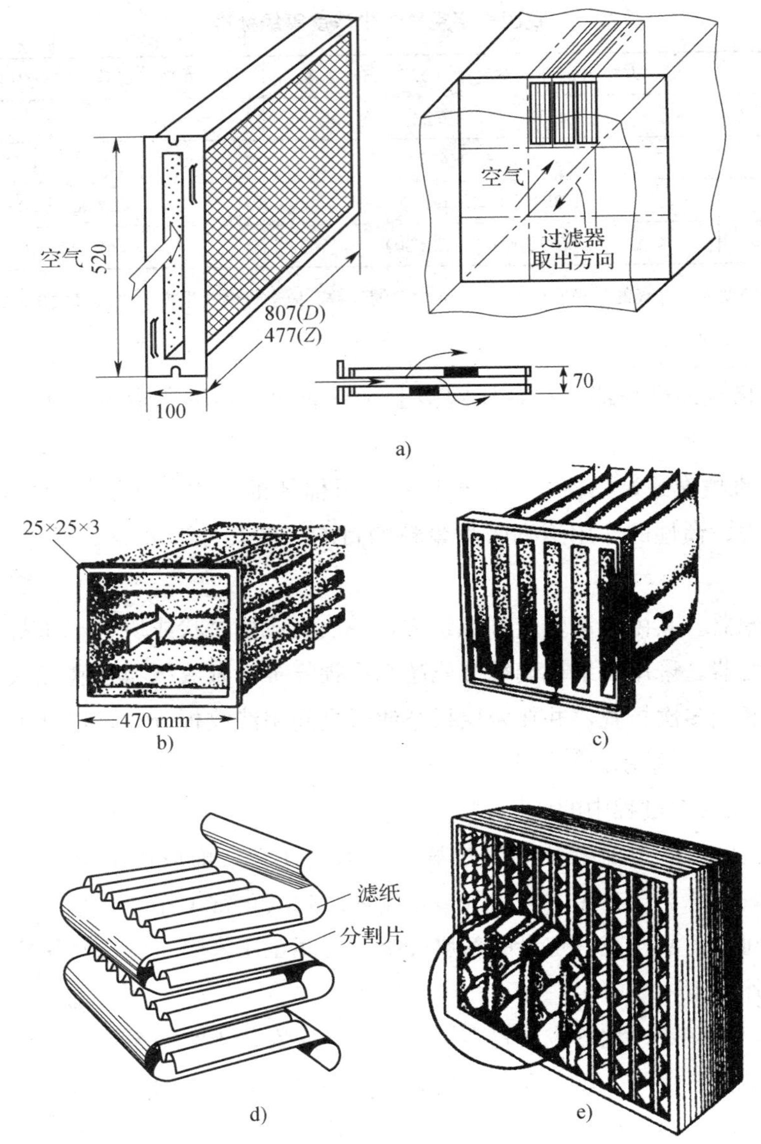


图 1—110　高效过滤器

安全性差，电阻丝表面温度高，黏附其上的杂质分解后会产生异味，影响空气质量。

②管式电加热器如图 1—112 所示，将电阻丝封装在特制的金属套臂内，中间填充导热性好并绝缘的结晶氧化镁。管式电加热器有棒形、蛇形和螺旋形等多种形式，甚至还有带螺旋翅片的电加热管。管式电加热器特点为加热均匀、热量稳定、安全性好，但是热惰性大、结构复杂。

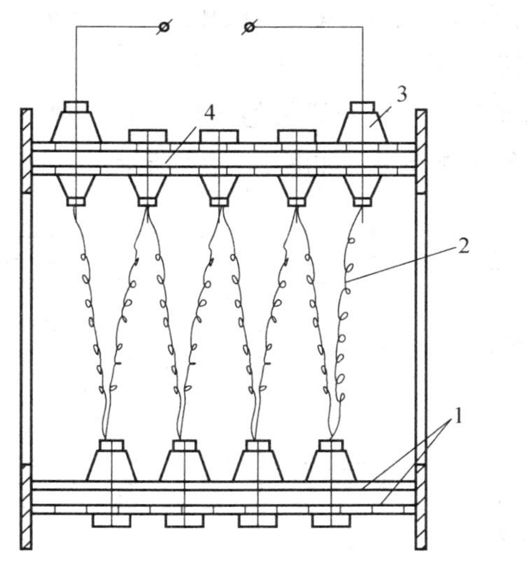


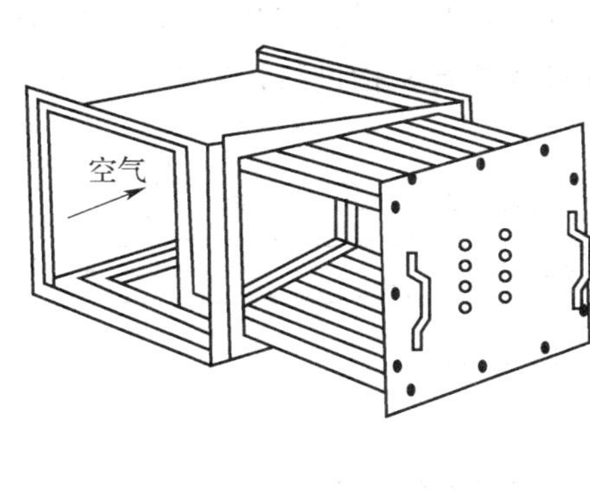


图 1—111　裸线式电加热器

1—钢板　2—电阻丝　3—瓷绝缘子　4—隔热层

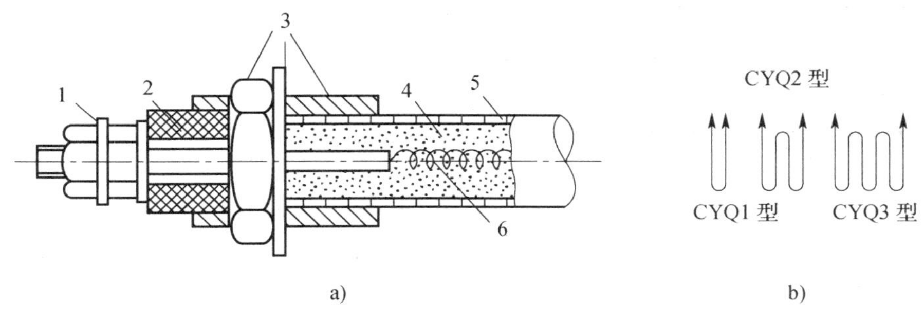


图 1—112　管式电加热器

1—接线端子　2—瓷绝缘子　3—紧固装置　4—结晶氧化膜　5—金属套管　6—电热丝

电加热器的功率 $N$ 可由下式算出

$$N = Q/\eta$$

式中　$Q$——加热空气所需热量，kW；

$\eta$——电加热器效率，通常取 $\eta$=0.86。

通过电加热器的风速应为 8～12 m/s，不宜过低。

电加热器与通风机之间有起闭联锁装置，只有通风机运转时，电加热器才能接通。有时，电加热器出口处还装有过温器，用于在空气温度超过某一规定值时及时切断加热器。

(8) 新风、回风混合段和消声段

1）新风、回风混合段 。组合式空调机组中的新风、回风混合段用来连接新风进口和回风管道，使新风、回风在该段中均匀混合，其结构图如图 1—113 所示。

在新风口和回风口上装有调节阀，用来调节新风量、回风量的比例。调节阀由手动、电动或气动执行机构进行控制，宜采用对开式多叶调节阀，如图 1—114 所示。

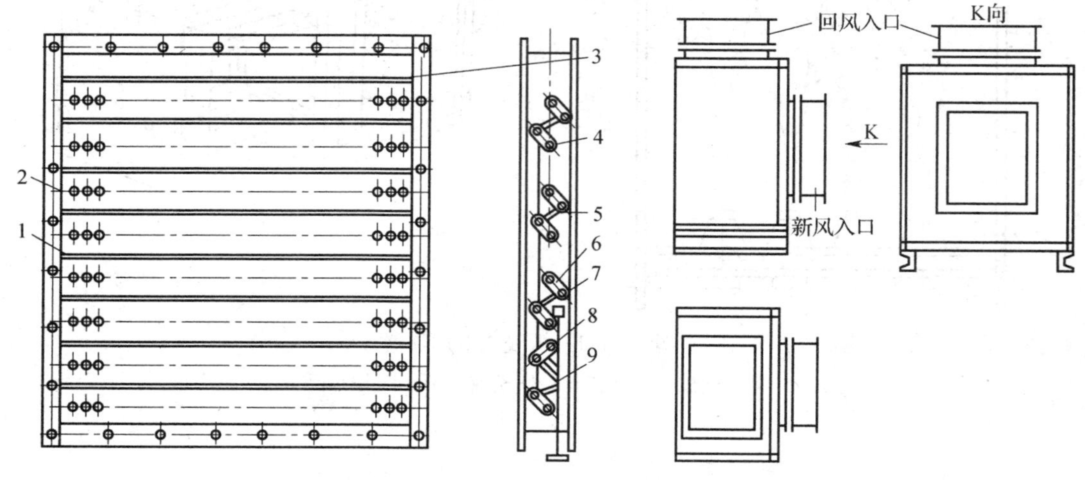


图 1—113　新回风混合段结构图

1—导风叶片　2—风阀框架　3—挡板　4—开口销
5—连动杆　6—传动杆　7—连杆轴　8—传动机构　9—拉杆

图 1—114　对开式多叶调节阀

它由框架、导风叶片和传动机构等构成。叶片的边缘镶有橡皮条，阀门能全关或全开，且关闭时严密，橡皮条有利于消除开启时消除叶间空气噪声。采用对开方式可以使空气流过阀时，气流均匀，且不改变方向。

2）消声器。空调系统的主要噪声源是通风机、独立式空调机组等。当气流流过风道、阀门、弯管，变径管、三通和送回风口等构件时，由于气流与管壁的摩擦，气流的转弯、扩张、收缩，声波的折射反射等都使噪声有所减弱，即所谓噪声的自然衰减，当气流以较高的速度流过时，还可以引起再生噪声，常称之为气流噪声。

**3. 组合式/中央空调自动控制系统的检验与调试**

（1）自动控制仪器、仪表的检验。自动控制仪器的检验分为室内校验和现场校验。校验时，要严格按照使用说明书或其他规范对仪表逐台进行全面的性能校验。自动控制仪表装到现场后，还需进行诸如零点、工作点、满刻度等一般性能的校验。

（2）自动调节系统的线路检查

1）根据系统设计图样与有关施工规程，仔细检查系统各组成部分的安装与连接情况。

2）检查敏感元件的安装是否符合要求，所测信号是否正确反映工艺要求，对敏感元件的引出线，尤其是弱电信号线，要特别注意强电磁场的干扰情况。

3）对于调节器，应着重检查手动输出、正反向调节作用、手动一自动的干扰切换。

4）对于执行器，应着重检查其开关方向和动作方向、阀门开度与调节器输出的线性关系、位置反馈，能否在规定数值启动，全行程是否正常，有无变差和呆滞现象。

5）对仪表连接线路的检查，着重查错，并且检查绝缘情况和接触情况。

6）对继电信号的检查，人为地施加信号，检查被调量超过预定上、下限时的自动报警及自动解除警报的情况等。此外，还要检查自动联锁线路和紧急停机按钮等的安全措施。

7）各种自动计算检测元件和执行机构的工作应正常，满足建筑设备自动化系统对被测定参数进行检测和控制的要求。

**4. 组合式空调机组的安装与运行**

各种型号的组合式空调机组的安装方法和运行维修方法基本相近，但因结构不同略有差异。

（1）安装

1）组合式空调机组按左右式安装，无须以膨胀螺栓紧固在基础上。

2）喷淋段的平台基础即为地面。

3）喷淋段之前的各段基础，可沿箱体两侧砌筑宽 250 mm 的两条水泥抹面的砖墙或混凝土墙（也可加工成钢结构支架）墙高为 650 mm，也可配装专用支架。

4）喷淋段之后各段的基础，其墙高根据风机基础下移多少而定（原则是保证风机轴心处于喷淋排管高度的一半处）。

5）各功能段的冷热水进出管、蒸气进出管和密闭检查门均应安装在操作一侧，而溢水管通常设在背面（如用户要求，也可设在正面）。对装有排水地漏的功能段，还需将机组地漏与地面地漏或排水管相配套。

（2）试运转。组合式空调箱是空气的处理设备，大型的空调场所采用较多。它由混合段、过滤段、送风段、表冷段和消声段等多个段组合而成。组合式空调箱试运转时，应做好如下几点。

1）检查各风门调节阀是否完好，开关功能及自身安装等是否可靠，然后将其调整到所需的运行位置并固定。

2）打开进出口阀门。

3）检查凝水管是否接好、机房地沟是否畅通。

4）过滤网是否洁净。

5）连接口是否紧密（漏风将影响效力）。

6）风机机油或润滑脂是否充足。

7）风机皮带松紧适度，盘车应无单边及其他异常声响。

8）检查电器，特别是与消防系统的联动部分。

9）在试运行中，应严格检查运行电流读数、电动机温升及各部位运转声响等。

10）连续运行 2 h 以上。

对于喷水室的试运行工作，还要检查如下项目。

1）喷嘴安装是否正确、是否有堵塞现象。

2）挡水板是否松动，挡水效果是否正常。

3）喷水室水池是否完好、是否泄漏，溢水管是否畅通，补水系统是否正常，回水过滤器是否洁净。

（3）运行。空调机组开车前，应做好以下各项准备工作。

1）调整调节窗的叶片，校正加热器和表冷器由于运输和安装中碰歪的翅片。

2）检查各控制阀门、调节窗、密闭门的可靠性，开启要灵活，关闭要严密。

3）检查所有安全设施是否齐全有效。

4）检查各箱体、各构件和风机的紧固情况，并做好单机试运转工作。

5）水表冷段供水温度应为 7～10℃，加热段供水温度应大于 80℃。

## 二、冷（热）源机组的工作流程

### 1. 活塞式冷（热）源机组日常开机的检查

（1）清扫工作场地，将活塞式压缩机机组外壳擦抹干净。

（2）对于开启式压缩机，要将压缩机与电动机的联轴器拆开，通电检查一下电动机的转动方向是否与标称的方向一致，若不一致，就应调节电动机的相序，使其达到标称的方向一致。然后，再将压缩机与电动机的联轴器重新接好。

（3）检查压缩机的曲轴箱的冷冻润滑油的油温是否为 40～50℃。

（4）关闭压缩机的吸气阀和排气阀。

（5）检查电动机导线的连接是否正确，控制部分动作是否灵活；检查高低压继电器及油压继电器的工作参数是否在要求的范围内。

（6）对具有手动卸载一能量调节的压缩机，应将能量调节阀的控制手柄放在最小能量位置。

（7）接通电源，检查供电电源电压是否在 340～440 V 范围内。三相电压不平衡值应小于 2%（若大于 2%，则绝对不能开机）；三相电流不平衡值应小于 10%。

（8）启动冷却水泵和冷媒水泵运行，待冷却水系统和冷媒水系统的循环建立起来以后，调节冷凝器和蒸发器阀门的开度，使冷凝器和蒸发器的进出口水压力差均达到0.05 MPa。

(9) 合闸通电，点动压缩机两三次，确认无问题以后，打开压缩机的高压排气阀与大气相通的阀口，然后正式合闸通电试运行。

(10) 压缩机启动试运行后，缓慢打开压缩机的低压吸气阀与大气相通的阀口。

(11) 每隔 15 min 左右，将能量调节阀提高一个挡次，直到满负荷运行无异常现象时为止。

(12) 试运行无问题后，停机时要先关闭压缩机吸气阀与大气相通的阀口，然后再关闭排气阀与大气相通的阀口。

**2. 离心式冷（热）源机组日常开机的检查**

(1) 离心式压缩机的油位和油温。离心式压缩机开机前，油箱中的油位必须达到或超过低位示镜，且油温应达到 60～63℃。

(2) 离心式压缩机的导叶控制位置。离心式压缩机开机前，要确认其导叶的控制旋钮是否在“自动”位置上，且导叶的指示是关闭的。

(3) 离心式压缩机的油泵开关。离心式压缩机开机前，应确认油泵开关是否在“自动”位置上，如果是在“开”的位置，机组将不能启动。

(4) 离心式压缩机的抽气回收开关。离心式压缩机开机前，应确认抽气回收开关设置是否在“定时”位置上。

(5) 检查离心式压缩机的各阀门。离心式压缩机开机前，应检查机组的各有关阀门的开关或阀位是否在规定位置。

(6) 离心式压缩机的冷媒水供水温度的设定值。离心式压缩机冷媒水的供水温度设定值通常为 7℃，可根据环境温度的变化和系统使用的具体要求予以调整。

(7) 离心式压缩机开机前，检查制冷剂的压力。离心式压缩机开机前，制冷剂的高低压力显示值应在正常停机范围内。

(8) 离心式压缩机开机前，检查电动机电流限制设定值。离心式压缩机开机前，电动机最大负荷电流应设定在 100%的位置上。除特殊情况外，不得随意改变限制电流设定值。

(9) 离心式压缩机开机前，检查系统电压和供电状态。离心式压缩机开机前，机组的供电系统的三相电压均应在 380±38 V 的范围内，其他如冷却塔电动机、水泵电动机等用电设备的供电电压均应在正常范围内。

(10) 离心式压缩机开机前，检查维修后阀门的位置情况。离心式压缩机开机前，若经过维修，则在开机前应将各排气阀门调至开启状态。

### 3. 离心式冷（热）源机组年度开机的检查

年度开机或称季节性开机，是指离心式压缩机组停用很长一段时间后重新投入使用。例如，机组在冬季和初春季节停止使用后，又准备投入运行。离心式压缩机组年度开机前，要做好以下检查与准备工作。

（1）检查控制电路中熔断器是否完好，测量供电系统的相电压，要求三相电压的不稳定应不超过额定电压的 2%。

（2）检查主电动机旋转方向是否正确，各继电器的整定值是否在技术规范要求的范围内。

（3）检查油泵旋转方向是否正确，油压差是否符合技术规范的要求。

（4）检查制冷系统内的制冷剂是否达到规定的液面要求、是否有泄漏情况。

（5）检查冬季因防冻而排空了水的冷凝器和蒸发器及相关管道，向管道中注满水排除系统中的空气。

（6）检查能量控制导叶调节装置外部的叶片控制连接装置是否动作可靠。

（7）检查冷冻水泵、冷媒水泵、冷却塔风扇电动机的供电电压是否在技术规范要求的范围内。

（8）检查机组和水系统中的所有阀门是否操作灵活、无泄漏或卡死现象；各阀门的开关位置是否符合系统的运行要求。

完成上述各项检查与准备工作后，再接着做日常开机前的检查与准备工作。当检查与准备工作完成后，合上所有的隔离开关即可进入离心式压缩机组及其水系统的启动操作阶段。

### 4. 活塞式冷（热）源机组年度开机的检查

活塞式压缩机组年度开机前的检查内容与离心式压缩机组相同。但要特别注意的是，活塞式压缩机组在正式启动前，必须打开吸气阀门和排气阀门，并接通曲轴箱电加热器对曲轴箱中冷冻润滑油加热 24 h 以上，以防止活塞式压缩机组在启动过程年出现“液击”故障。

### 5. 螺杆式冷（热）源机组日常开机的检查

（1）启动冷却水泵和冷媒水泵运行，使冷媒水和冷却水系统运行起来。

（2）螺杆式压缩机开机前，将机组的三位开关拨到“等待/复位”位置，检测冷媒水通过蒸发器的流量是否合乎要求，若合乎要求，此时，冷媒水的流量状态指示灯亮。

（3）螺杆式压缩机开机前，要确认机组的滑阀控制开关是否设在“自动”的位置上。

（4）螺杆式压缩机开机前，检查电动机电流限制设定值，并根据负荷变化予以调整。

（5）螺杆式压缩机开机前，检查冷媒水供水温度的设定值。螺杆式压缩机冷媒水的供水温度设定值通常为7℃，可根据环境温度的变化和系统使用的具体要求予以调整。

**6. 螺杆式冷（热）源机组年度开机的检查**

螺杆式压缩机组年度开机前的检查内容与离心式压缩机组相同。但要特别注意的是，螺杆式压缩机组在正式启动前，必须接通曲轴箱电加热器对机组冷冻润滑油加热12 h以上，以保证螺杆式压缩机组在启动过程中正常润滑。

**7. 吸收式冷（热）源机组日常开机的检查**

机组外部条件的检查内容如下。

（1）冷、热媒水和冷却水管路系统的检查

1）检查管路系统内部在安装、维修过程中有无残留的焊渣、污泥或杂物。若存在污物，则可从阀门处断开系统用高压气体进行吹除或用高压水进行清洗。在用高压气体进行吹除或用高压水进行清洗的过程中，要注意将机组与系统分开，以防造成机组的损坏。

2）清洗完毕，从排水阀口处将清洗水放干净。

3）查看水系统上的过滤网，检查过滤网中是否存在残留的杂物，以保证管道系统的清洁畅通。

4）按照管道系统安装图检查管路走向、阀门安装位置是否正确。

5）对系统进行气密性实验，检查管路系统有无渗漏。在确认无渗漏的条件下通水试验，以检验水流量能否达到要求。同时，要对水质进行检验。

6）检查管路系统上的温度计、流量开关、压力表和传感器等是否完好。

7）检查水泵的润滑油是否充足、地脚螺钉是否松动、填料是否漏水（漏水以不流成线为合适）。

8）检查冷却塔进出水装置有无堵塞、风机转动是否正常、填料安装码放是否正确、喷淋装置能否正常运转。

（2）检查供热系统准备状态

1）蒸汽系统的检查。检查蒸汽系统的减压阀、调节阀、止回阀和放水阀等阀门动作是否正常，有无锈死、卡住或关闭不严等问题。

2）蒸汽凝水管路的检查。重点检查凝水管路是否畅通以及管路上的排水阀门动作是否灵活。

3）燃气管路的检查。主要检查内容如下：①燃气管路供应管路的检查，重点检查燃气管路中的调压阀、球阀、高低压开关、过滤器压力表和截止阀等部件的状态是否正常，用高压氮气检测各阀门接口处有无泄漏；②燃烧器系统的检查，按设备施工图，检查燃烧器的安装是否正确、通电检查燃烧器的鼓风机的转向是否正确、电气控制箱中三相电源的接线是否正确、设备接地线安装是否合格等；③燃烧器系统的排烟系统检查，重点检查排烟烟囱的出口位置是否远离冷却塔和空调系统的进风口，检查烟囱和烟道的最低处是否设有漏水的接管，检查烟道调节器动作是否灵活。

4）燃油管路的检查。主要检查内容如下：①按设备施工图，检查供油与回油管路的尺寸是否正确，以满足最大供油量需要；②按设备施工图，检查油箱的型号是否合乎要求，油箱周围通风是否良好，有无必备的消防器材；③用高压氮气对油路系统进行耐压实验，以确保油路系统的密封性；④检查油路系统上的排污阀和排气阀动作是否灵活可靠；⑤检查油路系统中的过滤器是否畅通，有无堵塞现象；⑥检查油路系统的加热器是否良好。

（3）抽气系统的检查

1）检查真空泵中润滑油的油位是否在视油镜的中线位置；观看真空泵中润滑油的颜色有无乳化或变色现象，若有，则应更换真空泵中润滑油。

2）检测真空泵性能。关闭溴化锂制冷机抽气系统上所有真空隔膜阀，只对系统吸入口一段管路进行检测性抽真空实验。在管路中接上麦式真空压力计，启动真空泵运行，然后打开麦式真空压力计前的手动阀。在真空泵运行 1～3 min 后，观察麦式真空压力计的读数，看与真空泵的极限真空是否符合，若符合，则说明真空泵性能是合格的。

3）检测真空电磁阀性能。关闭溴化锂制冷机抽气系统上所有真空隔膜阀，当真空泵运行 1～3 min 后，使管路中的绝对压力达到 133 Pa 以下，然后关闭真空泵。在真空泵停机 5 min 内，观察其压力变化，若真空度下降过快，则说明真空电磁阀的密闭性差（或系统上的阀门接口处密封不严），应进行逐一检查，找到渗漏处，予以修复。

对真空电磁阀，也可以用简易方法进行性能检测。方法是在真空泵运行以后，将手指放在真空泵电磁阀上部的吸气管口和排气管口，体验管口对手指的吸力如何，在真空泵运行时，管口对手指无吸力，停止真空泵运行后管口对手指有吸力，说明真空泵电磁阀是好的；反之，则说明真空泵电磁阀有问题，应予以修理或更换。

（4）对机组进行气密性检查

1）向机组内充入表压 0.1～0.15 Pa 压力的氮气，然后在机组法兰的密封面、螺纹连接处、传热管的胀接口处以及焊缝等可能引起泄漏的位置上用肥皂水进行仔细检漏。

2）在确认机组无泄漏以后，可用保压实验的方法对机组进行保压试漏工作。具体操作方法如下：充入氮气后，计下当时的时间、温度和 U 形管压力计上的压力差以及当时的大气压力。经过 24 h 后，再记录下 U 形管压力计上的压力差、当地温度和大气压力值。考虑到温度对系统压力的影响，如果机组内压力下降值在 66.5 Pa 以内时，可认为机组系统的密封性能达到要求。

3）对机组进行气密性检查也可以用电子卤素检漏仪进行。具体操作方法如下：先将机组抽真空至 50 Pa 的绝对压力，然后向机组内充入氮气占 80%，R22 占 20%的混合气体。用卤素检漏仪对机组的法兰密封面、螺纹连接处、传热管的胀接口处以及焊缝等可能引起泄漏的位置上进行检漏。

在使用电子卤素检漏仪对机组进行检漏时，应使电子卤素检漏仪的探头与被检漏部位保持 3～5 mm 的距离，探头的移动速度不要超过 50 mm/s。在操作过程中，应防止大量试漏气体被吸入电子卤素检漏仪内，以免试漏气体中 R22 对电子卤素检漏仪的电极造成永久性的污染，致使其探测的灵敏度大大降低。

在用电子卤素检漏仪检漏完毕后，放掉机组内检漏气体，然后用真空泵对机组进行抽真空，将机组内残存的 R22 气体抽干净。

（5）用真空法对机组进行检漏。用真空法对机组进行检漏是溴化锂制冷机机组检漏的又一个重要方法。具体操作方法如下：

1）将机组通往大气的所有阀门都关闭。

2）用真空泵将机组的绝对压力抽至 50 Pa。

3）记录下当时的时间、温度和 U 形管压力计上的压力差以及当时的大气压力。

4）24 h 后，再次记录下当时的时间、温度和 U 形管压力计上的压力差以及当时的大气压力。对比两次记录，若考虑温度因素影响，机组内的压力变化不超过 5 Pa，机组的气密性即为合格。

（6）机组自控元件和电气设备的检查

1）机组接线的检查。主要检查内容如下：①检查接线图与电气接线线号是否正确；②检查溶液泵电动机牌上标示要求的电压和频率与控制箱的电源电压与频率是否相符；③检查控制系统电动机的过载保护器和熔丝是否处在正常状态；④检查控制系统电器设备与控制元件接地线安装是否正确；⑤检查水泵、冷却塔风机及其他辅助设备的动力与互锁接线是否正确；⑥通电检查水泵、冷却塔风机等设备上电动机润滑状态以及转动方向是否正确。

在检查过程中，应当注意在机组未注入溴化锂溶液和冷剂水时，不要启动溶液泵和制冷剂泵进行运行试验。

2）机组控制系统检查。主要检查内容如下：①打开控制箱门，使电源开关置于“关”的位置；②断开溶液泵、制冷剂泵电动机的接线。在每根线上都要有明确的标识符，用绝缘胶布将线头包好；③串接正常运行时处于常闭状态的接线端子。

注意：温度和压力开关在出厂前已被调好，除非已经损坏，否则，不要改变设定值。此外，检查工作应在充注溶液和制冷剂水前完成。

3）制冷循环程序启动检查。主要检查内容如下：①闭合控制箱内电源开关；②将控制箱内各个控制开关拨到规定位置；③将燃烧器控制箱内各开关拨到规定位置；④按下启动按钮，机组微处理器进入计时过程和自检阶段；⑤如果系统发生故障，故障代码将显示在面板上，并且发出警报。观察故障代码，按下停止按钮以消声，并复位整个控制系统。

4）采暖循环启动和停止检查。主要检查内容如下：①将选择开关置于“采暖”位置；②按下启动按钮，进入计时过程和自检阶段，制冷剂泵、冷却水泵、冷却塔风机此时不运行；③按下停止按钮，检查溶液泵是否在规定的时间后停止运行。

5）屏蔽泵启动与关闭检查。主要检查内容如下：①断开与接触器相连的屏蔽泵电源线，接通溶液泵和制冷剂泵的交流接触器的电源；②按下停止按钮，检查制冷剂泵交流接触器是否延时一定时间后断开；③检查溶液泵是否在规定的稀释循环时间后关闭。

6）屏蔽泵过载保护检查。主要检查内容如下：①按下启动按钮，运行控制系统；②当交流接触器吸合后，拨动溶液泵的过载保护继电器的位置开关到过载一侧，交流接触器失电，故障代码显示，发出警声；③按下停止按钮，并使过载保护继电器复位；④重新按下启动按钮，并使制冷剂泵过载保护继电器的位置开关到过载侧，使交流接触器失电，发出警报，故障代码予以显示；⑤按下停止按钮消声，并使过载复位。

7）燃烧器互锁保护检查。主要检查内容如下：①按下启动按钮，启动控制电路的回路。②按下燃烧器控制箱内燃烧器启动按钮，燃烧器将转入正常的点火阶段。由于油（气）未接通，因此在点火程序结束前，熄火灯亮，并发出报警声，显示代码；③按下燃烧器复位按钮，按下停止按钮消声，并按下燃烧器控制箱上的停止按钮，以防止重复启动。

（7）冷水低温保护检查

1）旋转调整温度差设定的调节杆，将温度设定值设置在4℃。将冷水低温保护开关测头（温度传感器）置于低温水中。

2）在水中添加冰块并搅拌均匀。

3）使水温度逐渐下降，当水温度降至规定值（如4℃）时，机组发出报警，显示故障。

4）按下停止按钮消声，将水温回升至7℃，温度开关将自动复位。

5）在测温管中加入导热物质（如油），将温度传感器的温包插入到水管中并拧紧螺钉。

（8）检查水流量开关

1）将直流电源开关切换到断开位置。

2）将冷水、热水流量开关的短接线除去。

3）将直流电源开关切换到通路位置，按下启动按钮，在规定时间内发出警报，并显示故障代码。

4）按下停止按钮消声。

5）将直流电源开关切换到断开位置。

6）将拆下的短接线重新接上。

7）重复 2）～6）步骤，检验冷却水流量开关，在规定的时间内发出报警，并显示故障代码。

（9）高压发生器高压开关检查。该装置的压力（如 0.1 MPa 绝对压力）在低于规定值（如 0.08 MPa）时闭合。在规定值附近，检查其开关闭合情况。高压发生器高温开关检查：该装置在 170℃时断开，在 163℃时闭合。在设定值附近，检查其开关闭合情况。

（10）燃烧器高温开关检查。在常温状态下，检查高温开关，得到设定温度与动作温度的误差，以此误差修正高温（300℃）设定值。

（11）高压发生器高液位开关和低液位开关检查。高压发生器液位控制一般有两种方法：电极式和浮球式。当发生器液位过高时，液位接触最高探棒继电器断开，溶液泵会自动停止。当发生器液位过低时，继电器会合上，溶液泵会自动启动，继续向发生器输送溶液，以保持发生器液位高度。

（12）蒸发器制冷剂水液位开关检查。蒸发器液位控制也有电极式和浮球式两种。一般采用浮球式，当液位过低时，制冷剂泵则自动停止。采用浮球，应检查其滑动是否自如以及浮球上线圈是否完好。采用电极探棒，应检查探棒之间及探棒和壳体之间的阻值是否在规定范围内，即它们之间是否绝缘。检查探棒的外观，除去腐蚀物，调节探棒位置，必要时更换探棒。

（13）恢复

1）断开控制电路和直流电源，并将总电源电气开关断开。

2）将溶液泵与制冷剂泵的电源线按标识符重新接上。

3）将各处短接线除去。

4）拆除冷水泵、热水泵、冷却水泵、冷却塔风机的熔丝并重新安装。

**8. 吸收式冷（热）源机组年度开机的检查**

吸收式制冷机年度开机前，状态检查工作的主要内容有以下几个方面。

（1）检查冷却水泵、冷媒水泵、冷却塔风机的运转是否正常，管道连接处是否漏水。

（2）检查机组上配置的温度计、流量计、压力表、U 形玻璃管水银压差计、水银气压计等设备是否处于正常状态。

（3）检查机组的供电电源和热蒸汽的参数是否合乎要求。

（4）检查机组的真空度是否符合要求，每年在机组起用前，要认真测量真空度一昼夜下降值不得超过 66.7 Pa。

(5) 检查真空泵是否处于完好状态，油位、油压、油质是否正常，要确认极限真空性能不低于 5 Pa。

(6) 检查溴化锂溶液的 pH 值在 9.0～10.5 范围内，溶液浓度处于正常范围，铬酸锂含量不低于 0.1%。并且溶液中没有锈蚀等污物存在。

(7) 检查机组各指示仪表的指示值是否正确，机组各阀门的开关状态是否正确。

(8) 检查机组的蒸发器、冷凝器、吸收器中的结垢情况，不允许有杂物堵塞管道。

## 三、冷媒（冻）水系统

集中的冷冻站对分散的空调用户供应冷量时，常以水作为传递冷量的介质，通过泵和管道输送出去。使用后的回水又经过管道（泵）和构筑物返回蒸发器中，如此循环，构成一个冷冻水系统。

使用冷冻水系统进行间接供冷的冷冻站，通常容量都比较大。冷量可以输送到远处，使用比较灵活。同时，冷冻水的温度比较稳定，容易使空调实现精确的控制，因而间接供冷的冷冻站在大型空调工程中得到了广泛的应用。

由于间接供冷有中间介质——冷媒（水）的存在，因此与直接蒸发式制冷相比较，蒸发温度与被冷却空气之间的温差加大了，亦即在被冷却空气温度相同时，间接供冷要求更低的蒸发温度。同时，需要一套设备和管道系统，增加了投资和运行的复杂性，并进一步加大了冷损失，所以，在相距较近和每一个用户的用冷量比较少的场合，如一个建筑物中只有少数房间有空调要求的局部空调系统等，往往采用直接蒸发式空调机组。

根据回水方式的不同，冷冻水系统有重力式和压力式两种。

### 1. 重力式回水系统

当空调机房和空调制冷设备与冷冻站有一定的高度差且彼此相距较近时，回水借助重力自流回冷冻站。

对于使用壳管式蒸发器的重力式回水系统，当采用立式蒸发器时，由于冷水箱有一定的储水容积，因此可不设回水池，冷冻回水直接流到冷水箱内。在实际过程中，由于地形的原因，不少冷冻站的回水池设于地下室或半地下室内。重力回水方式结构简单，不必设置回水泵。在使用立式蒸发器时还可以不用回水泵，而且调节方便，工作稳定可靠。所以，应尽量利用地形，创造自流回水的条件。

### 2. 压力式回水系统

冷冻站受地形的限制，当不能或不宜采用重力式回水时，就要采用压力式回水系统。压力式回水系统是利用回水泵加压以克服高差和沿程的阻力，将回水压送冷冻站的。

压力式回水系统根据空调设备的构造和蒸发器的形式，可分为敞开式和封闭式两种。

（1）敞开式压力回水系统，即采用壳管式蒸发器的敞开式压力回水系统。当配用淋水室时，由于淋水室底池要求保证一定的水位，不能直接抽取底池回水，故要设置回水箱。具有回水箱的敞开式压力回水系统，淋水室底池的水自流到回水箱，再由回水泵压送到冷冻站。回水箱的位置通常靠近淋水室，一般都设置在空调机房内。

在回水箱中，设有水位自动调节装置。当回水箱水位低于某一位置时，水泵自动停止。此外，回水箱中还设有溢流管，以保证水不致溢出水箱，其高度应低于淋水室底池的溢流口，同时，要考虑到蒸发器水箱高低水位之间的容积与回水箱高低水位之间的容积相等。

采用壳管式蒸发器的冷冻水系统，由于其水容量比较小，为使冷冻水系统压力稳定，特别是在一个冷冻站供应几个喷水室时，往往要设置中间冷冻水箱。中间冷冻水箱的容积可取每小时冷水量的10％～25％。

（2）封闭式压力回水系统。采用封闭式压力回水系统的条件是蒸发器和空调器的冷水侧均能承受压力，如壳管式蒸发器和表面式空气冷却器等。

封闭式压力回水系统比敞开式简单。由于其没有回水箱、回水泵等设备，因此冷量损失比较少。同时，其一般不受地形的限制。只要高差不太大，其最低点设备和管道能承受由膨胀水箱的位差所造成的压力，这种封闭式系统就可灵活运用。

由于在系统的最高点设置了膨胀水箱，因此整个系统均充满了水。冷冻水泵不需要克服水柱的静压力，仅需克服系统的摩擦阻力，因而冷冻水泵消耗的功率比较小。

不过，由于整个系统在压力下运行，因此其中某一点的压力变化对整个系统都会产生影响，在系统大、分支多、高差大等情况下，运行时各点压力不容易稳定，因而增加了设计和运行调整的复杂性。

## 四、冷却水系统

冷却水系统的制冷机需要利用冷水将制冷机吸取热量散发出去，而冷却水通过冷却水系统，循环使用，以节约用水，减少空调设备的运行费用。

冷却水即冷冻站的冷凝器和压缩机的冷却用水。在正常工作时，用后仅水温升高，水质不受污染。冷却水的供应，一般应根据水源、水温、水量、气候条件及技术经济比较等因素综合考虑。

### 1. 冷却水的水温、水压和水质

（1）水温和水压。冷却水的水温取决于水源的水温和当地的气候条件。较低的冷却水温有利于降低冷凝温度和节约压缩机的电能。为了保证冷凝压力在压缩机工作允许的范围内，冷却水的进水温度一般不应高于表1—12中的数值。

表1—12　冷却水水温

| 设备名称 | 进水温度（℃） | 出水温度（℃） |
|---|---|---|
| 压缩机 | 10～32 | ≤45 |
| 冷凝器 | ≤32 | ≤35 |
| 小型空调机组 | ≤30 | ≤35 |

注：① R12作工质的压缩机冷却水进水温度可高至40℃；②进水压力主要取决于冷凝器的水头损失。

（2）冷却水水质。冷却水对水质的要求幅度较宽。水中有机物和无机物，不一定要求完全除去，但应控制数量，同时要防止微生物的生长，以避免冷凝器及管道系统的积垢和堵塞。

冷却水的水质指标，目前尚无确切资料，主要应从冷却水对设备的腐蚀、积垢、堵塞以及设备清洗难易等情况考虑。

（3）总含盐量按水质稳定度计算确定，一般按下式确定，即

$$I = pH_0 - pH_s$$

式中　$I$——稳定值；

$pH_0$——水的实际pH值，由实测得到；

$pH_s$——相应于饱和碳酸钙水的pH值。

当$I=0$时，水是稳定的；

当$I>0$时，水中产生沉淀；

当$I<0$时，水具有侵蚀性。

**2. 冷却水系统**

冷却水供水系统，应根据水源情况、气象条件以及冷凝器形式和用水量大小等因素确定。对于水源水量充足的地区，应首先考虑直流供水；若水源水量不充分，则应采用冷却塔循环供水；当水源水温低而水量又不足时，可采用部分或全部冷却水重复使用，以减少用水量。

直流供水系统简单，冷却水经冷凝器等用水设备后，直接就近排入下水道或用于农田灌溉。

循环供水系统冷却水循环使用，只需少量补充水，但须增设冷却构筑物和水泵等设备，系统比较复杂，常用的冷却水系统分类见表1—13。

**3. 冷却水管道**

冷却水压力管道可选用铸铁给水管、钢管及石棉水泥管等。

冷却水重力回水管道可选用钢筋混凝土管、混凝土管或陶土管等。

表 1—13　　常用的冷却水系统分类

| 类别 | 冷却水系统 | 水源 | 冷却设备名称 | 使用条件 |
| --- | --- | --- | --- | --- |
| 直流供水系统 | 河水冷却系统 | 地面水（河、湖等） | 冷凝器压缩机 | 1. 地面水源充足<br>2. 大型冷冻站用水量大，设计循环供水不经济时采用 |
| | 深井水冷却系统 | 地下水（深井水或浅井水） | 1. 空调淋水室<br>2. 冷凝器及压缩机 | 1. 附近地下水源丰富<br>2. 地下水水温较低（13～20℃） |
| | 自来水冷却系统 | 自来水 | 分散的小型冷冻机组 | 1. 冷却水量较小<br>2. 用水点分散 |
| 循环供水系统 | 自然通风冷却循环系统（采用冷却塔或冷却喷水池） | 自来水补充 | 1. 冷凝器及压缩机<br>2. 集中的小型冷冻机组 | 1. 当地水源水量不够充裕，气候条件适宜<br>2. 采用循环冷却系统较经济时 |
| | 机械通风冷却循环系统（采用机械通风冷却塔、蒸发式冷凝器等） | 自来水补充 | 冷凝器压缩机 | 1. 当地水源水量不够充裕、气温高、湿度大，自然通风冷却塔不能达到冷却效果时<br>2. 采用循环冷却系统较经济时 |

#### 4. 冷却水的节约措施

（1）采用蒸发式冷凝器。蒸发式冷凝器是冷凝器和冷却塔组成的一个整体。此系统比循环供水系统的设备少，体积小，钢材、木材用量少，是否采用，可根据经济和技术方面的比较确定。

（2）采用重复使用冷却水系统。小型冷冻机组和规模较小的冷冻站，冷却水量不大，一般采用直流供水系统。排出的冷却水在正常工作情况下不受污染，可送到其他生产车间作为一般洗涤用水。

对于规模较大的冷冻站，当采用深井水直流供水时，冷却水一次使用后，温度不高，因此，一套冷冻设备使用后的冷却水，可重复用于另一套冷冻设备。当采用这种系统时，由于两套冷冻设备冷凝压力不同，其高压端管路及设备（油分离器、冷凝器、储液器等）不能并联使用。当蒸发器需要并联工作时，储液器的液体工质也要分别经过节流阀降压后才能汇集在一起，然后向蒸发器组供液。

（3）采用混水池供水系统。混水池供水系统，即将经过冷凝器使用后的冷却水排入混水池中，再加入补充水混合成某一温度，用水泵加压送到冷凝器再使用。混水池中设有溢流口，从而使水不断排出。

混水池供水系统通常用于水源为深井水或温度较低的自来水的场合。

## 学习单元 2　制冷机组的正常和异常停机

### 学习目标

1. 熟悉并掌握压缩式和吸收式制冷机组的停机操作方法。
2. 了解并掌握中央空调系统的故障停机的原因。
3. 掌握中央空调机组送回风系统的故障停机操作方法。

### 一、制冷机组的正常停机操作

#### 1. 活塞式制冷压缩机的停机操作

氟利昂活塞式制冷压缩机的停机操作，对于装有自动控制系统的压缩机而言，由自动控制系统来完成；而对于手动控制系统而言，则可按下述程序进行。

（1）在接到停止运行的指令后，首先关闭储液器或冷凝器的出口阀（即供液阀）。

（2）当待压缩机的低压压力表的压力接近于零或略高于大气压力时（大约在供液阀关闭 10～30 min 后，视制冷系统蒸发器大小而定），关闭吸气阀，停止压缩机运转，同时关闭排气阀。如果由于停机时机掌握不当，而使停机后压缩机的低压压力低于零时，则应适当开启一下吸气阀，使低压压力表的压力上升至零，以避免停机后，由于曲轴箱密封不好而导致外界空气的渗入。

（3）停冷媒水泵、回水泵等，使冷媒水系统停止运行。

（4）在制冷压缩机停止运行 10～30 min 后，关闭冷却水系统，停冷却水泵、冷却塔风机，使冷却水系统停止运行。

（5）关闭制冷系统上的各阀门。

（6）为防止冬季可能产生的冻裂故障，应将系统中残存的水放干净。

#### 2. 离心式压缩机的停机操作

（1）离心式压缩机的停机操作方法

离心式压缩机机组在正常运行过程中，停机一般采用手动方式，机组的停机基本上是启动过程的逆过程。

离心式压缩机组正常停机的操作程序框图如图 1—115 所示。

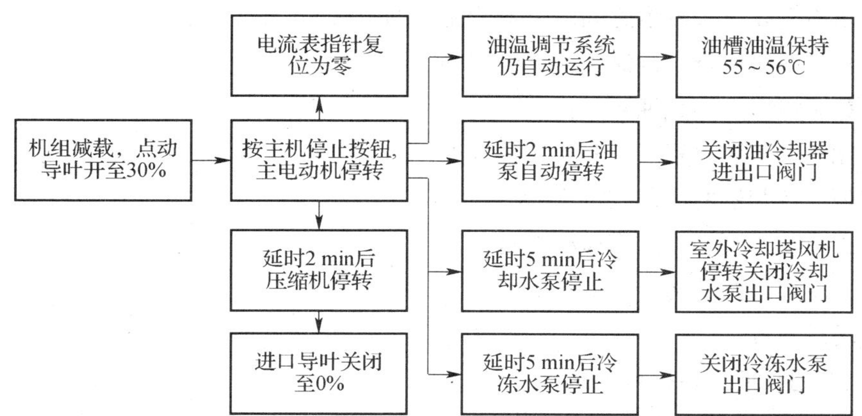


图 1—115　离心式压缩机组正常停机操作程序框图

（2）机组正常停机过程中应注意的问题

1）停机后，油槽油温应继续维持在 50～60℃，以防止制冷剂大量溶入冷冻润滑油中。

2）压缩机停止运转后，冷媒水泵应继续运行一段时间，以保持蒸发器中制冷剂的温度在 2℃以上，防止冷媒水产生冻结。

3）在停机过程中，要注意主电动机有无反转现象，以免造成事故。主电动机反转是由于在停机过程中，压缩机的增压作用突然消失、蜗壳及冷凝器中的高压制冷剂气体倒灌所致的。因此，压缩机停机前，在保证安全的前提下，应尽可能关小导叶角度，从而降低压缩机出口的压力。

4）停机后，抽气回收装置与冷凝器、蒸发器相通的波纹管阀、小活塞压缩机的加油阀、主电动机、回收冷凝器、油冷却器等的供应制冷剂的液阀以及抽气装置上的冷却水阀等应全部关闭。

5）停机后，仍应保持主电动机的供油、回油的管路畅通，油路系统中的各阀门一律不得关闭。

6）停机后，除向油槽进行加热的供电和控制电路外，机组的其他电路应一律切断，以保证停机安全。

7）检查蒸发器内制冷剂液位高度，与机组运行前比较，应略低或基本相同。

8）再检查一下导叶的关闭情况，必须确认处于安全状态。

**3. 螺杆式制冷压缩机的停机操作**

螺杆式制冷压缩机的停机分为正常停机和长期停机两种操作方式。

（1）正常停机的操作方法

1）将手动卸载控制装置置于减载位置。

2）关闭冷凝器至蒸发器之间的供液管路上的电磁阀、出液阀。

3）停止压缩机运行，同时关闭其吸气阀。

4）减载至零后，停止油泵工作。

5）将能量调节装置置于“停止”位置上。

6）关闭油冷却器的冷却水进水阀。

7）停止冷却水泵和冷却塔风机的运行。

8）停止冷媒水泵的运行。

9）关闭总电源。

（2）机组的长期停机操作方式

由于用于中央空调冷源的螺杆式制冷压缩机是季节性运行，因此机组的停机时间较长。为保证机组的安全，在季节停机时，可按以下方法进行停机操作。

1）在机组正常运行时，关闭机组的出液阀，使机组进行减载运行，将机组中的制冷剂全部抽至冷凝器中。为使机组不会因吸气压力过低而停机，可将低压压力继电器的调定值为 0.15 MPa。当吸气压力降至 0.15 MPa 左右时，压缩机停机，当压缩机停机后，可将低压压力值再调回。

2）将停止工作后的油冷却器、冷凝器、蒸发器中的水排掉，并放干净残存水，以防冬季时冻坏其内部的传热管。

3）关闭好机组中的有关阀门，检查是否有泄漏现象。

4）每星期应启动润滑油油泵运行 10～20 min，以使润滑油能长期均匀地分布到压缩机内的各个工作面，防止机组因长期停机而引起机件表面缺油，造成重新开机时的困难。

**4. 溴化锂吸收式制冷机组停机的操作方法**

溴化锂吸收式制冷机的停机操作有手动停机和自动停机两种操作方式。

（1）手动停机操作程序

1）关闭加热蒸汽截止阀，停止对发生器或高压发生器供应蒸汽。

2）关闭加热蒸汽后，让溶液泵、冷却水泵、冷媒水泵再继续运行一段时间，使稀溶液和浓溶液充分混合 15～20 min 后，再依次停止溶液泵、发生器、冷却水泵、冷媒水泵和冷却塔风机的运行。若停机时外界温度较低，而测得的溶液浓度较高时，为防止停机后结晶，就应打开制冷剂水旁通阀，把一部分制冷剂水通入吸收器，使溶液充分稀释后再停机。

3）当停机时间较长或环境温度较低时，一般应将蒸发器中的制冷剂水全部通入吸收器中，使溶液经过充分混合、稀释，在确定溶液不会在停机期间结晶后方可停泵。

4）停止各泵运行后，切断电源总开关。

5）检查机组各阀门的密封情况，以防止停机期间空气漏入机组内。

6）停机期间，若外界温度低于0℃，就应将高压发生器、吸收器、冷凝器和蒸发器传热管及封头内的积水排除干净，以防冻裂。

7）在长期停机期间，每天应派人专职检查机组的真空情况，以保证机组的真空度。有自动抽气装置的机组可不派人专职管理，但不能切断机组和真空泵的电源，以保证真空泵的自动运行。

（2）溴化锂吸收式制冷机自动停机操作程序

1）通知锅炉房停止送气。

2）按下“停止”按钮，机组控制机构自动切断蒸汽调节阀，机组转入自动稀释运行。

3）发生泵、溶液泵以及制冷剂水泵稀释运行约15 min后，其温度继电器动作，溶液泵、发生泵和制冷剂泵自动停止。

4）切断电气开关箱上的电源开关，切断冷却水泵、冷媒水泵、冷却塔风机的电源，记录下蒸发器与吸收器液面高度，记录下停机时间，但应注意，不能切断真空泵自动起停的电源。

5）若需要长期停机，在按“停止”按钮之前，就应打开制冷剂水再生阀，让制冷剂水全部导向吸收器，使溶液全部稀释，并将机组内的残存冷却水、冷媒水放净，以防止冬季冻裂管道。

## 二、冷（热）源机组紧急停机操作

### 1. 活塞式压缩机紧急停机和故障停机的操作

制冷设备在运行过程中，如遇下述情况，应做紧急停机处理。

（1）突然停机的停机操作方法。制冷设备在正常运行中，当突然停电时，首先应立即迅速关闭系统中的供液阀，停止向蒸发器供液，以避免在恢复供电而重新启动压缩机时造成“液击”故障。接着，应迅速关闭压缩机的吸气阀和排气阀。

恢复供电以后，可先保持供液阀为关闭状态，按正常程序启动压缩机，待蒸发压力下降到一定值时（略低于正常运行工况下的蒸发压力），可再打开供液阀，使系统恢复正常运行。

（2）突然冷却水断水的停机操作方法。制冷系统在正常运行工况条件下，当因某种原因突然造成冷却水供应中断时，应首先切断压缩机电动机的电源，停止压缩机的运行，以避免高温高压状态的制冷剂蒸汽得不到冷却，而使系统管道或阀门出现爆裂事故。之后，利用停机程序关闭各种设备，关闭供液阀、压缩机的吸气阀和排气阀，然后再按正常停机程序关闭各种设备。

在冷却水恢复供应以后，系统重新启动时可按停机后恢复运行的方法处理。但如果由于停水而使冷凝器上安全阀动作过，则还需对安全阀进行试压一次。

(3) 冷媒水突然断水的停机操作方法。制冷系统在正常运行工况条件下，当因某种原因突然造成冷媒水供应中断时，应首先关闭供液阀（储液器或冷凝器的出口控制阀）或节流阀，停止向蒸发器供液态制冷剂。关闭压缩机的吸气阀，使蒸发器内的液态制冷剂不再蒸发或蒸发压力高于 0℃时制冷剂相对应的饱和压力。继续开动制冷压缩机时，若曲轴箱内压力接近或略高于 0，则停止压缩机运行，然后其他操作再按正常停机程序处理。

当冷媒水系统恢复正常工作以后，可按突然停电后又恢复供电时的启动方法处理，恢复冷媒水系统正常运行。

(4) 火警时紧急停机的操作方法。在制冷空调系统正常运行情况下，当空调机房或相邻建筑发生火灾危及系统安全时，应首先切断电源，可按突然停电的紧急处理措施使系统停止运行。同时，向有关部门报警，并协助灭火工作。

当火警解除之后，可按突然停电后又恢复供电时的启动方法处理，从而恢复系统正常运行。

制冷系统在运行过程中，如遇下述情况，应做故障停机处理的操作方法。

1) 油压过低或油压升不上去。

2) 油温超过允许温度值。

3) 压缩机气缸中有敲击声。

4) 压缩机轴封处制冷剂泄漏现象严重。

5) 压缩机运行中出现较严重的“液击”现象。

6) 排气压力和排气温度过高。

7) 压缩机的能量调节机构动作失灵。

8) 冷冻润滑油太脏或出现变质情况。

活塞式制冷压缩机在发生上述故障时，采取何种方式停机，可视具体情况而定，可采用紧急停机处理或按正常停机方法处理。

**2. 离心式压缩机故障停机和紧急停机的操作方法**

(1) 故障停机的操作方法。机组的故障停机是指机组在运行过程中某部位出现故障，使电气控制系统中保护装置动作，从而实现机组正常自动保护的停机。

故障停机是由机组控制系统自动进行的，其与正常停机的不同处在于，主机停止指令是由计算机控制装置发出的，机组的停止程序与正常停机过程相同。在故障停机时，机组控制装置会有报警（声、光）显示，操作人员可先按机组运行说明书中的提示，先消除报警的声响，再按下控制屏上的显示按钮，故障内容会以代码或汉字显示；按照提示，操作人员即可进行故障排除。若停机后按下显示按钮时，控制屏上无显示，则表示故障已被控制系统自动排除，应在机组停机 30 min 后再按正常启动程序重新启动机组。

（2）紧急停机的操作方法。机组的紧急停机是指机组在运行过程中突然停电、冷却水突然中断、冷媒水突然中断和出现火警时突然停机等。紧急停机的操作方法和注意事项与活塞式制冷压缩机组的紧急停机内容和方法相同，可参照相关操作方法执行。

**3. 螺杆式压缩机紧急停机和自动停机的操作方法**

（1）机组的紧急停机。螺杆式制冷压缩机在正常运行过程中，如发现异常现象，为保护机组安全，就应实施紧急停机。具体操作方法如下。

1）停止压缩机运行。

2）关闭压缩机的吸气阀。

3）关闭机组供液管上的电磁阀及冷凝器的出液阀，停止向蒸发器供液。

4）停止油泵工作。

5）关闭油冷却器的冷却水进水阀。

6）停止冷媒水泵、冷却水泵和冷却塔风机。

7）切断总电源。

机组在运行过程中出现停电、停水等故障时的停机方法可参照离心式压缩机紧急停机中的有关内容处理。

机组紧急停机后，应及时查明故障原因，排除故障后，可按正常启动方法重新启动机组。

（2）机组的自动停机。螺杆式制冷压缩机在运行过程中，当机组的压力、温度值超过规定值范围时，机组控制系统中的保护装置会发挥作用，自动停止压缩机工作，这种现象称为机组的自动停机。

当机组自动停机时，其机组的电气控制板上相应的故障指示灯会点亮，以指示发生故障的部位。遇到此种情况发生时，主机停机后，其他部分的停机操作可按紧急停机方法处理。在完成停机操作工作后，应对机组进行检查，待排除故障后才可以按正常的启动程序进行重新启动运行。

**4. 溴化锂吸收式制冷机故障停机的操作方法**

溴化锂吸收式制冷机故障停机主要有如下 3 种情况。

（1）溴化锂吸收式制冷机组运行时突然停电的操作方法。溴化锂吸收式制冷机正常运行时突然停电，一般是供电系统事故。当发生突然停电时，应首先关闭供热用的加热蒸汽阀、冷媒水阀和冷却水阀，以防上机组出现结晶或冻结故障。

若停电时间较长，则应对机组进行保温处理，以提高环境温度，对发生器出来的浓溶液管、热交换器的管道进行外部加热，但加热的温度不要超过100℃。这是因为由于机组突然停电而造成机组的停机，此时机组内的各处溶液的浓度不同，当浓度较高的地方温度下降较快时，有可能发生结晶故障。

（2）溴化锂吸收式制冷机组运行时突然出现冷媒水和冷却水中断的操作方法。由于溴化锂吸收式制冷机组设计有运行时突然冷媒水和冷却水中断的继电器保护设备，所以，一旦发生溴化锂吸收式制冷机组运行时突然冷媒水和冷却水中断，继电器就会使机组停止运行。此时，为了防止机组结晶，应首先关闭供热用的加热蒸汽阀，并对机组进行保温处理。然后，对冷媒水和冷却水突然中断的原因进行检查，排除故障。

（3）溴化锂吸收式制冷机组运行时由于溶液泵和冷剂泵故障造成停机的操作方法。在溴化锂吸收式制冷机组运行中，当由于溶液泵和制冷剂泵的石墨轴承磨损或由于电动机过载造成机组停机时，应首先关闭供热用的加热蒸汽阀、冷媒水阀和冷却水阀，以防止机组出现结晶或冻结故障。然后，重点检查屏蔽泵等溶液泵。对出现问题的溶液泵和制冷剂泵应迅速予以更换。

## 三、中央空调机组送回风系统的故障停机操作

在中央空调系统运行过程中，若电力供应系统或控制系统突然发生故障，为保护整个系统的安全，需要做出紧急停机处置，紧急停机又称为故障停机，其具体操作方法如下。

### 1. 电力供应系统发生故障时的停机操作

迅速切断冷、热源的供应，然后切断空调系统的电源开关。待电力系统故障排除恢复正常供电并按正常停机程序关闭有关阀门后，检查空调系统中有关设备及其控制系统，确认无异常后再按启动程序启动运行。

### 2. 中央空调系统设备发生故障时的停机操作

在空调系统运行过程中，若由于风机及其拖动电动机发生故障或加热器、表冷器以及冷、热源输送管道突然发生破裂而产生大量蒸汽或水外漏或控制系统中调节器、调节执行机构（如加湿器调节阀、加热器调节阀、表冷器冷媒水调节阀等）突然发生故障，不能关闭或关闭不严或者无法打开，致使系统无法正常工作或危及运行和空调房间安全时，应首先切断冷、热源的供应，然后按正常停机操作方法使系统停止运行。

若在中央空调系统运行过程中，报警装置发出火灾报警信号，值班人员应迅速判断出发生火情的部位，立即停止有关风机的运行，并向有关单位报警。为防止意外，在灭火过程中，应按正常停机的操作方法，使空调系统停止工作。

# 学习单元 3　运行参数的调节

## 一、空调技术基础知识

### 1. 空调运行工况在焓湿图上的表示

空调运行工况有很多种情况，现仅以一次回风空调系统的夏季运行工况为例，如图 1—116 所示。后面会具体给出其他运行工况。

在图 1—116 中，$W$ 为室外空气状态点（新风状态点）；$N$ 为室内空气状态点；$H$ 为室内外空气的混合点；$L$ 为混合空气经过表冷器或喷水室后达到的机器露点状态；$S$ 为空调系统送风状态点。

### 2. 空气升温与降温处理过程

空气升温与降温处理过程是在空调中常见的空气状态变化过程。空气通过加热器（以热水、蒸汽及电能等作热能）温度升高，由于没有额外水分加入，其含湿量是不变的。因此，空气状态变化过程是沿着等含湿量线上升的。图 1—117 上所示的 $A \rightarrow B$ 表示的是空气升温过程，空气由状态 $A$ 加热到状态 $B$，焓值增加了 $\Delta h = h_B - h_A > 0$，但含湿量不变，即 $\Delta d = d_B - d_A = 0$，此过程的热湿比为 $\varepsilon_1 = \Delta h / \Delta d = +\infty$。

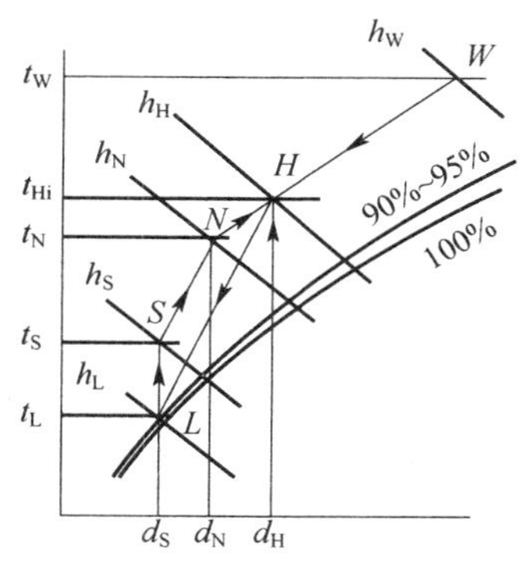


图 1—116　一次回风系统的夏季运行工况

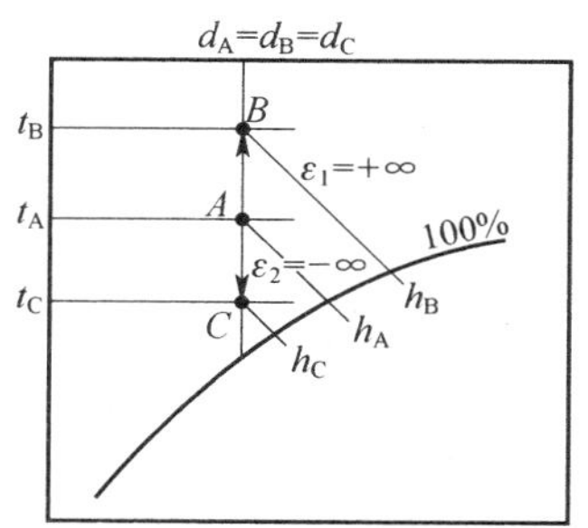


图 1—117　空气的升温和降温过程

同理，空气通过表面冷却器，如果在冷却器的表面不发生结露现象，则空气温度的下降是沿着等含湿量线进行的。图 1—117 上所示的 $A \rightarrow C$ 上表示的是空气降温过程，空气

由状态 $A$ 冷却到状态 $C$，焓值减少了 $\Delta h = h_C - h_A < 0$，但含湿量不变，即 $\Delta d = d_C - d_A = 0$，此过程的热湿比为 $\varepsilon_2 = \Delta h / \Delta d = -\infty$。

### 3. 空气冷却干燥处理过程

冷却干燥是夏季空调常用的空气处理过程。当用低于空气露点温度的水喷淋空气或空气冷却器表面温度低于空气的露点温度时，空气在被冷却的同时，空气中的水蒸气将凝结成液态露珠而从空气中析出，在此过程中，空气的焓及含湿量都减少了，所以此空气的状态变化过程称为冷却干燥过程。图 1—118 是在焓湿图上表示的冷却干燥过程，空气由状态 $A$ 变化到状态 $B$，焓值减少了 $\Delta h = h_B - h_A < 0$，含湿量减少了 $\Delta d = d_B - d_A < 0$，此过程的热湿比为 $\varepsilon = \Delta h / \Delta d > 0$。

### 4. 空气等焓加湿处理过程

用循环水喷淋空气，当达到稳定状态时，水的温度等于空气的湿球温度，且维持不变。这时，水与空气之间没有（最终效果）热交换，即空气几乎没有得失热量，但水与空气之间存在湿交换，即空气在此过程中被加湿，所以此过程将沿着等湿球温度线进行，但由于等湿球温度线与等焓线相近，故这一空气状态变化过程可近似于等焓加湿过程，且沿着等焓线下降。图 1—119 是在焓湿图上表示的等焓加湿过程，空气由状态 $A$ 变化到状态 $B$，焓值不变，即 $\Delta h = h_B - h_A = 0$，但含湿量增加了 $\Delta d = d_B - d_A > 0$，此过程的热湿比为 $\varepsilon = \Delta h / \Delta h = 0$。

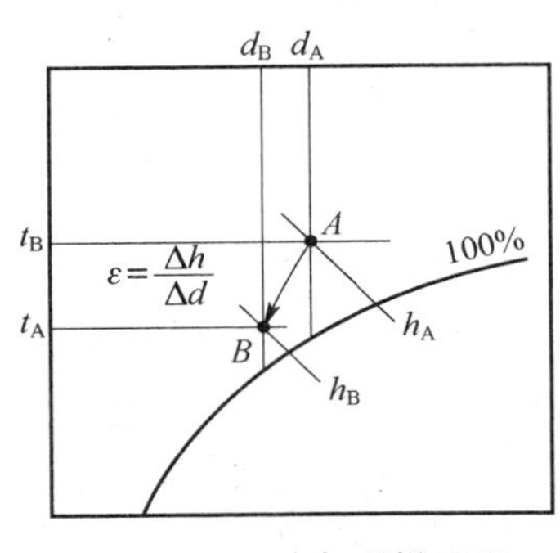


图 1—118　冷却干燥过程

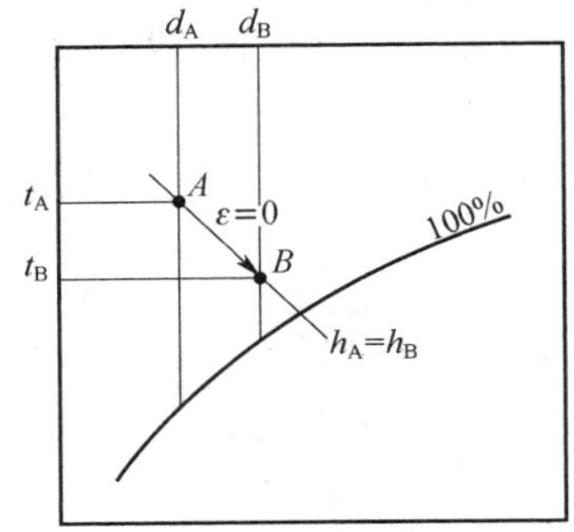


图 1—119　等焓加湿过程

### 5. 空气等温加湿处理过程

将蒸汽喷入空气，只需控制空气含湿量不超出饱和态，那么，空气状态的变化就接近于等温过程。其原因说明如下：如果对 1 kg 干空气加入 $\Delta d$ kg 的水蒸气，那么，空气含湿量就增加了 $\Delta d$ kg/kg 干空气。与此同时，空气的焓的增加值为蒸汽带入的热量，即

$$\Delta h = (2\,500 + 1.84 t_q) \Delta d$$

所以，表示空气状态变化过程的热湿比为

$$\varepsilon=\Delta h/\Delta d=2\ 500+1.84t_q$$

这里，$t_q$ 是所喷蒸汽的温度；2 500 为 0℃时水蒸气的汽化潜热，单位为 kJ/kg；1.84 为水蒸汽的定压比热，单位为 kJ/（kg℃）。

$t_q$ 值总是有限的，比如说喷射的是低压蒸汽，其温度 $t_q$ 在 100℃左右，那么，$\varepsilon\approx 2\ 624$。在焓湿图上这样的热湿比线大致与等温线平行。如图 1—120 所示，将蒸汽喷入状态 $A$ 的空气，空气的状态将近似地沿着等温线向右变化至 $B$，$B$ 的具体位置取决于加入蒸汽量的大小。

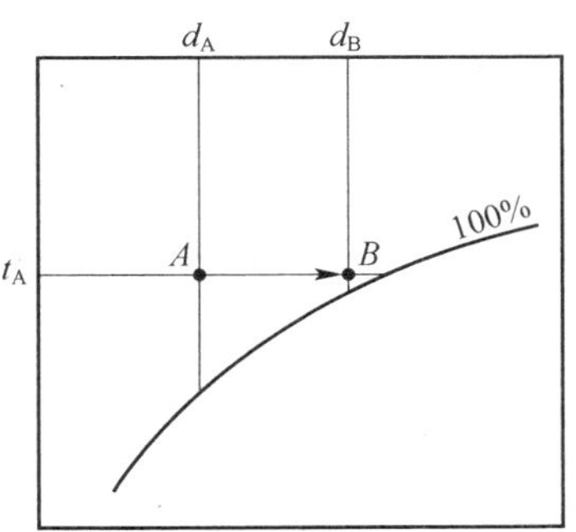

图 1—120　空气等温加湿处理过程

6. **全空气空调系统**

由经过处理的空气负担室内全部空调负荷，这类系统称为全空气空调系统。单风道系统、双风道系统、全空气诱导系统及变风量系统属于全空气式空调系统。

7. **风机盘管加新风空调系统**

由经过处理的空气和水共同负担室内空调负荷的系统，称为空气—水式空调系统。全新风系统加风机盘管系统，再热系统加诱导器系统是这类系统的应用形式。

8. **全新风空调系统**

它所处理的空气全部来自室外，室外空气经过处理后送入室内，然后全部排出室外。图 1—121 所示为全新风空调系统图。

夏季，全新风空调系统需将新风即系统的总风量冷却干燥处理到要求的送风状态，其夏季循环工况如图 1—122 所示。其空气处理过程线如下：

$$W\xrightarrow[\text{表冷器或喷水室}]{\text{冷却干燥}}L\xrightarrow[\text{加热器}]{\text{等湿加热}}S\xrightarrow[\text{室内}]{\varepsilon}N\longrightarrow\text{排至室外}$$

相关量的计算如下：

（1）送风量

$$m=\frac{Q}{h_N-h_S}\text{ 或 }m=\frac{W}{d_N-d_S}$$

（2）加热量（加热器的供热能力）

$$Q_R=m(h_S-h_L)$$

（3）耗冷量（表冷器或喷水室的冷却能力）

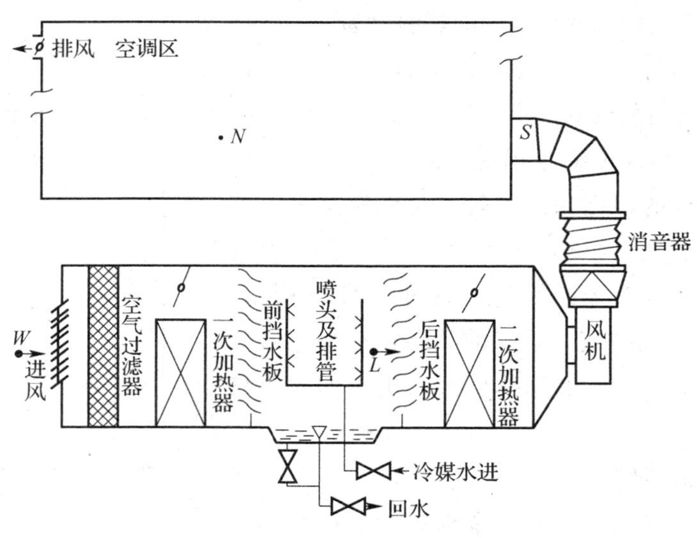


图 1—121　全新风空调系统图

$$Q_o = m(h_W - h_L)$$

在采用喷水室或水冷式表冷器处理空气时，这个耗冷量由制冷机或天然冷源提供；当采用直接蒸发式冷却器处理空气时，这个冷量由制冷机提供。

（4）除湿量（表冷器或喷水室的减湿能力）

$$m_W = m(d_W - d_L)/1\ 000$$

式中　$Q$——空调房间余热（总冷负荷），kW；

$W$——空调房间的余湿（总湿负荷），kg/s；

$h_N$——室内状态空气的焓；kJ/kg；

$h_S$——送风状态空气的焓；kJ/kg；

$h_W$——室外状态空气的焓；kJ/kg；

$h_L$——机器露点状态空气的焓；kJ/kg；

$d_W$——室外状态空气的含湿量；g/kg；

$d_L$——机器露点状态空气的含湿量；g/kg。

上述处理过程并没有考虑挡水板的过水和风机及管道的温升。事实上，因挡水板的过水量造成机器露点沿着 90%～95%的曲线向右移了；而风机及管道中产生 1～2℃的温升。

全新风空调系统冬季运行工况如图 1—123 所示。冬季室外空气温度低且含湿量小，要将其处理到送风状态，须进行加热和加湿处理。处理方法有两种，其空气处理过程线分别如下：

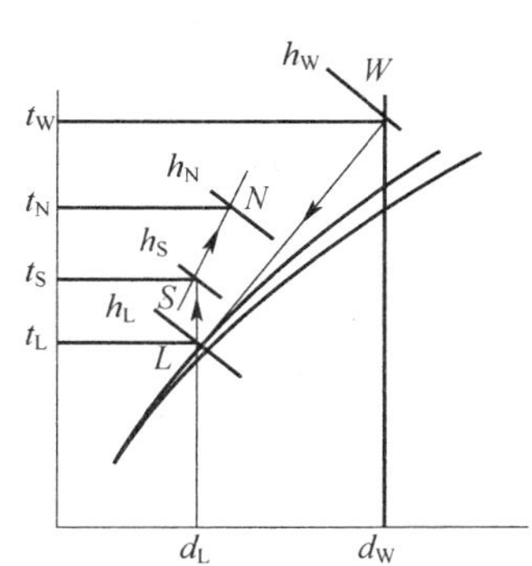


图 1—122　全新风空调夏季循环运行工况

$t_N - t_s$=送风温差

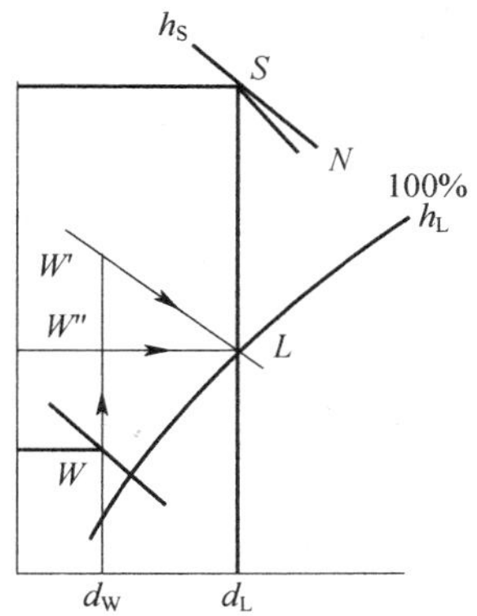


图 1—123　全新风空调系统冬季运行工况

(1) $W \xrightarrow[\text{预热器}]{\text{等湿加热}} W' \xrightarrow[\text{喷循环水}]{\text{等焓加湿}} L \xrightarrow[\text{再热器}]{\text{等湿加热}} S \xrightarrow[\text{室内}]{\varepsilon} N \longrightarrow$ 排至室外

(2) $W \xrightarrow[\text{预热器}]{\text{等湿加热}} W'' \xrightarrow[\text{喷蒸汽}]{\text{等温加湿}} L \xrightarrow[\text{再热器}]{\text{等湿加热}} S \xrightarrow[\text{室内}]{\varepsilon} N \longrightarrow$ 排至室外

相关量的计算如下：

（1）预热量

$$Q_{1R} = m(h'_W - h_W) \text{ 或}$$
$$Q_{1R} = m(h''_W - h_W)$$

（2）再热量

$$Q_{2R} = m(h_S - h_L)$$

（3）加湿量

$$m_{1W} = m(d_L - d'_W) \text{ 或}$$
$$m_{2W} = m(d_L - d''_W)$$

式中　$h'_W$、$h''_W$——室外空气预热后的焓；kJ/kg；

$d'_W$、$d''_W$——室外空气预热后的含湿量；g/kg。

**9. 一次回风式空调系统**

（1）夏季运行工况分析。一次回风式空调系统流程图如图 1—124 所示，它是空调工程中使用最多的一种系统，其特点是利用回风的余冷（冬季为余热）先与新风混合，使混合空气比外界新风温度低（冬季高），从而大量节省了空气表面处理器的冷量（或热量）

或再热器的再热量，是节约能量的切实可行的方法。

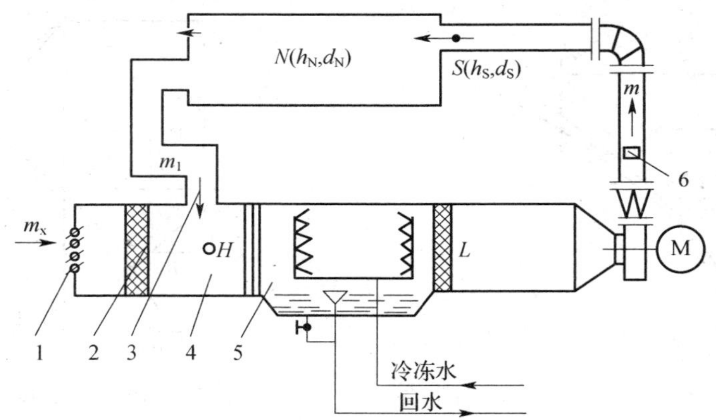


图 1—124　一次回风式空调系统流程图

1—新风口　2—过滤器　3—一次回风管　4—一次混合室　5—喷雾室　6—电加热器

一次回风式空调系统的夏季运行工况如图 1—125 所示。室外新风与室内空气先在空调箱中混合，而后经过空气冷却装置（表冷器或喷水室）降温去湿至机器露点，再经再热器加热到送风状态，然后由风机送到室内，吸收余热余湿后变为室内状态，一部分被排至室外，另一部分再回到空调箱与新风混合。其空气处理过程线如下：

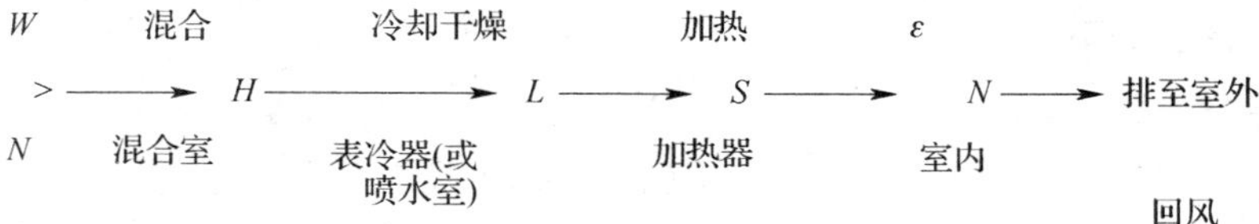


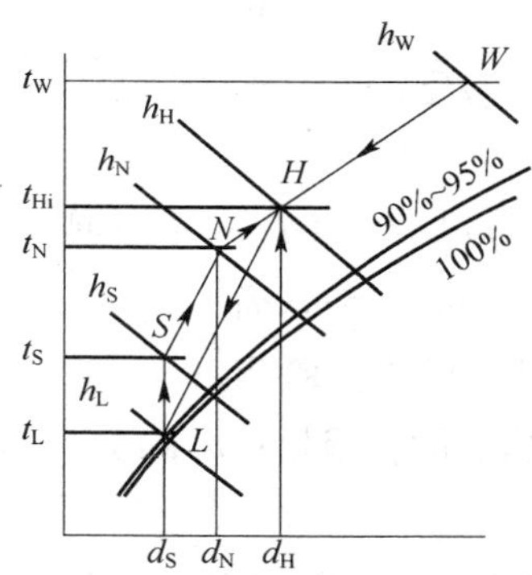


图 1—125　一次回风式空调系统夏季运行工况

相关量的计算如下：

1）送风量

$$m=\frac{Q}{h_N-h_S} \text{或} m=\frac{W}{d_N-d_S}$$

2）新风比

$$n=\frac{m_x}{m}\times 100\%$$

式中 $m_x$——新风量，据有关手册确定，常取最小新风量，kg/s，其值一般不低于送风量的10%。

3）混合状态空气的焓及含湿量

$$h_H=h_N+(h_W-h_N)n$$

$$d_H=d_N+(d_W-d_N)n$$

4）表冷器或喷水室提供的冷量

$$Q_o=m(h_H-h_L)$$

表冷器或喷水室提供的冷量是下面3个部分之和。

①室内冷负荷。送风状态的空气由风机送到室内吸收后，吸收室内余热余湿，沿ε线变化到室内状态，这部分送风空气提供的冷量，实际上就是“室内冷负荷”，即室内空气消耗的冷量。

$$Q_1=m(h_N-h_S)$$

②新风冷负荷。从图1—125上可以看出新风的状态由室外状态变为室内状态，这部分新风消耗的冷量即为“新风冷负荷”。

$$Q_2=m_x(h_W-h_N)$$

③再热负荷。为了将空气处理到送风状态，有时需将经表冷器或喷水室处理到机器露点的空气再一次加热，这部分热量称为“再热量”，即

$$Q_3=m(h_S-h_L)$$

抵消这部分热量也是由冷源提供的，故 $Q_3$ 称为“再热负荷”。

于是有

$$Q_0=Q_1+Q_2+Q_3$$

5）除湿量

$$m_W=m(d_H-d_L)$$

对于送风温差无严格要求的空调系统，若用最大送风温差送风，即用机器露点送风（图1—126），则不需再多耗热量，因而表冷器或喷水室的提供的冷量可降低，这在设计时

是应该考虑的。

（2）冬季运行工况分析。目前，在工程上采用的大多数空调系统中，冬、夏季使用的是同一送风机，也就是说，冬、夏季的风量是相等的。当然，从节能的角度看，最好是冬季送风量小于夏季送风量。空调系统的送风机是按照满足夏季所需送风量为前提来确定的。

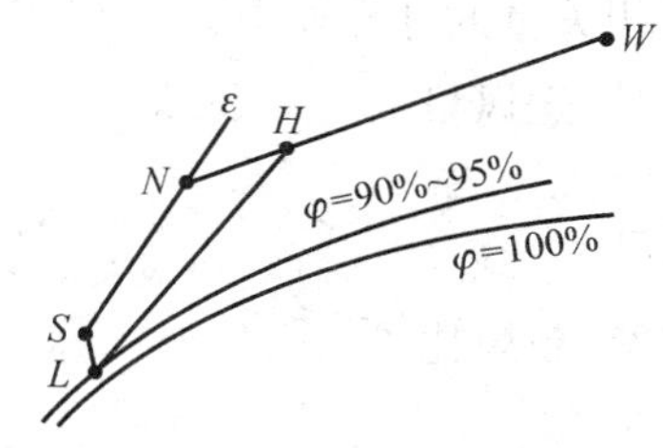


图 1—126　一次回风式空调系统的夏季运行工况（机器露点送风）

一次回风式空调系统的冬季运行工况如图 1—127 所示。冬季室外空气状态 $W$，室内空气状态 $N$，新风与回风混合到状态点 $H$，然后进入喷水室绝热加湿（喷循环水）到状态点 $L$，再经再热器加热到送风状态 $S$，然后送入室内。送入室内的空气吸收余热余湿后达到室内设计的空气状态点 $N$，然后部分排至室外，部分进入空调箱与室外空气混合，如此循环。其空气处理过程线如下：

$W$ 混合 等焓加温 加热 $\varepsilon$

$>$ ——→ $H$ ——→ $L$ ——→ $S$ ——→ $N$ ——→ 排至室外

$N$ 混合室 喷水室 加热器 室内 ↓

回风

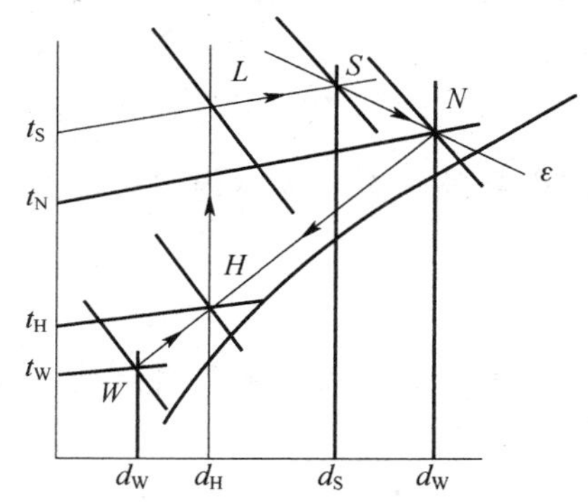


图 1—127　一次回风式空调系统的冬季运行工况

在我国长江以南地区，冬季室外空气温度和焓较高，如按夏季规定的最小新风量来确定混合状态点 H，则 H 点的焓将高于或等于机器露点状态的焓（即 $h_H > h_L$），这时可用改变新风比 $n$，加大新风量的办法进行调节，使 $h_H = h_L$。

在严寒地区，应将室外空气用预热器加热后再与回风混合，加热后的焓值 $h_W$（图 1—128）应根据下式确定，加热后的温度不应低于 5℃。否则，可能出现混合后的空气达到饱和，导致产生水雾或凝结水。

$$h_W = h_N - (h_N - h_L)/n$$

相关量的计算如下：

1）冬季所需的加热量（加热器提供的热量）

$$Q_{2R} = m(h_S - h_L)$$

2）预热量

$$Q_{1R} = m(h'_W - h_W)$$

在分析一次回风式空调系统的冬季运行工况时，可以看到这样的情况：一方面，将状

态为 $H$ 的混合空气冷却干燥到机器露点状态 $L$；另一方面，又要用再热器将 $L$ 状态的空气升温到送风状态 S 方能送入空调房间。这种先冷却再加热的处理方法，会造成能量浪费，很不经济、很不合理，特别是在夏季，还要为其供蒸气或用电加热。

下面要介绍的二次回风系统，采用喷水室后的二次回风代替再热器，克服了上述缺点，能够实现节约冷量和热量的目的。

**10. 二次回风空调系统**

图 1—128 所示为二次回风空调系统示意图。

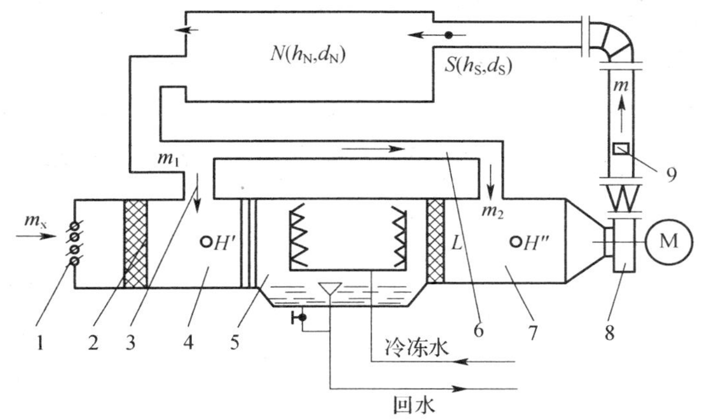


图 1—128　二次回风空调系统示意图

1—新风口　2—过滤器　3—一次回风管　4—一次混合室　5—喷雾室

6—二次回风管　7—二次混合室　8—风机　9—电加热器

（1）夏季运行工况分析。其运行工况如图 1—129 所示。二次回风系统的夏季空气处理过程线如下：

$$\left.\begin{matrix}W\\N\end{matrix}\right>\xrightarrow[\text{混合室}]{\text{一次混合}}H\xrightarrow[\text{表冷器或喷水室}]{\text{冷却干燥}}\left.\begin{matrix}L\\N\end{matrix}\right>\xrightarrow[\text{混合室}]{\text{二次混合}}S\xrightarrow[\text{室内}]{\varepsilon}N\longrightarrow\text{排至室外}$$

（$N$ ↓ 回风）

相关量的计算如下：

1）空调房间的送风量

$$m=\frac{Q}{h_N-h_S}=\frac{W}{d_N-d_S}$$

2）二次回风量

$$m_2=\frac{h_S-h_L}{h_N-h_L}m$$

3）喷水室处理的空气量

$$m_P = m - m_2$$

4）一次回风量

$$m_1 = m_P - m_x$$

5）喷水室提供的冷量

$$Q_o = m_P(h_H - h_L)$$

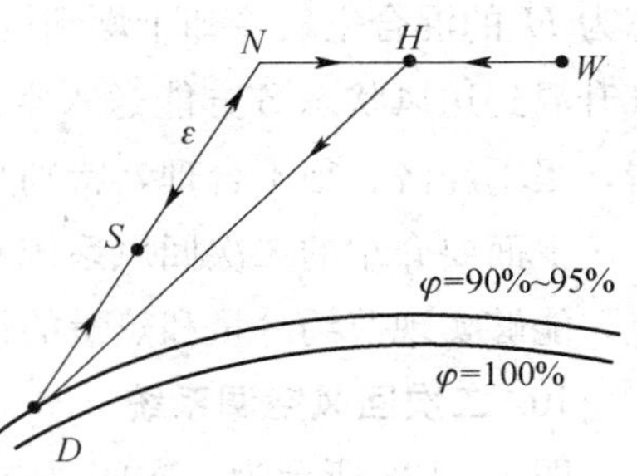


图 1—129　二次回风空调系统的夏季运行工况

（2）冬季运行工况分析。如前所述，对一般的系统，冬季送风量与夏季相同，因此新风量、一次回风量和二次回风量也与夏季相同。

其运行工况如图 1—130 所示。在冬季较寒冷的地区，冬季室外新风与回风按最小新风比混合后，当其焓值仍低于送风所需的机器露点 $L$ 时，就要使用预热器加热混合后的空气，使其焓值等于 $h_L$，其空气处理过程线如下：

$W$、$N$ —（一次混合，混合室）→ $H'$ —（预热，预热器）→ $C$ —（等焓加湿，喷水室）→ $L$、$N$ —（二次混合，混合室）→ $H''$ —（再热，再热器）→ $S$ —（ε，室内）→ $N$

$N$ → 排至室外；$N$ ↓ 回风

相关量的计算如下：

1）预热器的预热量

$$Q_{1R} = (m - m_2)(h_C - h'_H)$$

2）再热器的加热量

$$Q_{2R} = m(h_S - h''_H)$$

3）喷水室提供的冷量

$$Q_o = (m - m_2)(h_C - h_L)$$

如果是在严寒地区，则需要采用先加热后混合的系统（图 1—130）。这种方案送风状态、机器露点的确定方法与上面相同，不同之处在于要调节空气预热器的预热量，使预热后的新风状态为 $W'$，以保证混合后空气状态的焓值等于机器露点的焓值，即 $h_C = h_L$，其空气处理过程线如下：

$W$ —（预热，预热器）→ $W'$、$N$ —（一次混合，混合室）→ $C$ —（等焓加湿，喷水室）→ $L$、$N$ —（二次混合，混合室）→ $H''$ —（再热，再热器）→ $S$ —（ε，室内）→ $N$

$N$ → 排至室外；$N$ ↓ 回风

相关量的计算如下：

1）预热器的预热量

$$Q_{1R}=m_x(h'_W-h_W)$$

2）再热器的加热量

$$Q_{2R}=m(h_S-h''_H)$$

3）喷水室提供的冷量

$$Q_o=(m-m_2)(h_C-h_L)$$

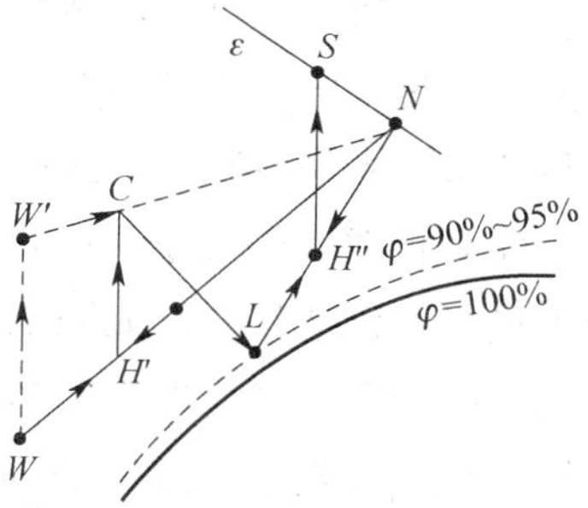

图 1—130　二次回风空调系统的冬季运行工况

## 二、热泵知识

### 1. 热泵的定义与分类

热泵是一种将低温热源的热能转移到高温热源的装置。通常用于热泵装置的低温热源是周围的介质——空气、河水、海水，城市污水，地表水，地下水，中水，消防水池，或者是从工业生产设备中排出助工质，这些工质常与周围介质具有相接近的温度。热泵装置的工作原理与压缩式制冷机是一致的；在小型空调器中，为了充分发挥它的效能，在夏季空调降温或在冬季取暖时，都是使用同一套设备来完成的。在冬季取暖时，则将空温器中的蒸发器与冷凝器通过一个换向阀来调换工作，如图 1—131 所示。

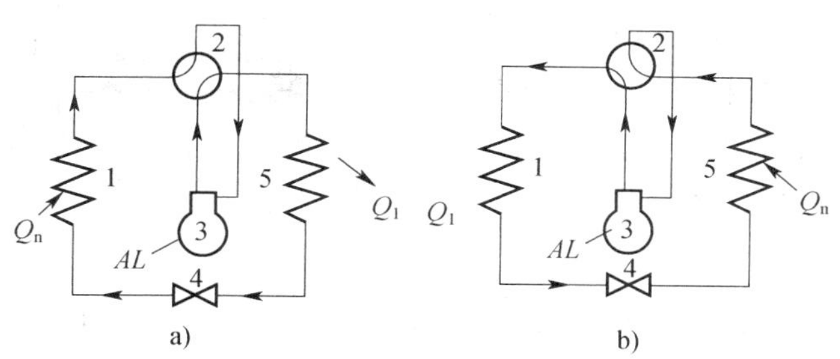


图 1—131　热泵工作原理图

a）制冷工况　b）热泵工况

1—蒸发器（冷凝器）　2—换向阀　3—压缩机　4—节流装置　5—冷凝器（蒸发器）

由图 1—131 可以看出，在夏季空调降温时，按制冷工况运行，由压缩机排出的高压蒸气，经换向阀（又称四通阀）进入冷凝器，制冷剂蒸气被冷凝成液体，经节流装置进入蒸发器，并在蒸发器中吸热，将室内空气冷却，蒸发后的制冷剂蒸气，经换向阀后被压缩机吸入，这样周而复始，从而实现制冷循环。在冬季取暖时，先将换向阀转向热泵工作位置，于是由压缩机排出的高压制冷剂蒸气，经换向阀后流入室内蒸发器（作冷凝器用），制冷剂蒸气冷凝时放出的潜热，将室内空气加热，从而达到室内取暖目的，冷凝后的液态制冷剂，从反向流过节流装置进入冷凝器（作蒸发器用），吸收外界热量而蒸发，蒸发后的蒸气经过换向阀后被压缩机吸入，完成制热循环。这样，将外界空气（或循环水）中的热量“泵”入温度较高的室内，故称为“热泵”。

作为自然界的现象，正如水由高处流向低处那样，热量也总是从高温区流向低温区。但人们可以创造机器，如同把水从低处提升到高处而采用水泵那样，采用热泵可以把热量从低温抽吸到高温。所以，热泵实质上是一种热量提升装置，热泵的作用是从周围环境中吸取热量，并把它传递给被加热的对象（温度较高的物体），其工作原理与制冷机相同，都是按照逆卡诺循环工作的，所不同的只是工作温度范围不一样。

按照热源的种类热泵可以分为水源热泵、地源热泵、空气源热泵、双源热泵（水源热泵和空气源热泵结合）。

**2. 电磁四通换向阀**

（1）电磁四通换向阀的结构与工作原理。电磁四通换向阀在热泵空调中为典型的应用，且其在其他需要逆循环热气除霜的系统中应用也相当广泛。例如，在冷藏运输装置中按要求自动提供制冷、加热或除霜。其工作原理是利用阀通道的变换来改变系统内制冷剂的流动方向，从而达到系统顺逆循环的切换。

电磁四通换向阀由阀体、阀芯、弹簧、衔铁和电磁线圈等组成。阀体内有滑块和活塞，活塞上有两侧可通气的小孔。阀体外装有 4 根接管和 3 根毛细管，如图 1—132 所示。阀芯和衔铁连成一体，可同时移动。

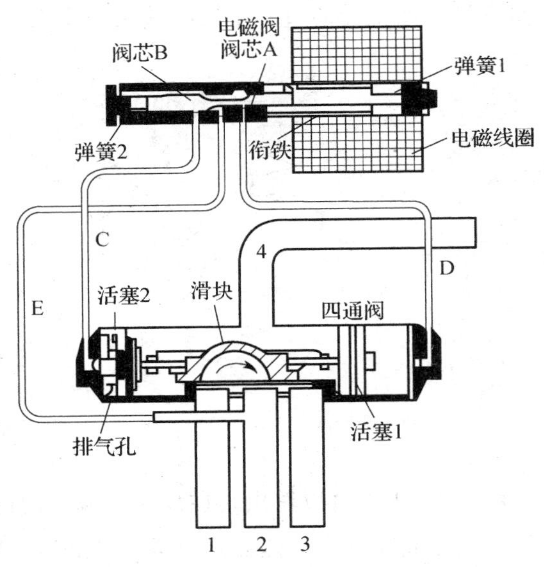

图 1—132　电磁四通换向阀结构图

电磁阀的滑块向左右移动时，可使接管 2（与压缩机吸气管相连）与接管 3（与室外热交换器相连）相通，在滑块运行至接管 1（与室内热交换器相连）与接管 2 相通时，接管 3 与接管 4（与压缩机排气管相连）通过阀体内空腔相连通；滑块运行至接管 2 与接管 3 相通时，接管 1 与接管 4 相通。毛细管 C 与 D 相连。

在制冷运行时，电磁阀不通电，毛细管 D 被阀芯 A 堵塞（图 1—133），毛细管 C、毛细管 E、接管 2 与压缩机吸气管相连通，四通阀的空腔形成了较大的压力差，使活塞与支架上的滑块一起向左移动，连通接管 1 和接管 2，室内端的热交换器成为蒸发器，制冷剂在蒸发器中吸热，从而起到制冷作用。

制热时，电磁四通阀通电，衔铁被吸引。毛细管 C 被阀芯 B 阻塞（图 1—134），毛细管 D 和毛细管 E 相连通，在阀体的两腔内形成与制冷状态时的反向压力差，使滑块移动而连通接管 2 与接管 3，接管 4 也通过阀体与接管 1 连通，压缩机排出的高温高压制冷剂气体通过接管 1 和接管 4 送入室内热交换器（由制冷时的蒸发器变成冷凝器），向室内散发热量，从而起到制热作用。

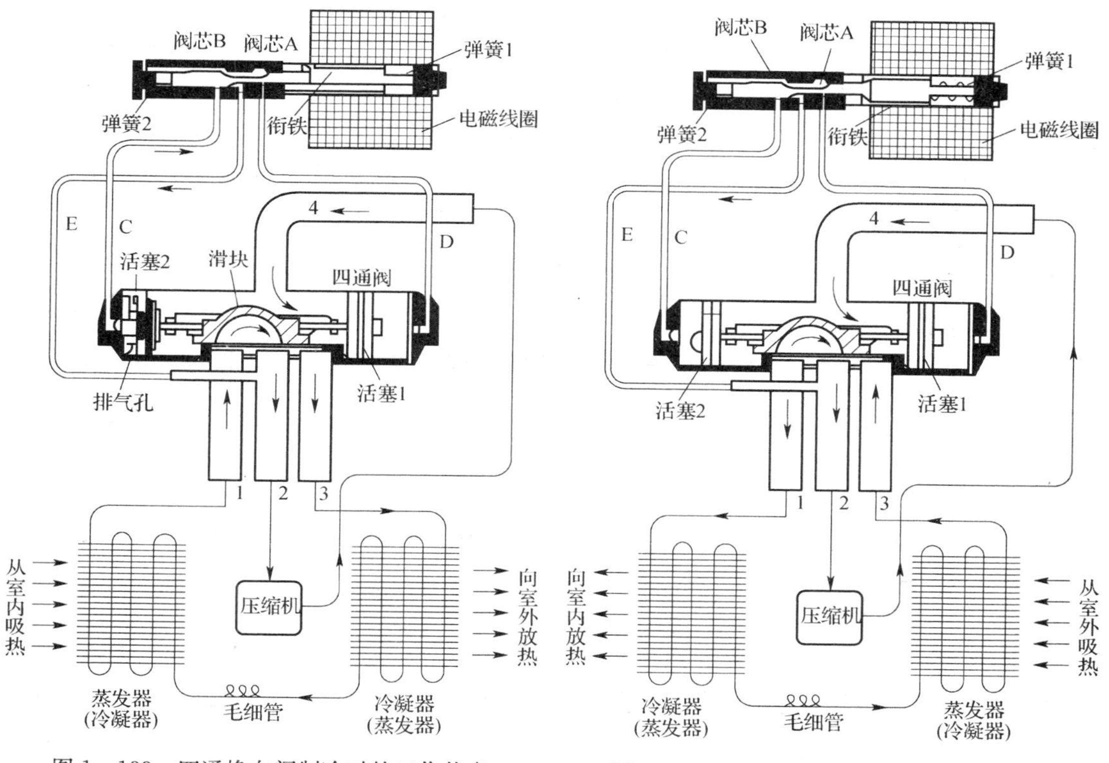


图 1—133　四通换向阀制冷时的工作状态

图 1—134　四通换向阀制热时的工作状态

（2）电磁四通换向阀的选用与安装。电磁四通换向阀结构由先导阀、主阀和电磁线圈 3 个主要部分组成。电磁四通换向阀制造厂提供的阀名义容量是指，在规定工况下，通过阀吸入通道的工质流量所产生的制冷量。根据我国制定的标准，规定其名义工况如下：

1）冷凝温度：40℃。

2）进入膨胀阀液体制冷剂温度：38℃。

3）蒸发温度：5℃。

4）压缩机吸气温度：15℃。

5）通过阀吸入通道的压力降：0.015 MPa。

表 1—14 是标准推荐四通换向的阀的型号、接管尺寸及名义容量。

**表 1—14　　标准推荐的四通换向阀的型号规格、接管尺寸及名义容量**

| 型号 | 接管外径尺寸/mm | | 名义容量/kW |
| --- | --- | --- | --- |
| | 进气 | 排气 | |
| DHF5 | 8 | 10 | 4.5 |
| DHF8 | 10 | 13 | 8 |
| DHF10 | 13 | 16 | 10 |
| DHF18 | 13 | 19 | 18 |
| DHF28 | 19 | 22 | 28 |
| DHF34 | 22 | 28 | 34 |
| DHF80 | 32 | 38 | 80 |

（3）四通换向阀的使用注意事项

1）四通换向阀的接管和接线要正确无误。安装位置要正确，如图 1—135 所示，以免影响阀的性能。

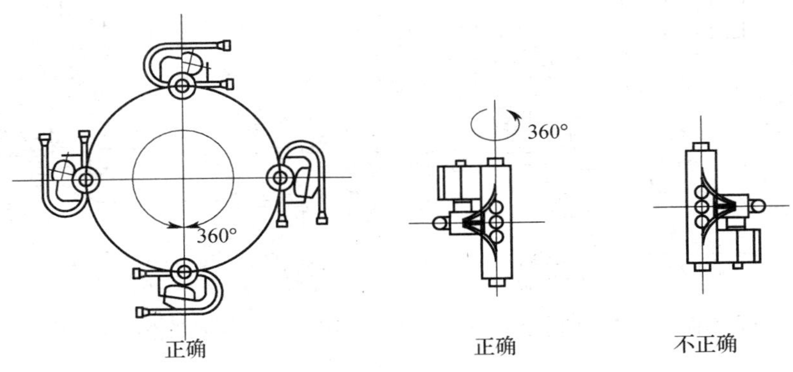


图 1—135　四通换向阀的安装位置

2）安装前，尽量清除接管内腔杂物，最好在阀的进口处装上 80～120 目过滤器。

3）接管焊接前，应先拆下线圈，阀体用湿布包扎，以免过高的焊接温度损坏阀内零部件。

4）电源电压必须与四通换向阀线圈上标明的电压种类和电压值相一致。

5）产品修理时，切忌线圈通电时从阀上拆卸下来，以免烧坏线圈。

### 3. 空气源热泵

工作原理：消耗一定的机械能，将空气中低温热能“泵送”到高温位来供应热量需求的设备叫作空气源热泵。空气源热泵在运行中，蒸发器从空气中的环境热能中吸取热量以蒸发传热工质，工质蒸气经压缩机压缩后压力和温度上升，高温蒸气通过永久黏结在储水箱外表面的特制环形管冷凝器冷凝成液体时，释放出的热量传递给了空气源热泵储水箱中的水。冷凝后的传热工质通过膨胀阀返回到蒸发器，然后再被蒸发，如此循环往复。

空气源热泵型中央空调，采用风冷式热泵机组，以空气作为冷、热源，利用四通换向阀的换向功能来改变由压缩机排出的高温高压制冷剂气体的流动方向，从而达到实现制冷与制热循环的转换。空气源热泵空调循环系统基本流程图如图 1—136 所示。热泵空调集制冷和制热于一体，适用于需要冷源和热源的空调系统中，如宾馆、医院、办公楼、娱乐场所等。

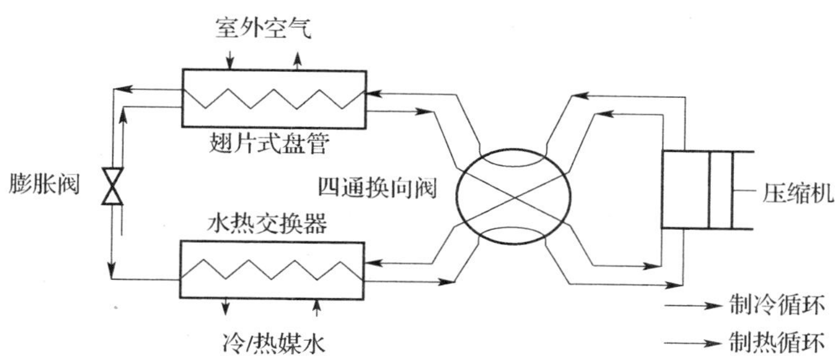


图 1—136　空气源热泵空调循环系统基本流程图

空气源热泵的优点：冬夏共用，设备利用率高；利用空气的低位热量供暖符合热力学原则，省去了锅炉和锅炉房投资，结构紧凑、整体性好、安装方便、施工周期短；可暴露于屋顶不占建筑物内空间，自控设备完善（包括除霜）；管理简单，夏季部分负荷时的耗电并不一定高于水冷式（干球温度日较差较大的地区）。此外，电力属清洁能源，对环保有利。

空气源热泵机组的分类，按压缩机的形式分，有全封闭和半封闭活塞式压缩机、涡旋式压缩机、半封闭螺杆式压缩机等；按机组容量大小分，有别墅式小型机组和中大型机组；按机组结构来分，有整体式机组和模块化机组；按功能分，一般可分为热泵机组 、热回收机组和蓄冷热机组。

### 4. 水源热泵

工作原理：地球表面浅层水源，如地下水、地表的河流、湖泊和海洋，吸收了太阳进入地球的相当的辐射能量，并且水源的温度一般都十分稳定。水源热泵技术的工作原理如下：通过输入少量高品位能源（如电能），实现低温位热能向高温位转移。水体分别作为冬季热泵供暖的热源和夏季空调的冷源，即在夏季将建筑物中的热量“取”出来，释放到水体中去，由于水源温度低，所以可以高效地带走热量，从而达到夏季给建筑物室内制冷的目的；而冬季，则是通过水源热泵机组，从水源中“提取”热能，送到建筑物中采暖。

水源热泵的优点：与锅炉（电、燃料）和空气源热泵的供热系统相比，水源热泵具明显的优势。锅炉供热只能将90%～98%的电能或70%～90%的燃料内能转化为热量，供用户使用，因此地源热泵要比电锅炉加热节省2/3以上的电能，比燃料锅炉节省1/2以上的能量；由于水源热泵的热源温度全年较为稳定，一般为10～25℃，其制冷、制热系数可达3.5～4.4，与传统的空气源热泵相比，要高出40%左右，其运行费用为普通中央空调的50%～60%。因此，近十几年来，水源热泵空调系统在北美及中、北欧等国家取得了较快的发展，尤其是近5年来，中国的水源热泵市场也日趋活跃，使该项技术得到了相当广泛的应用，成为一种有效的供热和供冷空调技术。

**5. 地源热泵**

工作原理：地源热泵是一种利用浅层地热资源（也称地能，包括地下水、土壤或地表水等），既可供热又可制冷的高效节能空调设备。地源热泵通过输入少量的高品位能源（如电能），实现由低温位热能向高温位热能转移。地能分别在冬季作为热泵供热的热源和夏季制冷的冷源，即在冬季，把地能中的热量取出来，提高温度后，供给室内采暖；在夏季，把室内的热量取出来，释放到地能中去。地源热泵是热泵的一种，是以大地或水为冷热源对建筑物进行冬暖夏凉的空调技术，地源热泵只是在大地和室内之间“转移”能量。

## 三、空调负荷

空调房间冷（热）负荷、湿负荷是确定空调系统送风量和空调设备容量的基本依据。

空调负荷包括空调房间负荷和系统负荷。发生在空调房间内的负荷为房间负荷。发生在空调房间外的负荷，如新风状态与室内空气状态不同所引起的新风负荷、风管传热造成的负荷等称为系统负荷。

**1. 室内冷、湿负荷分析**

某一时刻的得热量（瞬时得热量）是指在某一时刻由室外和室内热源散入房间的热量的总和。根据性质的不同，得热量可分为潜热和显热两类，而显热又包括对流热和辐射热两种成分。

某一时刻的冷负荷（瞬时冷负荷）是指某一时刻为了维持室温恒定，空调设备必须自室内取走的热量，也即在单位时间内必须向室内空气供给的冷量。

湿负荷是为维持室内相对湿度所需由房间除去或增加的湿量。

冷负荷与得热量有时相等，有时不等。维护结构热工特性及得热量的类型决定了得热量与冷负荷之间的关系。在瞬时得热中的潜热得热及显热得热中的对流成分是直接放散到房间空气中的热量，它们立即构成瞬时冷负荷，而显热中的辐射成分（如透过玻璃窗的日射得热及照明辐射热等）则不能立即成为瞬时冷负荷。因为辐射热透过空气被室内各种物体的表面所吸收和储存。这些物体的温度会升高，一旦其表面温度高于室内空气温度，它们又以对流方式将储存的热量再散发给空气。各种瞬时得热量中所含各种热量成分的百分比见表 1—15。

**表 1—15　　各种瞬时得热量中所含各种热量成分的百分比**

| 得热 | 辐射热（%） | 对流热（%） | 潜热（%） |
|---|---|---|---|
| 太阳辐射热（无内遮阳） | 100 | 0 | 0 |
| 太阳辐射热（有内遮阳） | 58 | 42 | 0 |
| 荧光灯 | 50 | 50 | 0 |
| 白炽灯 | 80 | 20 | 0 |
| 人体 | 40 | 20 | 40 |
| 传导热 | 60 | 40 | 0 |
| 机械或设备 | 60 | 40 | 0 |
| 渗透和通风 | 0 | 100 | 0 |

图 1—137 所示为某一个朝西房间，为维持其室内温度恒定，空调装置连续运行时，进入室内的瞬时太阳辐射得热量与房间实际冷负荷之间的关系。由图 1—137 可以看出，实际冷负荷的峰值比太阳辐射热的峰值少，而且出现的时间也迟于太阳辐射热峰值出现的时间。

在得热量转化为冷负荷的过程中，存在衰减和延迟现象。冷负荷的峰值不只低于得热量的峰值，而且在时间上有所滞后，这是由建筑物的蓄热能力所决定的。蓄热能力越强，则冷负荷衰减越大，延迟时间也越长。

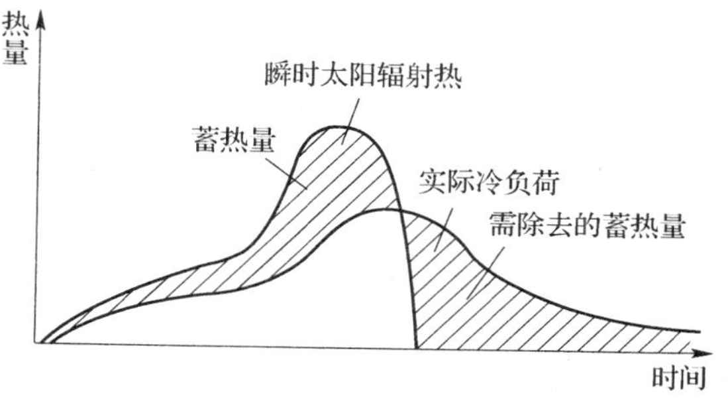

图 1—137　瞬时太阳辐射得热量与房间实际冷负荷之间的关系

（1）空调房间的得热量。通常包括以下几个方面。

1）室外热源传入房间的热量：一是太阳辐射进入的热量，二是室内外空气温差经围护结构传入的热量。

2）室内热源散入房间的热量：人体、照明设备、各种工艺设备及电气设备散入房间的热量。

（2）空调房间的得湿量。主要为人体散湿量和工艺过程与工艺设备散出的湿量。

（3）空调房间的冷负荷。经上述分析，空调房间的冷负荷将包括以下几个方面。

1）外热源引起的冷负荷

①玻璃窗的得热量及其形成的冷负荷。通过玻璃窗进入室内的得热量包括瞬变传热得热和日射得热两部分。通过玻璃窗的冷负荷为玻璃窗传热得热形成的冷负荷和日射得热形成的冷负荷之和。

瞬变传热得热是指由于室内外温差的存在，由室外通过玻璃窗传入到室内的热量。

太阳光照射在玻璃表面上，一小部分辐射能量被玻璃外表面反射到室外环境中去，一部分辐射能量透过玻璃直接进入室内，还有一部分辐射能量被玻璃吸收，提高了玻璃表面的温度，而后又以对流和辐射方式向室内外散热。

透过玻璃窗的日射得热为透过玻璃直接进入室内的太阳辐射热和被玻璃吸收而后又散入到室内的那部分太阳辐射热之和。

上述通过玻璃窗进入室内的得热量中均包括显热和辐射两种成分。对流成分直接与室内空气换热成为瞬时冷负荷。而其中的辐射成分会有一部分被围护结构和家具等吸收，以热量的形式被蓄存起来，当这些物体的表面温度高于室内空气温度时，再以对流方式与室内空气换热形成滞后冷负荷。

②外墙、屋顶的得热量及其形成的冷负荷。建筑物的外墙和屋顶会同时受到太阳辐射和室外温度的作用。外墙和屋顶在太阳辐射的照射下，由于外墙和屋顶材料具有蓄热特性，一部分太阳辐射能量将蓄存于外墙和屋顶材料内，提高其表面的温度，当其表面温度高于室内空气温度时，再以对流方式和辐射方式向室内外散热。

一般将太阳辐射的作用折算为一等效的室外温度，并加到室外温度上，得到一个室外空气的综合温度，但这并不是实际的空气温度。因而，在室外气温和太阳辐射综合作用下，通过外墙和屋顶进入室内的热量可看作是由于存在而产生的瞬变传热得热量。

通过外墙和屋顶的瞬变传热得热量中包括对流和辐射两种成分。对流成分直接与室内空气换热成为瞬时冷负荷，而其中的辐射成分则形成滞后冷负荷。

2）室内热源引起的冷负荷

①照明散热形成的冷负荷。照明设备的散热量属于稳定得热。只要电压稳定，这一得热量是不随时间而变化的。其所散发的热量由辐射和对流两种成分组成。由表 1—15 可知，荧光灯的辐射成分占 50%，白炽灯的辐射成分占 80%，而其余部分便是对流成分。照明设备的对流成分直接与室内空气换热成为瞬时冷负荷。其辐射成分则首先为围护结构

（主要是楼板或地面）和家具等所吸收，这部分热量便蓄存于其中，当其表面温度高于室内空气温度时，再以对流方式与室内空气换热形成滞后冷负荷。因而，照明散热形成冷负荷的机理通过玻璃窗的日射得热形成冷负荷的机理相同。

②人体散热形成的冷负荷。在人体散发的热量中，辐射成分约占40%，对流成分约占20%，其余的40%则作为潜热负荷考虑。人体的潜热散热可形成瞬时冷负荷，而在总显热散热中，占1/3的对流成分也必然形成瞬时冷负荷。但另外占2/3的辐射成分则与日射和照明散热情况类似，首先为室内围护结构及家具等所吸收，根据其蓄热能力，经过一定时间后，再以对流方式给予室内空气，从而形成滞后冷负荷。

3）设备散热形成的冷负荷。空调房间的设备、用具及其他散热表面所散发的热量包括显热和潜热两个部分。对既散发显热又散发潜热的设备或用具等，其潜热散热量即为瞬时冷负荷。而显热散热量则与照明和人体的显热散热一样，也包括对流成分和辐射成分。设备和用具等散发的显热中的对流成分直接与室内空气换热成为瞬时冷负荷。而设备和用具等散发的显热中的辐射成分和照明和人体的显热中的辐射成分相同，也具有迟滞作用而形成滞后冷负荷。

**2. 新风负荷**

将室外空气从室外状态处理到室内状态所消耗的冷量称为新风负荷。

新风负荷的大小取决于新风量的大小及室内外空气设计参数。

一般室内外空气设计参数可根据我国国家标准《采暖通风与空气调节设计规范》（GB 50019—2003）的规定来选用。

一般情况下，送风空气由新风和回风组成。由于空调系统对新风的热湿处理是非常耗能的，所以设计时应尽量减少新风量。新风量太小，会使室内空气品质不能满足卫生要求。对一般空调，可按如下原则选定新风量。

（1）对工业空调，每人所需新风量不小于30 $m^3/h$。如果室内有局部排风系统时，空调新风量不应小于局部排风量。此外，在一般情况下，设计空调送排风系统时应使室内维持正压。只有在特殊要求时（如室内产生有毒物质，不希望扩散至室外），室内才维持负压。

（2）对民用空调而言，每人最小新风量（$m^3/h$）见表1—16。

**表1—16　　民用空调每人最小新风量（$m^3/h$）**

| 影剧院 | 8.5 | 不吸烟 | 餐厅 | 20.0 | 少量吸烟 |
|---|---|---|---|---|---|
| 体育馆 | 8.0 | 不吸烟 | 办公室 | 25.0 | 不吸烟 |
| 百货商店 | 8.5 | 不吸烟 | 会议室 | 50.0 | 大量吸烟 |
| 高级客房 | 30.0 | 少量吸烟 | 一般病房 | 17.0 | 不吸烟 |

对某些特殊空调，则要根据室内的生产工艺要求来确定新风量。例如说某些生产或工作过程会发散出有害气体、细菌等污染物，这时为防止交叉污染，空调送风中不能含有回风，其结果是新风量必须等于送风量，尽管这时每人所得新风量已超出通常的标准。这时的空调过程示意图如图1—138所示。

以上给出的是最小新风量。为了节能，在设计工作中和运行管理工作中，实际新风量不希望超过这一最小新风量。当然，在过渡季节（春秋两季）希望新风量取得越大越节能，甚至用全部新风作为送风空气。

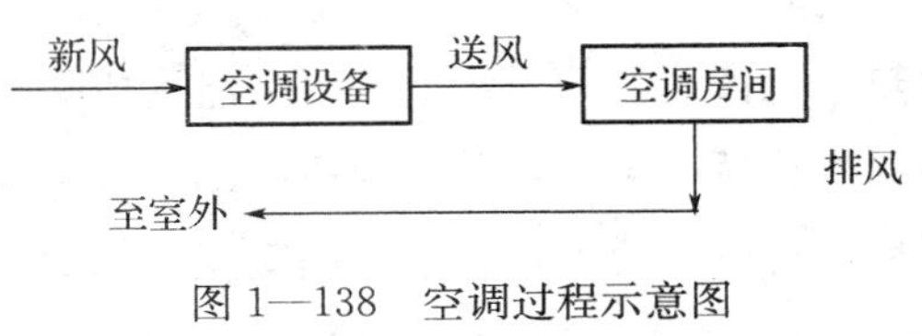

图1—138　空调过程示意图

**3. 空调冷、湿负荷估算**

所谓空调负荷概算指标，是指折算到建筑物中每一平方米空调面积所需的制冷系统或供热系统的负荷值。

（1）旅馆建筑空调负荷估算及其估算指标。旅馆建筑空调冷负荷主要由围护结构的传热（通过建筑物外墙、屋顶、玻璃窗、楼板、地面等进入的热量）、照明、人体和设备散热等所形成。

国内旅馆建筑空调冷负荷指标估算值见表1—17。

**表1—17　　国内旅馆建筑空调冷负荷指标估算值**

| 国别 | 建筑类型及房间名称 | 估算指标（W/m²） | 国别 | 建筑类型及房间名称 | 估算指标（W/m²） |
|---|---|---|---|---|---|
| 中国 | 客房（标准层） | 80～110 | 中国 | 理发、美容 | 120～180 |
| | 酒吧、咖啡厅 | 100～180 | | 健身房、保龄球 | 100～200 |
| | 西餐厅 | 160～200 | | 弹子房 | 90～120 |
| | 中餐厅、宴会厅 | 180～350 | | 室内游泳池 | 200～350 |
| | 商店、小卖部 | 100～160 | | 舞厅（交谊舞） | 200～250 |
| | 中庭、接待 | 90～120 | | 舞厅（迪斯科） | 200～350 |
| | 小会议室（允许少量吸烟） | 200～300 | | 办公室 | 90～120 |
| | 大会议室（不许吸烟） | 180～280 | | | |

（2）商业建筑空调负荷估算及其估算指标。商业建筑空调负荷主要由以下五部分组成：①人体负荷；②照明负荷；③新风负荷；④建筑负荷；⑤设备负荷。

由于商业建筑一般位于建筑物密集地区，且建筑物往往相连接，加上外窗较少，因此建筑负荷在商业建筑空调负荷中所占比例较小；设备负荷主要有两类，即食品冷藏陈列柜和加工设备及自动扶梯。商业建筑主要负荷为人体、照明和新风。

商业建筑人体负荷与客流量密切相关，我国实地统计结果表明，峰值人流量一般为1～1.7人/m²，平均人流量为0.5～1人/m²。商业建筑人体散热、散湿量见表1—18。

**表1—18　　商业建筑人体散热、散湿量**

| 空气温度（℃） | 20 | 21 | 22 | 23 | 24 | 25 | 26 | 27 | 28 | 29 | 30 |
|---|---|---|---|---|---|---|---|---|---|---|---|
| 全热量（W） | 167 | 166 | 166 | 166 | 167 | 166 | 166 | 166 | 166 | 166 | 166 |
| 散湿量（g/h） | 134 | 140 | 150 | 158 | 167 | 175 | 184 | 193 | 203 | 212 | 220 |

商业建筑照明负荷通常取30～70 W/m²，地下层、第一层和标准高的商场一般取50 W/m²，要求特别高的第一层可取70 W/m²，标准层和一般标准的商场可取35 W/m²。

当最小新风量和人流量决定之后，系统总的新风量即已确定。然后，通过计算可确定新风负荷。目前，国内商场设计新风量取值多为8～12m³/4（h·人），与国外推荐值大致相同。

商业建筑的建筑负荷远远小于人体、新风、照明负荷，一般占总负荷的1%～7%，可取5%～15%，无屋顶和大面积玻璃外窗的可取低值；反之，取高值。

商业建筑内设备的负荷应根据实际情况加以确定，作为估算，商品陈列柜按陈列柜的占地面积计算，一般在6～12 W/m²，自动扶梯为7.5～11 kW/台。

商业建筑在方案设计阶段，往往需要粗估空调负荷的供冷量。在有计算条件时，应尽量根据具体资料进行计算；当无计算条件时，可参照表1—17进行估算。

由于商场空调制冷负荷与该商场建筑物大小、结构、形状、地区和所处的地段等因素有很大关系，故表1—19中给出的数值有上、下幅度，对于闹市繁华区，应取上限值。

**表1—19　　空调冷负荷概算值**

| 建筑物名称 | 普通空调系统（W/m²） | 节能空调系统（W/m²） | 换气次数（次/h） | 荧光灯照明（W/m²） |
|---|---|---|---|---|
| 百货商场（全部有空调的面积） | 209～244 | 175～198 | | |
| 一层 | 279～314 | 233～256 | 6～9 | 40 |
| 二层以上 | 186～233 | 151～186 | | |

（3）办公建筑空调负荷估算及其估算指标。空调设计冷负荷的取值不仅直接影响到建筑物空调系统的初投资和规模的大小，而且与建筑空调全年或期间的能耗也密切相关。只有按照合理设计负荷选用的空调设备，才能保证有效地根据空调系统运行期间负荷结构的变化情况，使系统在高效率状态下运行，从而最大限度地提高能源的利用率。相反，当设

计负荷取值不合理时，依此选用的设备除了增加初投资和运行管理费外，因其长期在低负荷率状态下运行，所以势必会造成能源的浪费，即使空调设备具有负荷自动调节功能，也会因其调节范围有限而无法保证系统长期在高效率状态下运行，仍然会使能耗增加。

办公建筑空调负荷可参考下列方法之一估算。

1）空气调节房间的冷负荷。其包括由于外围护结构传热、太阳辐射热、空气渗透、人员散热、室内其他设备散热等引起的冷负荷，再加上室外新风带来的冷负荷，即为空调系统的冷负荷。估算时，可以以外围护结构和室内人员两部分为基础，把整个建筑物看成一个大空间，按各朝向计算其冷负荷，再加上全部人员散热量（每位在室人员按 116 W/人计算），然后将该结果乘以新风负荷系数 1.5，即为估算建筑物的总冷负荷，即

$$Q=(Q_W+116\cdot n)\times 1.5$$

式中 $Q$——建筑物空调总冷负荷，W；

$Q_W$——整个建筑物围护结构引起的总冷负荷，W；

$n$——建筑物内总人数。

2）根据国内现有的一些工程冷负荷指标套用，办公楼取值为 85～100 W/m$^2$，但需要注意以下几个方面。

①该指标为总建筑面积的冷负荷指标；当建筑物的总建筑面积小于 5 000 m$^2$ 时，取上限值；当其大于 10 000 m$^2$ 时，取下限值。

②按该指标确定的冷负荷，即是制冷机的容量，不必再加系数。

③由于地区差异较大，上述指标以北京地区为准。南方地区可按上限取值。

④当全年使用空调系统时，冬季热负荷可按下述方法估算：北京地区为夏季冷负荷的 1.1～1.2 倍，广州地区为夏季冷负荷的 1/4～1/3。

（4）影剧院建筑空调负荷估算及其估算指标。影剧院空调负荷有以下一些特点。

1）剧院一般都是非全天、非连续使用的，观众厅演出时间是有限的，门厅和休息厅观众停留时间则更短。

2）院主要房间（观众厅、休息厅等）是人员密集的场所，人体湿负荷较大，总热负荷中潜热负荷大、热湿比小。

3）剧院观众厅往往被包围在其他附属房屋之间，温差传热量和太阳辐射得热量很小。且因建筑声学处理的需要，墙壁、顶棚等大量使用吸声材料，因此，围护结构的隔热性能非常好，更减少了建筑围护结构传热的冷热负荷。

4）冬季由于室内人体和照明设备散热量大，建筑热损失少，所以有可能送冷风。

5）观众厅一般照明负荷较小，国内一般电影院观众厅不计入照明负荷。

6）剧场舞台灯光散热量是主要负荷，不但负荷大且变化大。

7）对于高大空间的观众厅，其室内温度分布是前低后高，特别是冬季更为明显。此外，在垂直方向上也有较大的温度梯度：下部温度低、上部温度高，靠近顶棚形成稳定的高温空气层，即出现温度分层现象。这在一定程度上减轻了夏季冷负荷。

8）由于观众厅、休息厅等人员密集，为满足卫生要求，所需新风量大，因而新风负荷较大，常可达空调总冷负荷的30%左右。

表1—20中所列为国内一些影剧院每座冷负荷。

**表1—20　　国内一些影剧院每座冷负荷**

| 影剧院名称 | 室 温（℃） | 相对湿度（%） | 每座冷负荷（W） |
|---|---|---|---|
| 北京展览馆剧场 | 27 | 60 | 243 |
| 前门饭店会议厅 | 26 | 60 | 245 |
| 上海大光明电影院 | 26 | 60 | 232 |
| 上海市政府礼堂 | 29 | 55 | 335 |
| 国务院第一招待所礼堂 | 29 | 60 | 332 |
| 国家计委礼堂 | 28 | 60 | 198 |
| 京西宾馆礼堂 | | | 279 |

（5）体育馆空调负荷估算及其估算指标。体育馆有比赛时要容纳的观众，可达几千人到上万人以上，即观众密度高达2～2.5人/m²，赛场内又有较强的照明，如大型体育馆比赛时可达100～200 W/m²，中小型体育馆可达50～70 W/m²。因此，在总的冷热负荷中，观众和照明负荷占主要地位，其次是新风负荷，然后才是围护结构的负荷，其比重较小，约占总负荷的20%以下。现将国家奥林匹克体育中心综合体育馆比赛大厅夏季室内负荷情况列于表1—21。

**表1—21　　国家奥林匹克体育中心综合体育馆比赛大厅夏季室内负荷情况**

| 人体散热 | | | | 灯光散热 | | 围护结构散热 | | 总计 | | 平均每座 |
|---|---|---|---|---|---|---|---|---|---|---|
| kW | 百分比（%） | kW | 百分比（%） | kW | 百分比（%） | kW | 百分比（%） | kW | 百分比（%） | kW/座 |
| 573（静止） | 63.4 | | | 210 | 23.2 | 121 | 13.4 | 904 | 100 | 0.154 |
| | | 648（轻微活动） | 66.26 | 210 | 21.47 | 121 | 12.37 | 978 | 100 | 0.166 |

根据经验估算，体育馆一般冷负荷估算指标为180～470 W/m²，热负荷估算指标为120～180 W/m²。由于我国幅员广阔、室外气象条件差别较大，体育馆比赛项目要求不同，同时考虑观众人数的变化，从节能角度出发，在体育馆空调设计时，应进行系统的负荷计算，千万不能脱离实际情况地生搬硬套负荷估算指标。

(6) 计算机机房建筑空调负荷估算及其估算指标。计算机机房室内空调的热湿负荷，通常来源于以下几方面。

1）室内外的温差和太阳的照射、通过建筑的屋顶、楼（地）板以及窗、门等围护结构进入室内的传导热量和辐热量。

2）机房内主机和外围设备或程控交换机设备的散热量。

3）人体的散热量和散湿量。

4）照明灯光的散热量。

5）补入室内新风的热量和湿量。

对于机房中配电盘及电线、电缆的微量散热，可忽略。

通常，在设计时，为了估算机房的空调负荷，可按单位面积散热量（包括所有负荷）290～350 W/m$^2$（单层）、175～290 W/m$^2$（多层）进行估算。

将负荷概算指标乘上建筑物内的空调或供热面积，即得到制冷系统或供热系统总负荷的估计值。

## 四、空调系统运行的调节方法

在中央空调系统运行的大部分时间里，室外空气参数都会因气候的变化而与设计计算参数有差异，即使是在一天之内室外空气参数也会有很大变化。同时，室内冷、热、湿负荷也会因室外气象条件的变化以及室内人员的变化、灯光和设备的使用情况而变化，显然在大部分时间里也不会与设计时的室内最大负荷相一致。所以，在中央空调系统运行过程中，若不做相应调节，则不仅会使室内空气控制参数发生波动、偏离控制范围、达不到要求，而且会造成能源的浪费和费用增大。因此，在中央空调系统投入使用后，必须根据当地的室外气象条件，室内冷、热、湿负荷的变化规律，结合建筑的构造特点和系统的配置情况，制订出合理的运行调节方案，以保证中央空调系统既能发挥出最大效率，满足用户的空调要求，又能用最经济节能的方式运行，而且使用寿命长。

中央空调系统室内负荷变化时的运行调节，常用的调节方式可分为质调节、量调节以及混合调节 3 种。

### 1. 负荷变化时的送风温度调节方法

只改变送风参数，不改变送风量的调节方式称为质调节。对于全空气一次回风系统来说，可以通过调节新回风量的混合比例、调节表冷器（或盘管）的进水流量或温度、调节单元式空调机制冷压缩机开停或多台制冷压缩机的同时工作台数等来实现质调节，以适应室内负荷的变化，保持室内空气状态参数不变或在控制范围内。

例如，在设计工况时送风状态点为 $L$，热湿比为∞（不考虑人体散湿量，即室内空调湿负荷为零），室内空气的控制状态点为 $N$，室外空气状态点为 $W$，新回风混合点为 $C$。当室内空调冷负荷 $Q$ 减小时，在房间送风量 $G$ 不变的情况下，如果仍以原送风状态点 $L$ 送风，则

$$G=\frac{Q}{h_{\mathrm{N}}-h_{\mathrm{L}}}$$

由上式可知，室内空气状态点 $N$ 要变为 $N'$，室内温度会降低。为了在 $Q$ 减小的情况下仍保持 $N$ 不变，可以采取提高送风温度的措施来解决，即将 $L$ 点提高到 $L'$ 点，使（$h_{\mathrm{N}}-h_{\mathrm{L'}}$）的差值与 Q 的变化一致。$h_{\mathrm{L'}}$ 值可用上式求出，只是冷负荷 $Q$ 由减小后的 $Q'$ 值替代。

要达到提高送风温度的目的，可以采用以下 3 种调节方法来实现。

（1）房间送风量不变，调节新回风比。

（2）进水温度不变，调节表冷器或盘管的进水流量。

（3）进水流量不变，调节表冷器或盘管的进水温度。

对于一次回风系统而言，通常由设置在机组回风口处的感温部件，根据设定的回风温度值自动控制制冷（热泵）压缩机的开停来改变送风温度，以适应室内空调冷热负荷的变化。

**2. 负荷变化时的送风量调节方法**

只改变送风量，不改变送风参数的调节方式称为量调节。对于一次回风系统来说，可以通过调节风机的风量和送风管上的阀门来实现量调节，以适应室内负荷的变化，保持室内空气状态参数不变或在控制范围内。

当室内冷负荷 $Q$ 改变时，要保持室内状态点 $N$ 不变，而且使送风状态点 $L$ 也不变，只需相应改变房间送风量 $G$ 即可。变风量可以用调节风阀来实现，这是最简单易行的方法，但会增大空气在风管内流动的阻力，增加风机的动力消耗。最常用的风量调节方法是改变风机的转速，即采用变频调速方法进行风机转速的调节。其他改变风机风量的方法还有调风机入口导流器的叶片角度、改变轴流风机叶片角度、更换风机皮带轮尺寸等。

在风量调节过程中以及在减小送风量时都要注意，当送风量减小过多时，会影响到室内气流分布的均匀性和稳定性，而气流组织恶化的结果则会影响到空调的总体效果。因此，要限制房间的最小送风量，即风量调节的下限值，一般不低于设计送风量的 40%～50%。同时，还要保证房间最小新风量和最少换气次数（舒适性空调一般不少于 5 次/h）。综合考虑以上 3 个因素确定出的最小送风量，即为风量调节的下限值。

民用建筑的空调房间最小新风量规定值见表 1—22。

表 1—22　　**民用建筑的空调房间最小新风量规定值**　　$m^3$/（h·人）

| 房间名称 | 最小新风量 | 吸烟情况 |
|---|---|---|
| 影剧院、博物馆、体育馆、商店 | 8 | 无 |
| 办公室、图书馆、会议室、餐厅、舞厅、医院的门诊部和普通病房 | 17 | 无 |
| 旅馆客房 | 30 | 少量 |

RRI 建筑的空调房间最小新风量推荐值见表 1—23。

表 1—23　　**RRI 建筑的空调房间最小新风量推荐值**　　$m^3$/（h·人）

| 建筑类型或房间名称 | | 最小新风量 | |
|---|---|---|---|
| 办公室 | | 18 | — |
| 办公大楼、银行 | | — | (20) |
| 会议室 | | 17 | — |
| 百货大楼、商业中心 | | 10 | (10) |
| 商店 | | 9 | — |
| 普通餐厅 | | 17 | — |
| 舞厅、保龄球馆 | | — | (40) |
| 美容、理发 | | 30 | (30) |
| 康乐场所 | | 30 | — |
| 弹子房、室内游泳池 | | — | (30) |
| 健身房 | | — | (80) |
| 影剧院 | | 9 | (15) |
| 体育馆 | | 9 | (10) |
| 博物馆 | | 9 | — |
| 图书馆 | | 17 | — |
| 医院 | 门诊部、普通病房 | 18 | — |
| | 手术室、高级病房 | 20 | (20) |
| 展览厅、大会堂 | | — | (10) |
| 候机厅 | | — | (15) |
| 公寓 | | 20 | — |

| 建筑类型或房间名称 | | 等级 | 最小新风量 | |
|---|---|---|---|---|
| 旅游旅馆 | 客房［$m^3$/（h·室）］ | 一级 | 50 | (100) |
| | | 二级 | 43 | (80) |
| | | 三级 | 30 | (60)<br>(30) |
| | | 四极 | 15 | — |
| | 餐厅 | 一级 | 30 | (40) |
| | | 二级 | 25 | 25 |
| | 宴会厅 | 三级 | 20 | (18) |
| | | 四级 | 15 | (18) |
| | 商店服务机构 | 一级 | 20 | (18) |
| | | 二级 | 20 | (18) |
| | | 三级 | 10 | (18) |
| | | 四级 | 10 | (18) |
| | 大厅四季厅 | 一级 | 10 | (18) |
| | | 二级 | 10 | (18) |
| | | 三级 | — | (18) |
| | | 四级 | — | (18) |
| | 会议室办公室接待室 | 一级 | — | — |
| | | 二级 | — | (50) |
| | | 三级 | — | (30) |
| | | 四级 | — | — |

### 3. 负荷变化时的混合调节方法

中央空调系统混合调节是指既改变中央空调系统送风参数，又改变送风量的调节方式，它是前述质调节和量调节方式的组合。在运用时要注意，此时进行的质调节和量调节的目的应该是一致的。用得好，就能快速适应室内负荷的变化。如果不注意，使两种调节的效果相反，则所产生的作用就会互相抵消，这样不仅达不到调节的目的，而且还浪费能量。

**4. 利用焓湿图合理设计一次回风式空调系统**

（1）一次回风式空调系统夏季调节方法

对于一次回风式空调系统，如果采用表面冷却器来对空气进行热湿处理，则其处理过程在焓湿图上的示意过程如图 1—139 所示。

$W_x$ 状态的新风经新风百叶窗进入空调系统，首先经过过滤净化，然后与室内的循环空气（一次回风）进行混合达到参数状态点 $C_x$。混合后的空气流经表面冷却器进行降温、去湿处理，达到机器露点温度后，再经过加热器等湿升温至送风状态点 $S_x$，送风机将 $S_x$ 状态点的空气送入空调房间后，吸收房间空气中的余热和余湿，变为室内空气状态参数点 $N$。此时，空气分为两部分，一部分为满足房间内空气的卫生参数要求而被直接排放；另一部分作为一次回风回到空调系统进行再循环。

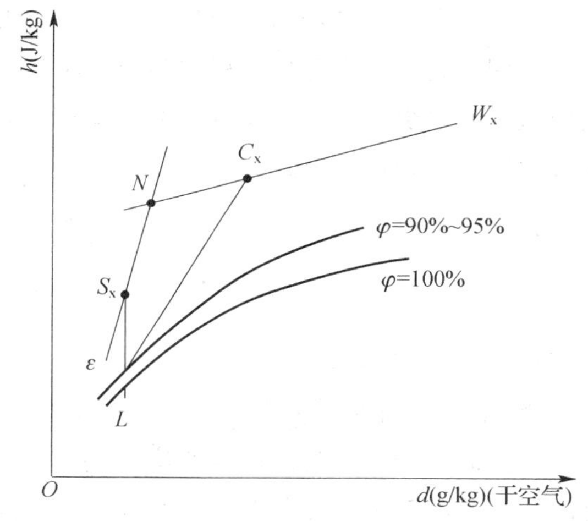


图 1—139　一次回风式空调系统夏季空气处理过程

空气的处理过程可以简述为

$W_x$、$N$ —混合→ $C_x$ —冷却去湿→ $L$ —二次加热→ $S_x$ —$\varepsilon$→ $N$

根据图 1—139，为了把一定量的空气从 $C_x$ 点降温去湿到状态 $L$ 点，所需要的制冷量设为 $\Phi_0$，那么

$$\Phi_0 = q_m(h_c - h_1)$$

这一制冷量由集中的冷源供给。冷负荷 $\Phi_0$ 在空气处理过程中来自如下 3 个方面。

1）室内空气的冷负荷。风量为 $q_m$、状态点为 $S_x$ 的空气进入空调房间，吸收室内空气的余热和余湿，沿热湿比线 $\varepsilon$ 变化到状态参数 $N$ 点后，所需要的制冷量为 $\Phi_{01}$，它的数学表达式为

$$\Phi_{01} = q_m(h_m - h_{Sx})$$

2）室外新风的冷负荷。参数状态为$W_x$的新风量$q_m$进入空调系统，冷却到室内空气状态参数点$C_x$，这一部分新风需要的制冷量为$\Phi_{02}$，它的数学表达式为

$$\Phi_{02}=q_{mw}(h_w-h_{Cx})$$

3）空气的再热负荷。在空气处理过程中，有时为了减少送风温差，往往在送风前需要对空气进行加热处理，加入的热量称为空气的再热负荷。这一部分负荷需要的制冷量为$\Phi_{02}$，它的数学表达式为

$$\Phi_{03}=q_m(h_{Sx}-h_1)$$

上述3个制冷量之和，即为空调系统所需要的总制冷量$\Phi_0$。

空调系统在夏季运行过程中利用回风，可节省系统的制冷量，节省制冷量的多少与一次回风量的多少成正比。但过多的采用回风量，将难以保证空调房间内的空气卫生条件，所以回风量必须有上限限制。

室外新风量在工程中可以用百分比来表示，即

$$q_{mw}\%=\frac{q_{mw}}{q_m}\times100\%$$

式中　$q_m$——总风量；

$q_{mw}$——新风风量。

在空调工程中，为保证空调房间内空气的卫生要求，$q_{mw}\%=0$是不允许的。一般设计时，系统的新风量控制在10%～15%比较合适。

对于一般舒适性空调系统而言，为节能起见，如果能采用最大送风温差送风，即用机器露点状态作为送风状态，则可免去再加热过程，使制冷系统负荷降低，减少运行费用。

（2）一次回风式空调系统冬季调节方案的方法

冬季单风管一次回风系统的空气状态混合点，基本与夏季状态混合点相同，只不过因为室外新风随不同地区的气温差异，有时将新风先加热一下，然后再与室内回风混合（如在我国北方地区），或先混合后加热；有的是直接与系统一次回风混合，而取消一次加热过程（在我国南方地区）。图1—140a是我国南方地区冬季空气处理方案示意图；图1—140b为我国北方地区冬季空气处理方案示意图。

冬季，南方地区在进行空气处理时，要先将室外新风$W_d$与室内一次回风混合后达到混合状态点$C_d$，然后将混合空气等温加湿到$L'$（用蒸汽或电加湿器加湿）状态点，然后等湿升温到送风状态点$S_d$，其处理过程为

$$\left.\begin{matrix}N\\W_d\end{matrix}\right\rangle\longrightarrow C_d\longrightarrow L'\longrightarrow S_d\longrightarrow N$$

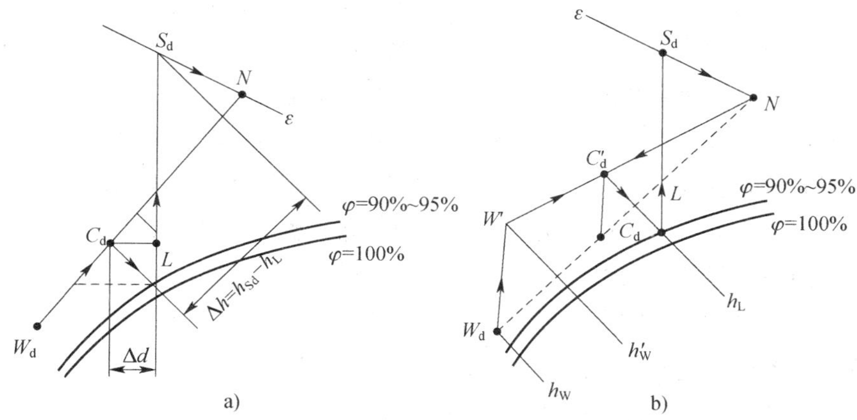


图 1—140　集中式单风管一次回风空调系统冬季空气处理方案

若采用喷雾室处理空气，则应尽可能用改变一次回风与新风比的办法，使混合点 $C_d$ 落在 $h_L$ 线上，这样可以省去一次加热过程，其处理过程为

$$\left.\begin{array}{l}N\\W_d\end{array}\right> \longrightarrow C_d \longrightarrow L \longrightarrow S_d \longrightarrow N$$

在冬季，北方地区由于寒冷，使室外新风的焓值很低。因此，在进行空气处理时，必须先对新风加热后再与室内一次回风混合，混合后再绝热加湿，达到状态点 $L$，然后再等湿升温到送风状态点 $S_d$。其处理过程为

$$\left.\begin{array}{l}N\\W_b \longrightarrow W'\end{array}\right> \longrightarrow C'_d \longrightarrow L \longrightarrow S_d \longrightarrow N$$

冬季北方地区处理方案中的虚线部分是说明空调系统也可以采用先混合后加热，然后再绝热加湿到“露点”的处理方法，其处理过程为

$$\left.\begin{array}{l}N\\W_d\end{array}\right> \longrightarrow C'_d \longrightarrow C'_d \longrightarrow L \longrightarrow S_d \longrightarrow N$$

### 5. 利用焓湿图合理设计二次回风空调系统

在空气调节过程中，为了提高空调装置运行的经济性，往往采用二次回风系统。二次回风系统与一次回风系统相比，在新风百分比相同的情况下，两者的回风量是相同的。通过分析一次回风系统夏季处理方案时可以看到：一方面，要将混合后的空气冷却干燥到机器露点状态；另一方面，又要用二次加热器将处于机器露点温度状态的空气升温到送风状

态，才能向空调房间送风。这样“一冷一热”的处理方法形成了能源的很大浪费。特别是在夏季，要为此烧锅炉或用电加热，这是很不经济的。二次回风系统采用二次回风代替再热装置，克服了一次回风系统的缺点，节约了系统的能耗。

(1) 二次回风系统夏季空调过程。从图 1—140a 所示的一次回风系统夏季运行工况图中的虚线可以看出，在夏季运行时，一方面，要用冷水进行喷雾或采用表面冷却器把空气处理到露点；另一方面，又要用二次加热器把处于露点温度状态的空气升温到 $S_x$ 点后才能送风，因此造成能量的很大浪费。为了解决这一问题，二次回风系统采用了将一部分室内循环空气与一定量的处于露点温度状态的空气相混合，直接得到送风状态 $S_x$ 点，而不必启动二次加热器对空气进行加热升温处理。

二次回风系统夏季工况示意图如图 1—141 所示。

过 $N$ 点作热湿比线，并延长与 $\varphi=90\%\sim95\%$的相对湿度线相交于 $L'$点。$L'$点就是二次回风空调系统的露点温度。$S_x$ 点既是系统的送风状态点，又是二次混合点 $C''$。这样处理的结果可以将系统的二次加热过程去掉，从而达到节能运行的目的。

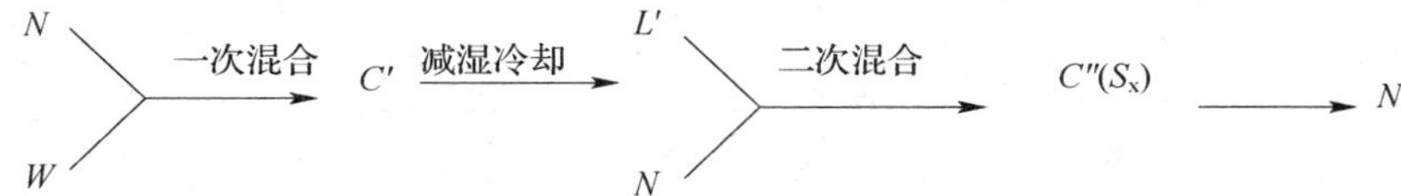


(2) 二次回风系统冬季空调过程

二次回风系统冬季的送风量与夏季相同，一次与二次回风量的比值也保持不变。

冬季在寒冷的地区，室外新风与回风按最小新风比混合后，当其混合后空气的焓值仍然低于所需要的机器露点的焓值 $h_{Ld}$时，就要使用预热器加热混合后的空气，使其焓值等于 $h_{Ld}$。其工况示意图如图 1—142 所示。

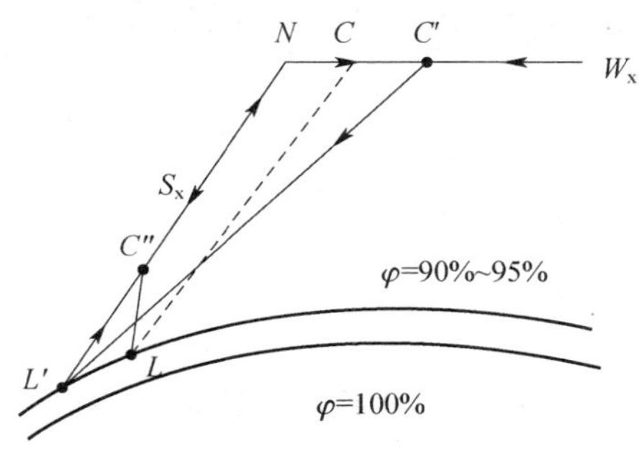


图 1—141　二次回风系统夏季工况示意图

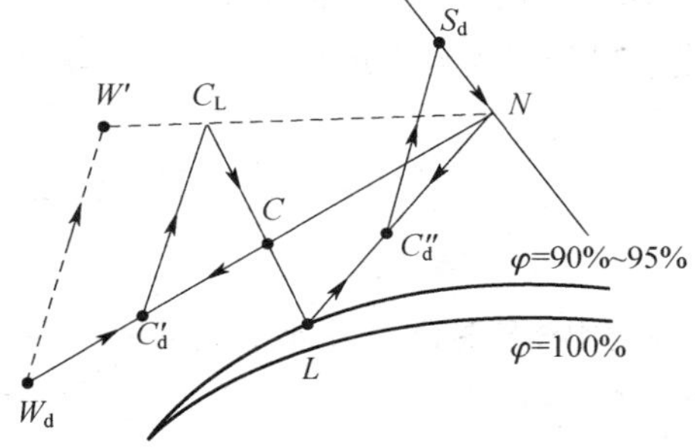


图 1—142　二次回风系统冬季工况示意图

冬季室外 $W_d$ 状态的空气与室内一次回风混合后达到状态 $C_d$ 点（或先加热后混合，

如图 1—142 中虚线所示)。由于参与一次混合的回风量少于一次回风系统的回风量,所以 $C_d$ 的焓值也低于一次回风系统的混合点 $C$ 的焓值,于是 $C_d$ 状态点的空气等湿加热到 $h_L$ 线上,再绝热加湿到冬季“露点”与二次回风混合到 $C''_d$点,通过加热到送风状态 $S_d$。

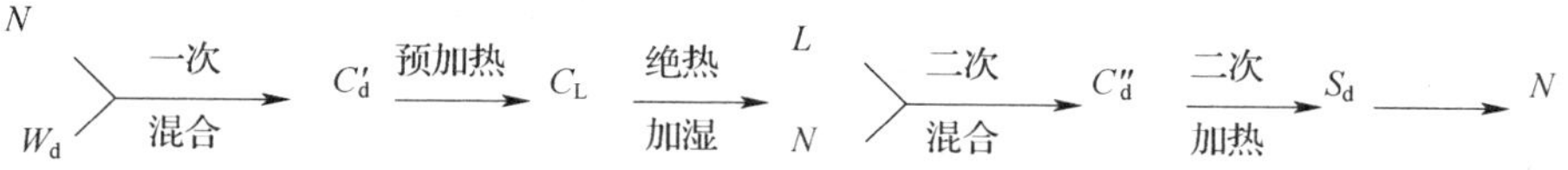

$$\left.\begin{matrix}N\\W_d\end{matrix}\right\rangle \xrightarrow[\text{混合}]{\text{一次}} C'_d \xrightarrow{\text{预加热}} C_L \xrightarrow[\text{加湿}]{\text{绝热}} \left.\begin{matrix}L\\N\end{matrix}\right\rangle \xrightarrow[\text{混合}]{\text{二次}} C''_d \xrightarrow[\text{加热}]{\text{二次}} S_d \longrightarrow N$$

## 五、空调系统中节能方法的应用

### 1. 空调系统运行中的节能方法

(1) 利用焓湿图设计合理的空气处理方案

1) 防止再热损失。在空调系统的运行中,在对空气的处理方案的设计上要尽量避免对空气冷却后再加热,加热后再冷却,除湿后再加湿,加湿后再除湿等重复、互相抵消的空气处理方案。

对于具有一次、二次回风的空调系统,在夏季空气处理过程中,可通过改变空调系统的机器露点的方法,利用二次回风将空气调节到系统送风状态点,以消除二次加热所消耗的再热量。其处理过程如下:

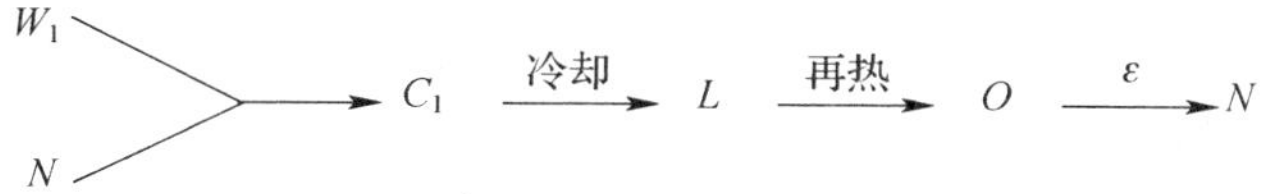

$$\left.\begin{matrix}W_1\\N\end{matrix}\right\rangle \longrightarrow C_1 \xrightarrow{\text{冷却}} L \xrightarrow{\text{再热}} O \xrightarrow{\varepsilon} N$$

在调节过程中,可先调节一次、二次回风比,使新风与一次回风混合后直接冷却到室内热湿比线与相对湿度为 90%的交点 $L$ 上,再调节二次回风与经冷却处理后的空气混合,且使混合点位于系统的送风点 $O$ 上,即

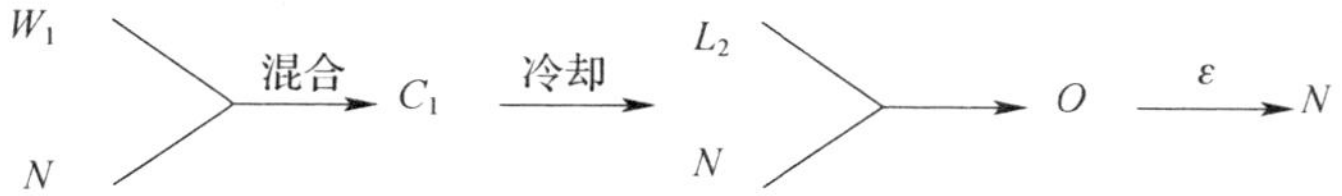

$$\left.\begin{matrix}W_1\\N\end{matrix}\right\rangle \xrightarrow{\text{混合}} C_1 \xrightarrow{\text{冷却}} \left.\begin{matrix}L_2\\N\end{matrix}\right\rangle \longrightarrow O \xrightarrow{\varepsilon} N$$

2) 对回风式空调系统,在过渡季运行中可采用关闭一次回风、用二次回风来调节系统的送风温度的方法。其处理过程为

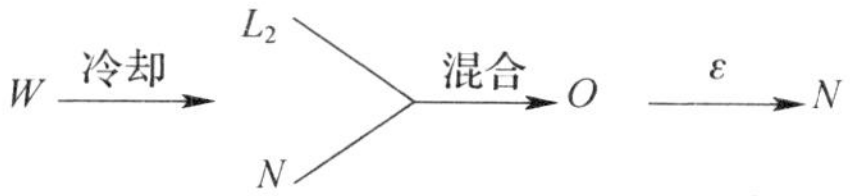

$$W \xrightarrow{\text{冷却}} \left.\begin{matrix}L_2\\N\end{matrix}\right\rangle \xrightarrow{\text{混合}} O \xrightarrow{\varepsilon} N$$

3) 在空调房间内温度控制要求较严格,但当相对湿度可以在较大范围内波动时,可

以在运行中较大幅度的改变系统的机器露点，以节省处理空气的耗冷量。

4）空调系统在运行中，当室外空气条件的变化或室内设备和工作人员的减少，使室内空调负荷小于设计值时，应及时调整空气的处理方案。

如在空调系统运行中，由于某种原因使室内热负荷减少，在室内湿负荷不变时，若空调房间内仍需要维持原设计的温度 $t_N$ 和相对湿度 $\varphi_N$，可以通过降低空调系统的机器露点温度，同时在空调房间送风量不变前提下，将送风温度适当提高，减小送风温差，从而达到节能的目的。

5）合理地降低空调房间内的温度、湿度标准。一般空调房间内的空气温、湿度要求值都允许有一个波动范围，因此夏季按要求温、湿度上限运行，冬季按要求温湿度下限运行，对节能是十分有利的。例如，某一空调房间内的温、湿度实际设计参数为 $t_N=22\pm2$℃，$\varphi_N=47.5\%\pm12.5\%$，即 $t_N=20\sim24$℃，$\varphi_N=35\%\sim60\%$，在夏季运行时，采用 $t_N=24$℃，$\varphi_N=60\%$室内标准；在冬季运行时，采用 $t_N=20$℃，$\varphi_N=35\%$的参数值，可以取得明显的节能效果。

空调系统运行过程中，在满足空调房间工艺性要求或舒适性要求的情况下，夏季尽可能提高室内的温、湿度基数，冬季尽可能降低温、湿度基数，即可达到节能的目的。

（2）空调系统运行中的主要节能措施

1）合理利用新风。合理地利用室外新风是空调系统在运行过程中最有效的节能措施之一。空调系统在运行过程中，对空气的处理过程中新风的处理要消耗大量的能量。因此，在冬、夏季对空气的处理过程中，空调系统在满足室内卫生要求的情况下，可在运行中采取最小新风量的运行方式，以达到节约能耗的目的。

在过渡季节，空调系统可采用全新风方式运行，缩短制冷机的运行时间，减小新风的耗能，既改善了室内环境的空气质量，又达到了节能的目的。

2）加大空调系统的送风温差，减少空调系统的送风量。在满足空调房间内卫生要求和工艺条件要求的前提下，加大送风温差，便可减少系统的送风量，从而达到节约运行电能的消耗。如某空调系统的送风量为 40 000 $m^3/h$，其风机功率为 40 kW，加大送风温差后，送风量减少了 20%，风机所消耗的功率也降低了 20%。

3）在空调系统的运行中要尽量避免使用电加热器。在调节精度为不小于±1 ℃的空调系统中，多使用电加热器作为精加热器，造成了能耗的增加。因此，对于全年供热便利的地方，应提倡用热水加热器来代替电加热器，以达到节电的目的。

4）在空调系统的运行中，要尽量减少系统运行的漏风量。在空调系统的运行中，若漏风率按 10%计算，将会使系统多消耗 10%的能量。因此，对空调系统运行中的过大漏风量一定要及时处理，以减少空调系统的运行能耗，从而降低运行费用。

5）在空调系统的运行中，要适当提高冷媒水初温。通过压缩机的运行特性曲线可知，当冷凝温度不变时，蒸发温度越低，其制冷量就越小，能耗费就越多，效率也越低。因此，适当提高冷媒水的初温，可以节约空调系统运行的能耗。

6）在空调系统的运行中，应适当改变空调设备运行方式。对于间歇运行的空调系统，应根据房屋的结构情况、气候变化、房间的使用功能及房间换气次数的多少等确定最合适的启动和停机时间，在保证工艺生产和民用生活舒适的条件下节约空调运行能耗。对于无正静压要求空调房间，在进行预冷和预热时，可尽量不使用或少使用新风，以减少空调系统处理空气量，从而达到节约能耗的目的。

7）在空调系统的运行中，要尽量使用自动化管理系统。在空调系统的运行管理中，大多已采用分区多工况调节方式来达到经济运行的目的。但在工况间的相互转换方面，基本上还是由运行操作人员根据运行的状况和工况转换条件进行手动转换。由于运行操作人员的能力差异，会造成过多的能耗。

可采用微型计算机对空调系统进行运行管理，以实现对空调区域的分区多工况调节和自动转换及冷、热源的能量控制，新风量控制，设备的启、停时间和运行方式控制、温、湿度设定值控制，送风温度控制，自动显示，记录等的自动控制，以实现最佳的节能效果。

8）在空调系统的运行中，可采取蓄冷技术实现节能。

9）在空调系统的运行中，可采取能量回收技术。

**2. 水蓄冷技术在空调系统中的应用**

在空调系统的运行中，可采取蓄冷技术实现节能。由于空调系统在运行中实际负荷是会发生很大变化的。在实际运行过程中，处于满负荷状态的时间是有限的，在大部分时间内，系统是处于部分负荷条件下运行的。因此，为减少设备投资和降低运行费用，可采用蓄冷技术实现空调系统在运行中的节能。

用蓄冷技术在空调系统运行中实现节能，一般采用水蓄冷技术和冰蓄冷技术两种方式。目前，主要采用的是水蓄冷技术。水蓄冷常见的有完全蓄冷型和提前蓄冷型两种。完全蓄冷型的运行方式如下：制冷运行阶段和空调运行阶段在时间上完全错开，蓄冷时间内将空调运行全天所需的冷量100％蓄存，而空调运行阶段制冷系统不再运行。提前蓄冷是指制冷设备在空调系统开机之前提前运行，将一天中空调总负荷能量的50％左右的能量蓄存在蓄冷水池中，以补充空调系统运行中制冷设备的能量供给。它和完全蓄冷型的区别主要在于空调系统运行中其制冷设备仍处于运行状态中。

水蓄冷空调系统的特点如下：使制冷设备的装机容量减小30％～70％，降低投资费用和运行费用；平衡了制冷设备工作负荷；平衡了制冷设备的用电负荷，降低了空调系统运行的费用；提高了设备的利用率；制冷设备夜间运行，有利于散热，提高了系统的能量系数。其不足是增加了水泵的能耗；由于蓄冷水池占据较大的建筑面积和空间，加大了蓄冷水的冷量损失。

**3. 全热交换器在空调节能中的使用**

在空调系统的运行中，可采取能量回收技术。空调系统在运行中，新风负荷可占总负荷的20%～30%。因此，利用热交换器回收排风系统中的能量，节约新风负荷是空调系统节能的一项有力措施。在系统的排风风道中设置热交换器，则可节约10%～20%的空调负荷。

在空调系统的运行中，可采取能量回收技术。目前多采用空气—空气全热（或显热）交换器。空气—空气全热交换器分为回转型和静止型两类。回转型全热交换器（又称转轮式换热器）是一种蓄热蓄湿型热交换器，其构造原理如图 1—143 所示。

转轮式全热交换器主要由转轮、驱动电动机、机壳和控制部分组成。在转轮的中央有分隔板，将转轮隔成排风侧和新风侧，排风和新风气流逆向流动。转轮以 8～10 r/min 的速度缓慢旋转，把排风中的冷热量蓄存起来，然后再传给新风。

当转轮式全热交换器工作时，空气以 2.5～3.5 m/s 的速度经过热交换器，由于转轮材料和空气之间的温差和水蒸气分压力差而进行热湿交换。

为了防止排风中的臭味、烟味、汗味或细菌向新风中转移，在全热交换器设有使少量新风强迫排入排风中的装置，称为净化扇形器。当转轮从排风侧移向新风侧时，少量新风经净化扇形器对转轮起净化作用。

转轮热交换器运行时应注意的问题如下：转轮热交换器空气入口处的空气过滤器应及时清洗或更换；在冬季室外空气较低地区，新风进风管可配置空气预热器，以防转轮上出现结霜、结冰现象；当转轮热交换器的转轮上出现霜、冰时，应关闭新风或启用新风预热器；用改变转轮的转速或调节旁通风道上的调节阀的方法，进行送风参数的调节；当转轮长期不工作时，要定时进行短时间运行，防止由于转轮局部吸湿过量而导致转轮的不平衡。

静止型全热交换器形式有多种，图 1—144 所示为静止型板翅式全热交换器的构造原理图。

静止型板翅式全热交换器的外壳一般由薄钢板制成，其上有 4 个风管接口，可分别与新风管、送风管、回风管和排风管连接。同时为了便于单体的定位和安装取出及清洁和更换，在壳体的内侧壁上设有定位导轨并衬有密封填料，防止两股气流的短路混合而造成交叉污染，单体是用特殊加工的纸或经过处理的其他纤维性多孔质材料以及铝箔（一般用于显热交换器）制作。新风和室内回风以交叉流的形式流经单体，同时当两者之间存在温差和水蒸气分压力差时，经过隔板即可进行热、湿交换。

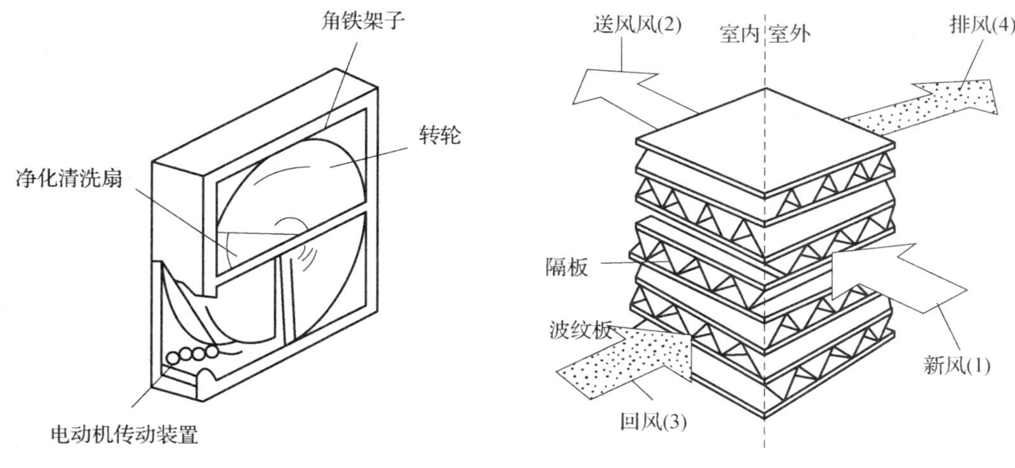


图 1—143　转轮式全热交换器　　图 1—144　静止型板翅式全热交换器的构造原理图

**4. 利用焓湿图确定全新风空调系统的夏季调节方案**

全新风系统又称为直流式系统，这种系统送入室内的空气全部采用室外新风。送风在空调房间内进行热湿交换后，全部由排风管排到室外，没有回风管道，因此这种系统相当于一次回风系统回风量为零时的特殊情况。全新风系统卫生条件好，但是耗能大、经济性差，因此只有系统内各房间散发有害物质、不允许循环使用时，才采用全新风系统。

如图 1—145 所示，这种系统的全部新风就是系统的总风量，因此夏季必须把全部新风量处理到所要求的送风状态。全新风系统夏季空气调节过程可表示为

$$\underset{(\text{室外状态点})}{W} \xrightarrow{\text{冷却减湿}} \underset{(\text{露点状态点})}{L} \xrightarrow{\text{加热}} \underset{(\text{进风状态点})}{S} \xrightarrow{\varepsilon_N} \underset{(\text{室内状态点})}{N} \longrightarrow \text{排至室外}$$

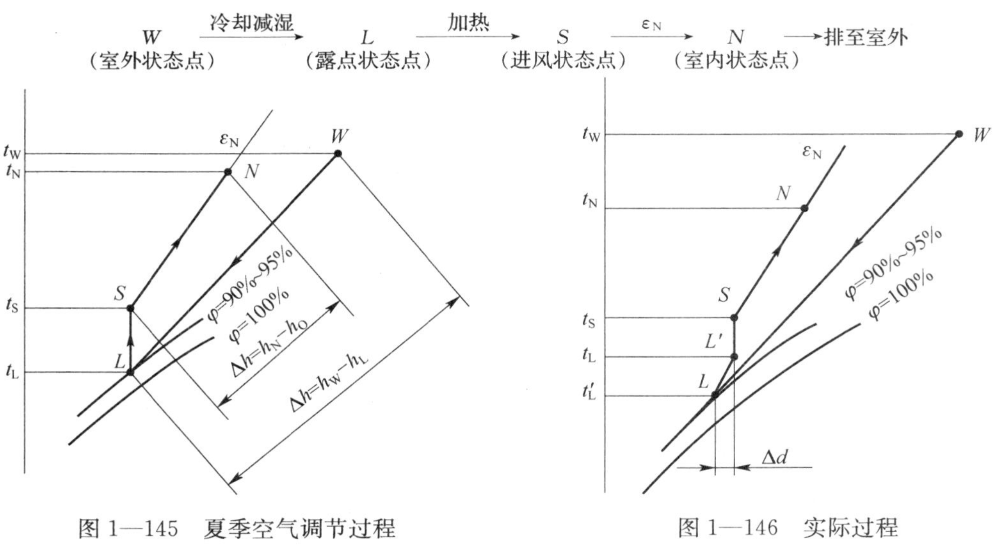


图 1—145　夏季空气调节过程　　图 1—146　实际过程

如果考虑挡水板的过水量及风机和排风管的温升，则全新风夏季空气调节的实际过程如图 1—146 所示。送风管道温升，$\Delta t=1℃$挡水板过水量干空气。

喷水室处理空气需要的冷量 $Q_0$ 为

$$Q_0=G(h_W-h_L)$$

加热器的加热量为

$$Q=G(h_0-h_L)$$

对于某些用作降温的空调系统，如果对送风温差没有限制，而且房间冷负荷较大，则不必采用再热器，室外空气经过冷却减湿处理到 $L$ 点后，直接送入室内。

5. **利用焓湿图确定全新风空调系统的冬季调节方案**

冬季室外温度低且空气干燥，因此必须对送入的新风加热、加湿。加热一般分两次进行，即预热和再热。加湿根据空调室处理空气的设备不同，采用不同的方法。如用喷水室处理空气，一般用绝热加湿（喷循环水）的过程；用表面式换热器处理空气，一般用等温加湿过程（喷蒸气）。

用喷水室处理空气如图 1—147 所示，其处理过程可以表示为

$$W\xrightarrow{\text{预热}}W'\xrightarrow{\text{绝对加热}}L\xrightarrow{\text{再热}}S\xrightarrow{\varepsilon_N}\text{排至室外}$$

用表面式换热器处理空气如图 1—148 所示，其处理过程可以表示为

$$W\xrightarrow{\text{预热}}W'\xrightarrow{\text{等温加湿}}L\xrightarrow{\text{再热}}S\xrightarrow{\varepsilon_N}\text{排至室外}$$

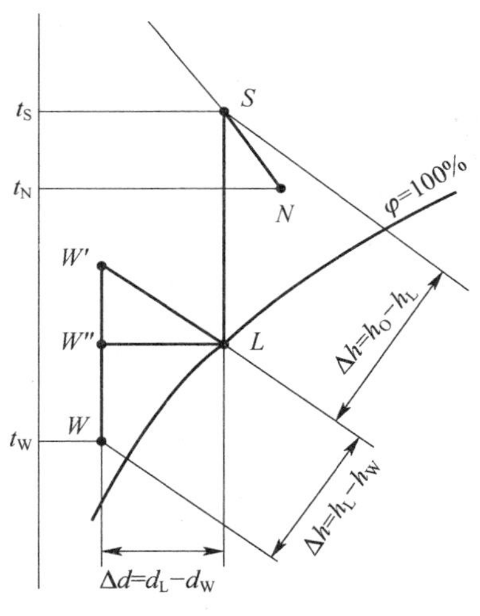

图 1—147　用喷水室处理空气

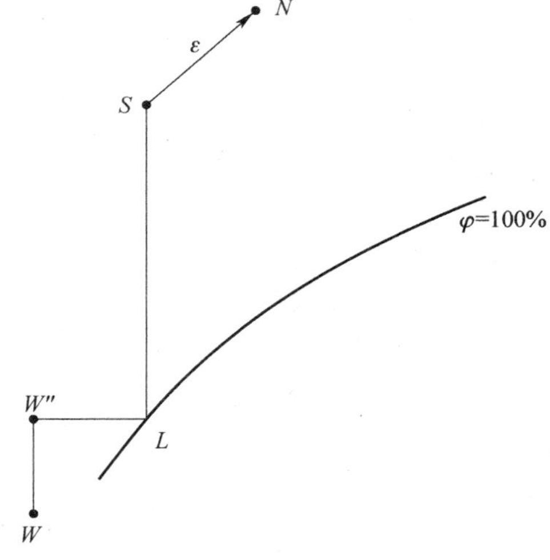

图 1—148　用表面式换热器处理空气

## 六、冷（热）源机组的运行调节方法

### 1. 离心式压缩机制冷量的调节

（1）正常运行参数

1）压缩机吸气口温度应比蒸发温度高 1～2℃或 2～3℃（蒸发温度一般为 0～10℃，一般机组多控制在 0～5℃）。

2）压缩机排汽温度一般不超过 60～70℃。

3）油温应控制在 43℃以上，油压差应为 0.15～0.2 MPa。润滑油泵轴承温度应为 60～74℃（如果润滑油泵运转时轴承温度高于 83℃，就会引起机组停机）。

4）冷却水通过冷凝器时的压力降低范围应为 0.06～0.07 MPa，冷媒水通过蒸发器时的压力降低范围应为 0.05～0.06 MPa。

5）冷凝器下部液体制冷剂的温度，应比冷凝压力对应的饱和温度低 2℃左右。

6）从电动机的制冷剂冷却管道上的含水量指示器上，应能看到制冷剂液体的流动及干燥情况在合格范围内。

7）机组的冷凝温度比冷却水的出水温度高 2～4℃，冷凝温度一般在 40℃左右，冷凝器进水温度在 32℃以下。

8）机组的蒸发温度比冷媒水出水温度低 2～4℃，冷媒水出水温度一般为 5～7℃。

9）控制盘上电流表的读数不超过规定的额定电流值。

10）机组运行声音均匀、平稳，听不到喘振现象或其他异常声响。

（2）制冷量调节。离心式制冷压缩机制冷量的调节主要有如下几种方法。

1）吸气节流调节。用改变压缩机吸气截止阀的开度，对压缩机吸入的蒸气进行微量节流来调节压缩机的排气量。这种调节方法可使压缩机的制冷量有较大范围（60%～100%）的变化。

2）转速改变调节法。对于可以改变转速的离心式制冷压缩机，可以采用改变主机转速的方法来进行制冷量的调节。当转速在 80%～100%范围内变化时，制冷量在 50%～100%范围内变化。

3）进口导流叶片角度调节法。当设置在压缩机叶轮前进口导流叶片的角度发生改变时，即改变了制冷剂蒸气进入叶轮的速度和方向，从而使叶轮所产生的能量发生变化，改变了压缩机的制冷量。这种调节方法，制冷量可以在 25%～100%范围内变化。

4）冷却水量调节法。离心式制冷压缩机制冷量的调节也可以通过改变冷却水量的方法进行。当冷却水量减小时，冷却水带走的热量也少，使压缩机的冷凝温度升高，也使其制冷量减少。

5）旁通热蒸气调节法。旁通热蒸气调节法，也称反喘振调节法，即通过在压缩机进气和排气管之间设置的旁通管路和旁通阀，使一部分高压气体通过旁通管返回到压缩机进气管，从而达到减少压缩机排气量，改变其制冷量的目的。

**2. 活塞式压缩机制冷量的调节**

（1）正常运行参数。活塞式压缩机的正常运行参数依具体机组的设计值确定。

（2）制冷量调节。活塞式压缩机的制冷量调节一般是通过制冷量调节装置自动或通过手动控制装置完成的。制冷量自动调节装置由冷媒水温度控制器、分级控制器和一些电磁阀控制的气缸卸载机构组成，通过感受冷媒水回水温度来控制压缩机的工作台数或一台压缩机的若干个工作气缸的挂载或卸载来实现制冷量的梯级调节。

**3. 螺杆式压缩机制冷量的调节**

（1）螺杆式压缩机的正常运行参数。螺杆式压缩机的正常运行参数以具体机组的设计值为定。

（2）制冷量调节。螺杆式制冷压缩机的能量调节一般是依靠滑阀来实现的。其结构如图 1—149 所示，它安装在螺杆式压缩机排气一侧的气缸两内圆的交点处，其表面组成气缸内表面的一部分，滑阀底面与气缸底部支撑滑阀的平面相贴合，使滑阀可以做平行于气缸轴线的移动。滑阀杆一端连接滑阀，另一端连接油缸内的活塞，依靠油活塞两边油压差，使滑阀移动。当滑阀移动而把回流口打开时，转子啮合齿槽吸入的气体一部分经回流口返回到吸入腔，从而使压缩机的排气量减少。能量调节机构中的油缸中的压力油来自压缩机的润滑系统。当油缸的进出油路均被关闭时，油缸内的活塞即停止移动，滑阀就停在某一位置上，压缩机即在某一排气量下工作。

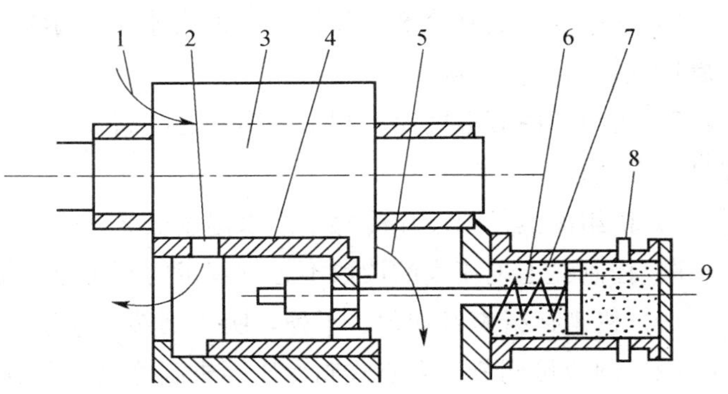

图 1—149　螺杆式制冷压缩机的能量调节机构

1—吸入口　2—回流口　3—转子　4—滑阀　5—排出口
6—油缸　7—平衡弹簧　8—进油口　9—负荷指标杆

螺杆式制冷压缩机的能量调节，主要与转子有效的工作长度有关。图 1—150 为其滑阀的移动与能量调节时压缩机输气量变化及在 $p-V$ 图上的表示。图 1—150a 表示滑阀完全关闭回流口，制冷压缩机处于全负荷工作状态，输气量为额定输气量时的情况。其中，阴影区表示一对齿槽的空间容积。图 1—150b 表示制冷压缩机进行能力调节的情况。其中，滑阀移向排气侧，在吸气侧出现空隙，形成了回流。当转子啮合线越过回流口以后，齿槽内的气体才开始被压缩，因而转子压缩行程短，齿槽空间容积减小，使制冷压缩机的排气量减少，因而使制冷量也随之减少。由于滑阀可以无级连续移动，因此，螺杆式制冷压缩机可以在10%～100%的能量范围内实现无级能量调节。

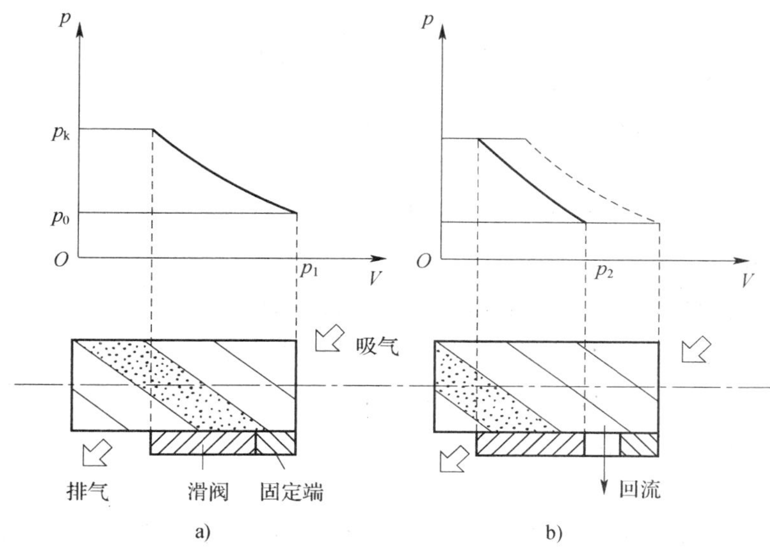


图 1—150　螺杆式制冷压缩机滑阀的移动与能量调节时压缩机输气量的变化及在 $p$—$V$ 图上的表示

螺杆式制冷压缩机的能量调节机构同时也是一个启动卸载机构。当制冷压缩机启动时，油压尚未建立，回流口处于开启位置，从而实现其卸载启动的目的。滑阀的移动可以通过电动或液压传动的方式，根据吸气压力或温度变化进行能量调节。

**4. 吸收式制冷机制冷量的调节**

（1）溴化锂吸收式制冷机的正常运行参数。溴化锂吸收式制冷机的正常运行参数见表1—24。

**表 1—24　　溴化锂吸收式制冷机的正常运行参数**

| 参数 | 正常范围 | 参数 | 正常范围 |
|---|---|---|---|
| 冷媒水出口温度 | 7℃ | 溴化锂溶液浓度 | 高压发器 62%，低压发器 62.5%，吸收器 58% |
| 冷媒水出口压力 | 0.2～0.6 MPa | | |
| 冷却水进口温度 | 25℃以上 | 放气范围 | 3.5%～5.5% |
| 冷却水进口压力 | 0.2～0.4 MPa | 冷剂水比重 | 小于 1.02 |
| 冷却水出口温度 | 38℃以下 | pH 值 | 9.5～10.3 |

(2) 溴化锂吸收式制冷机的制冷量调节。溴化锂吸收式制冷机的制冷量调节，又称为能量调节。一般方法有如下几种。

1) 冷却水量调节法。这种方法是根据冷媒水出口温度，控制冷却水管上的三通调节阀或普通调节阀，调节冷却水的供应量，以达到适应负荷变化的目的。即当外界负荷降低时，蒸发器出口冷媒水温度会下降，从而减少冷凝器的冷却水量，使冷剂水量相应地减少，并使制冷量下降，冷媒水出口温度又回复到原值。

此种调节方法目前使用不多，因为若使制冷量下降20%，冷却水量就下降50%，设备就会有产生结晶的危险，而且热效率下降很多，所以这种方法一般只能在80%～100%负荷范围内调节。

2) 加热蒸气量调节法。这种方法是根据冷媒水出口温度的变化，控制蒸气调节阀口的开启度，调节加热蒸气的供应量，以达到调节制冷量的目的。当想减少制冷量时，就将加热蒸气量减少，发生器中随之就会减少冷剂蒸气，制冷量就随之减少。反之，当增加蒸气供应量时，冷剂蒸气就增加，制冷量也随之增加。这种调节方法的制冷量调节范围为60%～100%。

3) 加热蒸气凝结水量调节法。这种方法是根据冷媒水出口温度，调节加热蒸气凝结水调节阀，调节凝结水的排出量，以达到调节制冷量的目的。当减少凝结水排出量时，发生器管内的凝结水会逐渐积存起来，使其有效的传热面积减少，因而产生的冷剂蒸气就减少了，从而达到了调节制冷量的目的。这种调节方法的制冷量调节范围也是60%～100%。

4) 稀溶液循环量调节法。这种方法是根据冷媒水出口温度，通过控制安装在发生器与吸收器的稀溶液管上的三通调节阀，使流向发生器的一部分稀溶液，旁通流向浓溶液管，改变稀溶液循环量，从而实现制冷量的调节。这种调节方法的制冷量调节范围为10%～100%。

5) 稀溶液循环量与蒸气量调节组合调节法。这种方法是根据冷媒水出口温度，当要调节的制冷量在50%以上时，采用加热蒸气量调节法来调节制冷量；当要调节的制冷量在50%以下时，同时采用稀溶液循环量调节和加热蒸气量调节法，进行制冷量的调节，这样就可获得良好的效果。

**5. 锅炉供热量的调节**

供热负荷是随着系统网路供热量的变化而变化的，而系统网路提供给建筑物的热量受建筑物室外温度、太阳辐射、风向、风速等因素影响，每时每刻都在变化。因此，为保证建筑物室内的温度稳定，就必须对热水锅炉的系统运行加以调节。调节分为集中调节和局部调节两种方式。集中调节是为满足供热负荷的需要，对锅炉出口水温和流量进行调节；

局部调节是对各类用热单位局部通过支管上的阀门改变热水流量，以调节其供热量。

热水锅炉及采暖系统运行过程中，对整个系统的供热情况进行调节，目的是使系统中各热用户的室内温度比较适宜，以避免不必要的热量浪费，并实现热水采暖系统的经济运行。根据热源的情况不同，集中调节的方法有以下几种。

质调节——通过改变网路的供水温度进行调节。

量调节——通过改变网路的循环水量进行调节。

间歇调节——通过改变一天中供热时间进行调节。

分阶段改变流量的调节，一般常用的是质调节和间歇调节。

(1) 运行参数控制。热水锅炉在运行中主要是控制压力和温度参数指标。

1) 保持压力。在热水锅炉运行中，应密切监视锅炉进出口压力表和循环水泵的入口压力表，如发现压力波动较大，则应及时查找原因加以处理。当系统压力偏低时，应及时向系统补水，同时根据供热量和水温的要求调整燃烧。当网路系统中发生局部故障，需要切断处理时，更应对循环水压力加强监视，如压力变化较大，应通过阀门作相应调整，以确保总的运行网路压力不变。

2) 温度控制。司炉人员要经常注意室外气温的变化情况，并根据规定的水温与气温关系的曲线图及时进行燃烧量的调节。锅炉房集中调节的方法要根据具体情况选择。一般要求网路供水温度与水温曲线所规定的温度数值相差不大于 2℃ 。当采用质调节方法时，网路供水温度改变要逐步进行，每小时水温升高或降低不宜大于 20℃，以免管道产生不正常的温度应力。热水锅炉在运行中，要随时注意锅炉及其管道上的压力表、温度计的数值变化。对各外循环回路中加调节阀的热水锅炉，运行中要经常比较各循环回路的回水温度，并注意调整，使其温度偏差不超过 10℃。

(2) 燃烧调整与排污控制。热水锅炉的燃烧调整与排污控制和蒸汽锅炉同类燃烧设备的燃烧调整方法相同 。

(3) 运行中的注意事项

1) 启动大型循环水泵时，应先开启旁通阀，以防止因启动升压太快造成锅炉或暖气片损坏，待锅炉运行正常后，再开启注水阀，并关闭旁通阀门。

2) 运行中，随着水温升高和补给水进入锅炉，会不断有气体析出，应经常开启放气阀进行排气。

3) 热水锅炉在运行时，也应通过排污阀定期排污。排污时，应注意锅炉内压力的稳定，以免发生锅水汽化引起水击事故。网路系统通过排污器进行排污。

4) 应尽量减少热水采暖系统的补水量，发现漏水应及时修理，同时要加强对放气、排水装置的管理，禁止随意放取热水供作他用。一般情况下，系统补水量应控制在系统循环水量的 1% 以内。

5）重力式自然循环的系统网路，其膨胀水箱的膨胀管应安装在锅炉供水（出水）干管上，膨胀管上严禁装置阀门，并有防冻措施。

6）应使循环水保持一定的流速，均匀流入各受热面，以防产生汽化。

7）应有妥善的停电保护措施。当发生自然循环的热水锅炉突然停电时，仍能保持锅内水继续循环，对安全运行威胁不大。但是，强制循环的热水锅炉在突然停电，并迫使水泵风机停止运转时，锅水循环会立即停止，很容易因汽化而发生严重事故。此时，必须迅速打开炉门及省煤器旁通烟道（有省煤器时）撤出炉膛煤火或用湿炉灰将燃煤压灭，使炉温很快降低。同时，应将锅炉与系统之间用阀门切断。当给水（自来水）压力高于锅炉静压时，可向锅炉进水，并开启锅炉泄放阀和放气阀，使锅水一面流动，一面降温，直至消除炉膛余热为止。有些较大的锅炉房内设有备用电源或柴油发动机，在电网停电时，应迅速启动，以确保系统内水循环不致中断。

8）为了使锅炉的燃烧系统与水循环系统协调运行，防止事故发生和扩大，最好将锅炉给煤通风等设备与水泵联锁运行，做到水循环一旦停止，炉膛也随即熄火。

## 七、冷却水系统的单独调试

### 1. 冷却水系统的清洗

启动冷却水泵和冷却塔，进行整个系统的循环清洗，需反复清洗多次，直至系统内的水不带任何杂质并且水质清洁为止。在冲洗冷却水系统的过程中，要全程监视各压力表、电流表以及水泵运行时的声音、温度、振动等情况，看是否有异常现象。冲洗冷却水系统的排放管必须接入可靠通畅的排水管网，并保证排放物畅通和安全。排放管的横截面积不应小于被冲管横截面积的 60%。经过以上操作后，如冷冻水系统和冷却水系统的水质均达到设计要求，则冲洗任务完成。当设计无规定时，则以出口的水色和透明度与入口处的水色和透明度目测一致为合格。

### 2. 冷却水泵的试运转

水泵启动后应立即停止运转，因为试运转时只允许作瞬间点动，同时应检查叶轮与泵壳有无摩擦声响和其他不正常现象，并观察水泵的旋转方向是否正确。当水泵启动时，测定其启动电流，待水泵正常运转后，再测定其电动机的运转电流，以保证电动机运转功率和电流不超过额定值。按有关规范规定，水泵的滚动轴承运转时的温度不应高于 75℃，滑动轴承运转温度不应高于 70%，并且水泵运转时，其填料的温升也应正常。在无特殊要求的情况下，普通软填料允许有少量泄漏，但泄漏量不得大于 35～60 mL/h，即每分钟不超过 10～20 滴；机械密封不应有较大的泄漏量，其泄漏量不允许大于 10 mL/h，即每分钟不超过 3 滴。经检查水泵运转一切正常后，再进行 2 h 以上的连续运转，在其运转过程中如未发现问题，则视为合格。水泵试运转结束后，应将水泵出入口阀门及附属管路系统阀门关闭，并将泵内积水排尽。

**3. 冷却塔的试运转**

在启动冷却塔前，首先应检查淋水管上的喷头是否堵塞、填料是否损坏、集水盘内是否有垃圾污物、集水池内的水位是否达到要求、所有管路中是否都充满了水。用手转动一下风扇的叶轮，查看其转动是否灵活。当冷却塔试运转时，检查喷水量和吸水量是否平衡，并检查补给水和集水池的水位等运行状况。测定风机电动机启动电流值和运转电流值，查明冷却塔产生振动和噪声的原因。测量轴承的温度，风机的轴承温升不应超过 35℃，最高温度不应超过 70%。风机运行要平稳、振动要小。检查喷水的偏流状态，注意布水装置的布水均匀性以及补给水和集水池的水位等运行状况。应检查冷却水系统的工作状态，检查喷水量与吸水量是否平衡，如无异常现象，则连续运行时间不应少于 2 h。测量并记录冷却塔出入口冷却水温度。冷却塔在试运转之后，应清洗集水池。冷却塔在试运转后，若长期不用，应将循环管路及集水池中的水全部放出。

## 八、冷冻水系统的单独调试

冷冻水系统的管路长且复杂，系统内对清洁度要求高，因此，冷冻水系统的调试是最复杂的。其调试分为 3 步：第一步是整个冷冻水系统的水量调节和调试；第二步是各回路、各子系统的水量平衡；第三步是各回路之和的水量平衡。整个水系统中的所有阀门在调试之前，均应处于全开状态。

**1. 冷冻水系统管道的冲洗**

冷冻水管道系统的冲洗应在管道试压合格后、调试运行前进行。冲洗前，应先将系统中的电动二通阀的前后阀门关闭，打开旁通阀后，应把不需要冲洗的风机盘管、二通阀等与需清洗的管道隔开，再进行系统冷冻水冲洗。清洗时，必须注意水质是否达到要求，一般可以用清洁的自来水冲洗。冷冻水系统管道的冲洗可以采用设于屋顶的膨胀水箱的水源向系统灌水，灌水完毕后，进行强制性清洗。清洗时，启动冷冻水泵进行加压，以确保达到一定流速。用水冲洗时，应以管内可能达到的最大流量或以大于或等于 1.5 m/s 的流速进行，并且应连续进行。冷冻水系统冲洗的排放管必须接入可靠通畅的排水管网，并保证排放物畅通和安全。冷冻水系统的清洁工作属封闭式的循环清洗，应反复进行多次，直至水质洁净为止。最后，开启制冷机蒸发器、空调机组、风机盘管的进出水阀，关闭旁通阀，进行冷水系统管路的冲水工作。在冲水时，要在系统的各个最高点安装自动排气阀进行排气。

2. 冷冻水系统的调试步骤

（1）先开启冷冻水回水阀门（开启不要过大），再开启供水阀门，分 3 次以上开到位。

（2）先点动（短时启动）冷冻水泵电动机，检查叶轮和泵壳有无摩擦声响和异常现象，驱动装置的转向应与泵的转向相符。

（3）开启冷冻水泵时，用钳形电流表测量电动机的启动电流，待水泵正常运转后，再测量电动机的运转电流，以保证电动机的电流不超过额定值。水泵在设计负荷下连续试运转 2 h，机械密封的泄漏量不应大于 5 mL/h，填料密封的泄漏量不应大于 30 mL/h。

（4）在调试运行冷冻水系统时，由于水力输配存在阻力不平衡，流过各空调系统末端装置的水流量与设计要求不符，可能造成冷热分配不均匀和水力失调现象，这时可以通过平衡阀及与其配套的仪表完成水力平衡调试。

3. 单个回路中各个系统的水量平衡

调试冷冻水系统时，要先调试单个回路中各个系统的水量平衡。以某办公楼风机盘管水系统为例，首先要调节每层中各个房间风机盘管的水流量。以二层为例，共 23 个房间，每个房间安装 2～3 台风机盘管，先测试各房间的温度，然后开启各个风机盘管至中挡风量，待制冷 0.5 h 后再测试各房间的温度，得出各个房间的温度差。关小房间温度差较大且温度较低房间的风机盘管回水管上的阀门，以使各房间稳定时的制冷温度在设计允许的范围内。按照这样的方法逐层调节完毕后，再调节层与层之间的水流量。关小房间温度低、降温快的楼层回水管上的阀门，使各楼层中所有房间的降温速度尽量相同，并使制冷稳定时的温度在允许的范围内，这样单个回路中的水流量平衡就基本完成了。

4. 各个回路之间的水量平衡

各个回路之间水量平衡的调节方法与单个回路中水量平衡的调节方法基本相同。由于各回路的管网阻损和所需的冷负荷量不同，因此应进行回路之间的平衡调节。可以通过控制各个回路中回水管上的阀门来调节各个回路之间的水量平衡。所不同的是，各个回路所辖空调区域不同，其房间的功能就不同，因此室内的设计温度也不同，所以制冷稳定时的温度应不同。

## 九、中央空调工程风系统的调试

中央空调工程风系统的调试就是使各干管、支管、出风口的送风量、回风量、新风量符合设计和使用要求。

1. 风机的试运转

（1）首先点动电动机，待各部位无异常现象和摩擦声响时，才可以进行运转。

（2）风机启动并正常转动后，进行小负荷运转。先运转 20 min，当小负荷运转正常后，再逐渐开大调节门，并且电动机电流不能超过额定值，直至规定的负荷为止。然后，再连续运转 2 h，停机检查，当检查一切正常后，最后连续运转 6 h，无异常现象为合格。

**2. 风系统的调试**

（1）系统风量、风压的测定

1）风机风压的测定。中央空调系统一般安装离心式风机，在风机安装完毕并试运转合格后，就可以进行风量、风压及转速的测定。风机的压力通常以全压表示，应测出风机压出端和吸入端全压的绝对值，将两种压力相加即为风机的全压。测定风机全压的仪器为毕托管和倾斜式微压计。

选择测孔的方法如下：在吸入口时，应尽可能选在靠近风机入口处；在压出端时，应尽可能选在靠近风机出口而气流比较稳定的直管段上。在测定断面上，由于各点的风速不相等，因此一般不能只以一个点的数值代表整个断面。测定断面上测点的位置与数目，主要取决于断面的形状和尺寸。显然，测点越多，所测得的平均风速值越接近实际，但测点又不能太多，一般采取等面积布点法。布置矩形风管测点时，一般要求尽量划分为接近正方形的小方格，其面积不应大于 0.05 $m^2$（即边长小于 220 m 的小方格），并且测点应位于小方格的中心。在布置圆形风管测点时，应将测定断面划分为若干面积相等的同心圆环，测点位于各圆环面积的等分线上，并且应在相互垂直的两直径上布置 2 个或 4 个测孔。

在计算风机的断面风量时，应测定断面处的风速，从而利用公式 $L=3\ 600Fv$ 计算出断面处的风量，其中 $v$ 为断面处的风速，$F$ 为断面面积。计算出风机吸入端和压出端的风量以后，可以取算术平均值作为风机的风量。

可以用转速表直接测量通风机或电动机的转速。不管是风量、风速还是转速，测定断面的选择对于测试结果的准确性和可靠性显然非常重要。

2）系统风量及风压的测定。系统风量与风压的测定分为风管内风量与风压的测定和出风口风量与风压的测定两种情况。

系统总风管和各支管内风量与风压的测定方法与风机风量、风压的测定方法相同。测试断面一般应选择在出风总管上局部阻力之后 4～5 倍风管大边尺寸以及局部阻力之前 1.5～2 倍风管大边尺寸的直管段上。系统总风管、主干风管、支风管各测点实测风量与设计风量的误差一般不应大于 10％。

送、回风口风量的测定一般用匀速移动测量法或定点测量法，将叶轮式风速仪贴近格栅或网格处测风口的平均风速。对于格栅风口与散流器，可采用在风口外加装短管的办法进行风量的测定，并且短管的长度应等于 0.7～3 倍风口大边长或直径，短管断面尺寸应等于风口的断面尺寸。对于带调节阀的百叶风口，由于调节阀对气流有较大影响，因此也可采用加短管的测量方法。对于新风直接送入室内的送风方式，可以直接在风口上测量风量。对于新风接入风机盘管送风管的送风方式，需将该系统所有风机盘管的风速全部开到最高挡，然后在新风管上测量新风量。

（2）中央空调系统风量的调整。中央空调系统风量的调整是通过调整系统中的风阀开启度来完成的。风量的调整可以采用等比调整法或基准风口调整法。

1）等比调整法。利用这种方法对送风或回风系统进行调整时，在风量调整之前，应将系统各三通阀置于中间位置，各调节阀置于全开位置。一般应从最远的支管开始，逐步调向离送风机最近的支管。

2）基准风口调整法。这种方法多用于空调系统送风或回风口数目很多的情况，不必像等比调整法那样在每条管道上打测孔。调整风量之前，应将系统各三通阀置于中间位置，各调节阀置于全开位置，总阀处于某种实际运行位置。风机启动后，初测全部风口的风量，将设计风量与初测风量的数值记录到预先编制的风量记录表中，并且计算每个风口设计风量与初测风量的比值。选择各支、干管上比值最小的风口作为基准风口，进行初调。初调的目的是使各风口的实测风量与设计风量的比值近似相等。首先普测全部风口的风速（阀门、风口均处于开启状态），列表排出实测风量与设计风量之比，以比值最小的风口为准调节相邻风口风量，使基准风量与设计风量成比例，并以同样的方法调节其他风口与基准风口的比值，使之接近设计比值。

（3）室内静压的调整。室内静压的调整主要靠调节回风量来完成。首先使系统中风阀、各分支管或各风口的调节风阀等呈全开位置，再将三通调节阀调至中间位置，经调试后再确定最后的开启位置，使室内静压达到规定的数值，并最终完成整个风系统的风量调整。

（4）系统漏风量的检查。对中央空调系统进行漏风量的检查是风系统调试的重要内容。检查漏风量的方法如下：将风系统或系统中某一部分的进出通路堵死，利用外接的风机，并通过管道进行送风，以在系统内部造成静压，进而找出漏风量。

（5）空调系统工况的测定。在空气处理设备运行的准备工作就绪后，当夏季室外空气状态接近设计状态时，启动空调系统，并按夏季设计工况使各处理设备投入运行，室内热、湿负荷也按夏季设计工况投入运行。当系统工况达到稳定时，即可测定整个处理过程的空气状态，并可将各状态点描绘在图上进行分析计算。

通过空调系统工况的测定，尽管实测的室内状态并不一定符合设计状态，但是只要冷却装置的最大容量符合设计要求，并且风机、风道温升也符合设计要求，就可以认为系统能够处理出设计所要求的送风状态。当室内热、湿负荷设计与实际相符合时，即能够达到所要求的室内状态。

噪声测试主要是测试各个空调风机及风机盘管在开启情况下，房间的噪声是否在允许的范围内。如遇机组本身组装原因导致噪声过大，则应及时与供货厂商联系解决。

## 技能要求

1—1 电压式启动继电器电路的分析与连接

（1）参照图1—151，将电压式启动继电器线圈并联在压缩机启动绕组上；将启动电容与启动继电器触点开关、启动绕组串联；运行电容并联在运转绕组上。

（2）用万用表自检，确认无误后，申请通电验证。

（3）启动电容的作用：①电容分相；②增加启动力矩；③提高功率因数，减少对电网的影响。

1—2 电流式启动继电器电路的分析与连接

（1）参照图1—152，将电流式启动继电器线圈与压缩机的运转线圈串联，再将启动电容与电流式启动继电器常开触点及压缩机启动绕组串联。

（2）用万用表自检，确认无误后，申请通电验证。

（3）启动电容的作用：①电容分相；②增加启动力矩；③提高功率因数，减少对电网的影响。

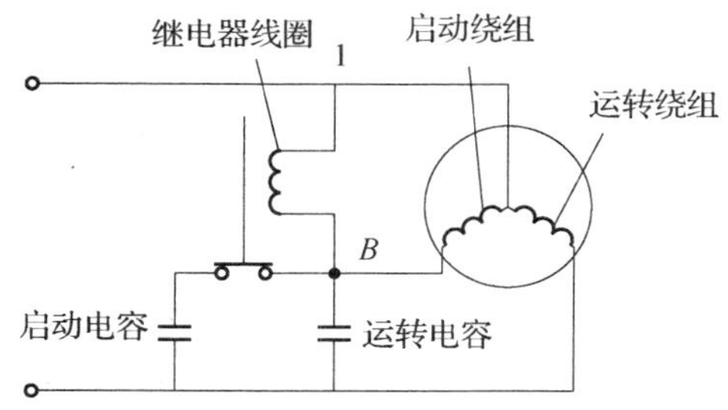


图1—151 电压式启动继电器工作原理

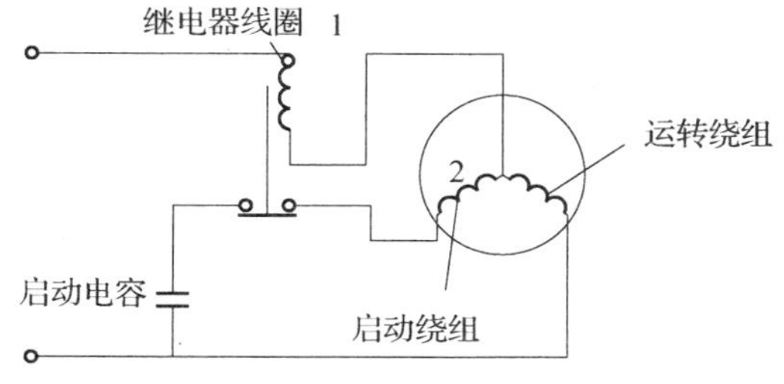


图1—152 电流式启动继电器电路的工作原理

1—3 安装启动电容器和运转电容器

（1）电容器。电流式启动电容量40 μF，运行电容量35 μF；耐电压要高于250 V，先放电，再用万用表检查电容器，用R×100 Ω挡，校表0位。

1）如指针不动，改用R×1 kΩ挡或R×10 kΩ挡再测，测前校表0位。

2）指针偏转，并回复，电容器是好的；指针打到0，不再回复，电容器短路；指针不动，电容器断路。

（2）将运行电容并联在S和M之间（图1—153）

1）将启动电容与PTC串联后，并联在S和M之间。

2）申请通电检验。

1—4　三相电动机直接启动电路的分析与连接

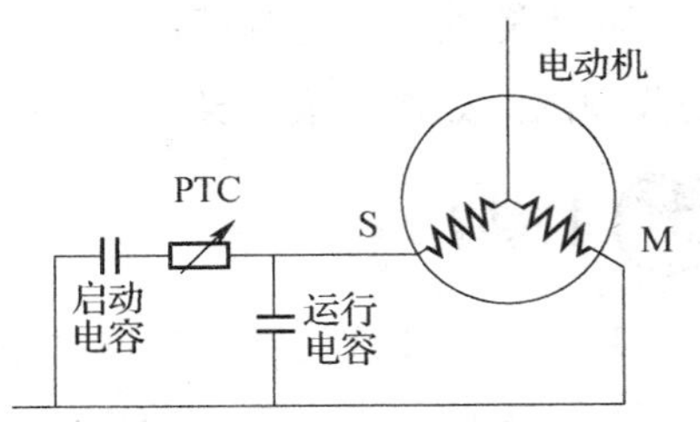

图 1—153　启动/运转电容器的连接

三相电动机直接启动电路如图 1—154 所示。

三相电动机直接启动电路的工作原理如下：

（1）电源：主电源供电为三相 380 V（L1、L2、L3）。合上电源开关，进入待机状态。

（2）控制线路流程如下：按下 SB2（SB2 由 KM 触点自锁），供电 380 V L2→FU4→FR→KM 线圈一端→KM 线圈另一端→SB2→SB1（常闭）→L3。

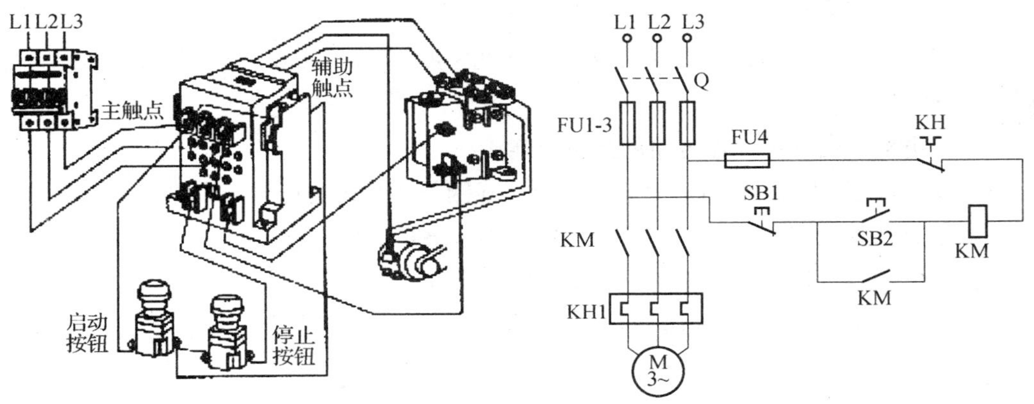

图 1—154　三相电动机直接启动电路

（3）主线路过程：按下 SB2 按钮后，KM 线圈得电，主线路 KM 主触点闭合→KH（常闭）→电动机运行。

1—5　三相电动机降压启动电路的分析与连接

三相电动机降压启动电路如图 1—155 所示。

三相电动机降压启动电路的工作原理如下：合上电源开关，主电源供电为三相 380 V（L1、L2、L3）。合上电源开关，按下 SB2（SB2 由 KM1 触点自锁），供电 380 V L2→FU2→FR（常闭）→KT 线圈得电→KM3 线圈得电→KM1 线圈得电（KM1 触点自锁）电动机进入星形启动。过 4～16 s 后，KT 常闭断开，KM3 线圈断电→KM2 线圈得电，电动机进入三角形运转。

1—6　三相电动机顺序控制电路的分析与连接

三相电动机顺序控制电路如图 1—156 所示。

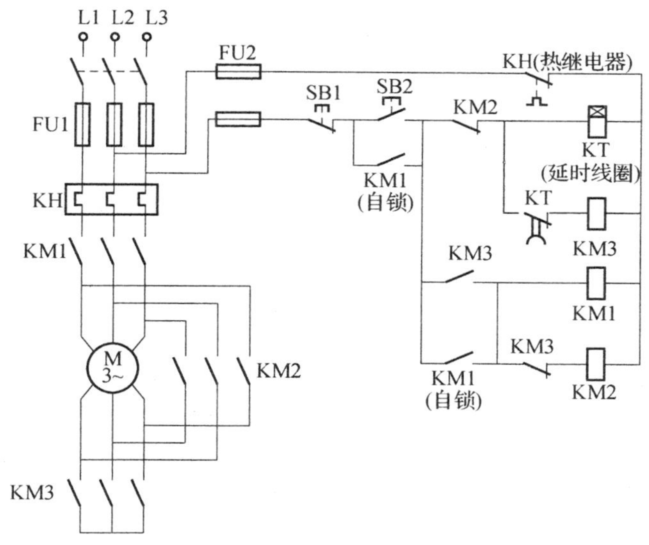


图 1—155　三相电动机降压启动电路

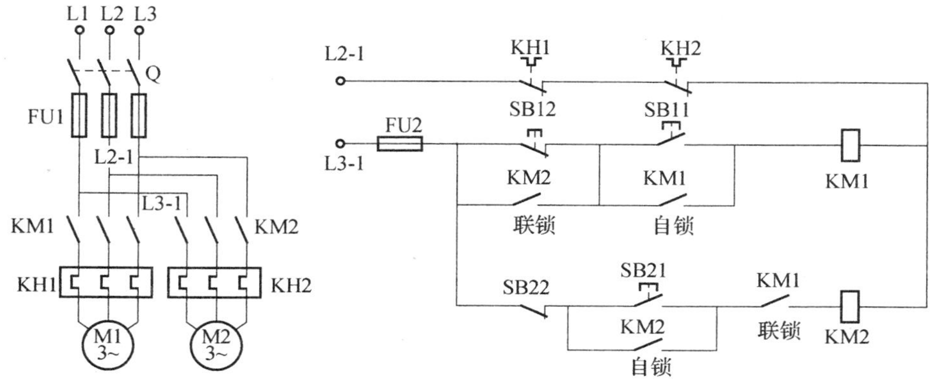


图 1—156　三相电动机顺序控制电路

### 1. 工作原理

（1）电源：主电源供电为三相 380 V（L1、L2、L3）。合上 Q，电源经 FU1→电动机及控制回路。

（2）控制回路：电源 L2－1→KH1、KH2（常闭）→KM1、KM2 线圈一端。

L3－1→FU2→SB12→SBl11→KM1 线圈。
　　　　　└→SB22→SB21→KM1（常开）→KM2 线圈。

2. **顺序开机、顺序关机**

（1）顺序开机。按下 SB11 按钮，电源经 SB12→SB11→KM1→线圈得电吸合，并经 KM1（常开）自锁→M1 电动机运转。

按下 SB21 按钮，电源经 SB22→SB21→KM1（常开联锁）→KM2 线圈得电吸合，并经 KM2（常开）自锁→M2 电动机得电运转；同时，KM2 另一副联锁触点 KM2（常开）锁住 KM1 线圈。

（2）顺序关机。根据图 1—156 可知，对于关机顺序而言，必须先关 KM2 才能再关 KM1。

1—7　常见品牌热泵型空调机组开机调试前怎样进行初步检查？

（1）所有冷冻水系统和电气线路安装正确，确保水泵的辅助触点在控制回路中正确联锁。

（2）压缩机的排气阀是否打开，阀体关闭一圈使压力达到测试值。

（3）打开回路制冷剂截止阀。

（4）检查水循环管路中的水质是否清洁、排气管路是否安装。

（5）确保压缩机在安装弹簧上浮动自如。

（6）观察压缩机的油位，确保油位在视镜的 1/8～3/8。

（7）确保所有的电气接线正确牢固。

（8）在开机以前，确保曲轴箱电加热器已加热 24 h。

1—8　30AQA 风冷式热泵机组开机之前检查和怎样调试微处理控制系统？

在初次开机之前，检查控制器输入开关是否正常，按以下各步骤调节运行工况设定值。

（1）按使用说明书规定动作检查输入开关。

（2）调整运行工况设定点，设定冷水、热水出水温度；设定最小除霜间隔和最大除霜时间。

（3）检查输入开关，调整运行工况设定值以后，再将选择开关置于“0”。

1—9　30AQA 风冷式热泵机组怎样正确开、停机？

1. **开机**

（1）将遥控开关置于“UNIT”，启动风机盘管或空调箱并打开冷冻水水泵，同时检查冷冻水水流量。

（2）按动机组启动按钮开关，确认所有的电气控制线路功能均保持正常（分别在制冷模式及制热模式工况下进行检查）。

（3）从风机顶部看，风机的旋转方向应保持逆时针。若要改变风机的旋转方向，只要将电动机三相电源线任意两相进行掉换即可。

（4）通过压缩机的视液镜观察冷冻油循环。检查系统的振动和噪声，以确保在规定范围内。

正常运行过程中（PIO 版的显示开关置于“0”），PIO 版的 LED 显示正在运行的压缩机数目（0～6），如果运行发生故障，此故障信息将以代码形式显示在 LED 上。当报警指示灯亮时，参考 LED 显示的故障信息查找故障原因，排除故障后再重新开机。

LED 显示的报警代码所对应的故障信息（参见说明书报警代码），排除故障后，按停机按钮复位：无论机组运行与否，温度传感器感应温度显示在 LED 上；无论机组是否运行，都可以用 LED 显示器查看压力传感器测试压力；无论机组是否运行，都可以用 LED 显示屏幕查看微处理器计算所得的温度值；无论机组是否运行，都可以用 LED 显示查看 EXV 阀的开度。

**2. 停机**

如果是日常关机或关机时间小于 7 天，则按机组停机按钮即可，不要关闭机组控制电源。如果是长期停机，为防止腐蚀，在回收制冷剂后热交换器用氮气充注，使机组内压力略高于大气压力，再将机组电源开关旋至“关”。

1—10　30AQA 风冷式热泵机组怎样强制性运行？

以检测为目的，可以进行机组强制运行和强制性除霜；另外，也可以强制风机运行，强制性机组运行代码见表 1—25，具体操作步骤如下。

（1）按机组停机按钮。PIO 版的显示选择开关置于“C”。LED 显示“Frun”，几秒钟以后，LED 显示回路 1 强制运行代码“Frn1”。按启动按钮启动回路 1，要停止回路运行，可按机组停机按钮。

（2）如果要启动回路 2，则按选择转换开关△（SW3），LED 显示回路 1 强制运行代码“Frn2”。按启动开关启动回路 2；要关闭运行回路，则可按机组停机按钮。

（3）回路 1 和回路 2 不能同时强制运行。在机组运行过程中，绝不可执行强制运行操作。

（4）回路强制运行结束后，显示选择开关（SW7）旋回“0”。

**表 1—25　　机组强制运行**

| 代码 | 说明 | |
|---|---|---|
| Frn1 | 回路 1 | 强制运行模式 |
| Frn2 | 回路 2 | |

机组运行过程中，可以强制除霜。具体步骤如下。

（1）开关盒内 PIO 显示选择开关置于“8”，LED 显示“DFRC”。几秒钟以后，LED 显示回路除霜计算器代码“DFR1”及测试值。此时，按开关△（SW3），LED 显示回路 2 除霜计算器代码“DFR2”和测试值。

（2）当 LED 显示除霜计时器计时值时，要想取消强制除霜操作，可按输入开关（SW5）直到 LED 显示“- - - -”。除非 LED 除霜时间计时器倒计时，否则不能强制除霜。

（3）在强制除霜状态下，4 通阀的开启、风机的控制和各个终端与正常除霜状态下相同。

（4）微处理器防止各个回路同时除霜。

（5）结束回路强制除霜以后，将选择开关（SW7）旋回“0”。

1—11　30AQA 风冷式热泵机组运行时的注意事项有哪些？

开机前，电加热至少先加热 24 h。在日常操作中，使用机组控制箱内的 ON/OFF 开关，而不要随意切断总电源。开机时，混有制冷剂的润滑油易产生泡沫，会造成润滑不足。电加热可以有效防止压缩机在不运行时，液态制冷剂进入润滑油，机组运行时要注意核准下列参数。

（1）冷媒水水流量：20～45 L/s

（2）水温度：冷水出水温度为 5～15℃；热水出水温度为 35～55℃（室外温度低于 −10℃时，最大出水温度为 45℃）。

（3）温室温度：制冷，15～43℃；制热，−15～24℃ DB，18.5℃ WB。

（4）电压波动：±10%。

（5）相不平衡：电压 2%；电流 10%。

1—12　蒸汽型溴化锂吸收式冷水机组应按怎样的顺序安全开机？

蒸汽型溴化锂吸收式冷水机组安全开机的操作顺序如下。

（1）启动冷却水、冷水泵，检查泵的出口压力阀门的开启度，检查电动机电流的大小。

（2）开机时要注意冷却水的温度，当过低时，则应先不启动冷却塔风机并酌情减小冷却水流量，待水温升高后再开启冷却塔风机。

（3）启动机组时注意溶液泵的声音有否异常。

（4）当向机组开始供汽时，要徐徐进行，并随时检查蒸汽的压力和温度是否在要求的范围内。

（5）启动蒸发泵后要检查冷剂水的水位，注意冷剂水的颜色是否透明。

（6）随时检查机组的各部压力、温度和液位。

1—13　蒸汽型溴化锂吸收式冷水机组应按怎样的顺序安全停机？

蒸汽型溴化锂吸收式冷水机组安全停机操作顺序如下。

（1）需停机时，首先关闭供汽阀，停止向高压发生器供汽，如有要求在停汽前还应提前通知供汽部门。

（2）停汽的稀释运转中，打开冷剂水再生阀将冷剂水旁通到吸收器；旁通时，应注意冷剂水液位。

（3）停汽后，继续运行机组，直至稀释结束。

（4）停机后，要切断主机及辅机的电源，同时，检查蒸汽阀门的关闭状况。

（5）当环境温度低于5℃时，应把冷凝器、吸收器中的冷却水，蒸发器中的冷水以及发生器内的蒸汽凝结水放出。在冬季，应把水泵阀门中的积水排出以防冻裂。

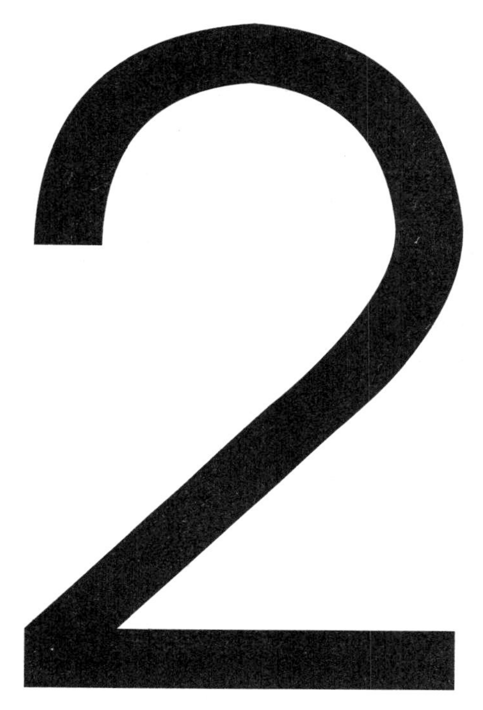

# 第 2 章

## 处理中央空调系统故障

# 第 1 节　风系统的状态判断

## 学习目标

掌握风系统的状态判断，具体包括熟悉风系统的送风量不符合要求的处理、风系统的送风状态不符合要求的处理以及风系统噪声过大的处理。

## 一、风系统的送风量不符合要求的处理

### 1. 送风量大于设计风量的原因

出现送风量大于设计风量问题的原因有如下两个。

（1）系统的风管阻力小于设计阻力，送风机在比设计风压低的情况下运行，使送风量增加。

（2）设计时，送风机选配得不合适，风量或风压偏大，使实际风量增大。

### 2. 送风量大于设计风量的处理

解决送风量大于设计风量的方法如下。

（1）若送风量稍大于设计风量，在室内气流组织和噪声值参数允许条件下，可不做调整；在必须调整的前提下，可采用改变风机转速的方法进行调节。

（2）若无条件改变送风机的转速，则可用改变风道调节阀开启度的方法进行风量调节。

### 3. 送风量小于设计风量的原因

出现送风量小于设计风量的原因有如下 3 个。

（1）系统的实际送风阻力大于设计计算阻力，使空调系统的实际送风量减少。

（2）送风系统的风道漏风。

（3）送风机本身质量不好、送风机本身不符合要求、空调系统运行中对送风机的运行管理不妥等。

### 4. 送风量小于设计风量的处理

解决送风量小于设计风量的方法如下。

（1）若条件许可，可对风管的局部构件进行改造（如在风道弯头中增设导流叶片等），以减小送风阻力。

（2）对送风系统进行认真检漏。对于高速送风系统，应做检漏试验；对低速送风系统，应重点检查法兰盘和垫圈质量，查看其是否有泄漏现象；对于空气处理室的检测门，对检测孔的密封性应做严格的检漏试验。

（3）更换或调试送风机，使其符合工作参数要求。

## 二、风系统的送风状态不符合要求的处理

### 1. 空调系统送风状态参数与设计工况不符的原因

造成空调系统送风状态参数与设计工况不符的原因一般有以下几种。

（1）设计计算有误差，所选用的空气处理设备的能力与实际需要偏差较大。

（2）设备性能不良或安装质量不好，因而达不到送风的参数要求。

（3）空调系统的冷热媒的参数和流量不符合设计要求。

（4）空气冷却设备出口带水，如挡水板的过水量超过设计估算值，造成水分再蒸发，因而影响出口空气参数。

（5）送风机和风道温升（或温降）超过设计值，因而影响风道的送风温度。

（6）处于负压状态下的空气处理装置和回风风道漏风，即未经处理的空气直接漏入，被送风机送入室内。

### 2. 空调系统送风状态参数与设计工况不符的处理

解决上述问题的方法如下。

（1）通过调节冷热媒的进口参数和流量，改善空气处理设备的能力，以满足送风状态参数要求。当调节后仍不能明显改变空气处理的能力时，则应更换或增加空气处理设备。

（2）当冷热媒参数和流量不符合设计要求时，应检查冷冻系统或热源（锅炉或热交换器）的处理能力，看它们是否能满足工作参数要求。另外，还要检查水泵和扬程是否有问题以及冷热媒管道的保温措施或内部是否有堵塞。根据不同情况，采取相应措施，以满足冷热媒的设计要求。

（3）当冷却设备出口处的空气带水时，若为表冷器系统，则可在其后增设挡水板（或改进挡水板），以提高挡水的效果。对于喷水室系统，则要检查挡水板是否插入底池、挡水板与空气处理室内壁间是否漏风等。

（4）当送风机和风道温升（或温降）过大时，应检查过大的原因。若因送风机运行超压使其温升过大，则应采取措施降低送风机运行风压。当管道温升（温降）过大时，应检查管道的保温措施是否得当，以确保做好管道保温。

## 三、风系统噪声过大的处理

### 1. 中央空调用的消声器

消声器是由吸声材料按不同的消声原理设计成的构件，根据不同消声原理，可将其分为阻性型、共振型、膨胀型和复合型等多种。

（1）阻性型消声器。阻性型消声器借吸声材料的吸声作用而消声。

吸声材料能够把入射在其上的声能部分地吸收掉。声能之所以能被吸收，是由于吸声材料的多孔性和松散性。当声波进入孔隙后，会使孔隙中的空气和材料产生微小的振动，由于摩擦和黏滞阻力，使相当一部分声能化为热能而被吸收掉。所以吸声材料大都是疏松或多孔性的，如玻璃棉、泡沫塑料、矿渣棉、毛毡、石棉绒、吸声砖、加气混凝土、木丝板、甘蔗板等。其主要特点是具有贯穿材料的许多细孔，即所谓的开孔结构。而大多数隔热材料则要求有封闭的空隙，故两者是不同的。

吸声材料的吸声性能用吸声系数 $\alpha$ 来表示，它是被该材料吸收的声能与入射声能的比值。吸声系数 $\alpha$ 可用专门的声学仪器测出。一般吸声性能良好的材料，如玻璃棉、矿渣棉等，厚度在 4 cm 以上时，高频的吸声系数在 0.85～0.90 以上。中等的吸声材料，如工业毡、石棉、加气微孔吸声砖等，厚度在 4 cm 以上时，其对于高频的吸声系数也在 0.6 以上，而一般的甘蔗板、木丝板的吸声系数则在 0.5 以下。

阻性型消声器有多种形式，具体有如下几种。

1）管式消声器。这是一种最简单的消声器，它仅在管壁内周贴上一层吸声材料，故又称“管衬”。其优点是制作方便、阻力小，但只适用于较小的风道，且其直径一般不大于 400 mm。对于大断面的风道，其消声效果将降低。此外，管式消声器仅对中高频噪声有一定消声效果，而对低频噪声的吸声性能较差。

2）片式和格式消声器。管式消声器对低频噪声的消声效果不好，对较高频率又易直通，并随断面增加而使消声量减小，因此对于较大断面的风道可将断面划分成几个格子，这就成为片式及格式消声器（图 2—1）。

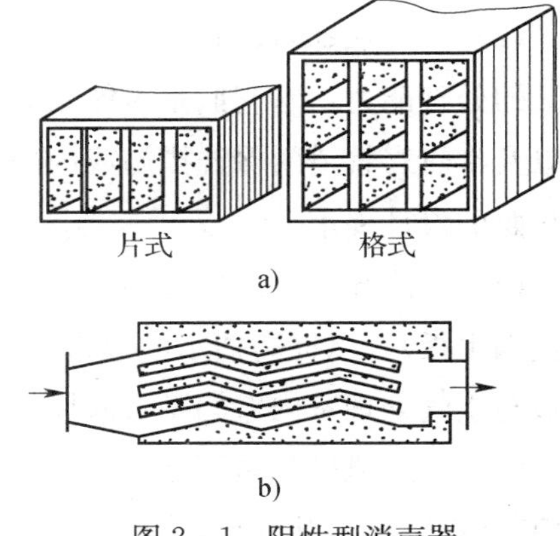

图 2—1　阻性型消声器

a）片式和格式消声器　b）折板式消声器

片式消声器应用比较广泛，它构造简单，对中高频吸声性能较好，阻力也不大。格式消声器具有同样的特点，但因要保证有效断面不小于风道断面，故其体积较大，应注意的是，这类消声器中的空气流速不宜过高，以防气流产生湍流噪声而使消声无效，同时增加了空气阻力。

格式消声器的单位通道大致控制在 200 mm×200 mm。

片式消声器的间距一般取 100～200 mm，片材厚度根据噪声源的频率特性，取 100 mm 左右为宜，因为太薄的吸声材料对低频噪声几乎不起作用。

为了进一步提高高频消声的性能，还可将片式消声器改成折板式消声器，如图 2—1b 所示，声波在消声器内往复多次反射，增加了与吸声材料接触的机会，从而提高了高频消声效果。折板式消声器一般以两端“不透光”为原则。

（2）共振型消声器。吸声材料吸收低频噪声的能力很低，靠增加吸声材料厚度来提高效果并不经济，故可采用共振吸声原理的消声器。图 2—2a 是一种穿孔板共振吸声的结构示意图，它通过在管道上开孔并与共振腔相连接。穿孔板小孔孔颈处的空气柱和空腔内的空气构成了一个共振吸声结构，其固有频率由孔颈直径 $d$、孔颈厚 $l$ 和腔深 $D$ 所决定。当外界噪声的频率和此共振吸声结构的固有频率相同时，引起小孔孔颈处空气柱强烈共振，空气柱和颈壁剧烈摩擦，从而消耗了声能，达到消声效果，其构造情况如图 2—2b 所示。这种消声器具有较强的频率选择性，即有效的频率范围很窄（图 2—2c），一般用以消除低频噪声。

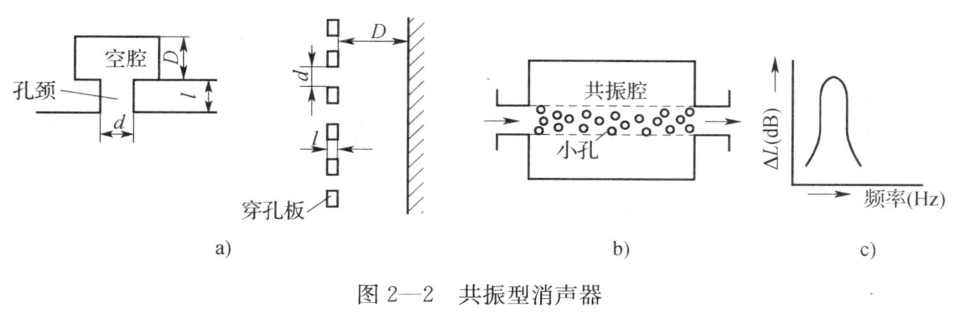


图 2—2　共振型消声器

a）结构示意图　b）构造情况　c）频率选择性

（3）膨胀型消声器。这种消声器是管和室的组合，即小室与管子相连，如图 2—3 所示。利用管道内截面的突变，使沿管道传播的声波向声源方向反射回去，而起到消声作用，对消除低频有一定效果。但一般要管截面变化 4 倍以上（甚至 10 倍）才较为有效，所以在空调工程中，膨胀型消声器的应用常受到机房面积和空间的限制。

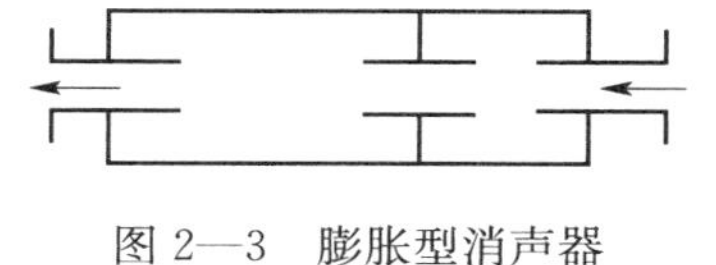

图 2—3　膨胀型消声器

（4）复合型消声器（又称宽频带消声器）。为了集中阻性型和共振型或膨胀型消声器的优点，以便在低频到高频范围内均有良好的消声效果，我国常采用复合型消声器（图 2—4）。

试验证明，它对低频消声性能有一定程度的改善，如 1.2 m 长的复合式消声器的低频消声量可达 10～20 dB，这样的低频消声效果是一般管式、片式消声器等所不能达到的。此外，对于在空调系统中不能采用纤维性吸声材料的场合（如净化空调工程），则用金属（铝等）结构的微穿孔板消声器可获得良好的效果。

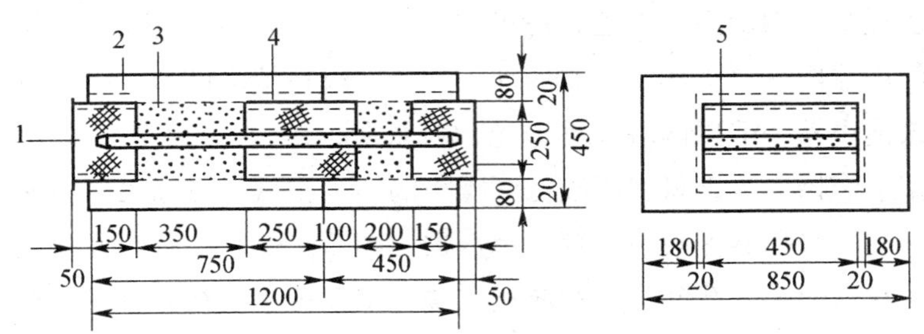


图 2—4　复合型消声器（宽频带消声器）

1—外包玻璃布　2—膨胀室　3—0.5 mm 厚钢板，$\phi$8 mm 孔占 30%

4—木框外包玻璃布　5—内填玻璃棉

（5）其他类型的消声器。有一类利用风管构件制作的消声器，它具有节约空间的优点。常用的有以下几种。

1）消声弯头。当机房地面窄小或对原有建筑改进消声措施时，可以在弯头上进行消声处理而达到消声的目的，这种消声器有如下两种。

图 2—5 所示为弯头内贴吸声材料的做法，要求弯头内缘做成圆弧，外缘粘贴吸声材料的长度不应小于弯头宽度的 4 倍。

图 2—6 所示是改良的消声弯头，外缘采用穿孔板、吸声材料和空腔。

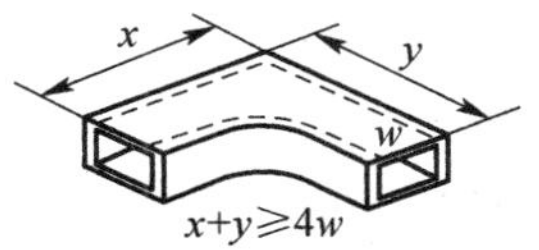


图 2—5　普通消声弯头

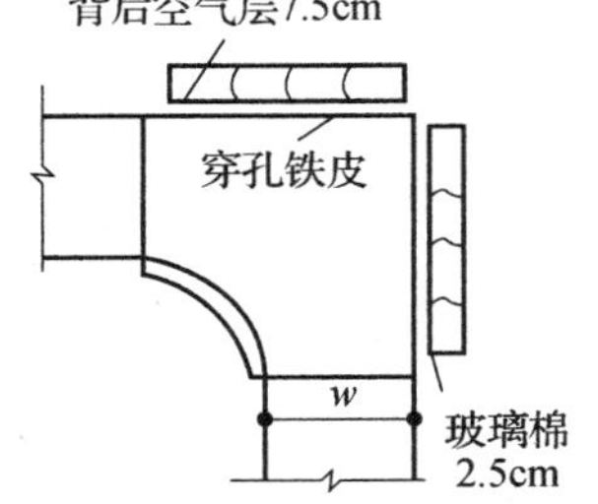


图 2—6　共振型消声弯头

2）消声静压箱。消声静压箱在风机出口处或在送风口前设置静压箱并贴以吸声材料，既可以起到稳定气流的作用，又可以起到消声的作用，如图 2—7 所示。

此外，当利用土建结构作为风道时，往往可以利用建筑空间设计成单宫式或迷宫式消声器，即在土建结构内贴衬吸声材料具有较好的消声效果，其在体育馆、剧场等地下回风道中常被采用。

必须指出如下几点注意事项。

①经过消声器后的风管不应暴露在噪声大的空间，以防止噪声穿透消声后的风管。若不可避免，则应对消声器后风管做隔声处理。

②消声器宜设置在靠近通风机房气流稳定的管道上，当消声器直接布置在机房内时，消声器检修门及消声器后的风管应具有良好的隔声能力。若主风管内风速太大，消声器靠近通风机设置，则势必会增加消声器的气流再生噪声，这时以分别在气流速度较低的分支管上设置消声器为宜。

③在选择消声器时，应根据系统所需的消声量、噪声源频率特性和消声器的声学性能及空气动力性能等因素，经技术经济比较，分别采用阻性、抗性或阻抗复合型消声器。

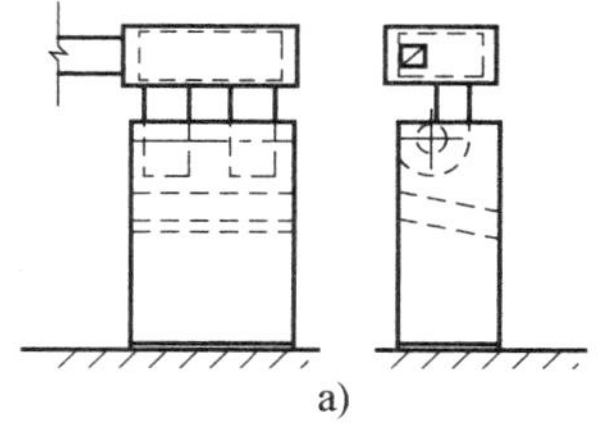

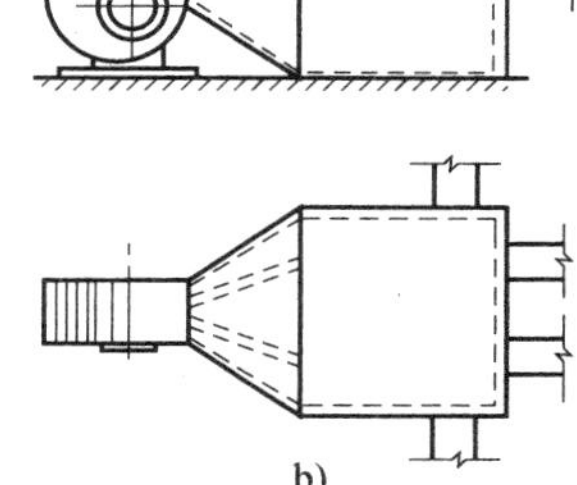

图 2—7　消声静压箱

a）消声箱装在空调机组出口

b）消声箱兼起分风静压箱的作用

2. 空调装置的隔振措施

空调装置产生的振动，除了以噪声形式通过空气传播到空调房间外，还可能通过建筑物的结构和基础进行传播。例如，运转中的通风机所产生的振动可能传给基础，再以弹性波的形式从通风机基础沿房屋结构传到其他房间去，然后又以噪声的形式把能量传给了空气，这种传声被称为固体声。在振源和它的基础之间安装弹性构件，可以减轻振动力通过基础传出，被称作积极隔振。也可以在仪器和它的基础之间安装弹性构件，来减轻外界振动对仪器的影响，被称作消极隔振。

在评价隔振效果的物理量中，最常用的是振动传递率 $K$，它表示通过隔振元件传递的力与振源的总干扰力之比值。$K$ 值越小，则隔振效果越好。

在设计隔振时，可以根据工程性质确定其隔振标准，即确定 $K$ 值（表 2—1），然后选择隔振材料或隔振器。

在工程实践中，有许多系列化的隔振器产品可供选用，如橡胶隔振器、橡胶剪切隔振器、弹簧隔振器等。隔振器的样本给出了隔振计算所需的技术参考。

在设计和选用隔振器时，应注意以下几个问题。

（1）当设备转速 $n>1\,500$ r/min 时，宜选用橡胶、软木等弹性材料垫块或橡胶隔振器；当设备转速$\leqslant 1\,500$ r/min 时，宜选用弹簧隔振器。

（2）隔振器承受的荷载不应超过允许工作荷载。

表 2—1　　隔振参考标准

| 允许振动传递率 $K$ | $f/f_0$ | 隔振评价 | 应用举例 |
|---|---|---|---|
| 0.01～0.05 | 10～5 | 极好 | 设备装在播音室、音乐厅的楼板上或高层建筑上层 |
| 0.05～0.10 | 5～3.3 | 很好 | 设备装在楼层，其下层为办公室、图书馆、会议室及病房等，其他为要求严格隔振的房间 |
| 0.10～0.20 | 3.3～2.5 | 好 | 设备装在广播电台、办公室、图书馆及病房等安静房间附近 |
| 0.20～0.40 | 2.5～2.0 | 较好 | 设备装在地下室、周围为上述情况以外的一般性房间 |
| 0.40～0.50 | <2.0 | 不良 | 设备装在远离使用地点的地方或一般车间 |

（3）在选择橡胶隔振器时，应考虑环境温度对隔振器压缩变形量的影响，计算压缩变形量宜按制造厂提供的极限压缩量的 1/3～1/2 采用。设备的旋转频率 $f$ 与橡胶隔振器垂直方向的自振频率 $f_0$ 之比应大于或等于 3.0。橡胶隔振器应尽量避免太阳直接照射或与油类接触。

（4）在选择弹簧隔振器时，设备的旋转频率 $f$ 与弹簧隔振器垂直方向的自振频率之比应大于或等于 2.0。当其共振振幅较大时，宜与阻尼比大的材料联合使用。

（5）在使用隔振器时，设备重心不宜太高，否则容易发生摇晃。当设备重心偏高时，或设备重心偏离几何中心较大且不易调整时，或隔振要求严格时，宜加大隔振台座的重量及尺寸，使体系重心下降，以确保机器运转平稳。

（6）支承点数目不应少于 4 个。当机器较重或尺寸较大时，可用 6～8 个。

（7）为了减少设备的振动通过管道的传递量，通风机和水泵的进出口宜通过隔振软管与管道连接，如可曲挠双球体合成橡胶接头（公称直径 DN20～65 mm）、可曲挠橡胶接头（公称直径 DN32～500 mm）、球形接头耐腐蚀低压不锈钢软管（公称直径 DN6～32 mm）等。

（8）在自行设计隔振器时，为了保证稳定，对于弹簧隔振器而言，弹簧应尽量做得短胖些。一般来说，对于压缩性荷载而言，弹簧的自由高度不应大于直径的两倍。橡胶、软木类的隔振垫，其静态压缩量 $x$ 不能过大，一般在 10 mm 以内，这些材料的厚度也不宜过大，一般在几十毫米以内。

**3. 消声隔振措施的一些实例**

一个空调工程产生的噪声是多方面的，除了风机出口装帆布接头，管路上装消声器以及风机、压缩机、水泵基础考虑隔振外，有条件时，对要求较高的工程，压缩机和水泵的进出水管路处均应设有隔振软管。此外，为了防止振动由风道和水管等传递出去，在管道吊卡、穿墙处均应做隔振处理，图 2—8 中列举了有关这方面的措施，可供参考。

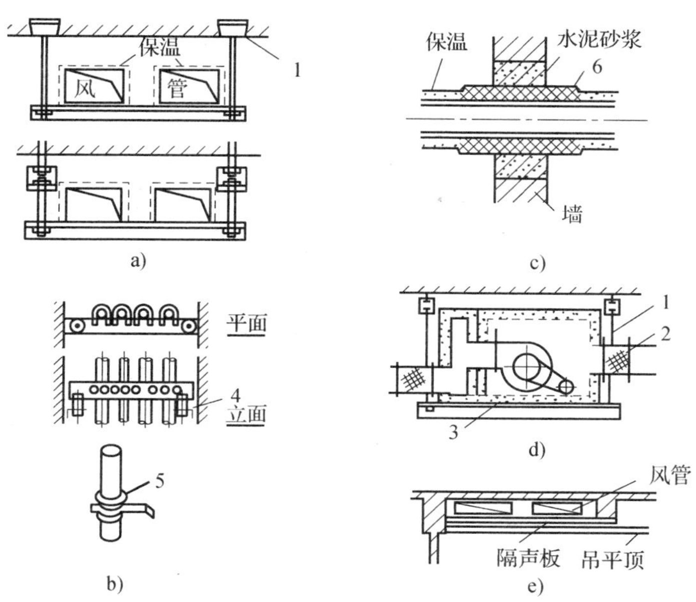


图 2—8 各种消声隔振的辅助措施

a）风管吊卡的隔振处理 b）水管的隔振支架 c）风道穿墙隔振方法

d）悬挂风机的消声隔振方法 e）防止风道噪声从吊平顶向下扩散的隔声方法

1—隔振吊卡 2—软接头 3—吸声材料 4—隔振支座

5—包裹弹性材料 6—玻璃纤维棉

此外，还应该特别注意的是，对位于消声器后的风管，当其经过机房时，该部分风道应用石棉水泥作保温的涂抹层，以便使其具有隔声能力，从而可以防止噪声从机房内再次进入已经消声的风管内。

**4. 风系统产生噪声的原因**

风系统产生噪声的原因主要是因为风机运行中自身振动噪声过大或空调系统风机的隔振措施不到位。

**5. 风系统噪声过大的处理**

风机运行中自身振动噪声过大问题的处理方法，一般是采用为通风机安装高性能的减振基础。通风机的减振基础多采用图 2—9a 所示的钢筋混凝土台座和图 2—9b 所示的型钢台座。

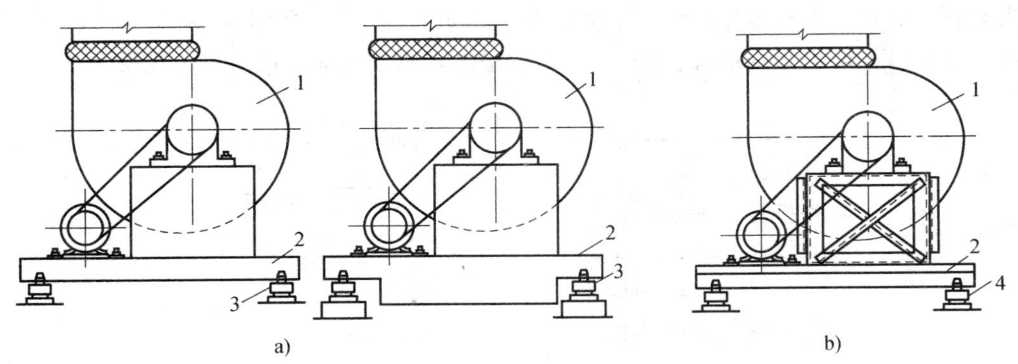


图 2—9 风机台座

a) 钢筋混凝土台座 b) 型钢台座

1—设备 2—台座 3—隔振器 4—减振器

钢筋混凝土台座的特点是台座重量大、振动小，使其上的工作机械运行平稳，但台座的制作和安装较麻烦。型钢台座的优点是台座重量轻、制作和安装比较方便；型钢台座的不足是，机械设备运行时引起的运行噪声比钢筋混凝土台座引起的运行噪声大。

空调系统风机的隔振措施如下：空调系统风机的隔振常使用减振器，常用的有弹簧减振器和橡胶减振器及金属橡胶组合减振器。弹簧减振器如图 2—10 所示。

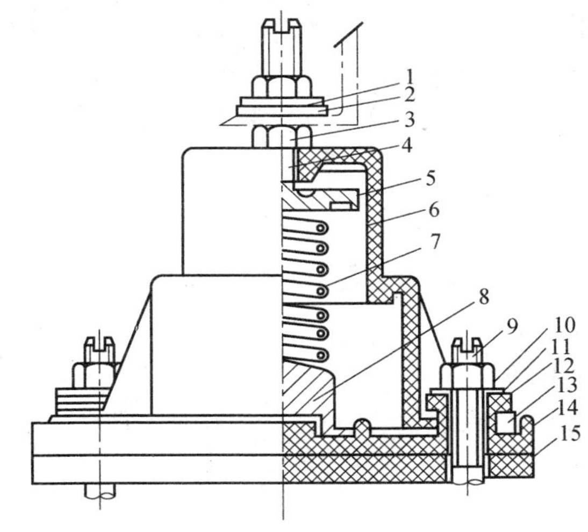


图 2—10 弹簧减振器

1—弹簧垫圈 2—斜垫圈 3—螺母 4—螺栓 5—定位板 6—上外罩 7—弹簧 8—垫块 9—地脚螺栓 10—垫圈 11—橡胶垫圈 12—胶木螺栓 13—下外罩 14—底盘 15—橡胶垫板

弹簧减振器是由单个或数个相同规格的弹簧和护罩组成的。弹簧减振器的特点是固有频率低、静态压缩量大、承载能力大、性能稳定、减振效果好。

橡胶减振器采用经硫化处理的耐油丁腈橡胶作为其减振弹性体，并黏结在内外金属环上受剪切力的作用，因此，其又被称为橡胶剪切减振器。橡胶减振器的特点是有较低的固有频率和足够的阻尼、减振效果好、安装和更换方便，但易于老化。橡胶减振器如图 2—11 所示。

金属与橡胶组合减振器的形式有并联和串联两种，如图 2—12 所示。

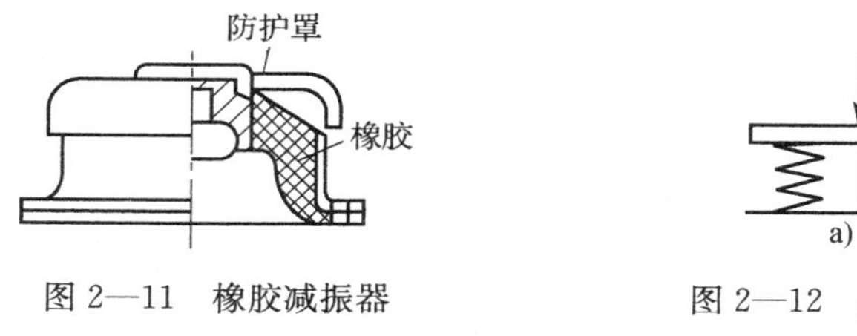


图 2—11　橡胶减振器

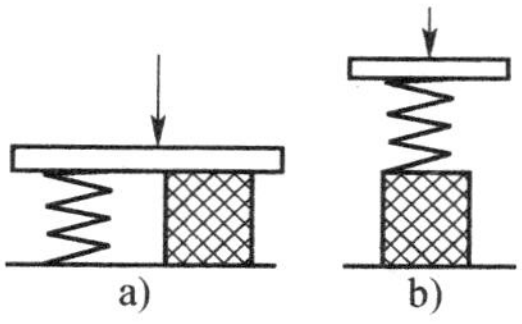

图 2—12　金属橡胶组合减振器

a）并联　b）串联

金属与橡胶组合减振器的特点是，其吸纳了弹簧减振器和橡胶减振器的优点，克服了弹簧减振器和橡胶减振器的缺点，是一种较理想的空调系统风机减振器，其可以使风机运行中自身振动噪声过大的问题得到基本解决。

# 第 2 节　冷（热）源机组状态判断

## 学习目标

掌握冷（热）源机组状态判断，具体包括活塞式、离心式制冷压缩机、螺杆式、热泵型等制冷压缩机组以及溴化锂双效吸收式冷水机组的保养，活塞式冷水机组、离心式冷水机组、螺杆式冷水机组、热泵型冷水机组、溴化锂双效吸收式冷水机组的故障分析与判断。

## 一、机组的保养

冷水机组的保养方法有如下两种：一种是故障保养，只有在发生故障时才进行修理，平时并不特别费心；另一种是预防性保养，为了能使机械处于良好的运转状态而经常有计划地进行保养。前一种方法在机械设备保持全新状态时，不必支付保养费用，经济性似乎较好，但是随着机组的使用年限增加，出现事故的危险性增加，修理费用也显著增加。后一种预防性保养法事先考虑到机械运转时的磨损和性能变化，据此制定保养计划，使机械的老化局限于最小范围之内。具体来说，它是一种实行定期检查、更换零部件，以保证不出现运转故障的一种管理方法。从新机器开始就实行这种有计划的保养管理，最初好像要多花费一些保养费，但是机械寿命得以延长，且以后出现大故障的可能性减小，这样总的保养费反而比较低。

计划性保养效果如下：

①机械装置的可靠性增加。

②大修不必进行或极少需要。

③机械装置的寿命延长。

④可以明确掌握故障的原因和机械的弱点。

⑤备件的管理比较周到，可以确定常用的易损件。

⑥可维持良好的运转效率。

⑦可使保养工作经常化。

机器一旦装好，就要制订全年保养计划，并据此进行保养作业。

机组的运行寿命取决于运行状态、维护情况、制冷机组所设计和制造的运行寿命在15年以上，条件是按照维护要求进行经常性维护并定期更换易损件。

运转管理人员必须了解下列事项：检查什么（检查项目）、何时检查（检查频繁程度）、为何检查（检查目的）、如何进行检查（检查方法）、这个数据是否正确（判断结果）、情况恶化怎么办（对策与处理）。

为此在记录机器每日运转状态和定期检查时的拆开情况时，如果能彻底理解上述6点，就能掌握数据所包括的内容，看出微小的故障症状，并直接采取对策与处理方法，事后防止发生重大事故，同时对今后制订保养计划也有好处。

**1. 活塞式制冷压缩机组的保养**

（1）一般活塞式制冷压缩机组的保养

1）活塞式制冷压缩机组的一级保养，具体内容如下。

①设备外表面的擦洗，要求无锈蚀、无油污。

②检查底脚螺钉、紧固螺钉是否松动。

③检查联轴器是否牢靠、传动带是否完好、松紧度是否合适。

④检查润滑油系统，保持油量适当、油路畅通、油标醒目。

⑤检查各调节机构，以保证其灵活可靠。

⑥检查轴封是否泄漏。

⑦检查各摩擦部位温度是否正常。

⑧监听传动机构的声音有无异常。

⑨检查冷却系统水温、水量是否正常。

⑩检查各阀门，保持开关灵活、可靠、无泄漏。

⑪擦拭各指示仪表，保持其明净醒目。

⑫调节安全阀，保持在规定压力范围内。

⑬检查膨胀阀及电磁阀。

⑭修补保温层。

⑮其他设备（如低压开关柜、电动机、离心风机、离心泵等）按一级保养处理。

2）活塞式制冷压缩机组的二级保养，具体内容如下。

①进行一级保养的各项内容。

②清洗气缸、活塞与机身，更换密封圈及易损件。

③检修与调整各轴瓦间隙（清洗或更换轴承）。

④清洗检查连杆。

⑤检查或更换进、排气阀片。

⑥检查能量调节机构。

⑦调整活塞间隙。

⑧清洗曲轴箱、齿轮油泵、油过滤器及油分离器，吹洗油管，更换润滑油。

⑨检修或更换已损坏的阀门及零件。

⑩校验各指示仪表。

⑪全面检查冷却系统、清理水池、冲洗管道、清除冷凝器及压缩机水套中的污垢及杂物。

⑫全面消除泄漏现象。

⑬检查高、低压继电器及油压继电器。

⑭修补保温层。

⑮其他附属设备按二级保养处理。

（2）半封闭活塞式制冷压缩机组的保养

1）长期停机（冬季停机）的保养

①将系统内冷媒集中至冷凝器，关闭压缩机吸、排气阀。

②放掉蒸发器、冷凝器内存水，以防结冰。

③定期按计划更换压缩机润滑油。

④清洗冷凝器（热交换器）管子。

⑤检查电线接头及接触器触点。

⑥检查冷冻水流量开关的控制效果（若已损坏，则应更换）。

⑦清洗散热片（热泵机组）。

2）压缩机的保养。若无特殊维护要求，只需常规检查以下各项：

①压缩机油位。

②毛细管接头的松紧。

③曲轴箱加热器。

3）有关机组的总维修保养

①机组和周围环境要尽可能保持清洁，且扫干净垃圾。

②定期揩干净暴露在外的管道上的灰尘和污垢。这样，就容易发现泄漏，及时修理。

③检查各螺钉、螺栓、螺母及接头的紧密性。适当紧固各紧固件，消除震动，防止泄漏。

④所有泡沫橡胶垫圈、管道绝缘材料、热交换器绝缘材料等，都应放置到位，并处于良好的状态。

⑤经常检查线电压和相位不平衡性是否在安全极限之内。

⑥建议常规保养时在面板铰链和锁上滴一滴油，避免出问题。

**2. 离心式制冷压缩机组的保养**

这里所说的是在不同停机周期内，对机组不同的维护保养内容及注意事项，使用者可参照并根据所使用机组的特点及实际条件制定出适于自己情况的保养措施。

（1）短期停机（一周内）

1）制冷剂可保留在机内。

2）每日记录机内压力，检查有无泄漏，但注意当水温升高时，制冷剂压力也升高，此时，可让冷冻水、冷却水循环降下压力。

3）情况允许时，每天使机组运转 10～15 min。

4）检查油槽油位、油温。油加热器应始终保持通电状态，油温保持在 50～60℃。如油位不足，则应添加部分润滑油。

（2）长期停机（3～6 个月）：如受条件限制，不考虑维修保养，则制冷剂可继续保留在机组内。但在环境温度较高的情况下（32℃），则需将制冷剂抽出，并充注氮气。如放置机器的地点，温度会降至冰点时，需放出冷冻水、冷却水及油冷却器内的冷却水，以免结冰。油冷却器中的水可用压缩空气吹出，并保持水箱排水口在开启位置。

（3）年度保养。离心机组一般全年连续使用时间为 4～6 个月后，应进行一次维护保养工作，具体内容如下。

1）机组内充入纯氮 35～55 kPa。将制冷剂压入干净容器中，将润滑油排入干净容器中。建议制冷剂取样与油取样应送有关部门进行分析，以确定是否有继续使用的价值。

2）检查润滑系统

①拆下油泵，拆卸后，检查有无严重磨损及油泵内部有无任何杂质，然后进行清洗。

②检查测量油泵电动机是否绝缘。

③检查及清洗油冷却器管路，并进行通水试验，检查是否存在堵塞或泄漏现象。

④清洗油室，更换油泵过滤网，并把油泵安装回原位。

3）抽气回收装置检查

①拆开抽气泵；检查各部件是否有磨损，以确定是否更换，清洗后装配还原。

②检查各阀、接头、管路是否畅通。

③检查浮球阀机构是否存在卡死或关不严等现象。

④测量抽气泵电动机的绝缘阻值。

⑤装配还原后，试运行 10 min，确认正常。

4）检查过滤器。拆下过滤器检查是否需要清洗或更换。

5）打开压缩机检修盖板

①检查大小齿轮的啮合面情况。观察有无点蚀、损角、裂纹等损伤。

②检查齿轮轴承情况。

③检查轴承温度探头的连接情况。

④检查润滑油接管。

6）打开节流室盖

①清洗节流室，以保证节流室内无铁锈、污垢及残留物。

②检查并清洗阀门。

③校正阀行程。

7）蒸发器、冷凝器保养

①打开蒸发器、冷凝器水室盖。

②检查冷冻水与冷却水侧是否有腐蚀现象。当管子中腐蚀比例占 80%以上时，则需对全部管子进行探伤，以确定管子的损伤比例。

③检查制冷剂侧是否有腐蚀现象，可根据制冷剂的分析、滤网上污物的成分、节流室内金属部件是否锈蚀等进行判断。当锈蚀大量存在时，则证明有大量空气和水分渗入机组内部，必须保证机组的气密性，并更换制冷剂。

④用清洗刷或用化学清洗法清洗冷凝器水管。

⑤检查水室隔板是否缺损，橡胶垫片是否失效。

8）检查导叶执行机构

①检查导叶连杆是否有弯曲、变形及严重锈蚀。

②检查连杆与曲柄的接头是否有锈蚀、卡住等现象。

③拆下曲柄与导叶电动机执行机构的连接螺钉，检查齿轮有无锈蚀及磨损情况。

9）主电动机的检查与保养

①测量主电动机的绝缘阻值。

②检查接线柱有无锈蚀、松动及泄漏情况。

③检查接地线是否有脱落。

10）启动柜、控制箱的检查与保养

①检查全部接线柱和布线，注意标志应清楚。

②清除启动柜内、控制箱内的灰尘。

③检查低压断路器、熔断器、接触器、继电器等，主要是检查机械结构有无生锈、磨损，弹簧或连杆是否折断等情况。

④检查接触器触点的粗糙度，并加以清理；检查弹簧与缓冲器是否动作正常，清除磁铁上的锈迹和脏污。

⑤检查各螺钉是否松动。

⑥检查接地线路。

⑦检查电流表、电压表，以确保其指示在允许误差范围内。

⑧检查各电流互感器二次电路，保证其不出现接线松动和断线，否则将出现异常高压，破坏绝缘。

⑨检查各温度探头是否有接触不良及断线等情况。

11）安全保护装置检查

①冷冻水、冷却水断水保护开关检查。

②低油压安全保护开关检查。

③制冷剂低压安全保护开关检查。

④冷凝器高压安全保护开关检查。

⑤抽气回收装置压差调节器整定。

（4）机组检查、保养注意事项

1）在机组检查、保养过程中，所拆卸的部件应清洗干净，统一存放并防尘、防湿。关键零件的测量与记录数据应存档。

2）机组所用润滑油也应预先订购，必须每年更换一次、不同牌号的油绝对不能混用。

3）上一年的“现场运行记录”等资料应整理存档，作为下一年制订机组“管理保养计划”的依据。

4）注意机组及周围的安全防范措施。

5）空调系统的其他配套设备、水泵、风机、冷却塔、空调器、风管、水路系统等的维护保养工作也应同时进行。

6）油加热器在停机期间应断掉电源。

**3. 螺杆式制冷压缩机组的保养**

（1）JZS－KF16－48 制冷压缩机组的保养。螺杆式制冷压缩机组的日常维护、保养应建立在日常的运行巡视检查基础上，只有这样，才能做到及时发现设备的问题及故障隐患，以便及时采取措施进行必要的调整和处理，以避免设备事故和运行事故的发生而造成不必要的经济损失。

对于螺杆式制冷压缩机组而言，在日常运行检查中，应注意以下问题。

1）机组运行中的振动情况是否正常。

2）机组在运转中的声音是否异常。

3）运转中压缩机本体温度是否过高或过低。

4）运转中压缩机本体的结霜情况。

5）能量调节机构的动作是否灵活。

6）轴封处的泄漏情况及轴封部件的温度是否正常。

7）润滑油温、油压及油液位是否正常。

8）电动机与压缩机的同轴度是否在允许范围。

9）电动机运转中的温升是否正常。

10）电动机运转中的声音、气味是否有异常。

11）机组中的安全保护系统（如安全阀、高压继电器、油压差继电器、压差控制器、温度控制器、压力控制器等）是否完好和可靠。

（2）螺杆式制冷压缩机组在长期停车情况下的保养

1）关闭冷凝器出液阀，将氟利昂抽至冷凝器内。

2）放净油冷却器、冷凝器、蒸发器内的积水，以免管子冻裂。

3）每周启动油泵约 10 min，以使润滑油分布到机内。

**4. 热泵型制冷压缩机组的保养**

（1）开利 30GQ 热泵型机组的保养

1）检查制冷剂充注量和水分。通过液管（30GQ100，120）上的视镜检查制冷剂量和含水量，当视镜中没有闪蒸时，说明制冷剂充填量适当，能提供 5℃及 5℃以上的液体过冷。如充注不足，则会产生闪蒸气体，且液体过冷也较少；必要时，要增用制冷剂。

视镜中心的指示针绿色表示制冷剂充注量适当，指示灯黄色表示有水分存在。此时，就应排出制冷剂进行处理，将整个机组重新抽成真空；然后，充注制冷剂。

2）充注制冷剂

①用充注管将制冷剂钢瓶（R22）与液管截止阀上的维修接口相连接。充注管先排尽空气。

②压缩机在“制冷”模式下开机，关闭液管截止阀，使吸气压力下降。

③慢慢打开套装表或制冷剂储罐上的充注阀门，并充注蒸汽制冷剂。如需要充注大量的制冷剂，则可以倾倒储罐，以便充填液体制冷剂。

④关闭充注阀，打开液管截止阀，机组运转 10 min 左右，检查视镜是否有气泡。

⑤重复第②、③、④步，直到视镜中不再出现闪蒸或气泡为止。

注意，千万不能在机组的低压侧或压缩机的排气维修接口中加入液体制冷剂；充注量不得过多，因为制冷剂过量会升高冷凝温度，降低机组冷量。

3）充注冷冻油。机组在出厂之前已充足冷冻油。油位应当在视镜的 1/8～3/8 高度。

4）水管的保养。水管保养的关键是水处理，以防止水垢和腐蚀，并保护水管和有关装置在严冬时不被冻结损坏。

①保证热交换器中的水质良好，经常检查水管的滤网，并且及时排出空气。

②长时间关机时，热交换器的保养可参考关机说明。

5）清洗盘管。定期检查盘管是否堵塞。用毛刷、吸尘器或压缩空气等去除翅片之间的灰尘和杂质。拆去风扇挡板，用低压水冲洗盘管上部，或从机组内部向外冲洗，不可将水淋在风机电动机上。

6）风机润滑。风机电动机的轴承是永久润滑的，不需要再做润滑处理。如果电动机有尖叫声，则应调换风机电动机。

（2）约克 AWHC 热泵型机组的保养

1）预防性维护保养。由于约克 AWHC 型机组的设计考虑机组能连续地运行，因此正确的做法是每天或每周对机组做常规运行检查，以确保运行时一切良好。特别要检查曲轴箱的油位、视镜中的温度指示以及空气盘管上是否有障碍物，如树叶、纸片等。

2）每日维护保养

①油位。压缩机满负荷运行后半小时，油位应在上视镜的中线位；压缩机部分负荷运行时，油位也可能在下视镜的中线位，但不应降到低于中线位。当压缩机又回到满负荷运行时，油位又会回到上视镜的中线位。压缩机满负荷运行半小时后，经检查油位需要补充油才可添加。

机组刚启动时，由于油在停机期间吸收有冷媒，油位可能较高。但运行片刻后，冷媒受热从油中蒸发，这样，油位就正常地在上视镜的中线位。如果停机期间油加热器工作就不会出现油位较高的现象。

②油压。油压应比吸气压力高（3～6）$\times10^5$ Pa 或 43～85 磅/平方英寸。如果油压降到 1.4$\times10^5$ Pa（即 20 磅/平方英寸），油故障开关会使压缩机停机。

③运行工况。检查运行压力和温度是否在范围内，这些压力和温度是按冷媒为 R22 给出的。

④冷媒充注。要注意在正常运行时液体管路视镜中的冷媒应无气泡而且湿度指示是干燥的。

⑤空气盘管。检查空气盘管的表面是否清洁，其表面应无脏物、树叶、纸片及砂粒等。如果有，应清除这类脏物，以免堵塞盘管。

⑥检查冷媒管路是否有渗漏，如有渗漏应立即修复。在修理时，残剩的冷媒应按约克维修指南所述，安全地转移到储存筒内。

⑦压缩机润滑油的颜色。新油应是清洁纯净的，并且在运行了相当长的时间后仍应保持好的状况。如果油变成深褐色（有时也可能变得稍浅色），则说明油中有水或杂质已受污染，应换油。每台压缩机的注油量是 1.33 L。

3）年度维护保养

①风机电动机轴承的润滑。风机电动机的滚珠轴承制造厂已加油润滑并密封。每年检查这些轴承，如果润滑状况明显不好（可以根据润滑脂的颜色以及密封情况或轴承材料颜色变化来判断）就该更换并配推荐的润滑脂和密封圈，或者更换整个轴承组件。轴承更换必须达到相应的配合。

轴承的寿命取决于工作温度，这个温度因安装使用不同而异。例如，位于北欧运行的机组，电动机在较低温度下工作，其轴承和润滑脂的寿命就比安装在气候较为温暖的地中海地区的要长些。

②压缩机油。放出一点油样做仔细检查。如有必要应将每个系统中的油放干并重新灌注新油。如果可能，这项工作应在机组运行一段时间后，曲轴箱油中含冷媒量最少时进行。

要特别注意检查油中是否有金属颗粒，它会使轴件、曲轴或连杆受磨损。

③吸气阀与排气阀。只能由生产商的维修人员检查。

④切断电流的情况下，检查确保接触器上的接点，过载保护器、端子排以及压缩机电动机端子排上的接头连接紧密牢靠。

⑤检查压缩机接触器的触点是否磨蚀。按压力与温度设定值表给出的值，检查机组运

行及安全保护的设定值。水流开关的运行情况也应检查。

⑥检查系统中水的 pH 值，一般应为 7～8.5。

**5. 溴化锂双效吸收式冷水机组的保养**

（1）蒸汽双效溴化锂吸收式冷水机组的保养

1）短期停机的保养。短期停机（不超过 1～2 周）时，制冷机的保养工作主要是保持机内的真空度，若发现有空气泄入机内，则应及时启动真空泵抽除。此外，还应注意环境温度的变化，以防溶液结晶。如果停机期间，需要检修、更换屏蔽泵或阀，切忌机内长时间暴露大气。因此，检修工作应事先计划好并迅速完成，以防腐蚀。

2）长期停机的保养。长期停机时，应特别注意机器的维护保养，以保证机器具有良好的使用性能。长期停机的保养工作主要有如下几个方面。

①将蒸发器内的冷剂水全部旁通至吸收器，使溶液充分混合稀释，然后放至储液罐。

②清洗传热管，打开吸收器、冷凝器、蒸发器水盖，检查传热管。若管内积有泥沙、飞花等脏物，则可用清洗工具或机械方法予以清除。若管内结垢，则应采用化学方法清洗。

③将吸收器、冷凝器、蒸发器传热管及封盖内的积水放尽，以防管子冻裂。

④机内充以 0.02～0.03 MPa（表）的氮气或保持真空，防止空气泄入。

⑤经常（1～2 周）检查机器的密封情况，若充氮压力或真空度降低时，应及时检漏，以保持良好的密封性能。

⑥检修或更换性能低下的零部件，如屏蔽泵的石墨轴承、真空泵的旋片弹簧、隔膜阀密封圈、隔膜、自控元件、疏水器等。在更换真空系统零部件时，切忌机内长期暴露大气。

⑦对于溴化锂溶液的处理，若机内放出的溶液混浊，颜色由淡黄变为暗红色、黑色或绿色，则应进行处理，其方法如下。

a. 沉淀法：将溴化锂溶液置于一大缸内，放置一定时间后，沉淀物即沉积于缸底，则溶液澄清，然后，从上面将干净的溶液抽出。

b. 过滤法：最好使用网孔为 3 μm 的丙烯过滤器，也可先将溶液沉淀一二天后再过滤，但切忌使用棉质纤维素制成的过滤器。

测定溶液中的铬酸锂含量及 pH 值，并调整至所需的范围。

⑧所有电气设备及仪表均应防止受潮。

⑨其他，如外表面油漆等。

3）定期检查。为了保持制冷机的良好性能和安全运转，无论停机或运转期间，均应对机器进行定期检查。定期检查项目见表 2—2。

表 2—2　　**定期检查项目**

| 项目 | 定期检查内容 | 定期检查时间 | | | |
|---|---|---|---|---|---|
| | | 日 | 周 | 月 | 年 |
| 旋片式真空泵 | 1. 油的污染与乳化 | • | | | |
| | 2. 真空泵性能 | | | • | |
| | 3. 传动带的松紧性 | | | • | |
| | 4. 电动机的绝缘性能 | | | • | |
| | 5. 带放气真空电磁阀的动作 | | | | • |
| 自控元件 | 1. 给定值是否合适 | | | | • |
| | 2. 动作是否正常 | | | • | |
| 发生器泵、吸收器泵、蒸发器泵 | 1. 有无不正常响声 | • | | | |
| | 2. 电动机的电流是否超过正常值 | | | • | |
| | 3. 电动机的绝缘性能 | | | | • |
| | 4. 叶轮的拆检和回液管的清洗 | | | | • |
| | 5. 石墨轴承磨损程度的检查 | | | | • |
| 溴化锂溶液 | 1. 溶液的浓度 | | • | | |
| | 2. 溶液的清洁程度，决定是否处理 | | | | • |
| | 3. 溶液的 pH 值与含铬酸锂的浓度 | | | • | • |
| 冷剂水 | 冷剂水被污染情况的测定，决定是否再生 | | • | | |
| 传热管 | 1. 管内壁的腐蚀情况 | | | | • |
| | 2. 管内壁的结垢情况 | | | | • |
| 机器的密封性 | 测定“屏”真空 24 h 后，真空度的下降值 | | • | • | • |
| 隔膜式真空阀 | 1. 密封度 | | | | • |
| | 2. 橡皮隔膜的老化程度 | | | | • |
| 压力表、流量计、控制箱 | 1. 指数值准确度的校验 | | | | • |
| | 2. 电器绝缘性能 | | | | • |
| | 3. 电气开关的动作可靠性 | | | | • |

（2）直燃型溴化锂吸收式冷温水机组的保养

1）每天的维护

①记录机组和系统数据。

②观察燃烧器火焰变化。

③检查燃料、水路泄漏、振动、不正常的温度及噪声。

2）每月的维护

①确定吸收损失（制冷时）。

②检查制冷/供热能量控制调节。

③检查燃烧器控制及连接。

④检查火焰、燃气、测量仪表。

3）每两个月的维护

①检查低温切断（制冷时）。

②检查稀释阀是否开启。

③检查其他限位及安全仪表。

④清洁火焰探测器，需要时观察窗口。

⑤检查靶式流量计，需要时更换。

4）每 6 个月的维护（制冷/供热转换时）

①检查冷剂量（制冷时）。

②检查辛醇量（制冷时）。

③排除废气。

④燃烧器点火测试。

⑤溶液样品分析。

5）每年的维护（制冷/供热转换时或停机时）

①检查管子结垢及堵塞情况。

②检查/调节温度传感器。

③进行火焰熄火及调节装置开关试验。

6）每两年的维护

①更换阀的隔膜。

②换高温发生器液位电极棒。

③检查/更换加热器。

④检查/更换火焰探测器。

⑤检查/更换温度开关及压力开关。

7）每 3 年的维护。更换靶式流量计

8）每 5 年或 20 000 h 维护（以先到为准）

①检查屏蔽泵。

②过滤或再生溶液。

③检查控制马达，需要时更换。

④检查燃烧器控制、风机、阀及开关，需要时更换。

⑤检查高温发生器内的浮球阀。

⑥检查燃烧器（需要时修理）及后部烟室。

⑦对所有传热管包括烟管进行无损试验。

⑧检查及清洗溶液管路上的过滤器。

⑨检查制冷/供热转换阀，需要时更换零件。

9）内部维护。为了防止空气对机组的腐蚀，在打开机组进行维护或修理时，要使用氮气充入机组。当机组打开时，应持续向机组内充入约 0.01 MPa 压力的氮气，以减少空气量。

维护作业应尽可能地快速、有效并尽快闭合机组。当暴露于空气中时，不能指望防腐剂的防腐作用。机组闭合后，要全面检漏。

## 二、活塞式冷水机组的故障分析与判断

### 1. 活塞式冷水机组的故障分析与判断（表 2—3）

**表 2—3　　活塞式冷水机组的故障分析与判断**

| 故障 | 原因 | 排除 |
| --- | --- | --- |
| 压缩机不运转（电气原因） | 电源没电、保险丝熔断、三相电缺相或相间不平衡、压力继电器动作 | 检查电源、换保险丝，排除缺相或不平衡，检查压力，修复继电器 |
| 压缩机启动后又停止 | 启动补偿器接线错误或电动机接法错误 | 检查线路或改装电路 |
| 压缩机开、停频繁 | 1. 制冷系统压力不正常（压力高）<br>2. 压力继电器调整不当<br>3. 制冷系统压力太低 | 1. 检查高压，使压力重新调整正常（调高）<br>2. 检查调整压力继电器<br>3. 是否漏氟或堵塞 |
| 压缩机不停机 | 1. 制冷剂不足或泄漏<br>2. 温度控制器、压力继电器、电磁阀失灵 | 1. 检漏、补足制冷剂<br>2. 检查后修复或更换 |
| 压缩机不运转（机械原因）或启动后停机 | 1. 卡住或抱轴<br>2. 油压不正常使油压继电器动作<br>3. 压缩机的截止阀、冷却水阀、出液阀等未打开<br>4. 温度控制器调整不当<br>5. 电磁阀故障 | 1. 打开机盖检查，修理<br>2. 检查油路和供油情况<br>3. 检查并使阀开启<br>4. 重新调整<br>5. 检查并修复 |

续表

| 故障 | 原因 | 排除 |
|---|---|---|
| 压缩机启动时无油压 | 1. 油泵传动件失灵<br>2. 油泵进油口堵塞<br>3. 油压表失灵<br>4. 油泵限制器不灵 | 1. 拆开修理<br>2. 去除污物<br>3. 更换油压表<br>4. 拆下油泵盖，检修销子、加油 |
| 气缸有敲击声 | 1. 活塞顶部与排气阀相撞<br>2. 阀片破损<br>3. 活塞及活塞环卡住<br>4. 活塞环磨损<br>5. 液击<br>6. 阀的弹簧压力不够<br>7. 阀的螺钉松动<br>8. 冷冻油过多或不纯<br>9. 有异物落入 | 1. 加大间隙<br>2. 更换<br>3. 加润滑油或取出检修<br>4. 更换<br>5. 查明原因、排除<br>6. 加大弹力<br>7. 紧固<br>8. 清洗气缸，换油<br>9. 检查并取出 |
| 气缸磨损 | 1. 气缸与活塞间隙过小<br>2. 气缸内落入异物<br>3. 冷冻油内有杂质<br>4. 冷冻油不纯、型号不对<br>5. 温度不正常<br>6. 活塞环间隙或锁口尺寸不对 | 1. 按规定重新调整<br>2. 检查后取出<br>3. 更换<br>4. 更换<br>5. 不可过热、过湿<br>6. 调整 |
| 曲轴箱内有杂音 | 1. 间隙过大<br>2. 配合松弛<br>3. 螺栓松动或开口销折断<br>4. 轴承润滑不良 | 1. 检查连杆大小头轴瓦与曲柄之间、曲轴与主轴承之间的间隙，并重新调整<br>2. 检查飞轮与轴或键之间的配合，重新调整或修理<br>3. 将松动部分紧固，更换开口销<br>4. 加大油量或排除油路故障 |
| 轴封漏油 | 1. 耐油橡胶圈损坏<br>2. 接触面损坏 | 1. 更换<br>2. 修复或更换 |
| 轴封漏气 | 1. 缺油或进油管堵塞<br>2. 轴封密封不良 | 1. 加油，排除油路堵塞<br>2. 更换 |
| 油压压力继电器使压缩机启动后又停止 | 油压不正常或缺油 | 调整油压、加油；检查油路去除堵塞 |
| 油压过低 | 1. 油量不足<br>2. 调节失灵<br>3. 油过滤网堵塞<br>4. 进油口堵塞<br>5. 真空条件下运转<br>6. 油泵磨损 | 1. 补充油<br>2. 检查调整油压调节阀<br>3. 拆下清洗<br>4. 去除堵塞物<br>5. 检查后调整<br>6. 修复或更换 |

续表

| 故障 | 原因 | 排除 |
| --- | --- | --- |
| 油压很快下降 | 1. 吸油过滤网堵塞<br>2. 油量不足<br>3. 漏油<br>4. 曲轴箱的油混有液态制冷剂<br>5. （起泡）油泵吸入有泡沫的油 | 1. 拆下清理<br>2. 补足<br>3. 检查后补漏<br>4. 抽出制冷剂<br>5. 换油 |
| 油压过高 | 1. 油压调节不当<br>2. 加油过量<br>3. 油管堵塞<br>4. 油压表不准 | 1. 重新调整（放松弹簧）<br>2. 放油<br>3. 检查清洗<br>4. 更换 |
| 油温过高 | 1. 排气温度过高<br>2. 油冷却不好<br>3. 压缩机压差大<br>4. 装配间隙过小 | 1. 排除压力升高原因<br>2. 加大冷却水量<br>3. 调整工况<br>4. 重新调整 |
| 电动机过热 | 1. 电压低，造成电流大<br>2. 冷冻油不足，润滑不良<br>3. 超载运转<br>4. 制冷剂内混有空气<br>5. 电动机绕组绝缘破损 | 1. 检查原因<br>2. 加油<br>3. 不可超载<br>4. 排空气<br>5. 检查并更换电动机 |
| 排气温度过高 | 1. 排气阀片、垫片破损串气<br>2. 吸气过热度大<br>3. 气缸冷却不好<br>4. 分离器出液口太小<br>5. 负荷大 | 1. 检查后更换<br>2. 增加过液量<br>3. 加大冷却水量<br>4. 更换大口径出液管<br>5. 减少负荷 |
| 排气温度过低 | 1. 回液（压缩机吸入液体）<br>2. 膨胀阀供液太多<br>3. 冷负荷不足 | 1. 减少吸气阀开度<br>2. 调整，使回气过热为5～10℃<br>3. 调整 |
| 吸气温度过高 | 1. 制冷剂不足或泄漏<br>2. 蒸发器内制冷剂不足<br>3. 膨胀阀开度过小 | 1. 检漏，补足制冷剂<br>2. 调整供液量<br>3. 加大开度，使吸气温度比蒸发温度高5～10℃ |
| 吸气压力过高 | 1. 制冷剂过量<br>2. 热负荷过大<br>3. 膨胀阀开度不当<br>4. 感温包安装不牢<br>5. 压缩机排量减少<br>6. 油分离器回油失灵 | 1. 放出多余制冷剂<br>2. 调整负荷<br>3. 调整适当<br>4. 重新包扎<br>5. 检查阀片，修复或更换<br>6. 检查修复或手动回油 |

续表

| 故障 | 原因 | 排除 |
| --- | --- | --- |
| 吸气压力过低 | 1. 有堵塞<br>2. 制冷剂不足<br>3. 润滑油太多<br>4. 蒸发器脏堵<br>5. 膨胀阀开度太小<br>6. 膨胀阀有脏堵<br>7. 感温包泄漏<br>8. 供液管上的截门、出液阀开度不够<br>9. 电磁阀故障<br>10. 液管堵塞<br>11. 过滤器堵塞 | 1. 去除系统内的杂物<br>2. 补足<br>3. 放出一部分<br>4. 清洗去污<br>5. 调整<br>6. 检查清洗<br>7. 更换<br>8. 开足<br>9. 检修并更换<br>10. 清除<br>11. 拆下清洗 |
| 排气压力过低 | 1. 冷凝器的冷却过强<br>2. 制冷剂不足或有泄漏<br>3. 压缩机排气阀漏气<br>4. 能量调节不当 | 1. 减少冷却水量<br>2. 检漏，补充制冷剂<br>3. 检修或更换<br>4. 检修 |

## 2. 半封闭活塞式冷水机组的故障分析与判断（表 2—4）

表 2—4　　半封闭活塞式冷水机组的故障分析与判断

| 故障 | 原因 | 排除 |
| --- | --- | --- |
| 压缩机不运转 | 1. 电源开路<br>2. 控制电路断流器开路<br>3. 电源断路器跳闸<br>4. 冷凝器循环泵不运转<br>5. 终端连接松开<br>6. 控制部接线不当<br>7. 线电压低<br>8. 压缩机热敏开关开路<br>9. 压缩机电动机故障<br>10. 压缩机卡住 | 1. 断流器复位<br>2. 检查控制电路的接地，是否短路，使断流器复位<br>3. 检查控制器，找出跳闸原因，使断流器复位<br>4. （1）电源断开——重新启动<br>（2）泵咬紧——松开泵<br>（3）接线不正确——重新接线<br>（4）泵电动机烧坏——调换<br>5. 检查接头<br>6. 检查接线并重新接线<br>7. 检查电压，确定压降位置并做纠正<br>8. 找出原因，使之复位<br>9. 检查电动机绕组是否开路或短路；必要时，可调换压缩机<br>10. 调换压缩机 |

续表

| 故障 | 原因 | 排除 |
| --- | --- | --- |
| 低压控制开关接通，压缩机关机 | 1. 低压控制器动作不正常<br>2. 阀位置不当<br>3. 压缩机吸气截止阀部分闭合<br>4. 制冷剂量不足<br>5. 压缩机吸气滤网堵塞 | 1.（1）升高压差整定值<br>（2）检查毛细管是否折皱<br>（3）调换控制器<br>2. 换阀板<br>3. 打开阀<br>4. 加冷剂<br>5. 洗净滤网 |
| 高压控制开关接通，压缩机关机 | 1. 高压控制开关动作不正常<br>2. 压缩机排气阀部分闭合<br>3. 系统中有不凝气体<br>4. 冷凝器结垢<br>5. 接收器排放不当，使制冷剂回到蒸发冷凝器<br>6. 冷凝水泵不工作 | 1. 检查毛细管是否折皱，根据需要整定控制开关<br>2. 打开阀或如果坏了换新的<br>3. 系统驱气<br>4. 清除干净<br>5. 按需要重新排管，并提供适当排放措施<br>6. 启动泵，修理或调换 |
| 机组长时间工作或连续工作 | 1. 制冷剂量不足<br>2. 控制器夹紧接触点熔断<br>3. 系统中有不凝气体<br>4. 膨胀阀或滤网堵塞<br>5. 绝热层失效<br>6. 冷却负载过大<br>7. 压缩机效率不足 | 1. 加制冷剂<br>2. 换控制器<br>3. 驱气<br>4. 清洗或换新<br>5. 调换或修补<br>6. 门、窗关好<br>7. 检查各阀，必要时，做调换 |
| 系统有噪声，压缩机耗油多 | 1. 管道振动<br>2. 膨胀阀有“嘶”声<br>3. 压缩机有噪声<br>4. 系统漏油<br>5. 压缩机检漏阀堵塞或粘住<br>6. 油淤积在管路里<br>7. 关机时曲轴箱加热未通电 | 1.（1）正确支撑管道<br>（2）检查管接头是否松开<br>2.（1）加制冷剂<br>（2）检查液体线路滤网是否堵塞<br>3.（1）检查阀顶是否有噪声<br>（2）换压缩机（轴承已磨损）<br>（3）检查压缩机的螺栓是否松开<br>4. 补漏<br>5. 修补或换机<br>6. 检查管路是否有油淤积<br>7. 调换加热器，检查接线和辅助接触器 |
| 吸气管路结霜或出汗 | 膨胀阀校正不当 | 调节膨胀阀 |

续表

| 故障 | 原因 | 排除 |
| --- | --- | --- |
| 液体管路发热 | 1. 由于泄漏而缺少制冷剂<br>2. 膨胀阀校正不当 | 1. 修补并重新填充制冷剂<br>2. 调节膨胀阀 |
| 液体管路结霜 | 1. 接收器截止阀部分闭合或受堵<br>2. 干燥过滤器受堵 | 1. 打开阀，去除堵塞物<br>2. 去除堵塞物或调换干燥过滤器 |
| 压缩机不卸载 | 1. 线圈烧坏<br>2. 针阀粘住<br>3. 旁通端（低侧）堵塞<br>4. 旁通活塞弹簧疲软 | 1. 换线圈<br>2. 清洗<br>3. 清洗<br>4. 换新 |
| 压缩机不上载 | 1. 针阀粘住<br>2. 电磁阀接错线<br>3. 旁通端口滤网堵塞（高侧） | 1. 清洗<br>2. 纠正接线<br>3. 清洗 |

## 三、离心式冷水机组的故障分析与判断（表 2—5）

**表 2—5　　离心式冷水机组的故障分析与判断**

| 故障 | 原因 | 排除 |
| --- | --- | --- |
| 压缩机启动不了 | 1. 电动机电源故障<br>2. 导叶不能全关<br>3. 控制线路熔断器断线<br>4. 过载继电器动作 | 1. 检查电源，恢复供电<br>2. 将导叶自动—手动切换开关换至手动位置上，并手动将导叶关闭<br>3. 检查熔断器并进行更换<br>4. 按下继电器的复位开关或检查继电器的电流设定值 |
| 压缩机转动不平稳出现振动 | 1. 油压过高<br>2. 轴承间隙过大<br>3. 防振装置调整不良<br>4. 密封填料和旋转体接触<br>5. 增速齿轮磨损<br>6. 轴弯曲<br>7. 齿轮连轴节齿面污垢磨损 | 1. 降低油压至给定值<br>2. 调整间隙或更换轴承<br>3. 调整弹簧或更换<br>4. 调整间隙，消除接触<br>5. 修理或更换<br>6. 修理、校正<br>7. 调整、清洗或更换 |
| 电动机过负荷 | 1. 制冷负荷过大<br>2. 压缩机吸入液体制冷剂<br>3. 冷凝器冷却水温过高<br>4. 冷凝器冷却水量减少<br>5. 系统内有空气 | 1. 减少制冷负荷<br>2. 降低蒸发器内制冷剂液面<br>3. 降低冷却水温<br>4. 增加冷却水量<br>5. 开启抽气回收装置，排出系统内的空气 |

续表

| 故障 | 原因 | 排除 |
|---|---|---|
| 压缩机喘振 | 1. 冷凝压力过高<br>2. 蒸发压力过低<br>3. 导叶开度太小 | 1. 开启抽气回收装置，排出系统内的空气<br>2. 清除铜管壁污垢<br>3. 增加冷却水量，检查冷却水过滤器<br>4. 检查冷却塔的工作情况<br>5. 检查制冷剂量，如不足应增加<br>6. 调整导叶风门的开度<br>7. 检查浮球阀的开度 |
| 冷凝压力过高 | 1. 机组内渗入空气<br>2. 冷凝器管子污垢<br>3. 冷却水量不足，使循环不正常<br>4. 冷却水温过高 | 1. 开动抽气回收装置，排除空气<br>2. 清洗冷凝器水管<br>3. 增加冷却水量，检查过滤器<br>4. 降低冷却水温，检查冷却塔的工作情况 |
| 蒸发压力过低 | 1. 制冷剂不足<br>2. 蒸发器管子污垢<br>3. 浮球阀动作失灵<br>4. 制冷剂不纯<br>5. 制冷负荷减少<br>6. 水路中有空气 | 1. 增加制冷剂<br>2. 清洗蒸发器水管<br>3. 检修浮球阀<br>4. 提纯或更换制冷剂<br>5. 关小进口导叶<br>6. 打开放气阀 |
| 蒸发压力过高 | 1. 制冷负荷加大<br>2. 浮球室液面下降，没有形成液封 | 1. 开足导叶风门<br>2. 检修浮球阀 |
| 压缩机排气温度过低 | 蒸发器液面太高或吸入了液态制冷剂 | 取出多加入的部分制冷剂 |
| 油压过低 | 1. 油内含有制冷剂，使油变稀<br>2. 油过滤器堵塞<br>3. 油区调节阀失灵<br>4. 均压管阀开度过大，使油箱内压力过低<br>5. 油面过低<br>6. 油泵故障 | 1. 提高油温，减少油冷却器水量<br>2. 清洗过滤器<br>3. 研磨修理调节阀<br>4. 减少均压管的开度<br>5. 补充油到规定液位<br>6. 检修油泵，排除故障 |
| 油压过高 | 1. 调节阀失灵<br>2. 压力表至轴承间堵塞 | 1. 检修调节阀<br>2. 拆卸清洗 |
| 油压波动激烈 | 1. 油压表故障<br>2. 油路中有空气或气体制冷剂<br>3. 油压调节阀失灵 | 1. 修理或更换<br>2. 打开油路中最高处的管接头放气<br>3. 检修或更换 |
| 轴封漏油并伴有温度升高现象 | 1. 机械密封损坏<br>2. 油循环不良<br>3. 油压降低 | 1. 更换新元件<br>2. 检查，清洗油路系统<br>3. 用调节阀增大油压 |

续表

| 故障 | 原因 | 排除 |
| --- | --- | --- |
| 轴承温度过高 | 1. 轴瓦磨损<br>2. 润滑油污染或混入水<br>3. 油冷却器有污垢<br>4. 油冷却器冷却水量不足<br>5. 压缩机排气温度过高 | 1. 更换轴瓦<br>2. 更换新油<br>3. 清洗冷却器或更换<br>4. 检查冷却器水路系统<br>5. 参见冷凝压力过高故障的相关解决办法 |
| 机器严重腐蚀 | 1. 机器气密性不好，有空气渗入<br>2. 冷冻水、冷却水的水质不好<br>3. 润滑油质不 | 1. 查检渗漏部位，修复<br>2. 进行水质处理，改善水质，添加缓蚀剂<br>3. 更换润滑油 |

## 四、螺杆式冷水机组的故障分析与判断（表 2—6）

**表 2—6　　螺杆式冷水机组的故障分析与判断**

| 故障 | 原因 | 排除 |
| --- | --- | --- |
| 不能启动 | 1. 排气压力高<br>2. 排气止回阀泄漏<br>3. 能量调节未在零位<br>4. 机内积油或液体过多<br>5. 部分机械磨损<br>6. 压力继电器故障或调定压力过低 | 1. 打开吸气阀，使高压气体回到低压系统<br>2. 检查止回阀<br>3. 卸载复原至 0%<br>4. 用手盘压缩机联轴器，将机腔内积液排出<br>5. 拆卸检修、更换、调整<br>6. 同上 |
| 机组启动后连续振动 | 1. 机组地脚螺栓未紧固<br>2. 压缩机与电动机轴线错位偏心<br>3. 压缩机转子不平衡<br>4. 机组与管道的固有振动频率相同而共振<br>5. 联轴器平衡不良 | 1. 塞紧调整垫块，拧紧地脚螺栓<br>2. 重新找正联轴器与压缩机同轴度<br>3. 检查、调整<br>4. 改变管道支撑点位置<br>5. 校正平衡 |
| 机组启动后短时间振动，然后稳定 | 1. 吸入过量的润滑油或液体<br>2. 压缩机积存油而发生波击 | 1. 停机用手盘车使液体排出<br>2. 将油泵手动启动，一段时间后再启动压缩机 |
| 运转中有异常响声 | 1. 转子内有异物<br>2. 止推轴承磨损破裂<br>3. 滑动轴承磨损，转子与机壳磨损<br>4. 运转连接件（联轴器等）松动<br>5. 油泵汽蚀 | 1. 检修压缩机及吸气过滤器<br>2. 更换<br>3. 更换滑动轴承，检修<br>4. 拆开检查，更换键或紧固螺栓<br>5. 检查并排除汽蚀原因 |

续表

| 故障 | 原因 | 排除 |
|---|---|---|
| 压缩机无故自动停机 | 1. 高压继电器动作<br>2. 油温继电器动作<br>3. 精滤器压差继电器动作<br>4. 油压差继电器动作<br>5. 控制电路故障<br>6. 过载 | 1. 检查、调整<br>2. 检查、调整<br>3. 拆洗精滤器、调整<br>4. 检查、调整<br>5. 检查修理控制线路元件<br>6. 检查原因 |
| 制冷能力不足 | 1. 喷油量不足<br>2. 滑阀不在正确位置<br>3. 吸气阻力过大<br>4. 机器磨损间隙过大<br>5. 能量调节装置故障 | 1. 检查油泵、油路、提高油量<br>2. 检查指示器指针位置<br>3. 清洗吸气过滤器<br>4. 调整或更换部件<br>5. 检修 |
| 能量调节机构不动作或不灵 | 1. 四通阀不通，控制回路故障<br>2. 油管路或接头不通<br>3. 油活塞间隙过大<br>4. 滑阀或油活塞卡住<br>5. 指示器故障：①定位计故障；②指针凸轮装配松动<br>6. 油压不高 | 1. 检修四通阀和控制回路<br>2. 检修吹洗<br>3. 检修更换<br>4. 拆卸检修<br>5. 检修<br>6. 调整油压 |
| 排汽温度或油温过高 | 1. 压缩比过大<br>2. 油冷却器传热效果不佳<br>3. 吸入过热气体<br>4. 喷油量不足 | 1. 降低压缩比或减少负荷<br>2. 清除污垢、降低水温、增加水量<br>3. 提高蒸发系统液位<br>4. 提高油压或检查原因 |
| 压缩机机体温度高 | 1. 机体摩擦部分发热<br>2. 吸入气体过热<br>3. 压缩比过高<br>4. 油冷却器传热效果差 | 1. 迅速停机检查<br>2. 降低吸气温度<br>3. 降低排气压力或负荷<br>4. 清洗油冷却器 |
| 耗油量大 | 1. 一次油分离器中油过多<br>2. 二次油分离器有回油 | 1. 放油至规定油位<br>2. 检查回油通路 |
| 油压不高 | 1. 油压调节阀调节不当<br>2. 喷油过大<br>3. 油量过大或过小<br>4. 内部泄漏<br>5. 转子磨损、油泵效降低<br>6 油路不畅通（精滤器堵塞）<br>7. 油量不足或油质不良 | 1. 调整油压调节阀<br>2. 调整喷油阀，限制喷油量<br>3. 检查油冷却器，提高冷却能力<br>4. 检查更换“O”形环<br>5. 检修或更换油泵<br>6. 检查吹洗油滤器及管路<br>7. 加油或换油 |

续表

| 故障 | 原因 | 排除 |
| --- | --- | --- |
| 油压上升 | 1. 制冷剂溶于油内<br>2. 进入液体制冷剂 | 1. 继续运转，以提高油温<br>2. 降低蒸发系统液位 |
| 压缩机及油泵油封漏油 | 1. 磨损<br>2. 装配不良造成偏磨振动<br>3. “O”形密封环变形腐蚀<br>4. 密封接触面不平 | 1. 运转一个时期，并观察是否好转，若无好转，则须停机检查<br>2. 拆卸检查调整<br>3. 检修<br>4. 检查更换 |
| 停车时压缩机反转不停（有几次反转是正常的） | 1. 吸入上回阀卡住，未关闭<br>2. 吸入止回阀弹簧弹性不足 | 1. 检修<br>2. 检查、更换 |
| 制冷剂大量泄漏 | 1. 蒸发器传热管冻裂<br>2. 传热管与管板胀管处未胀紧 | 1. 换管<br>2. 将冷凝器、蒸发器端盖拆下，检查胀管处是否泄漏，在泄漏处，用胀管工具重新胀紧 |

## 五、热泵型冷水机组的故障分析与判断

### 1. 开利 30GQ 热泵型冷水机组的故障分析与判断（表 2—7）

表 2—7　　开利 30GQ 热泵型冷水机组的故障分析与判断

| 工作模式 | 故障 | 原因 | 排除 |
| --- | --- | --- | --- |
| 制冷制热 | 压缩机不运转 | 1. 电源线断路<br>2. 接线不正确<br>3. 主要装置故障<br>4. 控制继电器、低压变压器、压缩机接触器、微处理控制器、压力开关、排气温度保护开关、断路器等故障<br>5. 未联锁<br>6. 压缩机烧坏<br>7. 电源电压低 | 1. 检查电源熔丝和开关<br>2. 检查接线，并重接<br>3. 调换故障装置<br>4. 调换故障设备<br>5. 联锁<br>6. 换压缩机<br>7. 检查电源 |

续表

| 工作模式 | 故障 | 原因 | 排除 |
|---|---|---|---|
| 制冷 | 低压开关动作，压缩机反复开停 | 1. 低压开关动作不正常<br>2. 压缩机吸气阀部分关闭<br>3. 制冷剂量不足<br>4. 膨胀阀工作不正常<br>5. 液线阀部分关闭<br>6. 冷水流量不足 | 1. 更换低压开关<br>2. 打开阀门<br>3. 增加制冷剂<br>4. 换膨胀阀<br>5. 打开液线阀<br>6. 检查滤网 |
| | 高压开关动作，压缩机反复开转 | 1. 高压开关动作不正常<br>2. 压缩机排气阀部分关闭<br>3. 制冷剂充注过量<br>4. 盘管堵塞<br>5. 风机不运转 | 1. 更换高压开关<br>2. 打开阀门<br>3. 检查过冷，排出适量制冷剂<br>4. 清除堵塞<br>5. 检查接线<br>6. 检查电容器和电动机<br>7. 必要时，调换 |
| 制热 | 高压开关动作，压缩机反复开停 | 1. 高压开关动作不正常<br>2. 压缩机排气阀部分关闭<br>3. 制冷剂充注过量<br>4. 水源量不足 | 1. 换高压开关<br>2. 打开阀门<br>3. 检查过冷，排出适量制冷剂<br>4. 检查滤网<br>5. 排出系统中的空气 |
| | 压缩机启动时风机不运转 | 1. 风机电动机故障<br>2. 风机和电动机轴由于下雪结冻 | 1. 换风机电动机<br>2. 除霜、除雪 |
| | 吸气压力高或低或无过热 | 1. 膨胀阀坏<br>2. 单向阀坏 | 1. 换膨胀阀<br>2. 换单向阀 |
| | 吸气压力过低 | 1. 制冷剂不足<br>2. 不能除霜<br>3. 盘管堵塞 | 1. 检查过冷，充填适量制冷剂<br>2. 检查除霜继电器<br>3. 清洁盘管 |

2. 约克 AWHC 热泵型冷水机组的故障分析与判断（表 2—8）

表 2—8　　约克 AWHC 热泵型冷水机组的故障分析与判断

| 问题 | 可能的原因 | 措施 |
| --- | --- | --- |
| 吸入压力过低 | 1. 冷媒充注量太少<br>2. 过滤干燥器污垢<br>3. 热力膨胀阀调节不当<br>4. 压缩机不正确地卸载<br>5. 蒸发管表面污垢<br>6. 蒸发器流量不正确 | 1. 检漏，补充冷媒<br>2. 更换干燥器芯<br>3. 将压缩机吸入过热度调到 6℃或更换热力膨胀阀的动力芯<br>4. 调校或更换容量控制恒温器，调校或修理压缩机的卸载系统<br>5. 清洁蒸发管<br>6. 测定流量并调整 |
| 压缩机油位过低（特别是在启动时） | 1. 曲轴箱油加热器没加热<br>2. 液体过量回流 | 1. 检查加热器，如有必要，更换它<br>2. 调节热力膨胀阀，如果有必要，更换电磁线圈检查感温包的安装情况 |
| 水温过低（LTL 故障） | 出水温度传感器故障（如果传感器安放正确，即插入到孔底并已有足够的导热填充料）<br>注：显示器与水管中安装的温度计之间有±1℃的温差是正常的 | （使用数字式电压表）按温度传感器的给定值检查，如有必要，则进行修理 |
| 低压断路（LP） | 1. LP 断路器故障或调校不当<br>2. 冷冻水在蒸发器中的流量不够大<br>3. 压缩机吸入口过滤器污垢 | 1. 重新调校，如有必要，则更换<br>2. 清洁循环水泵的过滤器，消除冷冻水系统中的空气<br>3. 除污并清洁过滤器 |
| 高排气压力断路（HP） | 1. 系统中有空气<br>2. 冷凝器污垢（供热状态）<br>3. 通过冷凝器盘管（供冷状态）的空气受阻<br>4. 冷媒充注过量<br>5. 冷凝介质流量不足 | 1. 排赶冷凝器中的空气<br>2. 清洁冷凝器管<br>3. 除掉阻塞物<br>4. 排放冷媒<br>5. 检查流量（水或空气） |
| 油压断路（OP） | 1. 油中冷媒太多，特别是启动时<br>2. OP 控制器故障<br>3. 油压差太小 | 1. 检查曲轴箱油加热器，如有必要，则更换<br>2. 更换 OP 控制器<br>3. 检查油减压阀并调整此阀 |
| 供冷或供热效果差 | 1. 压缩机吸入阀或排气阀故障<br>2. 压缩机卸载运行<br>3. 进入蒸发器的水温过高<br>4. 蒸发器管表面污垢 | 1. 检查阀，如有必要，则更换<br>2. 检查卸载系统，如有必要，则调校或更换 CCSV 电磁阀<br>3. 将负荷降低到设计值<br>4. 检查并清洁管子 |

## 六、溴化锂双效吸收式冷水机组的故障分析与判断

### 1. 蒸汽型溴化锂双效吸收式冷水机组的故障分析与判断（表 2—9）

**表 2—9　　蒸汽型溴化锂双效吸收式冷水机组的故障分析与判断**

| 故障 | 原因 | 排除 |
| --- | --- | --- |
| 启动初期运转不稳定，吸收器溶液囊液位越来越低，高压发生器或低压发生器液位越来越高，吸收器溶液浓度偏高 | 1. 运转初期，高压发生器泵出口阀开启度过大，导致送往高压发生器的溶液量过大<br>2. 溶液泵出口阀的开启度过大，导致送往低压发生器的溶液量过大<br>3. 机器内有不凝性气体，真空度未达到要求 | 1. 将蒸发器的冷剂水，适量旁通入吸收器中，并将送往高压发生器出口阀开启度关小，让机器重新建立平衡<br>2. 适当关小溶液泵出口阀，使液位稳定于要求的位置<br>3. 启动真空泵，使真空度达到要求 |
| 制冷量低于设计值 | 1. 稀溶液循环量不当<br>2. 机器的密封性不良，有空气泄入<br>3. 真空泵性能不良<br>4. 传热管结垢或阻塞<br>5. 冷剂水被污染<br>6. 蒸汽压力过低<br>7. 冷剂水和溶液注入量不足<br>8. 发生器泵、溶液泵、冷剂水泵汽蚀<br>9. 冷却水温过高<br>10. 冷却水量过小 | 1. 调节发生器泵出口阀和溶液泵出口阀，使稀溶液循环量合于要求<br>2. 运转真空泵抽气，并排除泄漏处<br>3. 测定真空泵性能，并排除真空泵故障<br>4. 清洗传热管内壁污垢与杂物<br>5. 测量冷剂水比重。当超过 1.04 时，进行冷剂水再生<br>6. 调整蒸汽压力<br>7. 重新补充量的溶液与冷剂水<br>8. 测定各屏蔽泵的电流，倾听其声音并排除故障<br>9. 检查冷却水系统，降低冷却水温<br>10. 适当加大冷却水量 |
| 冷水出口温度越来越高 | 1. 冷水量过大<br>2. 外界负荷大于机器的制冷能力 | 1. 适当减少冷水量<br>2. 适当降低外界负荷 |
| 冷剂水被污染 | 1. 送往高压发生器的循环量过大，液位过高<br>2. 送往低压发生器的溶液循环量过大，液位过高<br>3. 冷却水温过低，而冷却水量又过大<br>4. 送往高压发生器的蒸汽压力过高 | 1. 适当调整高压发生器泵出口阀的开启度，使液位合乎要求<br>2. 适当调整溶液泵出口阀的开启度，使液位合乎要求<br>3. 适当减少冷却水的水量<br>4. 适当降低蒸汽压力 |

续表

| 故障 | 原因 | 排除 |
| --- | --- | --- |
| 低温热交换器结晶 | 1. 冷却水温过低<br>2. 低压发生器的浓溶液温度偏高<br>3. 送往低压发生器的溶液循环量过小 | 1. 提高冷却水温度，并适量减小冷却水量<br>2. 降低加热蒸汽压力<br>3. 适当加大低压发生器的溶液循环量 |
| 停车后溶液结晶 | 1. 停车时，稀释循环时间太短<br>2. 机器周围环境温度过低 | 1. 延长稀释循环时间，使各部溶液充分均匀的混合<br>2. 加入冷剂水稀释溶液，使之在该环境下不产生结晶 |
| 运转中机器突然停车 | 1. 电源断电，使泵停止运转<br>2. 溶液泵与冷剂泵过载，热继电器动作，断开电路使泵停止运转 | 1. 检查供电系统，排除故障，恢复供电<br>2. 检查泵的过载原因，并予以排除 |

### 2. 直燃式溴化锂双效吸收式冷水机组的故障分析与判断（表 2—10）

**表 2—10　　直燃式溴化锂双效吸收式冷水机组的故障分析与判断**

| 现象 | 原因 | 措施 |
| --- | --- | --- |
| 机组无法启动 | 无电源进控制柜 | 检查主电源 |
| | 无状态显示 | 检查主低压断路器 |
| | 控制电源开关断开（无状态显示） | 闭合控制箱中 TSI 控制电路开关和主低压断路器 |
| | 控制箱熔丝断开（无状态显示） | 检查电路是否接地或短路，调换熔丝 |
| | 运行联销装置或安全开关断开（显示安全模式） | 排除故障时（非正常停机查原因及解决措施），先按 STOP 按钮（停机），再按 START 按钮（启动） |
| 小火时或点大火时燃烧器熄火（故障代码 E08） | 手动燃料供给阀关闭 | 打开此阀 |
| | 不正常的供气压力 | 检查燃料供给和压力调节阀 |
| | 风门或燃料供给阀不联动 | 参见燃烧器手册中的调整说明 |
| | 燃烧空气不充足 | 开大风门 |
| | 燃烧器故障（原因很多） | 参见燃烧器手册排除故障 |

续表

| 现象 | 原因 | 措施 |
| --- | --- | --- |
| 冷水出水温度过高（机组运行时） | 设定点太高 | 重新设定能量控制 |
| | 冷负荷过量（机组处于负荷运行状态） | 检查过载原因 |
| | 冷水流量过量（超过设计值） | 精确地检测流量并重新设定 |
| | 冷却水流量太小（低于设计值） | 精确地检测流量并重新设定 |
| | 冷却水供水温度太高（高于设计值） | 检查冷却塔的运行及温度控制情况 |
| | 水管堵塞（传热很差） | 清洗管子，确定是否需要处理水质 |
| | 高发管堵塞（传热很差并且排烟温度很高） | 清洗管子，检查空气供给。如有必要，则调节燃烧器 |
| | 机组需要加辛醇 | 检查溶液样品，添加辛醇 |
| | 机组中有不凝性气体 | 检测吸收损失，如果超过 2.8℃，参见抽气不足的故障原因和解决措施 |
| | 能量控制故障 | 检查能量控制的标定及运行情况 |
| | 燃烧器能量控制不完全 | 将机组和燃烧器的 AUTO－MANUAL（自动—手动）开关置于 AUTO（自动）位置 |
| | 燃烧器能量控制未完全打开 | 将机组和燃烧器的 AUTO－MANUAL（自动—手动）开关置于 AUTO（自动）位置 |
| | 燃烧器燃烧效率低 | 调节燃烧器控制 |
| | 溶液结晶（溶液流动堵塞） | 参见溶液结晶的原因和解决措施 |
| | 冷剂过量溢流 | 检查冷剂充注量（参见冷剂量的调整） |
| 热水出水温度过低（机组运行时） | 设定点太低 | 重新设定能量控制 |
| | 热负荷过量（机组处于负荷运行状态） | 检查过载原因 |
| | 热水流量过量（超过设计值） | 精确地检测流量并重新设定 |
| | 热水管堵塞（传热很差） | 清洗管子，确定是否需要水处理 |
| | 高发管堵塞（传热很差并且排烟温度很高） | 清洗管子，检查空气供给，如有必要，则调节燃烧器 |
| | 机组中有不凝性气体 | 参见抽气不足的原因和解决措施 |
| | 能量控制故障 | 检查能量控制的标定及运行情况 |
| | 燃烧器能量控制不能完全打开 | 将机组和燃烧器的 AUTO－MANUAL（自动—手动）开关置于 AUTO（自动）位置 |
| | 燃烧器燃烧效率低 | 调节燃烧器控制 |

续表

| 现象 | 原因 | 措施 |
| --- | --- | --- |
| 冷水出水温度过低（机组运行时） | 设定点太低 | 重新设定能量控制 |
| | 能量控制故障 | 检查能量控制的标定及运行情况 |
| 热水出水温度过高（机组运行时） | 设定点太高 | 重新设定能量控制 |
| | 能量控制故障 | 检查能量控制的标定及运行情况 |
| 冷水出水温度波动（机组运行，能量控制波动）低负荷时，燃烧器及温度周期性变化是正常的 | 冷水流量或负载周期性变化 | 检查负载稳定性及系统控制 |
| | 能量控制故障 | 检查能量控制的标定和运行情况以及温包中传感器的放置位置 |
| | 冷却水流量或温度周期性变化 | 检查冷却水温度控制及冷却塔的运行情况 |
| 热水出水温度波动（机组运行，能量控制波动）低负荷时，燃烧器及温度周期性变化是正常的 | 热水流量或负载周期性变化 | 检查负载稳定性及系统控制 |
| | 能量控制故障 | 检查能量控制的标定和运行情况以及温包中传感器的放置位置 |
| 制冷循环中冷剂过量溢流至吸收器 | 吸收器内有不凝性气体 | 检测吸收损失（参见抽气不足的原因和解决措施） |
| | 水管堵塞（传热很差） | 清洗管子 |
| | 机组需要加辛醇 | 取样检查，如有必要，则加辛醇（参见加辛醇部分） |
| | 机组中冷剂充注量过量 | 调整冷剂充注量（参见冷剂水量部分进行调整） |
| 抽气不足（制冷循环时制冷量偏低及吸收损失过高） | 机组真空侧有空气泄漏 | 捉漏试验，如有必要，则进行修补（参见机组捉漏检测部分） |
| | 缓蚀剂缺乏 | 进行溶液分析。如有必要，则加缓蚀剂并调整其碱度（参见溶液分析及缓蚀剂部分） |
| | 抽气阀开闭位置不对 | 检查阀的位置（参见机组描述中抽气部分） |
| | 钯单元不热或无作用 | 检查钯单元供电电压和运行情况 |
| | 储气室充满气 | 用真空泵抽储气室 |
| | 抽气供液管路结晶 | 加热溶液供液管（参见机组溶液熔晶部分） |

续表

| 现象 | 原因 | 措施 |
| --- | --- | --- |
| 运行中浓溶液结晶（浓溶液溢流管发烫） | 冷剂未溢流不能限制溶液浓度 | 检查冷剂充注量参见冷剂水量部分进行调整 |
| | 吸收器中有不凝性气体 | 检测吸收损失（参见机组吸收损失部分），参见机组抽气不足的原因和解决措施 |
| | 水管堵塞（传热差） | 清洗管子 |
| | 机组需要加辛醇 | 取样检查，如果需要加辛醇（参见加辛醇部分） |
| 停机中溶液结晶（有溶液结晶征兆） | 关机时溶液稀释不足（非电源故障或稀释循环故障） | 校验稀释阀是否打开及稀释过程中溶液泵是否持续运行至少 15 min |
| 不正常的冷剂泵噪声 | 低负荷时，冷却水温低，导致冷剂水液位过低，冷剂泵气蚀 | 保持冷却水温不低于 15℃，停机 20 min 后再开机 |
| 不正常停机（显示故障代码同时警告蜂鸣） | 代码“E01”（制冷时）——冷水温度低于 4℃ | 校验冷水低水温断路工厂设定为 4℃断开，（参见检查低温冷水切断开关部分）再校验能量控制低温限位是否不低于 5℃时切断燃烧器（参见机组控制的能量自动控制部分） |
| | 代码“E02”——冷水/热水流量低，或冷水/热水连锁装置断路 | 校验冷水/热水泵是否运行，出口压力是否正常，阀门是否正确，过滤器是否堵塞 |
| | 代码“03”（制冷时）——冷却水泵连锁装置断路，或流量低（装流量开关时） | 校验冷却水泵是否正常运行、出口压力是否正常、阀门是否正确、过滤器是否堵塞 |
| | 代码“E04”——溶液泵或冷剂泵过载，或者电动机温度过高 | 按下过载继电器复位按钮。检查过载设定、电动机运转电流、泵出口压力及电动机温度，假如溶液泵跳闸，则检查溶液是否结晶 |
| | 代码“E05”——高温发生器高温或高压 | 校验高温发生器浓溶液温度设定为 170℃，最大压力−2 666.45 Pa（−20 mm Hg），检查开关是否正常。制冷时，检查冷却水温度是否高、流量是否低；将稀释开关转向 MANUAL3 min 稀释和冷却溶液；供热时，校验机组转换开关是否完全打开 |
| | 代码“E06”——烟气高温，烟管高温或后盖高温 | 校验烟气及烟管温度设定在 300℃，后盖温度设定在 150℃，检查开关是否正常，检查高发烟管污物及后盖损坏状况，需要时，调整燃烧器或修复后盖 |

续表

| 现象 | 原因 | 措施 |
| --- | --- | --- |
| 不正常停机（显示故障代码同时警告蜂鸣） | 代码“E07”（制冷时）——吸收器稀溶液高温 | 校验吸收器稀溶液温度是否超过45℃，检查冷却水流量过低或温度过高，检查吸收器传热是否很差（管路堵塞） |
| | 代码“E08”——燃烧器点火失败 | 参见燃烧器熄火及点火失败的原因和解决措施 |
| | 代码“E09”——燃烧器运行故障 | 参见燃烧器手册中相应的纠正措施 |
| | 代码“E10”（选用）——外部限位开关 | 确定使用哪些设备及哪一个设备出错 |
| | 代码“E12”——冷水/热水泵联锁装置断路，但流量开关闭合，或者相反 | 检查冷水/热水泵运行状态及联锁装置。流量开关运行，阀门位置及过滤器是否堵塞 |
| | 代码“E13～E34”——传感器故障，超出范围 | 检查核准传感器 |
| | 代码“E90”——稀释不足 | 按下START（启动）和STOP（停止）按钮，再次稀释，确定稀释不足的原因 |

# 第3节　辅助系统状态判断

## 学习目标

1. 了解冷却水系统水质的标准。
2. 掌握冷（热）媒水系统的状态判断。
3. 熟悉蒸发器、冷凝器的保养。

## 一、冷却水系统水质的标准

冷却水系统工作时，主要应考虑水温、水质和水压等参数是否符合要求。

### 1. 冷却水水温

为了保证冷凝压力在压缩机工作允许的范围内，冷却水的进水温度一般不应高于表2—11中所列的数值。

表 2—11　冷却水水温

| 设备名称 | 进水温度/℃ | 出水温度/℃ |
|---|---|---|
| 压缩机 | 10～32 | ≤45 |
| 冷凝器 | ≤32 | ≤35 |
| 小型空调机组 | ≤30 | ≤35 |

### 2. 冷却水水质

冷却水对水质的要求幅度较宽。对于水中的有机物和无机物，不要求完全清除，只要求控制其数量，防止微生物大量生长，以避免其在冷凝器或管道系统形成积垢或将管道堵塞。

空调系统冷却水的水质要求应符合表 2—12 中所列的要求。

表 2—12　循环用水水质标准

| 项目 | 单位 | 水质标准 | 危害 |
|---|---|---|---|
| 浊度 | mg/L | 根据生产要求确定，一般不应大于 20，当热换器的形式为板式、套管式时，一般不宜大于 10 | 过量会导致污泥危害及腐蚀 |
| 含盐量 | mg/L | 设放缓蚀剂时，一般不宜大于 2 500 | 腐蚀、结垢随含盐量的增加而递增 |
| 碳酸盐硬度 | mmol/L | 在一般水质条件下，若不采用投加阻垢分散剂，不宜大于 3<br>投加阻垢分散剂，应根据所投加的药剂品种、配方及工况条件确定，可控制在 6～9 | 若碳酸盐硬度过高，易引起结垢 |
| 钙离子 $Ca^{2+}$ | mmol/L | 投加阻垢分散剂时，应根据所投加的药剂品种、配方及工况条件确定，一般情况下限不宜小于 1.5（从腐蚀角度），上限不宜大于 8（从阻垢角度要求） | 结垢 |
| 镁离子 $Mg^{2+}$ | mmol/L | 不宜大于 5，并按 $Mg^{2+}$（mg/L）$\times SiO_2$（mg/L）$<$ 15 000 验证（$Mg^{2+}$ 以 $CaCO_3$ 计，$SiO_2$ 以 $SiO_2$ 计） | 产生类似蛇纹石组成污垢，黏性很强 |
| 铝离子 $Al^{3+}$ | mg/L | 不宜大于 0.5（以 $Al^{3+}$ 计） | 起黏结作用，促进污垢沉积 |
| 铜离子 $Cu^{2+}$ | mg/L | 一般不宜大于 0.1 投加铜缓蚀剂时，应按实验数据确定 | 产生点蚀，导致局部腐蚀 |
| 氯根 $Cl^-$ | mg/L | 投加缓蚀剂时，对不锈钢设备的循环用水中不应大于 300（指含铬、镍、钛、钼等合金的不锈钢）<br>投加缓蚀剂时，对碳钢设备的循环用水不应大于 500 | 强烈促进腐蚀反应，加速局部腐蚀，主要是裂隙腐蚀、点蚀和应力腐蚀开裂 |

续表

| 项目 | 单位 | 水质标准 | 危害 |
|---|---|---|---|
| 硫酸根 $SO_4^{2-}$ | mg/L | 投加缓蚀剂时，$Ca^{2+}\times SO_4^{2-}$＜750 000<br>系统中的混凝土材质的影响控制要求应按 GB 50021—2001 规定 | 它是硫酸盐还原菌的营养源，浓度过高会出现硫酸钙的沉积 |
| 硅酸<br>（以 $SiO_2$ 计） | mg/L | 不大于 175<br>$Mg^{2+}$（mg/L，以 $CaCO_3$ 计）$\times SiO_2$（mg/L，以 $SiO_2$ 计）≤15 000 | 污泥沉积及硅垢 |
| 油 | mg/L | 不应大于 5 | 附于管壁，阻止缓蚀剂与金属表面接触，是污垢黏结剂营养源 |
| 磷酸根 $PO_4^{3+}$ | mg/L | 根据磷酸钙饱和指数进行控制 | 引起磷酸钙沉淀 |
| 异养菌总数 | 个/mL | ＜5×105 | 产生污泥和沉积物，带来腐蚀，破坏冷却塔木材 |

**3. 冷却水水压**

冷却水的工作压力是根据制冷机组和冷却塔的配置情况而定的，一般应控制在0.3～0.6 MPa。

## 二、冷（热）媒水系统的状态判断

**1. 冷媒水系统（载冷剂系统）**

冷媒水是把制冷机组的制冷量输送到各用冷场所的载冷剂。冷媒水系统也就是中央空调的供、回水系统。冷媒水系统常见的故障现象及分析如下。

（1）表面冷却器由于进出水管连接不合理而导致对空气处理效果的下降。换热器（如空调系统中的表面冷却器、热水空气加热器等）的换热量 $Q$ 取决于换热器的换热面积 $A$、传热系数 $K$ 和内外流体的对数平均温差 $\Delta t$。在空调系统中，当通过换热器的空气质量流速以及换热器内的冷（热）水流速 $w$ 一定时，换热器的换热量取决于对数平均温差 $\Delta t$ 的大小。在相同条件下，即换热器的换热面积、传热系数相同、内外介质具有相同的初始温度、换热器内流体流动方向与通过换热器外部的空气流动方向相同（即顺流，如图 2—13b 所示），且比换热器内流体流动方向与通过换热器外部空气的流动方向相反时（即逆流，如图 2—13a 所示），具有较低的传热平均温差，即 $\Delta t_{顺}<\Delta t_{逆}$。也就是说，在相同条件下，换热器采用逆流方式比采用顺流方式具有更好的传热效果。当采用顺流方式时，冷流体的出口温度必然低于热流体的出口温度；而当采用逆流方式时，冷流体的出口

温度有可能接近热流体的出口温度。因此，在供冷运行中，表面冷却器采用逆流方式比顺流方式换热量大，同时逆流方式还可以得到比顺流方式更低的空气出口温度。所以，在空调系统中所使用的表面冷却器与冷媒水的连接一般应采用逆流方式，采用顺流方式是不合理的。

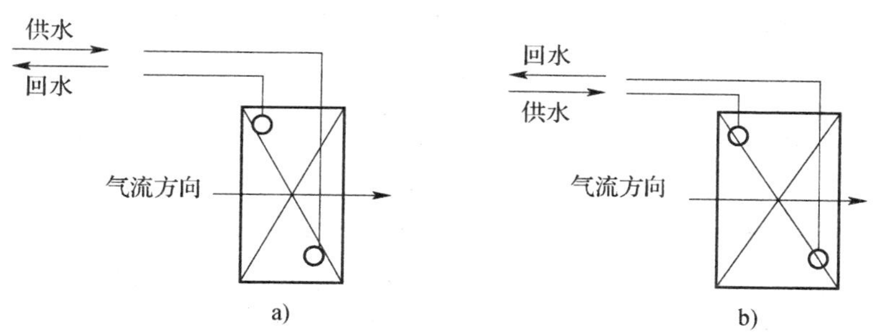


图 2—13　表面冷却器水管接法示意图

a）逆流式　b）顺流式

（2）处于供冷（热）水干管的末端由于形成气塞而使换热器无法正常工作。图 2—14 所示为空调系统中换热器处于供水干管的末端，由于供水、回水干管的敷设时均有一定的坡度，也就是说，在供水干管的末端和回水干管的始端有可能处于水系统的最高点。在间断运行的系统中或系统停运后再次供水时，如果不及时对供水干管的末端和回水干管的始端进行排气，则会很容易造成两端部的气塞现象（即在管路的端部充满空气，从而阻止了水向端部的流动），而使冷（热）水介质无法通过管路进入换热器内与空气进行热量的交换来达到处理空气的目的。因此，应经常通过排气阀进行排气，以防止气塞的产生，或者将排气管道上的手动排气阀更换为自动排气阀，以便随时进行排气，从而保证系统的正常运行。

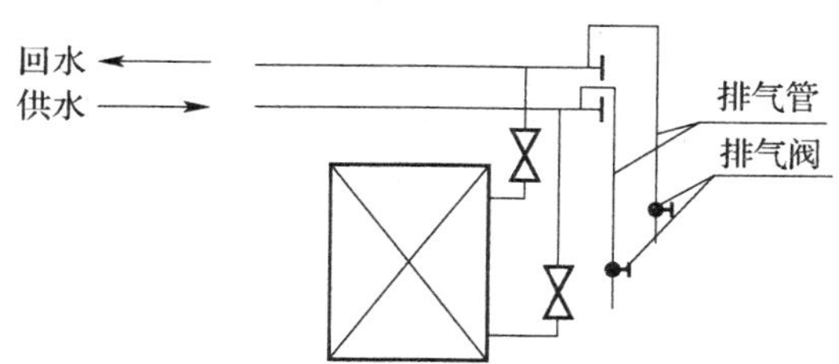


图 2—14　处于供冷（热）水干管末端的空气换热器

（3）表面冷却器在冬季运行时冻裂的原因及对策。空调系统在进入冬季运行时，由于表面冷却器内的积水未能及时排除，当通过表面冷却器外表面的空气温度低于 0℃时，致使其内部积水冻结，从而使表面冷却器的散热管，尤其是散热管的弯头被冻裂而产生泄漏，因而影响空调系统的正常运行。冻坏的表面式冷却器需要及时的修理和更换。

避免表面冷却器冬季运行中冻裂的方法有以下几种。

1）在冬季温度较低的地区，在空调系统中应设置新风预热器，使进入空调器内的新风温度提高到0℃以上（一般可将新风温度提高到5℃左右）。

2）对于设置表面冷却器、空气加热器、空气加湿器的空调系统，当在夏季运行中系统的机器露点即为送风状态点时，可将加热器置于表面冷却器之前。这样，空气在冬季的运行中，低于0℃的空气首先经过加热器的升温而高于0℃，就不会使表面冷却器再发生冻坏现象。此种方法对于直流式空调系统，既不增加设备的投资，又不影响系统的夏季运行，尤为适用。

3）如果空调系统较小，且系统的新风量每小时只有几百立方米，可在新风管路上，位于空调机房的管段上再设置一个新风口（在条件许可时，即空调机房内的空气不受污染)，同时在两个新风口上均装设一密闭式对开多叶调节阀。这样，空调系统在夏季运行时，可随便关闭一个新风阀，开启另一个新风阀；而在冬季运行时，可关闭室外的新风阀，打开空调机房内新风管段上的新风阀。对于设有采暖的空调机房，由于机房内的空气肯定高于室外空气温度且高于0℃，这样采用空调机房内的空气作为新风进入空调器，即可避免空调器内的表面冷却器冻坏的现象。当室外空气温度高于0℃后，即可关闭空调机房内新风管段上的新风口而打开室外的新风口进行运行。

4）目前，有些空调器的新风与回风采用平行进入的方式，这种方式不利于新、回风的混合，尤其在冬季，极易产生空气的分层。一旦位于底部低于0℃的冷空气通过表面冷却器时，就有可能发生表面冷却器冻坏的现象。因此，空调器的新风与回风最好采用互为垂直进入的方式，同时在新、回风入口处安装对开式多叶调节阀。新风、回风在经过新、回风混合段和空气的初效过滤段后，混合就比较充分。同时，由于空调系统在冬季运行时所采用的新风比例较小，因此一般其混合后的空气温度都会高于0℃。如一空调房间内冬季温度按 $t_N=18℃$，$\varphi_N=50\%$，室外新风温度 $t_w=10℃$，$\varphi_N=50\%$，新、回风比为1∶3，则其新、回风混合后的空气状态点的干球温度远高于0℃，这样就可以避免空调器内的表面冷却器被冻坏现象的发生。

5）采用一班制运行的空调系统，在冬季运行中，下午下班停机时，必须关闭系统的新风阀、回风阀及送风阀，以避免由于烟囱效应而使低温空气进入空调器内进而造成表面冷却器被冻坏现象。必要时，要打开空调器新风段上的检查门，使设有采暖的空调机房内高于0℃的空气进入空调器内。或者在空调系统停机后，使装于空气加热器进口处的热媒流量调节阀留有一定的开度，使少量热媒仍能进入空气加热器内，使其向空调器内散热，以保持空调器内的温度始终高于0℃，即可防止水冷式表面冷却器被冻坏。

6）将表面冷却器的进水口位置降至其底排散热管以下。目前，国内生产的水冷式表面冷却器的进水口大都高于底排散热管。空调系统在进入冬季运行前，对表面冷却器内的水进行排放时，其低于进水管口的底排散热管内的积水将会无法排出。这样，空调系统在冬季运行时，往往会发生表冷器底部散热排管被冻坏的现象。

如果将水冷式表面冷却器的进水口置于低于其最低散热排管的位置，如图 2—15 所示，这样空调系统在进入冬季运行前，就可以将水冷式表面冷却器内的积水全部排出，以避免冬季运行时表面冷却器冻坏现象的发生。

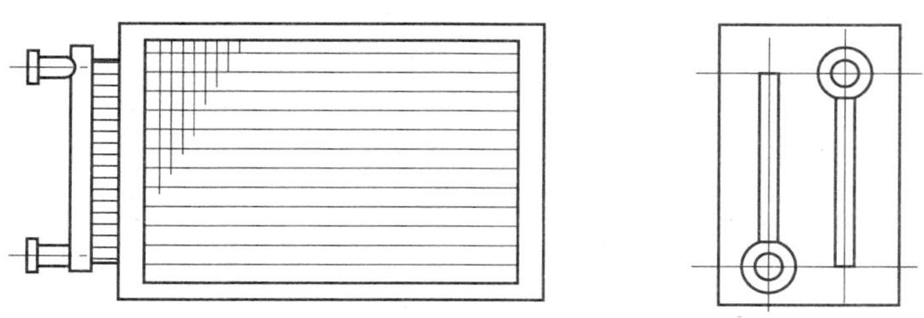

图 2—15 水冷式表面冷却器进、出口位置示意图

2. **凝结水及排水系统**

(1) 空调器内大量积水不能从其排水口顺利排出的原因。空调系统在冬、夏季的运行中，会由于喷蒸汽加湿系统的带水或者由于空气冷却处理而产生的凝结水不能排出空气处理室而积存于空气处理室或集水盘内，在空调系统的运行中，往往容易使系统送风控制点的移动而无法保证室内相对湿度，如图 2—16 所示。

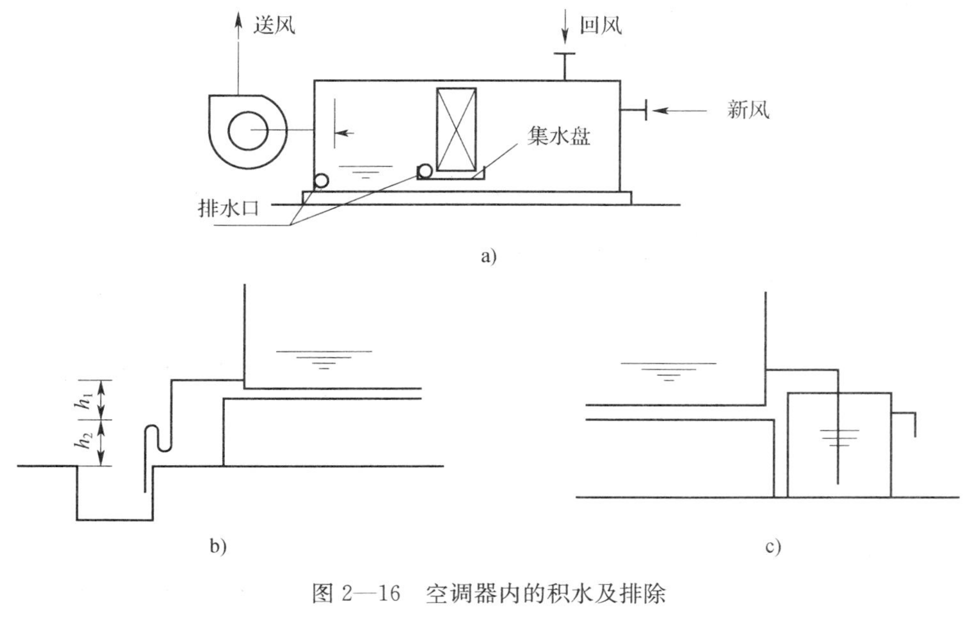


图 2—16 空调器内的积水及排除

a) 空气处理器内积水情况 b) 水封做法一 c) 水封做法二

产生上述情况的原因在于，由于空调系统吸入段在运行时，空调器内处于负压状态（即空调器内的压力低于其外界的气压），尽管在空调器的底部设有排水口，但也无法在运行中将空调器内的积水全部排出，一旦风机停止运行，空调器内的积水便通过排水管及空调器的接缝处流出。出现此类问题的原因基本上是由于空调排水管上未装水封，或者虽装了，但水封的尺寸不合适所致，因而使空调系统在运行中，由于其内部的负压作用而导致内部的积水无法排出。水封的具体尺寸应根据排水口处的负压值确定。有些地方，由于空调器基座太低，在地坪上无法做水封，且空调器位于底层时，可在地坪上做一地坑，将水封置于地坑内。当空调器位于楼层，且其基座又太低而无法做地坑和水封时，此时可将排水管接至墙外，在外墙面上做水封，且使水封的出水口接于屋面排水管上，如图 2—17 所示。

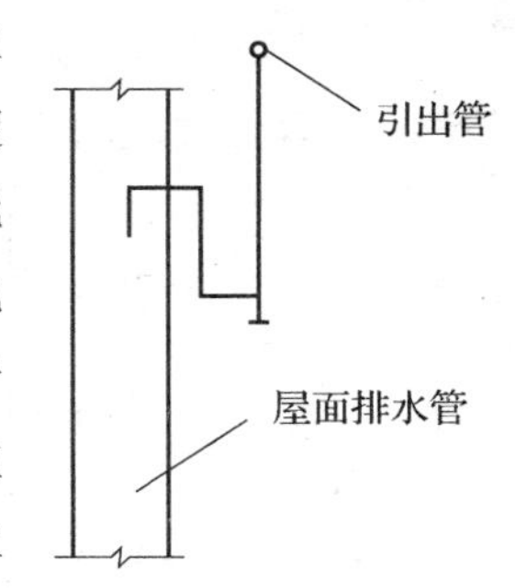

图 2—17　沿外墙做水封

（2）新风机、变风量空调箱、风机盘管滴水故障分析与判断。新风机、变风量空调箱、风机盘管空调器在夏季运行中，当盘管结露后，冷凝水便到滴水盘中，并通过防尘网流入排水管排出，但由于空气中的灰尘及油类和杂物慢慢地黏附在滴水盘内，因而造成防尘网和排水管的堵塞，如果不及时对滴水盘进行清理，则冷凝水就会从滴水盘中溢出，造成房间滴水和污染天花板等现象。因此，应定期进行清洁和疏通，以确保冷凝水顺利地从排水管中排出。

## 技能要求

2—1　30AQA 风冷式热泵机组不能正常运行的主要原因有哪些？

30AQA 风冷式热泵机组不能正常运行，可进行如下几个方面的检查。

（1）高压开关是否动作。

（2）低压传感器是否失效。

（3）风机电动机内部温度保护器是否断路。

（4）压缩机过载继电器是否动作。

（5）排气温度传感器阻值是否变值。

（6）低或高水温传感器阻值是否变值。

（7）其他热敏元件故障。

（8）水泵没开或冷水/热水水流量不够或水流开关断开。

如果水温差小于 5℃，那么每一级的温差也很小。这将造成压缩机频繁启动和关闭，特别是当系统中水容量太小而造成流速过低的情况下（水容量应为设计水流量的 3 倍）。

为保证合适的水流量，水容量就必须不低于其最小值。

2—2　离心式冷水机组一旦发生喘振，应采取哪些措施？

离心式冷水机组一旦发生喘振，应采取如下操作措施。

(1) 开启抽气回收装置，排出系统内空气。

(2) 消除传热管壁污垢。

(3) 增加冷却水量，检查冷却水过滤器。

(4) 检查冷却塔工作情况。

(5) 检查冷却剂量，如不足应增加。

(6) 调整导叶风门的开度。

(7) 检查浮球阀的开度。

2—3　约克风冷式热泵机组故障后怎样复位？

故障源被纠正保护装置的设定复位值已达到，故障后机组就可以被复位。对于单系统机组而言，复位可以通过将主开关置于 OFF 位置而达到；对于多系统机组而言，低压故障及电动机保护复位，要将机组控制器逻辑段的副系统开关置于 OFF 位置。对水温过低故障后机组的复位要将主开关置于 OFF 位。对于压力过高故障和油压故障需要按其断路器的“复位”按钮，才能重新启动正常的启动程序。

2—4　举例说明常见热泵空调机故障检修实例？

(1) 故障例 1：一台 YORK AWHC－L－200 热泵机组开机后，压缩机运行不久出现“13”故障代码，油压控制器复位后重新开机，再次出现“13”故障代码。

排除故障的过程如下：

1) 检查新装在机组框架上的系统高压表、系统低压表及油压力指针都在正常范围。

2) 另接双歧表指示系统低压及油压均正常。

3) 接着，检查从压缩机到油压控制器之间的低压管路及油压管路，发现油压管与系统低压管走向互换，重新对换焊接后故障排除。

4) 造成故障的原因如下：因机组没有装任选的压力显示卡，用户自行安装了机械式压力表，以方便观察，但在焊接管路过程中，粗心大意将系统低压管与油压管接错，从而引起故障。

(2) 故障例 2：某台压缩机有一组常载缸温度达到 150℃。

引起部分气缸温度偏离正常值的原因一般为压缩机内高低压串气，压缩机内某组缸的运动部件润滑油缺少或有关部件损坏所致，具体排除故障的过程如下：

1) 将制冷剂回收到系统中。

2) 将压缩机缸温高的缸盖等部件逐一拆下检查。高低压阀片及弹簧未发现损坏，气缸与活塞环正常，润滑正常。

3）最后，检查发现卸压阀动作失常、漏气。

4）更换卸压阀后，试运转，缸温恢复正常。

（3）故障代码“14”——压缩机马达保护的分析与检修

1）“14”号故障原因：“14”号故障为压缩机马达保护。因涉及关键部件压缩机，所以必须认真对待，仔细检查。机组的主控逻辑电路板形成“14”号报警机理如下：提供给光电耦合器（回路1、回路2各有一个用于“14”号故障报警用的光电耦合器）的高电平信号失去所致。

2）故障代码“14”出现时的故障现象如下：

①机组运行过程中突发“14”号故障，或机组一上电即显示“14”故障代码（4 min后），无法复位。

②机组运行过程中突发“14”号故障，或机组一上电即显示“14”故障代码（4 min后），可以复位，开机后正常。

③机组运行过程中突发“14”号故障，或机组一上电即显示“14”故障代码（4 min后），可以复位，开机后较短时间（注：以分钟、小时计）又重复出现故障。

④机组运行过程中突发“14”号故障，或机组一上电即显示“14”故障代码（4 min后），可复位，开机后较长（注：以月、年计）时间又出现“14”号故障。

如果电源供电小于5 min后电源又恢复供电，那么故障代码“14”将显示4 min。在这种情况下，电动机保护器的触点将于此段时间内保持开启，直到触点自动闭合为止。因此，它不像通常的电动机保护跳闸开关那样，当再供电时要把主开关设在OFF位置，以重新设定电动机保护器。

3）故障代码“14”出现的简要分析如下：现象①预示很可能发生了实质性故障。如压缩机马达绕组损坏、马达保护器损坏、主控板有故障或马达保护器输出至控板之间信号通路开路等；现象②及现象④说明这是偶发性故障，一般为瞬间性失电或轻微接触不良造成；对于现象③，常见的可能原因有相关电路中存在较严重的接触性不良故障、压缩机回路电源及其通路有故障、压缩机马达绕组不良、回气管过热度未调整好等。

4）排除故障的流程如图2—18所示（适用于现象1和现象3）（MP指马达保护器）。

2—5　怎样检测30AQA风冷式热泵机组制冷剂的充注量和湿度？

通过回路视镜检测系统中的制冷剂充注量和湿度，根据实际需要适当增加制冷剂（过冷度=冷凝温度-节流前液态制冷剂温度）。

若在视液镜中看不到任何闪蒸现象，则说明制冷剂充注恰当，此时视镜中心呈绿色，系统过冷度大于等于5℃。

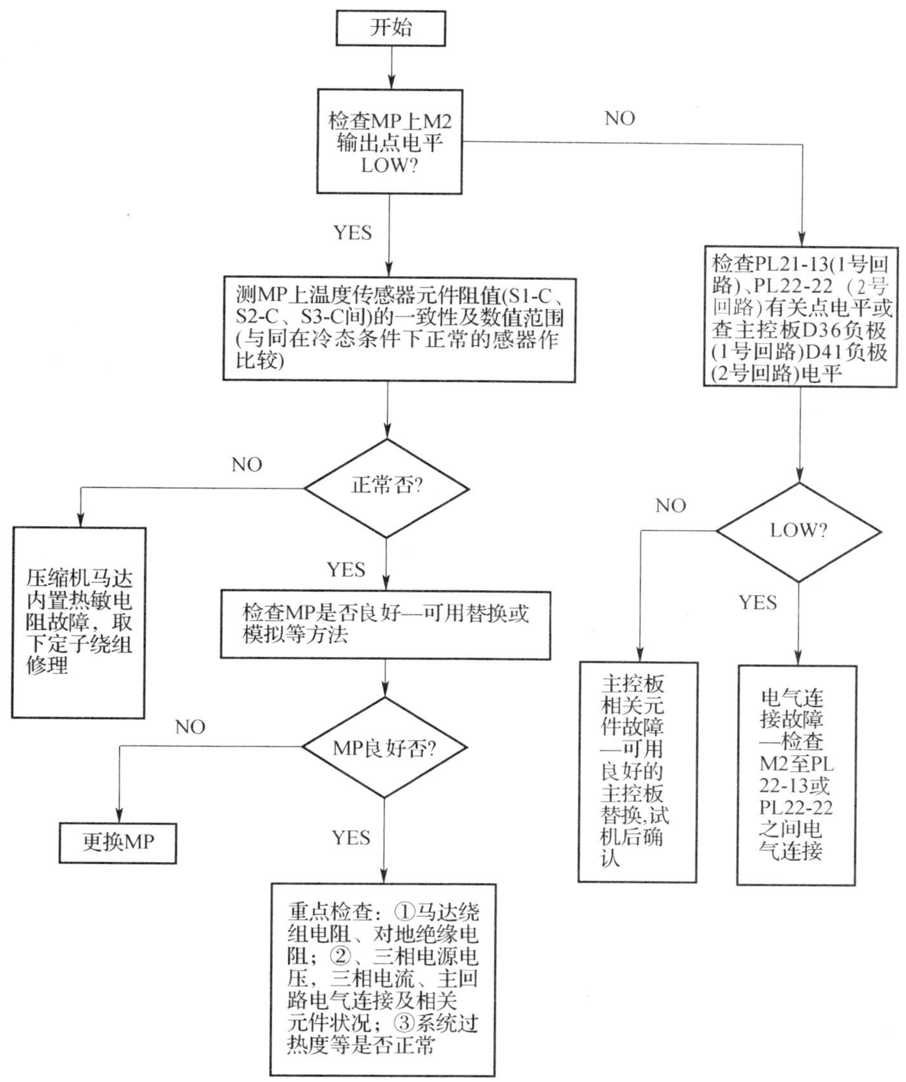


图 2—18　排除故障的流程

若制冷剂充注量不足，将会产生闪蒸现象和较低的过冷度。若视镜中心呈黄色，则说明制冷剂有湿气，须抽出制冷剂后系统进行抽真空，再重新充注制冷剂。

# 第 3 章

## 维护中央空调系统

# 第 1 节 空调与制冷设备的安装

## 学习目标

熟悉风系统的安装、制冷设备与管道的安装、冷却系统的安装以及冷热媒水系统的安装。

## 一、风系统的安装

### 1. 风管与风管附件的安装

在工程上，风管与风管、风管与管件之间的连接由法兰的连接来实现。法兰与法兰之间的衬垫材料厚度一般为 3～5 mm。一般输送空气温度低于 70℃的空气或输送产生凝结水或含有蒸汽的潮湿空气的风管，可采用橡胶板或闭孔海绵橡胶板作为衬垫材料；输送空气或烟气温度高于 70℃的风管，可采用石棉绳或石棉橡胶板作为衬垫材料；输送含有腐蚀性介质气体的风管，可采用耐酸橡胶板或软聚氯乙烯板等作为衬垫材料。

各种材质的风管法兰用料规格见表 3—1～表 3—5。

**表 3—1　　钢板风管连接法兰用料规格**

| 法兰类型 | 圆形风管直径或矩形风管大边长（mm） | 法兰用料规格 | | 备注 |
|---|---|---|---|---|
| | | 扁钢（mm） | 角钢（mm） | |
| 圆形法兰风管 | ≤140<br>150～250<br>300～500<br>530～1 250<br>1 320～2 000 | —20×4<br>—25×4 | ∟ 25×3<br>∟ 30×4<br>∟ 40×4 | 螺钉及铆钉的间距不应大于 150 mm |
| 矩形法兰风管 | ≤630<br>800～1 250<br>1 600～2 000 | | ∟ 25×3<br>∟ 30×4<br>∟ 40×4 | 矩形法兰的四角应设置螺孔，其他同上 |

表 3—2　　不锈钢风管、铝板风管连接法兰用料规格

| 圆形风管直径或矩形风管大边长（mm） | 不锈钢法兰用料（mm） | 铝法兰（mm） | |
|---|---|---|---|
| | | 扁铝 | 角铝 |
| ≤280 | —25×4 | —30×6 | ∟30×4 |
| 320～560 | —30×4 | —35×8 | ∟35×4 |
| 630～1000 | —35×6 | —40×10 | |
| 1120～2000 | —40×8 | —40×12 | |

表 3—3　　硬聚氯乙烯板矩形法兰用料规格

| 风管大边长（mm） | 法兰用料规格 | | | 镀锌螺栓规格（mm） |
|---|---|---|---|---|
| | 宽（mm）×厚（mm） | 孔径（mm） | 孔数（$n$） | |
| 120～160 | —35×6 | 7.5 | 3 | M6×30 |
| 200～250 | —35×8 | 7.5 | 4 | M6×35 |
| 320 | —35×8 | 7.5 | 5 | M6×35 |
| 400 | —35×8 | 9.5 | 5 | M8×35 |
| 500 | —35×8 | 9.5 | 6 | M8×40 |
| 630 | —40×10 | 9.5 | 7 | M8×40 |
| 800 | —40×10 | 11.5 | 9 | M10×40 |
| 1 000 | —45×12 | 11.5 | 10 | M10×45 |
| 1 250 | —45×12 | 11.5 | 12 | M10×45 |
| 1 600 | —50×15 | 11.5 | 15 | M×50 |
| 2 000 | —60×18 | 11.5 | 18 | M×50 |

表 3—4　　硬聚氯乙烯板圆形法兰用料规格

| 风管直径（mm） | 法兰用料规格 | | | 镀锌螺栓规格（mm） |
|---|---|---|---|---|
| | 宽（mm）×厚（mm） | 孔径（mm） | 孔数（$n$） | |
| 100～160 | —35×6 | 7.5 | 6 | M6×30 |
| 180 | —35×6 | 7.5 | 8 | M6×30 |
| 200～220 | —35×8 | 7.5 | 8 | M6×35 |
| 250～320 | —35×8 | 7.5 | 10 | M6×35 |
| 360～400 | —35×8 | 9.5 | 14 | M8×35 |
| 450 | —35×10 | 9.5 | 14 | M8×40 |
| 500 | —35×10 | 9.5 | 18 | M8×40 |

续表

| 风管直径（mm） | 法兰用料规格 | | | 镀锌螺栓规格（mm） |
|---|---|---|---|---|
| | 宽（mm）×厚（mm） | 孔径（mm） | 孔数（$n$） | |
| 560～630 | —40×10 | 9.5 | 18 | M8×40 |
| 700～800 | —40×10 | 11.5 | 24 | M10×40 |
| 900 | —45×12 | 11.5 | 24 | M10×45 |
| 1 000～1 250 | —45×12 | 11.5 | 30 | M10×45 |
| 1 400 | —45×12 | 11.5 | 38 | M10×45 |
| 1 600 | —50×15 | 11.5 | 38 | M10×50 |
| 1 800～2 000 | —60×15 | 11.5 | 48 | M10×50 |

**表 3—5　　玻璃钢法兰用料规格**

| 圆形风管外径或矩形风管大边长（mm） | 宽（mm）×厚（mm） | 螺栓规格（mm） |
|---|---|---|
| ≤400 | 30×4 | M8×25 |
| 420～1 000 | 40×6 | M8×30 |
| 1 000～2 000 | 50×8 | M10×35 |

钢板制成的风管与角钢法兰的连接，在风管壁厚小于或等于 1.5 mm 时，一般采用风管翻边铆接，铆接部位在法兰外侧；在风管壁厚大于 1.5 mm 时，一般采用风管翻边点焊或满焊。风管与扁钢法兰的连接，一般多采用翻边连接方法。铝板风管与角型法兰的连接一般也多采用翻边铆接的方法，铆接时，使用铝铆钉；硬聚氯乙烯板风管与法兰的连接一般应采用焊接，其连接处加设三角板支撑，三角支撑板间距为 300～400 mm。

风管的加固：对于矩形风管，当其边长大于或等于 630 mm，保温风管边长大于或等于 800 mm 且其长度在 1.2 m 以上时，须采取加固措施。一般加固的方法为采用角钢框进行加固，角钢的规格可略小于角钢法兰的规格。

关于风管的构件：风管构件制作一般应采用与风管相同的材料，并按有关规定执行。

**2. 风管系统安装中的保温及防腐**

（1）风管系统安装中的保温。在空调运行中，为了提高冷、热量的利用率，保证空调运行中各有关参数（主要是温、湿度），对系统中的空调器，送、回风管，风机（外置）以及可能会在风管外表面结露的新风管、排风管等均需要进行保温处理。

常用的保温材料。保温材料应根据“因地制宜、就地取材”的原则，采用价格低廉、保温性能好、易于施工、耐用的材料。具体有以下要求。

①热导率小、价格低。空调工程中常用的保温材料，其热导率应为 $\lambda=0.025\sim0.15$ [W/（m·℃）]，并尽量选用 $\lambda$ 值小的材料。同时，在考虑热导率和价格时，一般按热导率与价格乘数最小的材料较经济，在两者的乘积相差不大时，热导率小的更经济些。

②尽量采用密度小的多孔材料。这类材料不但热导率小，而且保温后的管道重量轻、便于施工，且风管支架荷重也较小。

③保温材料的吸水率低且耐水性能好。如果保温材料吸水率高，则保温材料容易受潮，从而使热导率增大，致使保温性能恶化。此外，保温材料即使吸收水分后，其机械强度也应不会降低，更不应出现松散和腐烂现象。

④抗水蒸气渗透性能好。如果材料有小孔，则应为封闭型。一般保温层表面致密、光滑。在目前常用的保温材料中，硬质聚氨酯泡沫塑料就是抗水蒸气渗透性能较好的材料。

⑤保温后，不易变形并具有一定的抗压强度。最好采用板状或毡状等成型材料。当采用散状材料时，应采取措施防止其由于压缩等原因变形。

⑥保温材料不宜采用有机物和易燃物，以免发生虫蚀、腐蚀、生菌、引鼠等现象或引发火灾。

低温管道在保温层外一般要设防潮层，用于防止空气中的水蒸气渗入保温层内部而结露。常用的保温结构一般由防腐层（一般为刷防腐漆）、保温层、防潮层（包括毡、油纸或刷沥青）和保护层组成。保护层随敷设地点而异，可采用水泥保护层、铁皮保护层、玻璃布或塑料布保护层、木板或胶合板保护层等。具体做法可参照《采暖通风国家标准图》的有关部分。

（2）风管系统安装中的防腐。空调系统所用的设备及管道大部分是由金属材料制作而成的，所处的环境基本上都是湿空气，特别是空气处理室中的空气喷水处理室、表面冷却器空气处理室、喷蒸汽加湿处理室以及送风管中的空气相对湿度都比较大。因此，对空调系统中的设备、风管进行防腐处理是完全必要的。常用的防腐方法是在金属材料表面涂刷涂料，以起到保护作用。风管、设备的防腐处理包括以下内容。

1）表面的清理。为了保证防腐蚀的质量，在喷涂底漆前，须做好表面的清理工作。空调系统中的设备（主要指空气处理设备）及风管、管件等在加工、储存、运输、安装过程中往往被污染。例如，金属表面的氧化皮、铁锈、灰尘、污垢等，在喷涂防腐层前都必须进行清理，否则会影响防腐层的喷涂质量，致使达不到预期的效果。

表面锈蚀清理的方法一般有手工、机械、喷砂、化学、电化学等手段。清理油污的方法有溶剂清理、碱化清理、乳化清理法等。在空调系统的维护修理中，一般采用手工或机械除锈，有条件的地方也可采用化学除锈法。对于净化空调系统，则必须对设备、管件、风管内进行灰尘、油污的清理。但必须注意，对金属表面进行清理，应根据金属使用范围及涂刷涂料的不同而异。如使用有色金属材料，工程要求较高或涂料本身对表面清理要求较高时，还须进行一些特殊处理，来保证表面清洁的要求，如磷化处理和氧化处理等。

人工除锈：设备、风管、管件表面的锈蚀可使用钢丝刷、钢丝布或砂布进行擦拭，直到其表面露出金属本色，再使用棉纱或破布进行擦净。

此种方法工效较低，除锈的质量也不稳定，但工具简单，操作也较方便，特别是对于空调系统中设备、风管的维修处理特别有利。

2）涂料的选用。空调风管及配件的涂漆种类应按不同的用途及不同风管的材料来选择。

①薄钢板风管的防锈漆及底漆采用红丹油性防锈漆，不仅有很好的防锈效果，而且易涂刷。但是，其需要用手工涂刷，不宜喷涂。此外，还有铁红酚醛底漆、铝粉铁红酚醛防锈漆。以上 3 种漆适用于涂刷黑色金属，而不适宜涂铝、锌合金等轻金属的表面。

②镀锌钢板是指钢板的表面被镀锌层覆盖，因此对于一般空调系统而言，只要镀锌层不被破坏，就可以不涂防锈漆。如果镀锌层已有泛白现象或在加工中锌层有损坏以及需要时，则应涂防锈层。但应将表面清理去除油污或氧化物后，再涂防锈漆或底漆。

③对于铝、锌合金的轻金属应采用锌黄类底漆，如锌黄酚醛防锈漆、锌黄醇酸防锈漆等。由于锌黄能产生水溶性的铁酸盐而使金属表面钝化，故其有良好的保护性，对铝、锌等轻金属有较好的附着力。镀锌钢板及铝板风管、配件应涂此类底漆，但黑色金属则不能用此类漆。

④使用磷化底漆能代替钢铁的磷化处理，对增进有机涂层和金属表面的附着力起良好的作用，并可以防止锈蚀，延长有机涂层的使用寿命。它是在金属表面磷化的同时形成漆膜，但由于成膜很薄，故不能单独作底漆用，而应与其他底漆、防锈漆配合使用。如可与酚醛类、醇酸类、环氧类底漆配合使用。在清理表面后喷涂或涂刷一层磷化底漆，待干燥后再涂其他底漆，然后再涂面漆。

对于油漆涂刷选用的品种和遍数，一般应按要求进行，如无特殊要求可按表 3—6 所列规定执行。各种不同涂料稀释剂都是不一样的，应按产品说明的要求配用稀释剂。

**3. 散流器的安装**

对于散流器的选用，主要的控制参数为风口类型，材质、规格、出口风速、全压损失和气流射程等。散流器的材质主要有塑料、钢制和铝合金两类。

表 3—6 薄钢板油漆

| 序号 | 风管所输送的气体介质 | 油漆类别 | 油漆遍数 |
|---|---|---|---|
| 1 | 不含有灰尘且温度不高于 70℃的空气 | 内表面涂防锈底漆 | 2 |
| | | 外表面涂防锈底漆 | 1 |
| | | 外表面涂面漆（调和漆等） | 2 |
| 2 | 不含有灰尘且温度高于 70℃的空气 | 内、外表面各涂耐热漆 | 2 |
| 3 | 含有粉尘或粉屑的空气 | 内表面涂防锈底漆 | 1 |
| | | 外表面涂防锈底漆 | 1 |
| | | 外表面涂面漆 | 2 |
| 4 | 含有腐蚀性介质的空气 | 内外表面涂耐酸底漆 | ≥2 |
| | | 内外表面涂耐酸面漆 | ≥2 |

散流器的选择应根据工程特点、所需气流组织类型、调节性能和送风方式等，选择相应的风口类型；根据需要风量［送风或排（回）风］，在风口颈部（或风口进出口断面处）允许的风速范围内，确定所需风口的尺寸，当按风口风速（一般为 2～5 m/s）确定风口尺寸时，应考虑风口的有效面积率（一般为 30%～60%）；校核所选择风口的主要技术性能，如射程、压力损失、噪声指标以及工作区域内的风速与温差；确定所选风口的布置安装方式以及与风道的连接方式。

具体施工和安装要点有如下几点。

（1）安装前应检查风口机械性能

1）对于风口的活动零件，要求动作自如、阻尼均匀，且无卡死和松动现象。

2）对于导流片可调或可拆卸的产品，要求调节拆卸方便、可靠，定位后无松动现象。

（2）风口外表装饰面应平整，扩散环分布应匀称，颜色应一致，且无明显的划伤和压痕。

（3）风口允许偏差值应符合表 3—7 中所列的规定。

表 3—7 风口尺寸允许偏差（mm）

| 圆形风口 | | | |
|---|---|---|---|
| 直径 | ≤250 | ＞250 | |
| 允许偏差 | −1～0 | −3～0 | |
| 矩形风口 | | | |
| 边长 | ＜300 | 300～800 | ＞800 |
| 允许偏差 | −1～0 | −2～0 | −3～0 |
| 对角线长度 | ＜300 | 300～500 | ＞500 |
| 对角线长度之差 | ≤1 | ≤2 | ≤3 |

### 4. 风机盘管的安装

（1）明装立式机组可安放在窗台下面；暗装立式机组则布置在预留的壁龛内，外加隔栅装饰；立柱式机组可布置在进门处的壁橱旁边，出风管用弯管接出；卧式机组可吊装在进门走道吊顶内（客房），或房间吊顶内（如办公室等），或外接送、回风口；卧式明挂机组可悬挂在天花板下或侧墙上；卡式机组可直接暗装于吊顶内。

（2）安装前，应检查机组外部是否完好，用手转动风机叶轮是否灵活，有无摩擦声。若有异常，则应予以排除。

（3）机组安装时，应防止杂物进入风机叶轮和电动机；机组运行前，应将滴水盘和水管内的杂物清理干净。

（4）在连接进出水管时，应使用一把扳手卡紧进出水端口的六方角上，用一把管钳旋紧水管。拧紧时，不可用力过大，以免将铜管焊接处拧坏。

（5）与机组连接的风管和水管的重量，不能由机组承受。

（6）机组安装后，应保证顶部水平，以免滴水盘内中的凝结水外溢。冷凝水管应有一定的坡度，以利于冷凝水的排泄。

（7）机组的进出水管应注意保温质量，以免夏季运行时产生凝结水。

（8）机组电源为单相，220 V、50 Hz。风机启动前，应检查线路是否正确，以免因接线错误而烧毁电动机。

## 二、制冷设备与管道的安装

### 1. 制冷设备的安装

（1）压缩机的安装。制冷压缩机是提高制冷设备内制冷剂气体压力的设备。由于自身的重量和压缩过程中机器的往复惯性力和旋转惯性力产生的振动，因而产生噪声，消耗能量，加剧工作零件的磨损，并能使机器产生位移。故活塞式制冷压缩机一般都安装在足够大的混凝土基础上，凭借土壤的弹性以及必要的承压面积，以限制机器的振幅在国家和有关部门规定的容许范围内。

1）制冷压缩机安装的基本要求

①布置压缩机机房时，应考虑检修压缩机活塞用的吊点位置。

②两台压缩机之间的距离，应考虑检修时取出曲轴的空间。

③压缩机的压力表及其他操作仪表，应面向主要操作通道，通道的宽度为 1.5～2.0 m；压缩机进气、排气阀门应位于或接近于主要操作通道。

④压缩机进气、排气阀门的设置高度应在 1.2～1.5 m，当超过此高度时，应在压缩机旁设操作台。

2）基础的制作

①选好基础位置，根据压缩机样本或现场测量的结果，以机房轴线为准，划好尺寸线。

②按尺寸挖土，深度应挖至老土，用 100 号毛石打底至基础底标高。

③按尺寸预留地脚螺栓孔，并预埋电线管和上下水管。

④在地面上撑好模板，以保证地面上基础高出部分的形状，模板应牢固。

⑤用 150 号混凝土浇捣，直至地面上模板的上平面，转入 28 天左右的养护。

⑥养护一周至 15 天后，拆除地脚螺栓的模型，放入地脚螺栓，然后用 200 号混凝土进行第二次浇捣。

⑦做基础尺寸验收：长与宽的偏差不大于 20 mm；高度及凸凹不平偏差不大于 10 mm；地脚螺栓孔中心距离偏差不大于 5 mm；机座主要轴线之间尺寸偏差不大于 3 mm。

⑧基础四周做半圆形排水沟，引至总排水系统。

⑨基础外表面在完成安装前的准备工作后，应以水泥比黄砂为 1∶2 的水泥砂浆抹面，厚度约为 10 mm，四周要光滑垂直。基础上平面应考虑排水排油的方向，以免在基础上积水积油。

3）压缩机就位安装

①基础划线。将基础表面清理干净，根据压缩机样本或现场测量的结果，在基础上放出纵横中心线、地脚螺孔中心线及设备底座边缘线等。

②吊装压缩机。将压缩机搬运到基础旁，用起吊工具将压缩机起吊到基础上方一定的高度上。穿上地脚螺栓，使压缩机对准基础上事先划好的纵横中心线，徐徐地下落到基础上，此时将地脚螺栓置于基础地脚螺栓孔内。

压缩机就位后，它的中心线应与基础中心线重合。若出现纵横偏差，则可用撬棍伸入压缩机底座和基础之间空隙处适当位置，前后左右地拨动设备底座，直至拨正为止。

③用水平仪测量压缩机的纵横向水平度。对于立式和 W 型压缩机，测量的方法是将顶部气缸盖拆下，将水平仪放在气缸顶上的机加工面上测量其机身的纵横向水平度；对于 V 型和扇型压缩机，测量的方法是将水平仪轴向放置在联轴器上，测量压缩机的轴向水平度，再用吊线锤的方法测量其横向水平度。压缩机纵横向不水平度的偏差是＜0.1/1 000，当不符合此要求时，应用斜垫铁调整。当斜垫铁的调整量不够时，应调整平垫铁的厚度来满足此要求。

④二次灌浆。用强度高于基础一级的混凝土将地脚螺栓孔灌实，待混凝土达到规定强度的 75%后，再做一次校核，符合要求后，将垫铁点焊固定，然后拧紧地脚螺栓，最后进行二次灌浆。

（2）油分离器的安装。在安装油分离器时，应弄清油分离器的形式（洗涤式、离心式或填料式），进、出口接管的位置，以免将管接口接错。对于洗涤式油分离器，安装时应特别注意其与冷凝器的相对高度，一般情况下，洗涤式油分离器的进液口应比冷凝器的出液口低 200～250 mm（图 3—1），并注意供液管必须从冷凝器出液总管的底部接出。干式油分离器可直接安装在冷凝器前方的框架上。

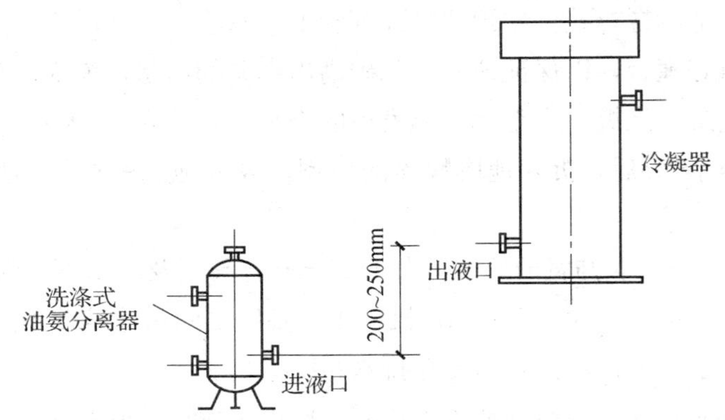


图 3—1　洗涤式油分离器与冷凝器的安装高度

油分离器应垂直安装，允许偏差不得大于 1.5/1 000。当吊装在基础上后，要校正地脚螺栓，用双螺帽拧紧，并且用水平仪和测锤做水平和垂直度的校验，同时要保证管道接口中心线的同心度。符合要求后，拧紧地脚螺栓将油分离器固定在基础上，然后将垫铁点焊固定，最后用混凝土将垫铁留出的空间填实（即二次灌浆）。

（3）冷凝器的安装。卧式冷凝器一般安装于室内。为满足卧式冷凝器与储液器的高差要求，卧式冷凝器既可用型钢作基础，也可直接用混凝土作基础。为充分节省机房面积，通常的方法是将卧式冷凝器与储液器一起安装于钢架上（图 3—2）。

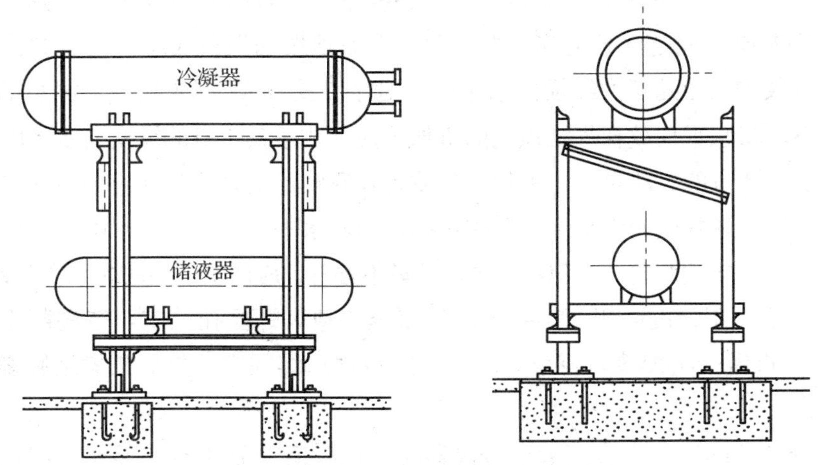


图 3—2　卧式冷凝器与储液器的安装

当卧式冷凝器与储液器一起安装于钢架上时，钢架必须垂直，可采用吊垂线的方法进行测量。

卧式冷凝器对水平度的要求，一般情况下，应坡向集油罐，坡度为15/1 000。

所有冷凝器与储液器之间都有严格的高差要求，安装时应严格按照设计的要求安装，不得任意更改高度，一般情况下，冷凝器的出液口应比储液器的进液口至少高200 mm（图3—3）。

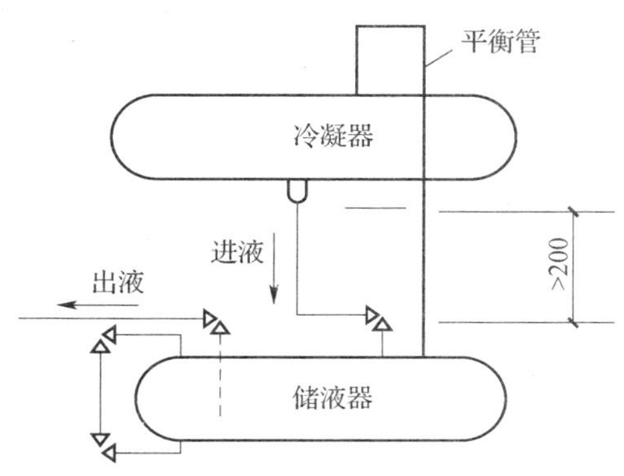

图3—3　冷凝器与储液器的安装高度

为保证桶下部阀门易操作和观察，冷凝器两端应有足够长度间距，以便拆端盖清洗冷凝器，水管应保证冬季停机放水方便。

（4）高压储液桶的安装。高压储液桶可以安装在机房内或辅助房间，尽量与冷凝器靠近。高压储液器顶部的管接头较多，安装时不要接错，特别是进、出液管更不得接错，因进液管是焊在设备表面的，而出液管多由顶部表面插入筒内下部，接错了除不能供液外，还会发生事故。可用一根铁丝，一端弯钩并伸入管口内直到桶底，再靠边上提，以挂住的长度为准，长的为出液口；也可由管径大小确定，一般进液管直径大于出液管的直径。

高压储液桶的水平度一般向集油包倾斜度大致为15/1 000，要离地面有一定高度，以便观察和底部阀门的操作，进液口要低于冷凝器出液总管底部200 mm以上。桶上玻璃液面指示器要有金属保护罩，放在易观察又不易误碰的位置。桶上的压力表面应向易观察的一面。如果有两个或两个以上的储液桶，则应在其底部设置均压管，均压管上应装设关闭阀。

（5）气液分离器的安装。先做好底座金属框架，将气液分离器吊装在框架上，用水平仪和测锤校正后固定，再安装金属液面指示器、浮球阀和液面自控件。

气液分离器的安装标高，应使控制的液位比冷间最高层冷却排管高1.5～2 m，其排液管应比排液桶或循环桶的进液口高，并在两者间加设均压管。

由于气液分离器是低温设备，因此应注意其保温隔热。

**2. 制冷管道的安装**

（1）制冷系统管道材质要求

1）制冷管道应符合受压容器的要求。

2）氟利昂制冷系统管道，一般公称直径在25 mm以下时应采用铜管，在25 mm以上时应采用无缝钢管，且内壁不能镀锌，其规格见表3—8。

表 3—8　　常用紫铜管的规格

| 公称直径 $D_g$ (mm) | 外径×壁厚 (mm×mm) | 理论重量 (kg/m) | 公称直径 $D_g$ (mm) | 外径×壁厚 (mm×mm) | 理论重量 (kg/m) |
|---|---|---|---|---|---|
| 1.5 | $\phi$3.2×0.8 | 0.05 | 14 | $\phi$16×1 | 0.419 |
| 2 | $\phi$4×1 | 0.084 | 16 | $\phi$19×1.5 | 0.734 |
| 4 | $\phi$6×1 | 0.140 | 19 | $\phi$22×1.5 | 0.859 |
| 8 | $\phi$10×1 | 0.252 | 22 | $\phi$25×1.5 | 0.983 |
| 10 | $\phi$12×1 | 0.307 | | | |

3）空调系统的冷、热水管最好用镀锌钢管，也可用无缝钢管或铜管。

4）冷凝器用的冷却水管一般采用镀锌钢管，也可用铅黄铜管或铜镍合金管。

5）油管采取与制冷剂用管一致。

6）管道在应用前，应清锈和除污。

（2）管道的连接。制冷系统中的管道连接，通常有以下 3 种方法：法兰连接、螺纹连接（丝扣连接）和管子焊接。

1）法兰连接。凡设备及阀门上带有法兰的一定用法兰连接；$D$25 mm 以上管道在与设备、阀门及需要拆开检修部分进行连接时均采用法兰连接。法兰盘一般是用钢板加工的，也有铸钢法兰和铸铁法兰。根据法兰与管子连接方式的不同，法兰盘可分为平焊法兰、对焊法兰、平焊松套法兰、对焊松套法兰、翻边松套法兰、螺纹法兰等。其中，平焊法兰使用最广泛。对接的一对法兰盘有凹凸对接面，接触面应平整无痕和脏物，凹凸对接面之间放入厚 2～3 mm 的高、中压耐油石棉橡胶板、石棉纸板或青铅。氟利昂系统也可采用0.5～1 mm 厚的紫铜片或铝片。

2）螺纹连接。$D$25 mm 以下壁厚较大的管子与设备、阀门连接一般为螺纹连接，对于无缝钢管，如果不能直接套螺纹，则可用一段加厚黑铁管套螺纹后，再与之连接。螺纹处应用聚四氯乙烯密封带（俗名生料带）或一氧化铅和甘油混合而成的糊状密封剂按顺时针方向缠涂在螺纹（右旋）上，其用于在拧紧螺纹后起密封作用。

3）管子焊接。焊接是制冷系统管道的主要连接方法，因其强度大、严密性好而被广泛采用。管道焊接口不应在支架或墙内不易检修的地方。

氟管在中小型制冷设备中多用紫铜管，其焊接多用银焊条钎焊，在干净的焊接口处涂上银基焊粉，再用 25 号或 45 号银焊条烧焊。为保证铜管焊接的强度和严密性，多采用承插式焊接（图 3—4），承插式焊接的扩口深度不应低于管外径，且扩口方向应迎向制冷剂的流动方向。

（3）管道的弯曲。无缝钢管的弯曲分热弯和冷弯两种。所谓热弯是指将钢管加热到一定温度后，弯曲为所需要的形状；而冷弯则一般借助于弯管机或液压弯管机，也可用手工冷弯。

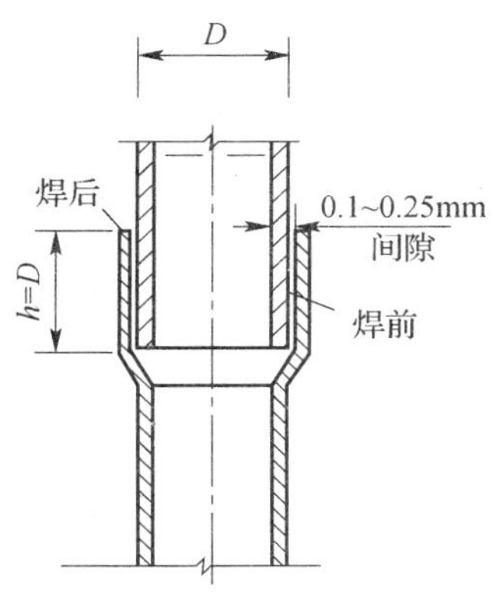

图 3—4　氟管的承插式焊接

在制冷系统管道弯曲中，一般 $D57$ mm 以下管子采用冷弯，$D25$ mm 的管子采用机器弯曲，$D25$ mm 以下的管子采用手动弯管机弯曲。冷弯时的弯曲半径一般为公称直径的 4 倍。在弯曲后壁厚减薄不超过工艺减压所需壁厚的 15％时，允许弯曲半径小于公称直径的 4 倍。冷弯后管子有弹性而回弹，所以弯曲角度应多弯 3°～5°，而弯曲半径则应比要求的小 3～5 mm。

热弯在工程上最早广泛应用的是灌砂加热煨弯法。从 20 世纪 70 年代起，火焰弯管机、晶闸管中频电弯管机以其效率高、省工省料、使用方便等特点逐渐取代了手工灌砂加热煨弯法。热弯通常弯曲半径不小于公称直径的 3.5 倍，壁厚减薄不超过规定值的 15％。

氟利昂系统经常采用管径在 $D25$ mm 以下的紫铜管，很易弯曲。管径小的如$D6$ mm、$D8$ mm 及 $D10$ mm 等可以用手工弯管机直接弯曲，稍粗的则应将其烧红退火后靠模弯曲。其最小弯曲半径见表 3—9。

紫铜管弯曲后，管内要清洗，即把管子放在 98％浓度的硝酸溶液中（硝酸占 30％，水占 70％）浸泡几分钟，取出后再用碱水中和，并且用清水冲洗后烘干。

**表 3—9　　紫铜管最小弯曲半径（mm）**

| 管子外径 | 3 | 4 | 5 | 6 | 8 | 10 | 12 | 14 | 15 |
|---|---|---|---|---|---|---|---|---|---|
| 弯曲半径 | 6 | 8 | 10 | 12 | 16 | 20 | 24 | 28 | 30 |
| 管子外径 | 18 | 20 | 22 | 25 | 28 | 30 | 32 | 35 | |
| 弯曲半径 | 45 | 50 | 65 | 75 | 85 | 90 | 95 | 105 | |

（4）管道的安装与布置。氟制冷系统的特殊性在于氟制冷剂无色、无味、透明，极易泄漏又不易察觉，因此氟系统的设备、管道要求十分严密。氟不溶于水，多数氟与油相混。这就需要防止水汽混入而产生冰堵，又要注意回油的问题。

氟管的安装与布置应遵循以下原则。

1）氟的回气管满负荷时压力降不超过相当饱和温度差 1℃时的压力降。最小负荷时能使润滑油回到压缩机（即保证最小速度）。

2）两台压缩机并联给同一系统制冷，吸气管应对称平衡，使压力近似相等、回油均匀。曲轴箱应设均压管和均油管互相沟通。

3）回气管的水平管有 1/100～2/100 的坡度坡向压缩机，回气管在出蒸发器后应作集油弯。

4）有多台压缩机与总吸气管连接时，勿使油及液态氟停在未用的压缩机支管内，可以将各分支口气管向上弯曲再接总回气管。

5）安装有能量调节的机组，它的竖直回气管应采用带油的双上升回气管，如图 3—5 所示，以保证高负荷时压降不增加，低负荷时能回油。

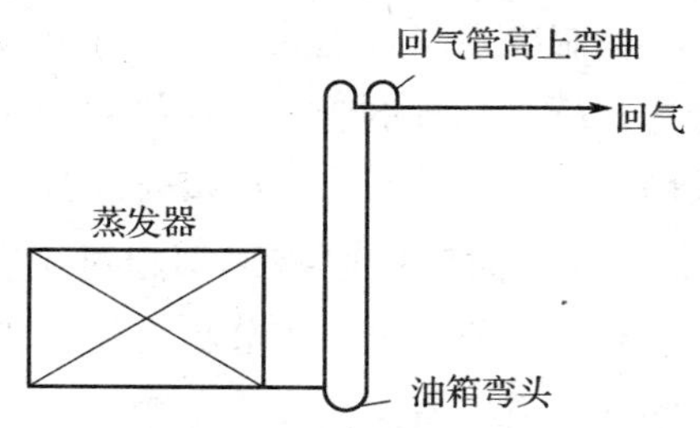

图 3—5　氟利昂系统的双上升回气管

6）当蒸发器低于压缩机时，应按图 3—6 所示安装，每隔 10 m 以内做一个回油弯，以保证压缩机的回油润滑。

7）对于全封闭式压缩机，因吸气先进入外壳联体，吸气管不长时可不考虑回油液击的问题。

8）当排气管竖直向上较高时，应参照图 3—7 去安装，每隔 8 mm 左右设置 U 型弯头，压缩机排气出口应设单向止回阀。

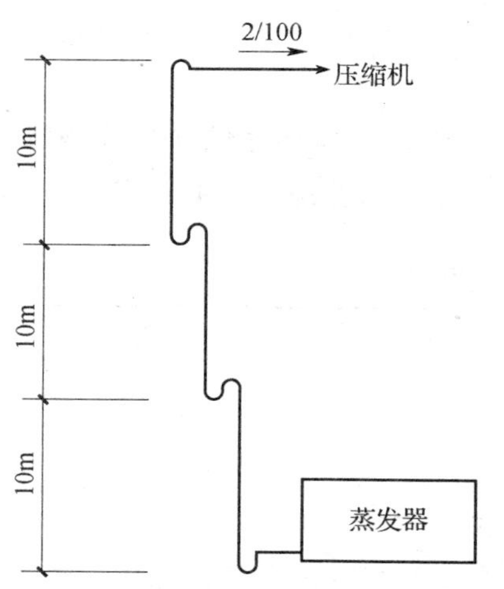

图 3—6　氟利昂系统大于 10 m 的回气管安装

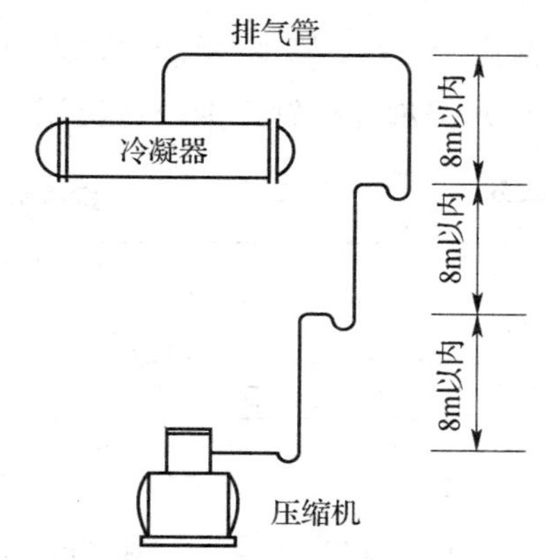

图 3—7　氟利昂系统排气管上设置的 U 型弯

9）从压缩机至冷凝器的排气管水平管应有 1/100～2/100 的坡度坡向冷凝器，以防止停机后凝结下来的制冷剂液体返回压缩机。

10）当多台压缩机并联时，各排气管应装止回阀，然后再与排气总管相连。

11）节流阀至蒸发器管道应尽量短，不能有明显振动，而节流阀至冷凝器一段，因装有干燥过滤器、电磁阀等造成阻力增大，为此要保证此段的压力降在 0.02 MPa 以内，流速为 0.5～1.25 m/s。

12）管道伸缩弯。当管道直线段低压管超过 100 m，高压管超过 50 m 时，应设置伸缩弯，以防热胀冷缩的内应力。伸缩弯一般有两种形式，如图 3—8 所示。弯曲半径 $R$ 可用计算法求出膨胀量 $L'$后，从表 3—10 中查出来。

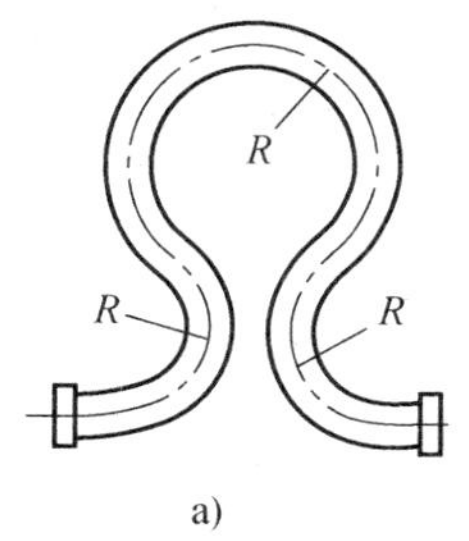

a)

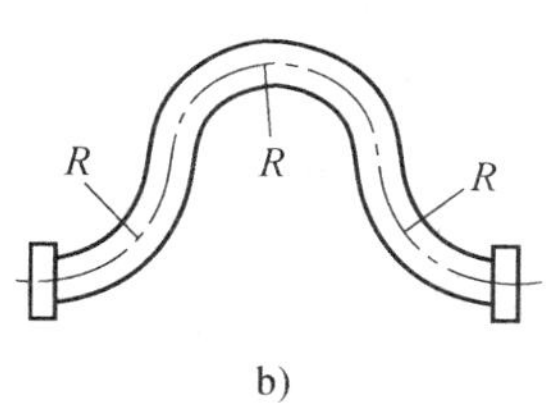

b)

图 3—8　管子的伸缩弯

**表 3—10　　每个 90°弯头的允许膨胀量**

| 公称直径 | 弯头半径 $R$ | | | | | | | | | | | |
|---|---|---|---|---|---|---|---|---|---|---|---|---|
| | 300 | 380 | 510 | 760 | 1 015 | 1 270 | 1 525 | 1 780 | 2 030 | 2 285 | 2 540 | 2 800 |
| 25 | 6 | 9 | 19 | 44 | 80 | — | — | — | — | — | — | — |
| 50 | 3 | 6 | 13 | 25 | 44 | 70 | 98 | 137 | — | — | — | — |
| 64 | — | 6 | 9 | 22 | 38 | 57 | 83 | 114 | 146 | — | — | — |
| 76 | — | 3 | 9 | 16 | 29 | 48 | 67 | 92 | 121 | 152 | — | — |
| 90 | — | — | 6 | 16 | 25 | 41 | 60 | 79 | 105 | 133 | — | — |
| 100 | — | — | 6 | 13 | 25 | 38 | 50 | 73 | 95 | 121 | 146 | — |
| 113 | — | — | — | 13 | 22 | 35 | 48 | 64 | 86 | 108 | 133 | — |
| 125 | — | — | — | 9 | 19 | 29 | 41 | 57 | 76 | 95 | 117 | 143 |
| 150 | — | — | — | 9 | 16 | 25 | 35 | 48 | 64 | 79 | 98 | 121 |
| 200 | — | — | — | — | 13 | 19 | 25 | 38 | 48 | 64 | 76 | 92 |
| 250 | — | — | — | — | — | 16 | 22 | — | 38 | 50 | 60 | 73 |
| 300 | — | — | — | — | — | — | 19 | — | 38 | 41 | 50 | 64 |

$$L' = KL\Delta t\text{(mm)}$$

式中　$L'$——膨胀量，mm；

$K$ ——钢的膨胀系数 $6.9\times10^{-6}$，1/℃；

$L$ ——管子长度，mm；

$\Delta t$ ——管子内外温差,℃。

若用图 3—8a 中所示的类型的管，则按 $L'$ 的 1/5 值查表 3—10；若用图 3—8b 中所示类型的管，则按 $L'$ 的 1/4 值查表 3—10。

13）管道的支架和吊点。当管道沿墙布置时，可在墙上做牢固的支架，再用 U 型螺栓将管子与支架锁牢，如果是低温管，则应在管子与支架间加装木质垫块。

管道因管径、流体及隔热材料的不同，管道的支承点或吊点也不同，可参照表 3—11。

**表 3—11　　制冷管道吊点的最大间距（m）**

| 管道外径×壁厚（mm） | 气体管 不隔热 | 液体管 不隔热 | 气体管 有隔热 | 液体管 有隔热 | 盐水管 有隔热 |
|---|---|---|---|---|---|
| 10×2.0 | — | 1.05 | — | 0.27 | — |
| 14×2.0 | — | 1.35 | — | 0.45 | — |
| 18×2.0 | — | 1.55 | — | 0.60 | — |
| 22×2.0 | 1.95 | 1.85 | 0.75 | 0.76 | 0.76 |
| 32×2.2 | 2.60 | 2.35 | 1.02 | 1.02 | 1.02 |
| 38×2.2 | 2.85 | 2.50 | 1.20 | 1.16 | 1.16 |
| 45×2.2 | 3.25 | 2.80 | 1.42 | 1.40 | 1.40 |
| 57×3.5 | 3.80 | 3.33 | 1.92 | 1.90 | 1.90 |
| 76×3.5 | 4.60 | 3.94 | 2.60 | 2.42 | 2.42 |
| 89×3.5 | 5.15 | 4.32 | 2.75 | 2.60 | 2.60 |
| 108×4.0 | 5.75 | 4.75 | 3.10 | 3.00 | 2.95 |
| 133×4.0 | 6.80 | 5.40 | 3.80 | 3.65 | 3.60 |
| 159×4.5 | 7.65 | 6.10 | 4.56 | 4.30 | 4.25 |
| 219×6.0 | 9.40 | 7.38 | 5.90 | — | 5.40 |

注：正常间距应为管道最大间距的 0.8 倍，若管子拐弯或管子上有附件，则应在一侧或两侧增加吊点。

14）蒸发器安装在压缩机之上时，为防止压缩机停机时，制冷剂液体流入压缩机引起压缩机下次启动时发生液击，应将蒸发器出口之吸气管向上弯曲后再与压缩机相接，如图 3—9 所示。

15）液体管道不应有局部向上凸起的现象（图 3—10a）气体管道不应有局部向下凹陷的现象（图 3—10b），以免产生“气囊”和“液囊”，阻碍液体和气体流动。对于重力供液回气管，为防止出现“液囊”，应设置设氨液分离器。

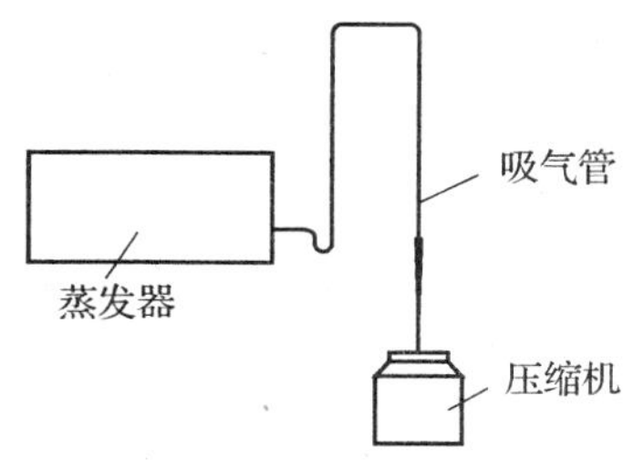


图 3—9　蒸发器在压缩机之上的吸气管

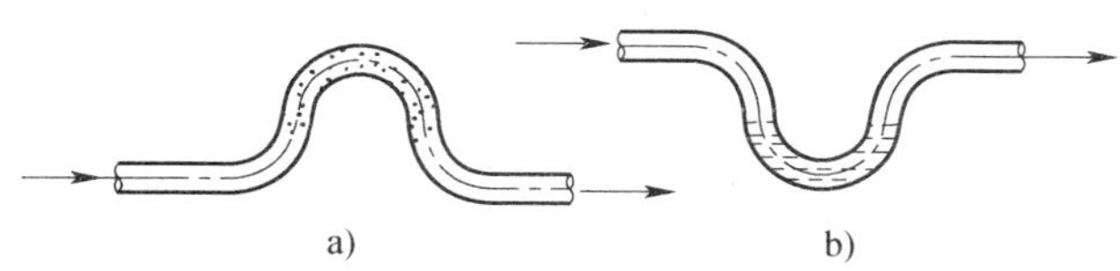


图 3—10　不合理管道形成的气囊和液囊
a）气囊　b）液囊

16）蒸发器安装位置低于冷凝器或储液器时，为防止压缩机停机后制冷剂液体继续流向蒸发器，应将冷凝器或储液器出口的液体管向上弯曲 2 m 以上后再与蒸发器相接，或在液体管上安装电磁阀，如图 3—11 所示。

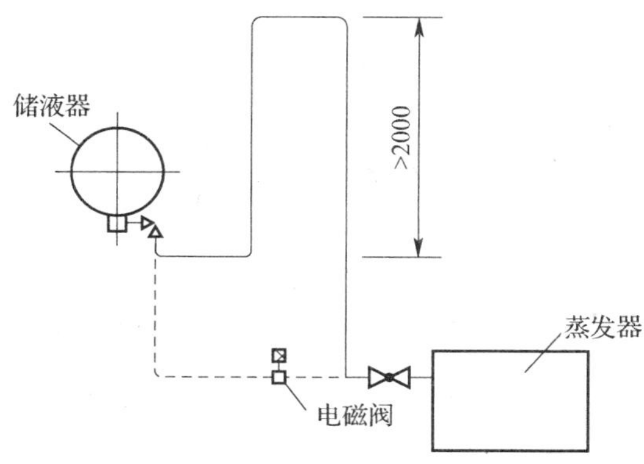


图 3—11　蒸发器在储液器之下的供液管

17）各支路回气管应从总口气管的上方接出，排液桶、立式（卧式）蒸发器、空气分离器的回口气管属单相流回气管，不能与两相流回气管合并使用。

18）当吸、排气管道设置在同一支吊架上时，为减少排气管高温影响，要求上下安装的管间净距离不应小于 200 mm，且吸气管必须在排气管之下（图 3—12a）。水平安装的管间净距离不应小于 250 mm（图 3—12b）。

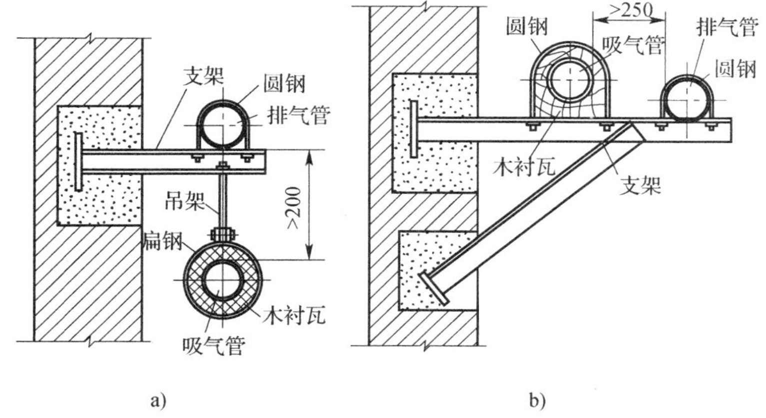


图 3—12　吸排气管处于同一支架时的安装
a）吸排气管上下敷设　b）吸排气管水平敷设

19）排气管应顺气流呈小于 45°角的弯头从总排气管上方接入。冷凝器出液管比储液器进液间高出约 300 mm，两者之间可不用均压管，否则应装均压管。

20）两台以上压缩机并联运行时，每台压缩机排气管应设止回阀。

21）管道的穿墙应在穿墙外加设套管，或留 20～30 mm 的空隙。穿墙两端应吊装或支撑牢靠，以防振坏墙身。在穿过隔热层时，应按有关隔热做法处理。

## 三、冷却系统的安装

### 1. 冷却塔的安装

（1）选择适当的安装场地

1）冷却塔入风口端与相邻建筑物之间的最短距离应不小于 1.5 倍塔高。

2）不宜装在变电所、锅炉房等有热源的场所；塔体要远离明火。

3）不宜装在腐蚀性气体存在的地方，如烟囱旁及温泉地区等。

（2）设置间距

1）与建筑物或侧面障碍物的间距

①逆流塔。间距应大于塔体高度（图 3—13）。

②横流塔。间距应大于 1/2 塔体高度（图 3—14）。

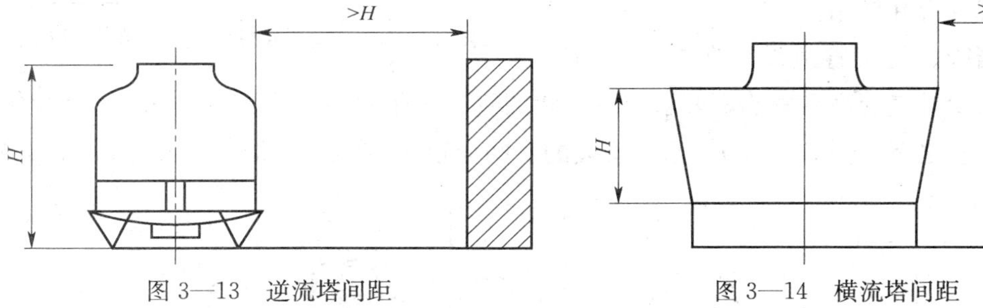


图 3—13　逆流塔间距　　图 3—14　横流塔间距

2）设置两台或两台以上的塔间距离

①圆形逆流塔间距应大于塔体的半径，如图 3—15 所示。

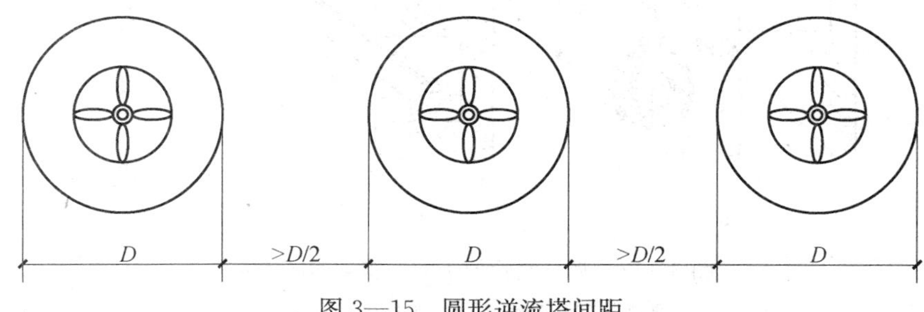


图 3—15　圆形逆流塔间距

②方形逆流塔间距应大于塔体长度的一半，如图 3—16 所示。

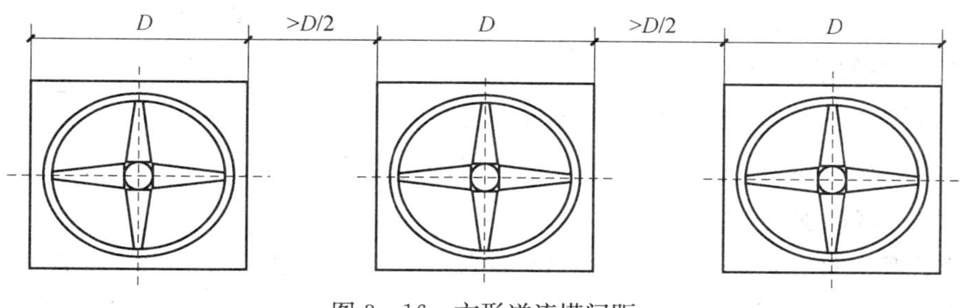


图 3—16　方形逆流塔间距

③直交流或两面进风的方形逆流塔间距应大于塔体高度，如图 3—17 所示。

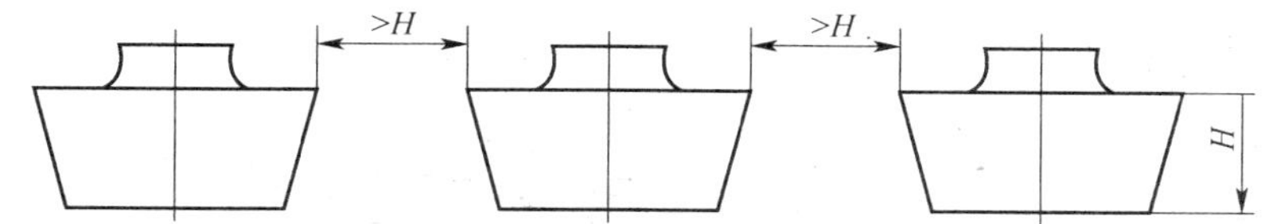


图 3—17　直交流或两面进风的方形逆流塔间距

（3）基础（图 3—18）

1）基础座（台）以荷重分布的最大值设计承受强度。

2）以脚座分布配置图来建造基础座，基础座分单体和联座，冷却塔基础高度最小 300 mm，平台需在同一水平面。

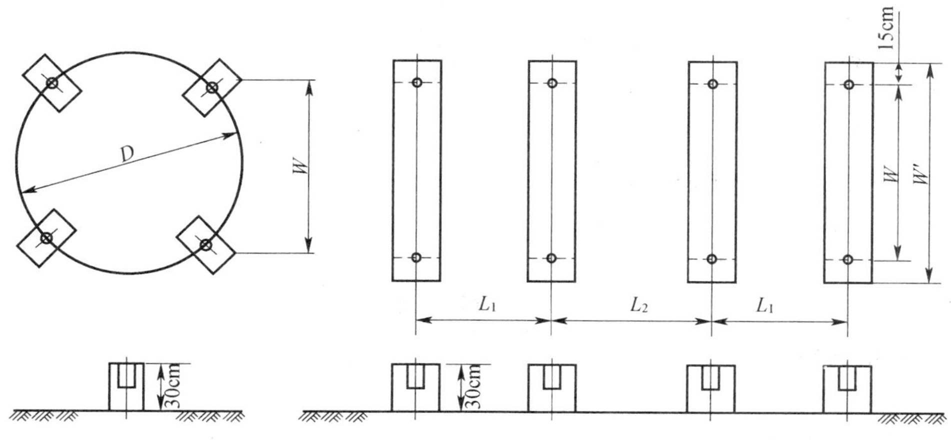


图 3—18　冷却塔基础图

3）冷却塔基础须按规定尺寸预埋好水平的钢板，各基础面标高应在同一水平面上，标高误差±1 mm，分角中心误差±2 mm。

4）塔体放置应水平，有条件的，可安装整体基础。

5）冷却塔脚座与基础座中间装设避振器，可减少冷却塔的振动。

（4）冷却塔的基本配管

1）配管管径不得小于冷却塔出入水管的管径。

2）冷却塔水泵和热交换器的出入水口最好都配装控制阀。

3）水泵入水口须装过滤器。

4）对于管径大于 4 寸（4 B，100 A）的配管，冷却塔和水泵的出入水管须装配防振接头或防振软管。

冷却塔应容易衔接配管并可避免因接管不正导致水槽破裂的情况，且有吸收减缓管路振动的作用。

冷却塔基本配管如图 3—19 所示。

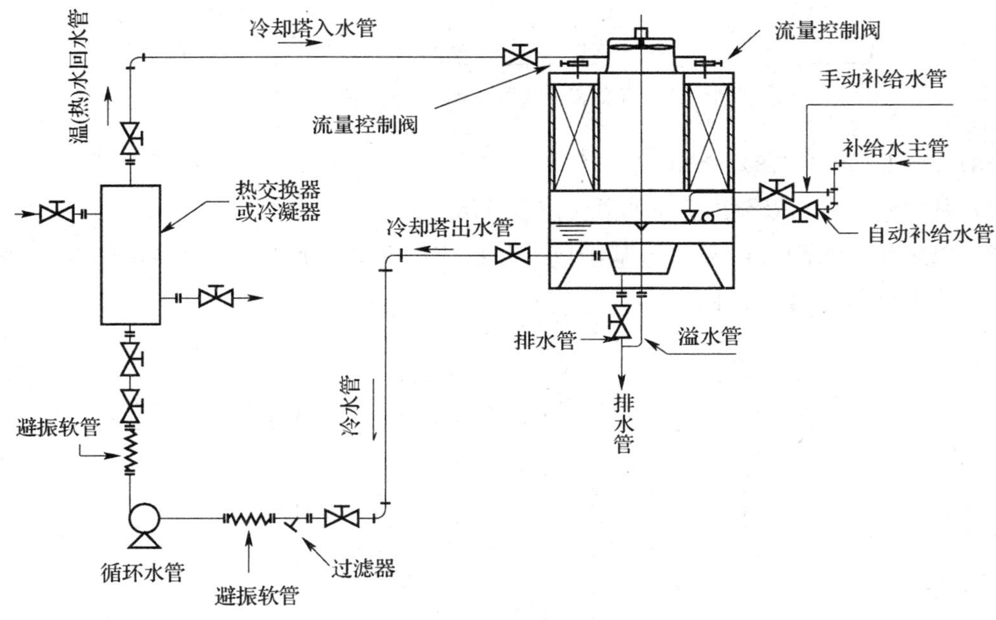


图 3—19　冷却塔基本配管

**2. 水泵的安装**

（1）安装前的准备工作

1）检查水泵和电动机有无损坏。

2）准备工具及起重机械。

3）按图检查水泵的基础尺寸。

（2）水泵的布置与安装

水泵在泵房内的布置要考虑如下几点。

1）水泵在泵房中的位置，应保证其吸水管和压水管路布置使其阻力损失尽量小。

2）水泵基础应高于泵房地坪，或在水泵底座外围设置排水沟，随时排除从水泵密封处泄漏的水，以防止水泵底座浸于水中。水泵基础自身重量为水泵一电动机机组重量的 3 倍以上，且应有足够的强度。

3）为了维修方便，水泵及泵房内管路及管路附件同相邻的水泵、管路、附件以及墙壁和其他设备之间应留有足够的距离，以便维修人员操作。

4）对于较大型的设备，其管路及附件应予以支撑，以防水泵壳体承受较大的应力而损坏。

5）对于水泵的安装布置，水泵安装最好采用柔性连接，并配连接板加隔振器安装，如图 3—20 所示。

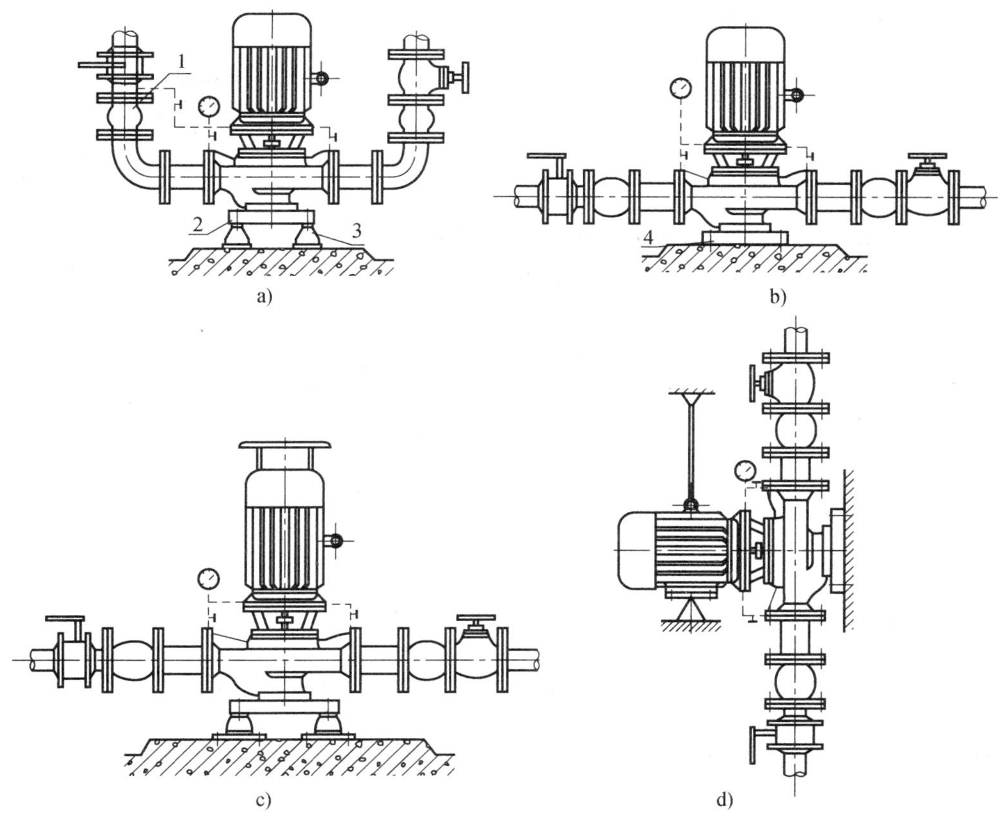


图 3—20　水泵的柔性连接

a）配连接板加隔振器安装　b）配连接板加隔振垫安装

c）户外使用，采用 IP54 电动机（户外型）　d）悬臂卧式使用安装

1—挠性接头　2—连接板　3—JG 型隔振器　4—SD 型隔振垫

注：隔振器用膨胀螺栓固定在基础上。

（3）管路的布置和安装。水泵吸、出管路和管路附件的安装及布置应注意以下几点。

1）水泵与管路之间装设可挠性橡胶接头（避振喉）。

2）水泵出水管路上须顺次安装锥管（有的水泵可不必安装）、止回阀、可挠性橡胶接头和出口阀，如图 3—21 所示。

3）吸水管路不得漏气；吸水管应有适当的坡度，以防止气泡存留；若泵用于有吸程的场合，则应配装底阀。

（4）电气控制柜的布置与安装。电气控制柜，主要由调节器、各类开关、继电器、接触器等电气、电子元器件组成。为确保其安全可靠运行，布置时应保证如下几点。

1）满足控制柜的正常工作条件。

2）易观察、易接近操作及检修。

3）柜前后应有足够的检修空间。

电气安装时，要注意如下几点。

1）按电气设备的安装技术标准及内线规程规定配线。

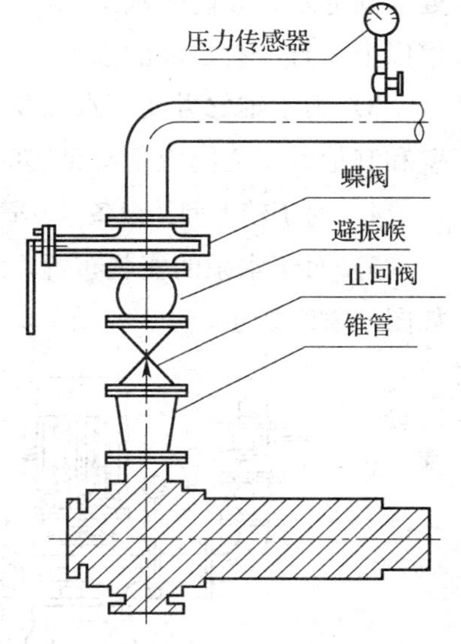


图 3—21　水泵出水管路安装

2）控制柜内底部与接地端于 E—点要重复接，接地点严禁接在煤气管道上。并接地电阻不大于 10 Ω，并接地线的线径应符合表 3—12 所列的规定。

表 3—12　　接地线的线径要求

| 电动机功率（kW） | 接地线最小尺寸（$mm^2$） | 电动机功率（kW） | 接地线最小尺寸（$mm^2$） |
|---|---|---|---|
| <2.2 | 2 | 22 | 15 |
| 3.7 | 4 | 45 | 25 |
| 7.5 | 6 | 100 | 35 |
| 15 | 16 | >150 | 50 |

## 四、冷热媒水系统的安装

### 1. 中央空调水系统的管材

中央空调水系统的管材，常用焊接钢管（普通或加厚管）和无缝钢管。对 $\phi$219×6（mm）以上的大管径，则多采用螺旋焊缝钢管（SYB/004—63）。

焊接钢管用碳素钢制成，它有镀锌管（白铁管）和不镀锌管（黑铁管）之分，其管壁纵向有一条焊缝，一般用炉焊法或高频电焊法焊成。普通焊接钢管公称压力 $P_g\leqslant$ 1.0 MPa；加厚焊接钢管的公称压力 $P_g\leqslant$1.6 MPa。两种管的管端均可用收动工具或套丝机加工管螺纹，以便于螺纹连接。镀锌钢管比普通钢管的单位重量重 3%～6%。其公称直径以 DN 表示。

无缝钢管采用优质碳素钢、普通低合金钢或合金结构钢材经热轧或冷拔（轧）制成。习惯以 D 表示管子外径，乘壁厚表示管子规格，如 D219×6，相当于公称直径 DN200。热轧管的最大公称直径为 DN600；冷拔（轧）管的最大公称直径为 DN200。当管径超过 D57 时，常选用热轧无缝钢管（GB 8163—2008）。

**2. 冷（热）水管道的隔热保护措施**

中央空调系统水管通过输送冷水或热水将冷量或热量输送给用户。由于与环境存在温差，致使在冷量或热量输送过程中存在冷量或热量损失，为此需要采取节能措施。减少冷量或热量损失的措施一般是采用对管道和设备保温，即增加介质与环境间的热阻。

绝热是减少系统热量向外传递（即保温）和外部热量传入系统（即保冷）而采取的一种工艺措施。因此，绝热包括保温和保冷。

保温的主要目的是减少冷、热量的损失，节约能源，提高系统运行的经济性。此外，对于高温设备和管道，保温能改善管道周围的劳动条件，保护操作人员不被烫伤，实现安全生产。对于低温设备和管道（如制冷系统），保温能提高外表面的温度，避免外表面结露或结霜，也可以避免人的皮肤与之接触受冻。对于空调系统，保温能减小送风温度的波动范围，有助于保持系统内部温度的恒定。对于高寒地区的室外回水或给排水管道，保温能防止水管冻结。

（1）保温材料。保温材料要求热导率小而且随温度变化小。根据热导率（$\lambda$）的大小，将保温材料分为 4 级：$\lambda<0.08$ W/（m·K）为一级，0.08 W/（m·K）$\leqslant\lambda<0.116$ W/（m·K）为二级，0.116 W/（m·K）$\leqslant\lambda<0.174$ W/（m·K）为三级，0.174 W/（m·K）$\leqslant\lambda<0.209$ W/（m·K）为四级。

理想的保温材料除热导率小外，还应具备重量轻、有一定力学强度、吸湿率低、抗水蒸气渗透性强、耐热、不燃、无毒、无臭味、不腐蚀金属、能避免鼠咬虫蛀、不易霉烂、经久耐用等特点。

目前，保温材料的种类有很多，比较常用的保温材料按材质可分为十大类，即珍珠岩类、水泥蛭石类、硅藻土类、泡沫混凝土类、软木类、玻璃纤维类、石棉类、泡沫塑料类、矿渣棉类、岩棉类。各厂家生产的同一保温材料的性能均有所不同，应按照厂家的产品样本或使用说明书中所给的技术数据选用。现将常用的保温材料及其制品的主要技术性能列于表 3—13 中。

**表 3—13　　常用的保温材料及其制品的主要技术性能**

| 材料名称 | 密度/（kg/m³） | 热导率/［W/（m·K）］ | 适用温度/℃ | 抗压强度/kPa | 备注 |
|---|---|---|---|---|---|
| 膨胀珍珠岩类 | | | | | 密度小、热导率小、化学稳定强、不燃、不腐蚀、无毒、无味、廉价、产量大、资源丰富、应用广泛 |
| 散料（一级） | ＜80 | ＜0.052 | — | — | |
| 散料（二级） | 80 ～150 | 0.052～0.064 | 约 200 | — | |
| 散料（三级） | 150～250 | 0.064～0.076 | 约 800 | — | |
| 水泥珍珠岩板、管壳 | 250～400 | 0.058～0.087 | ≤600 | 500～1 000 | |
| 水玻璃珍珠岩板、管壳 | 200～300 | 0.056～0.065 | ＜650 | 600～1 200 | |
| 憎水珍珠岩制品 | 200～300 | 0.058 | ＞500 | — | |
| 普通玻璃棉类 | | | | | 耐酸、耐腐、不烂、不蛀、吸水率小、化学稳定性好、无毒、无味、廉价、寿命长、热导率小、施工方便，但刺激皮肤 |
| 中级纤维淀粉黏结制品 | 100～130 | 0.040～0.047 | －35～300 | — | |
| 中级纤维酚醛树脂制品 | 120～150 | 0.041～0.047 | －35～350 | — | |
| 玻璃棉沥青黏结制品 | 100～130 | 0.041～0.058 | －20～250 | — | |
| 超细玻璃棉类 | | | | | 密度小、热导率小，特点为普通玻璃棉，但对皮肤刺激小 |
| 超细棉（原棉） | 18～30 | ≤0.035 | －100～450 | — | |
| 超细面无脂毡和缝合垫 | 60～80 | 0.041 | －120～400 | — | |
| 超细棉树脂制品 | 60～80 | 0.041 | －120～400 | — | |
| 无碱超细棉 | 60～80 | ≤0.035 | －120～600 | — | |
| 超细玻璃棉管壳 | 40～60 | 0.03～0.035 | 400 | — | |
| 微孔硅胶钙类 | | | | | 含水率小于 4%，耐高温 |
| 超轻微孔硅胶钙 | ＜170 | 0.055 | 650 | 抗折＞200 | |
| 微孔硅胶钙 | 200～250 | 0.059～0.060 | 650 | 500～1 000 | |
| 蛭石类 | | | | | 适用于高温，强度大、廉价、施工方便 |
| 膨胀蛭石 | 800～280 | 0.052～0.070 | －20～1 000 | — | |
| 水泥蛭石管壳 | 430～500 | 0.093＋0.000 25 $t_p$ | ＜600 | 250 | |
| 硅藻土类 | | | | | 热导率太大，一般不用 |
| 硅藻土保温管及板 | ＜550 | 0.063＋0.000 14 $t_p$ | ＜900 | 500 | |
| 石棉硅藻土胶泥 | ＜600 | 0.151＋0.000 14 $t_p$ | ＜900 | 500 | |

续表

| 材料名称 | 密度/（kg/m³） | 热导率/［W/（m·K）］ | 适用温度/℃ | 抗压强度/kPa | 备注 |
|---|---|---|---|---|---|
| 矿渣棉类 | | | | | 密度小、热导率小、耐高温、廉价、货源广，填充后易沉陷，施工时刺激皮肤，且尘土大 |
| 普通矿渣棉 | 110～130 | 0.043～0.052 | <650 | — | |
| 沥青矿渣棉毡 | 100～125 | 0.037～0.049 | <250 | — | |
| 酚醛树脂矿渣棉管壳 | 150～180 | 0.042～0.049 | <300 | — | |
| 沥青矿渣棉制品 | 100～120 | 0.047～0.052 | 250 | 抗折 150～200 | |
| 石棉类 | | | | | 耐火、耐酸碱、热导率小 |
| 石棉绳 | 590～730 | 0.070～0.209 | <500 | — | |
| 石棉碳酸镁管 | 360～450 | 0.064～0.000 33 $t_p$ | <300 | — | |
| 硅藻土石棉网 | 280～380 | 0.066～0.000 15 $t_p$ | <900 | — | |
| 泡沫石棉 | 40～50 | 0.038～0.000 323 3 $t_p$ | 500 | — | |
| 岩棉类 | | | | | 密度小、热导率小、适用温度范围广、施工简便，但刺激皮肤 |
| 岩棉保温板（半硬质） | 80～200 | 0.047～0.058 | −268～500 | — | |
| 岩棉保温毡（垫） | 90～195 | 0.047～0.052 | −268～400 | — | |
| 岩棉保温带 | 100 | — | 200 | — | |
| 岩棉保温管壳 | 100～200 | 0.052～0.058 | −268～350 | — | |
| 泡沫塑料类 | | | | | 密度小、热导率小、不耐高温，适用于60℃以下的低温水管道保温；聚氨酯可现场发泡浇注成型，强度高，但成本也高。此类材料可燃、防火性差，分自熄性与非自熄性两种，应用时须注意 |
| 可发性聚苯乙烯塑料板 | 20～50 | 0.031～0.047 | −80～75 | >150 | |
| 可发性聚苯乙烯塑料管壳 | 20～50 | 0.031～0.047 | −80～75 | >150 | |
| 硬质聚氨酯泡沫塑料制品 | 30～50 | 0.023～0.029 | −80～100 | ≥250～500 | |
| 软聚氨酯泡沫塑料制品 | 30～42 | 0.023 | −50～100 | — | |
| 硬质聚氯乙烯酯泡沫塑料制品 | 40～50 | ≤0.043 | −35～80 | ≥180 | |
| 软质聚氯乙烯酯泡沫塑料制品 | 27 | 0.053 | −60～60 | 500～1 500 | |

注：$t_p$ 为保温材料工作时的平均温度，单位为℃。

在管道保温工程中，常采用的有膨胀珍珠岩制品、超细玻璃棉制品、蛭石制品、矿渣棉制品和岩棉制品。在管道保冷工程中，多采用可发性自熄聚苯乙烯泡沫塑料制品、自熄聚氨酯硬质泡沫塑料制品和软木制品等，目前也有超细玻璃棉制品应用于冷水管道中。

（2）保温结构的组成及作用。保温结构一般由防锈层、保温层、防潮层（对保冷结构而言）、保护层、防腐蚀及识别标志层等构成。

1）防锈层。防锈层所用的材料为防锈漆等涂料，它直接刷涂于清洁干燥的管道或设备的外表面。

无论是保温结构还是保冷结构，其内部总有一定的水分存在，因为保温材料在施工前不可能绝对干燥，而且在使用（包括运行或停止运行）过程中，空气中的水蒸气也会进入到保温材料中去。金属表面受潮后会生锈腐蚀，因此管道或设备在进行保温之前，必须在表面刷涂防锈漆，这对保冷结构尤为重要。保冷结构可选择沥青冷底子油或其他防锈能力强的材料作防锈层。

2）保温层。保温层在防锈层的外面，是保温结构的主要部分。其作用是减少管道或设备与外部的热量传递，起保温、保冷作用。

3）防潮层。对保冷结构以及地沟内和埋地的保温结构，在保温层外面要制作防潮层。目前，防潮层所用的材料有沥青及沥青油毡、沥青胶或防水冷胶料玻璃布、聚乙烯薄膜、铝箔等。防潮层的作用是防止水蒸气或雨水渗入保温材料，以保证保温材料良好的保温效果和使用寿命。

4）保护层。保护层设在保温层或防潮层外面，主要是保护保温层或防潮层不受机械损伤。保护层材料应具有密度小、耐压强度高、化学稳定性好、不易燃烧、外形美观等特点。常用的材料分为 3 类，即金属保护层、包扎式复合保温层和涂抹式保护层。

5）防腐蚀及识别标志层。保温结构的最外面为防腐蚀及识别标志层，用于防止保护层被腐蚀，一般采用耐候性较强的涂料直接刷涂于保护层上。因这一层处于保温结构的最外层，为区分管道内的不同介质，常采用不同颜色的涂料进行刷涂，所以防腐层同时也起识别管内流动介质的作用。

（3）保温结构施工。从上面的保温结构可以看出，其中的防锈层和防腐蚀及识别标志层所用材料为油漆涂料，并且直接进行刷涂。保温结构施工时，最关键的是保温层、防潮层和保护层的施工方法。

1）保温层施工

①保温层的施工方法。保温层的施工方法主要取决于保温材料的形状和特性。常用的保温方法有以下几种。

a. 涂抹法保温。涂抹法保温适用于石棉粉、硅藻土等不定型的散状材料。涂抹时，将其按一定的比例用水调成胶泥涂抹于需要保温的管道设备上。这种保温方法整体性好，保温层和保温面结合紧密，且不受保温物体形状的限制。

涂抹法多用于热力管道和热力设备的保温，其结构如图 3—22 所示。施工时，应分多次进行涂抹。为增加胶泥与管壁的附着力，第一次可用较稀的胶泥涂抹，厚度为 3～5 mm，待第一层彻底干燥后，用干一些的胶泥涂抹第二层，厚度为 10～15 mm，以后每层为 15～25 mm，并且均应在前一层完全干燥后进行，直到涂抹到要求的厚度为止。

利用涂抹法进行保温时，不得在环境温度低于 0℃的情况下施工，以防胶泥冻结。为加快胶泥的干燥速度，可在管道或设备内通入温度不高于 150℃的热水或蒸汽。

b. 绑扎法保温。绑扎法保温适用于预制保温瓦或板块料。绑扎法是用镀锌铁丝将保温材料绑扎在管道的壁面上，其是目前国内外热力管道最常用的一种保温方法，其结构如图 3—23 所示。

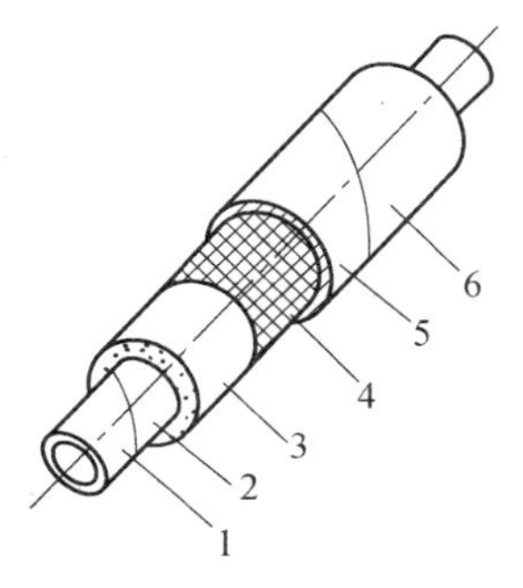


图 3—22　涂抹法保温结构

1—管道　2—防锈漆　3—保温层
4—铁丝网　5—保护层
6—防腐漆

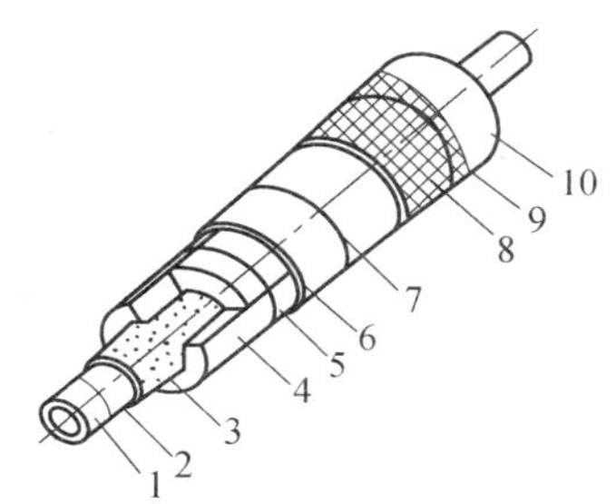


图 3—23　绑扎法保温结构

1—管道　2—防锈漆　3—胶泥　4—保温材料
5、7、9—镀锌铁丝　6—沥青油毡
8—玻璃丝布　10—防腐漆

为使保温材料与管壁紧密结合，保温材料与管壁之间应涂抹一层 3～5 mm 厚的石棉粉或石棉硅藻土胶泥，然后再将保温材料绑扎在管壁上。对于矿渣棉、玻璃棉、岩棉等矿纤材料预制品，因其抗水湿性能差，可不涂抹胶泥而直接绑扎。

在绑扎保温材料时，应将横向接缝错开，双层绑扎的保温预制品应内外盖缝。如保温材料为管壳，则应将纵向接缝设置在管道的两侧。非矿纤材料制品的所有接缝，均应用与保温材料性能相近的材料配成胶泥填塞；矿纤材料制品采用干接缝。在绑扎保温材料时，应尽量减小两块之间的接缝。制冷管道及设备采用硬质或半硬质隔热层管壳，管壳之间的缝隙不应大于 2 mm，并用黏结材料将缝填满。当采用双层结构时，第一层表面必须平整，当不平整时，矿纤材料应用同类纤维状材料填平，其他材料用胶泥抹平，第一层表面平整后方可进行下一层保温。

绑扎用的铁丝直径一般为 1～1.2 mm，绑扎的间距为 150～200 mm，并且每块预制品至少应绑扎两处，每处绑扎的铁丝不应少于两圈，其接头应放在预制品的接头处，以便将接头嵌入接缝内。

c. 粘贴法保温。粘贴法保温适用于各种保温材料加工成型的预制品。它靠黏结剂与被保温的物体固定，多用于空调系统及制冷系统的保温，其结构如图 3—24 所示。

目前，大部分材料都可用沥青玛碲脂作黏结剂。对于聚苯乙烯泡沫塑料制品，要求其使用温度不超过 80℃。若温度过高，则材料会受到破坏，故不能用热沥青或沥青玛碲脂作黏结剂。

可选用聚氨酯预聚体（即 101 胶）或乙酸乙烯乳胶、酚醛树脂、环氧树脂等材料作为黏结剂。

刷涂黏结剂时，要求粘贴面及四周接缝上各处的黏结剂应均匀饱满。粘贴保温材料时扎法保温相同。

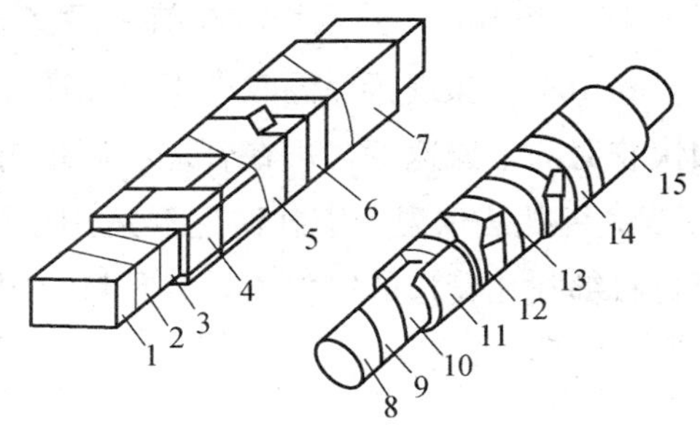


图 3—24　粘贴法保温结构

1、8—风管（水管）　2、9—防锈漆
3、5、10、12—黏结剂　4、11—保温材料
6、14—玻璃丝布　7、15—防腐漆
13—聚氯乙烯薄膜

d. 聚氨酯硬质泡沫塑料的保温。聚氨酯硬质泡沫塑料由聚醚和多元异氰酸酯加催化剂、发泡剂、稳定剂等原料按比例调配而成。施工时，应将这些原料分成两组（A 组和 B 组），A 组为聚醚和其他原料的混合液，B 组为异氰酸酯。只要两组混合在一起，即起泡而生成泡沫塑料。

聚氨酯硬质泡沫塑料现场发泡工艺简单、操作方便、施工效率高、附着力强，不需要任何支承件，没有接缝、热导率小、吸湿率低，可用于－100～＋120℃的保温。其缺点如下：异氰酸酯及催化剂有毒，对上呼吸道、眼睛和皮肤有强烈的刺激作用，另外，施工时需要一定的专用工具或模具，价格较贵。

聚氨酯硬质泡沫塑料一般采用现场发泡，其施工方法有喷涂法和灌注法两种。喷涂法施工就是用喷枪将混合均匀的液料喷涂于被保温物体的表面上。为避免喷涂垂直壁面时液料下滴，要求发泡的时间要快一些。灌注法施工就是将混合均匀的液料直接灌注于需要成型的空间或事先安置的模具内，经发泡膨胀而充满整个空间。为保证有足够的操作时间，要求发泡的时间应慢一些。

在同一温度下，发泡的快慢主要取决于原料的配方。各生产厂的配方均有所不同，施工时，应按原料供应厂提供的配方及操作规程等技术文件资料进行施工。为防止因配方或操作错误而使原料报废，应先进行试操作，以掌握正确的配方和施工操作方法，在有了可靠的保证之后，方可正式喷涂或灌注。

聚氨酯硬质泡沫塑料不宜在气温低于 5℃的情况下施工，否则应对液料加热，其温度在 20～30℃为宜。被涂物表面应清洁干燥，可以不涂防锈层。为了喷涂和灌注后便于清洗工具和脱模，在施工前，可在工具和模具的内表面涂上一层油脂。在调配聚醚混合液时，应随用随调，不宜隔夜，以防原料失效。由于异氰酸酯及其催化剂等原料均为有毒物质，因此操作时应戴上防毒口罩。

e. 缠包法保温。缠包法保温适用于卷状的软质保温材料（如各种棉毡等）。施工时，需要将成卷的材料根据管径的大小剪裁成适当宽度（200～300 mm）的条带，以螺旋状包缠到管道上，如图 3—25a 所示；也可以根据管道的圆周长度进行剪裁，以原幅宽对缝平包到管道上，如图 3—25b 所示。不管采用哪种方法，均须边缠、边压、边抽紧，以使保温后的密度达到设计要求。一般矿渣棉毡缠包后的密度不应小于 150 kg/m，玻璃棉毡缠包后的密度不应小于 100 kg/m，超细玻璃棉毡缠包后的密度不应小于 40 kg/m。

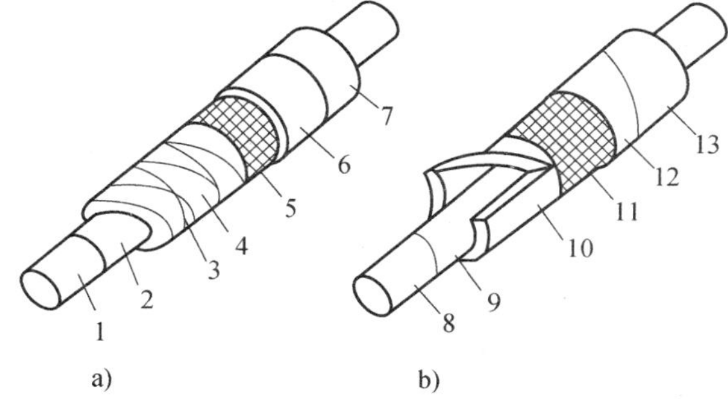


图 3—25　缠包法保温结构

a）螺旋发缠包法　b）对缝平包法

1、8—管道　2、9—防锈层　3—镀锌铁丝

4、10—保温毡　5、11—铁丝网

6、12—保护层　7、13—防腐层

如果棉毡的厚度达不到规定的要求，则可采用两层或多层缠包。缠包时，横向接缝应紧密结合，如有缝隙，则应用同等材料填充。纵向搭接缝应放在管子上部，搭接宽度应大于 50 mm。

当保温层外径小于或等于 500 mm 时，在保温层外面用直径为 1.0～1.2 mm 的镀锌铁丝绑扎，间距为 150～200 mm，禁止以螺旋状连续缠绕。当保温层外径大于 500 mm 时，还应加镀锌铁丝网缠包，再用镀锌铁丝绑扎牢固。

f. 套筒式保温。套筒式保温是将矿纤材料加工成型的保温筒直接套在管道上。这种方法施工简单、工效高，是目前冷水管道较常用的一种保温方法。施工时，只要将保温筒上的轴向切口扒开，借助矿纤材料的弹性便可将保温筒紧紧地套在管道上。为便于现场施工，在生产厂里多在保温筒的外表面涂一层胶状保护层，因此在一般室内管道保温时，不需要再设保护层。对于保温筒的轴向切口和两筒之间的横向接口，可用带胶铝箔黏合，其结构如图 3—26 所示。

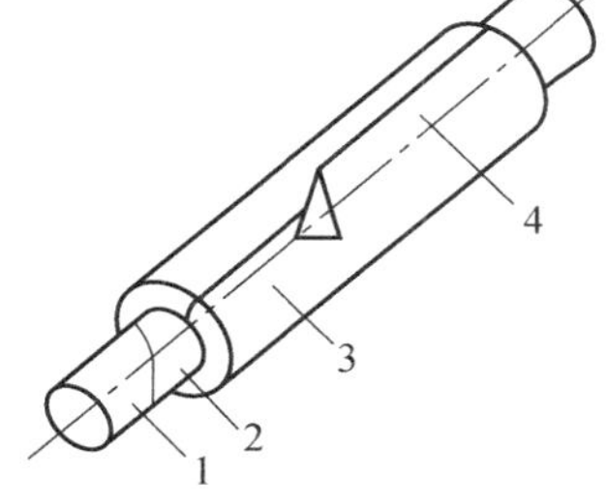


图 3—26　套管式保温结构

1—管道　2—防锈漆

3—保温层　4—带胶铝箔带

2）保温层施工的技术要求。对保温层施工的技术要求如下。

①凡垂直管道或倾斜角度超过 45°、长度超过 5 m 的管道，应根据保温材料的密度及抗压强度设置不同数量的支承环（或托盘），一般 3～5 m 设置一道，其形式如图 3—27 所

示。在图 3—27 中，径向尺寸 $A$ 为保温层厚度的 1/2～3/4，以便将保温层拖住。

②当用保温瓦或保温后呈硬质的材料作为热力管道的保温层时，应每隔 5～7 m 留出间隙为 5 mm 的膨胀缝，同时在弯头处留 20～30 mm 的膨胀缝（图 3—28），并且膨胀缝内应用柔性材料填塞。对于设有支承环的管道，膨胀缝一般设置在支承环的下部。

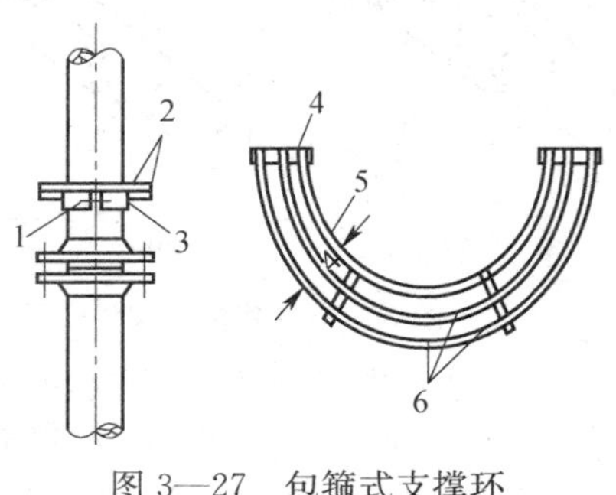


图 3—27　包箍式支撑环

1、4—角钢　2、6—圆钢　3、5—扁钢

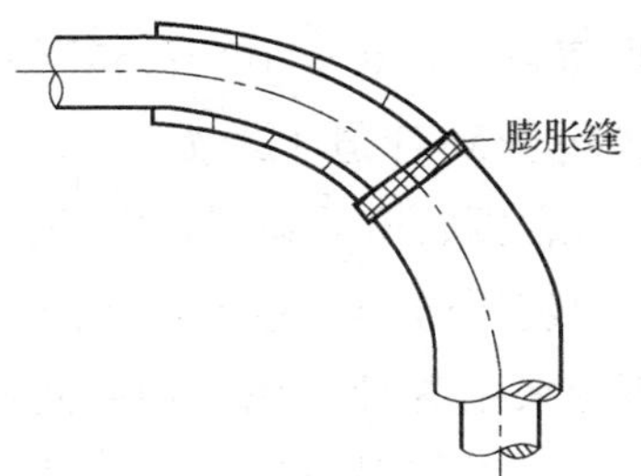


图 3—28　硬质材料弯头的保温

③除寒冷地区的室外架空管道的法兰、阀门等附件应按设计要求保温外，一般法兰、阀门、套管伸缩器等管道附件可不保温，但两侧应留 70～80 mm 的间隙，并在保温层端抹 60°～70°的斜坡。设备和容器上的人孔、手孔或可拆卸部件附近的保温层端部，应做成 45°斜坡。

（4）防潮层施工。对于保冷结构和敷设于室外的保温管道，须设置防潮层。

目前，用于防潮层的材料有两种：一种是以沥青为主的防潮材料；另一种是聚乙烯薄膜防潮材料。

以沥青为主体材料的防潮层有两种结构和施工方法：一种是用沥青或沥青玛碲脂粘沥青油毡；另一种是以玻璃丝布作材料，两面涂刷沥青或沥青玛碲脂。沥青油毡因其过分卷折会断裂，只能用于平面或较大直径管道的防潮，而玻璃丝布能用于任意形状的粘贴，故其应用广泛。聚乙烯薄膜防潮层是直接将薄膜用黏结剂粘贴在保温层的表面，施工方便。但由于黏结剂的价格较贵，因此此方法应用尚不广泛。

以沥青为主体材料进行防潮层施工时，应先将材料剪裁下来。对于油毡，多采用单块包裹法施工，因此油毡剪裁的长度为保温层外圆加搭接宽度（搭接宽度一般为 30～50 mm）。对于玻璃丝布，多采用包缠法施工，即以螺旋状包缠于管道或设备的保温层外面，因此需将玻璃丝布剪成条带状，其宽度视保温层直径的大小而定。

在包缠防潮层时，应自下而上地进行，先在保温层上刷涂一层 1.5～2 mm 厚的沥青或沥青玛碲脂（如果采用的保温材料不易涂上沥青或沥青玛碲脂，则可在保温层上包缠一层玻璃丝布，然后再刷涂），再将油毡或玻璃丝布包缠到保温层的外面。纵向接缝应设在管道的侧面，并且接口向下，接缝用沥青或沥青玛碲脂封口，外面再用镀锌铁丝绑扎，间距为 250～300 mm，铁丝接头应接平，不得刺破防潮层。在缠包玻璃丝布时，搭接宽度应为 10～20 mm，并且应边缠、边拉紧、边整平，缠至布头时，应用镀锌铁丝扎紧。将油毡或玻璃丝布包缠好后，最后在其上面刷涂一层 2～3 mm 厚的沥青或沥青玛碲脂。

（5）保护层施工。不管是保温结构还是保冷结构，都应设置保护层。用作保护层的材料有很多，使用时应随使用的地点和所处的条件以及经技术经济比较后决定。常用的材料分为 3 类，即金属保护层、包扎式复合保温层和涂抹式保护层。

1）金属保护层。金属保护层适用于室外或室内保温。常用金属保护层及其适用范围见表 3—14。

**表 3—14　　常用金属保护层及其适用范围**

| 材料名称 | 适用范围 |
| --- | --- |
| 镀锌薄钢板 | 适用厚度为 0.3～0.5 mm 的薄板，DN200 以下管道宜采用 0.3 mm 厚薄板 |
| 铝合金板 | 适用厚度为 0.4～0.7 mm 的薄板，DN200 以下管道宜采用 0.4 mm 厚薄板 |
| 不锈钢板 | 适用厚度为 0.3～0.5 mm 的薄板，DN200 以下管道宜采用 0.3 mm 厚薄板 |

2）包扎式复合保温层。包扎式复合保温层适用于室内、室外及地沟内保温，其常用材料见表 3—15。

**表 3—15　　包扎式复合保温层的常用材料**

| 材料名称 | 特性和应用 |
| --- | --- |
| 玻璃布 | 厚度为 0.1～0.16 mm 的中碱平纹布，廉价、质轻、材料来源广，外涂料易变脆、松动、脱落、日晒易老化，防水性差 |
| 改性沥青油毡 | 用于地沟或室外架空管作防潮层，质轻、廉价、材料来源广、防水性能好、防火性能差、易燃、易撕裂 |
| 玻璃布铝箔或阻燃牛皮纸夹筋铝箔 | 可用于室外温度较高的架空管道，外形不易挺括，且易损坏 |
| 玻璃钢 | 以玻璃布为基材，外涂不饱和聚酯树脂涂层 |
| 玻璃钢薄板 | 具有阻燃性能，厚度为 0.4～0.8 mm |
| 铝箔玻璃钢薄板 | 采用玻璃钢薄板为基材与铝箔复合而成，玻璃钢本身应具有阻燃性能，厚度为 0.4～0.8 mm |
| 玻璃布乳化沥青涂层 | 乳化沥青采用各种阴阳离子型水乳沥青涂料（如 JG 型沥青防火涂料） |
| 玻璃布 CPU 涂层 | CPU 涂胶分 A、B 两个组分，使用时按 1∶3 的质量比混合，随用随配 |
| CPU 卷材 | 由密纹玻璃布经处理后作为基质，然后用厚度为 0.2～0.3 mm 的 CPU 涂料在卷用涂料设备上生产的卷制成品 |

3）涂抹式保护层。涂抹式保护层适用于室内及地沟内保温，常用的材料有沥青胶泥和石棉水泥。自熄性沥青胶泥保护层的配方见表3—16。抹面层厚度，当保温基外直径小于或等于200 mm时为15 mm，当外径大于200 mm时为20 mm，平壁保温时为25 mm。

**表3—16　　自熄性沥青胶泥保护层的配方**

| 材料名称 | 质量/kg | 百分比（%） | 材料名称 | 质量/kg | 百分比（%） |
|---|---|---|---|---|---|
| 5号沥青 | 1.5 | 26.3 | 四氯乙烯 | 1.5 | 26.3 |
| 橡胶粉（32目）① | 0.2 | 3.5 | 氯化石蜡 | 0.5 | 8.8 |
| 中质石棉泥 | 2.0 | 35.1 | | | |

①32目对应的标准筛孔径为0.56 mm。

### 3. 水管施工与安装的方法

中央空调水管施工与安装范围包括室内管道和室外管道的安装以及管道与设备的连接。中央空调水管安装的内容包括管道加工、管道连接、管道施工和安装。

（1）管道加工。钢管在搬运、装卸、存放过程中，由于操作不当常会出现弯曲、管口变成椭圆或局部撞瘪的现象，安装时必须进行处理。

1）钢管调直。钢管调直适用于公称通径小于或等于100 mm的管子，公称通径大于100 mm的管子一般不易产生弯曲，即使有弯曲部分，也可将弯曲部分去掉。钢管调直的方法有冷调法和热调法。

①冷调法。冷调法一般用于DN50以下并且弯曲程度不大的管子。根据具体操作方法的不同，冷调法可分为杠杆（扳别）调直法、锤击调直法、平台调直法和调直台调直法。

a. 杠杆（扳别）调直法是将管子弯曲部位作支点，用手加力于施力点。调直时，要不断变动支点部位，使弯曲管均匀调直而不变形损坏。

b. 锤击调直法是用一把锤子顶在管子的凹面，用另一把锤子稳稳地敲打凸面，两把锤子之间应有50～150 mm的距离，经过反复敲打，将管子调直。该方法用于小直径长管的调直。

c. 平台调直法是将管子置于平的工作台上，用木锤锤击弯处。

d. 调直台调直法就是用图3—29所示的调直台调直。该方法适用于管径较大，并在DN100之内的管子。

②热调法。热调法是先将管子放到红炉上加热至600～800℃，待其呈樱桃红色后，将其抬至平行设置的钢管上，使管子靠其自身重量（不灌沙子）在来回滚动的过程中调直。弯管和直管部分的接合部在滚动前应浇水冷却，以免直管部分在滚动过程中产生变形。热调法操作较麻烦，适用于管径大于100 mm而冷调法不易调直的管子。

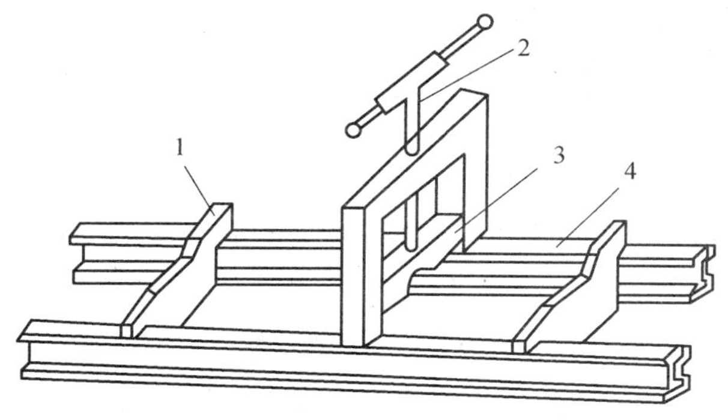


图 3—29　调直台

1—支块　2—螺纹杠　3—压块　4—工作台架

2）钢管校圆。管口校圆的方法有锤击校圆、外圆对口器校圆、内校圆器校圆等。

①锤击校圆是指用锤子均匀敲击椭圆的长轴两端附近，并用圆弧样板检验校圆结果。

②利用特制外圆对口器校圆时，把圆箍（内径与管外径相同，制成两个半圆，以易于拆装）套在圆口管的端部，并使管口探出约 30 mm，使之与椭圆的管口相对，然后在圆箍的缺口内打入楔铁，通过楔铁的挤压把管口挤圆，然后进行定位焊。该方法适用于大口径（DN426 以上）并且椭圆较轻的管口，在对口的同时进行校圆。

③内校圆器适用于管子变形较大或有瘪口情况，如图 3—30 所示。

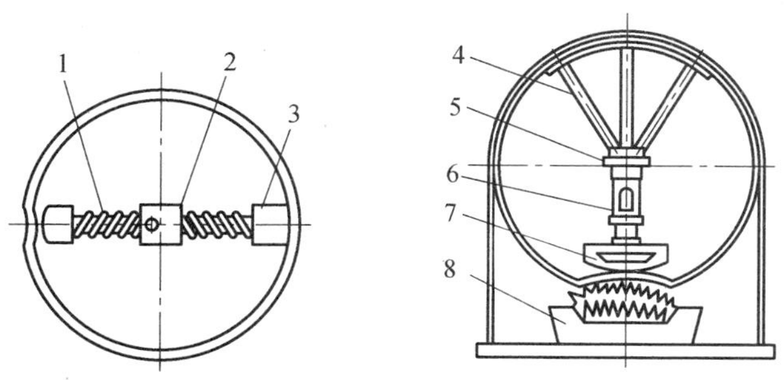


图 3—30　内校圆器

1—加减螺纹　2—扳把轴　3—螺母　4—支柱

5—垫板　6—千斤顶　7—压块　8—火盆

3）钢管截断。在管道安装过程中，经常要结合现场的条件对管子进行切断加工。常用的切割方法有手工切割、机械切割、气割等方法。

①手工切割。手工切割多用于小批量、小直径管子的截断。在中央空调工程中，管道

截断的方法有手工锯切法、割管器切割法等。手工锯切法适用于截断各种直径不超过100 mm的金属管、塑料管、胶管等。割管器切割法可用于DN100以内的除铸铁管、铅管外的各种金属管。

②机械切割。机械切割适用于大批量、大直径管子的截断。该方法效率高、质量稳定、劳动强度低，且应用广泛。中央空调工程中常用的截管方法有磨切、锯切等。

a. 磨切是指用砂轮切割机进行管子切割，俗称为无齿锯切割。根据所选用的砂轮品种的不同，利用磨切可切割金属管、合金管、陶瓷管等。

b. 锯切（锯床截切）是指利用往复式锯床截切，该方法适用于大批量钢管的截断。常用的G72型锯床的最大锯管直径为250 mm。

③气割。气割法是指用氧乙炔焰将管子加热到熔点，再由割枪嘴喷出高速纯氧而将金属管熔化割断。这种方法适用于DN40以上的各种碳素钢管的切割，不适用于合金钢管、不锈钢管、铜管、铝管和需要套螺纹的管子的切割。

（2）管件加工

1）弯管制作。弯管按其制作方法的不同，可分为煨制弯管、压制弯头和焊制弯管。弯管尺寸由管径、弯曲角度和弯曲半径三者确定。弯曲角度应根据图样和现场情况确定。弯曲半径应按设计图样及有关规定选定，既不能过大，又不能太小，一般热煨弯为$3.5D_w$（$D_w$为管外径），冷煨弯为$4D_w$，焊制弯管为$1.5D_w$，冲压弯头则大于或等于$1D_w$。管道最小弯曲半径的具体规定见表3—17。

**表3—17　管道最小弯曲半径**

| 管子类别 | 弯管制作方式 | | 最小弯曲半径 |
|---|---|---|---|
| 中、低压钢管 | 热弯 | | $3.5D_w$ |
| | 冷弯 | | $4.0D_w$ |
| | 褶皱弯 | | $2.5D_w$ |
| | 压制 | | $1.0D_w$ |
| | 热推弯 | | $1.5D_w$ |
| | 焊制 | 公称通径大于或等于250 mm | $1.0D_w$ |
| | | 公称通径小于250 mm | $0.75D_w$ |
| 高压钢管 | 冷、热弯 | | $5.0D_w$ |
| | 压制 | | $1.5D_w$ |
| 非铁金属管 | 冷、热弯 | | $3.5D_w$ |

①煨制弯管。煨制弯管又分冷煨和热煨两种。

a. 冷煨弯管。冷煨弯管是指在常温下依靠机具对管子进行煨弯。其优点是不需要加热设备，管内也不需要充砂，操作简便。常用的冷煨弯管设备有手动弯管机、电动弯管机和液压弯管机等。目前，冷煨弯管机一般只能用来弯制公称通径不大于 250 mm 的管子，当弯制大管径及厚壁管时，宜采用中频弯管机或其他热煨法。对于一般碳素钢管，冷弯后不要做任何热处理。

b. 热煨弯管。灌砂后将管子加热来煨制弯管的方法称为热煨弯管，它是一种较原始的弯管制作方法。这种方法灵活性大，但效率低、能源浪费大、成本高，因此，目前在碳素钢管煨弯时已很少采用，但在一些非铁金属管、塑料管的煨弯中仍采用。弯曲塑料管的方法主要是热煨，加热方法通常采用的是灌冷砂法与灌热砂法。

②焊制弯管。焊制弯管是由管节焊接而成的。焊制弯管的组成形式如图 3—31 所示。对于公称通径大于 400 mm 的弯管，可增加中节数量，但其内侧的最小宽度不得小于 50 mm。

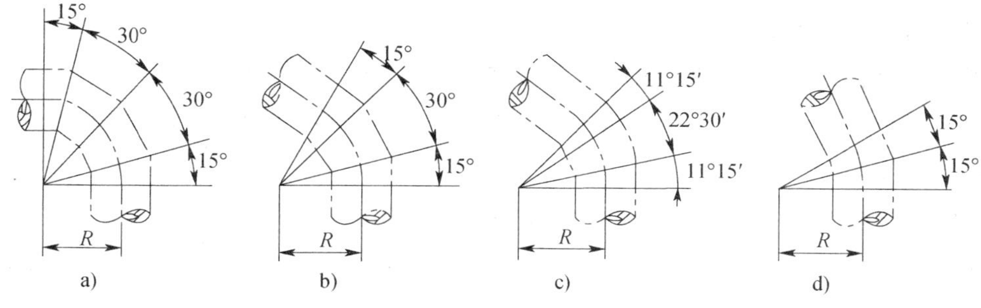


图 3—31　焊制弯管

a）90°弯管　b）60°弯管　c）45°弯管　d）30°弯管

焊制弯管的主要尺寸偏差应符合下列规定。

a. 周长偏差。当公称通径大于 1 000 mm 时，不超过±6 mm；当公称通径小于或等于 1 000 mm 时，不超过±4 mm。

b. 端面与中心线的垂直偏差不应大于外径的 1%，且不大于 3 mm。

③压制弯头。压制弯头一般用于城镇供热管道或室外管道的制作。压制弯头又称为冲压弯头或无缝弯头，其是用优质碳素钢、不锈钢耐酸钢和低合金钢无缝管在特制的模具内压制成型的。压制弯头加工时的主要尺寸允许偏差见表 3—18。

2）支吊架的制作。支吊架也称为管架，用于支撑管道、限制管道变形和位移。根据用途和结构形式，支吊架分为固定支架和活动支架两种类型。活动支架又分为滑动支架、导向支架、摇动支架和半铰接支架 4 种类型。

**表 3—18　　压制弯头加工时的主要尺寸偏差　　（单位：mm）**

| 管件名称 | 管件形式 | 公称通径 | 25～70 | 80～100 | 125～200 | 250～400 | |
|---|---|---|---|---|---|---|---|
| | | | | | | 无缝 | 有缝 |
| 弯头 | | 外径偏差 | ±1.1 | ±1.5 | ±2.2 | ±2.5 | 2.5 |
| | | 外径椭圆 | 不超过外径偏差值 | | | | |

支吊架制作时，应注意以下几个方面。

①管道支吊架的形式、材质、加工尺寸、精度及焊接等应符合设计要求。

②支吊架底板及支吊架弹簧盒的工作面应平整。

③管道支吊架焊缝应进行外观检查，不得有漏焊、欠焊、裂纹、咬肉等缺陷，焊接变形应予以校正。

④制作合格的支吊架应进行防腐处理，并妥善保管。合金钢的支吊架应有材质标记。

（3）管道连接。管道的连接方法有螺纹连接、法兰连接、焊接连接、承插连接、卡套连接等。

1）螺纹连接。钢管螺纹连接是在管段端部加工螺纹，然后拧上带内螺纹的管子配件（如管箍、三通、弯头、活接头等），再和其他管段连接起来构成管道系统。一般管径在100 mm以下，尤其是管径为15～40 mm的小管子都采用螺纹连接。定期检修的设备采用螺纹连接，可使拆卸安装较为方便。螺纹连接适用于低压流体输送用焊接钢管、硬聚氯乙烯塑料管等。

2）法兰连接。法兰连接就是把固定在两个管口上的一对法兰中间放入垫片，然后用螺栓拉紧使其接合起来的一种可拆卸的接头。在中、高压管道系统和低压大管径管道中，凡是需要经常检修的阀门等附件与管道之间的连接、管子与带法兰的配件或设备的连接一般都采用法兰连接。法兰连接的特点是结合强度高、严密性好、拆卸安装方便，但法兰接口耗用钢材、工时多，并且价格贵、成本高。

3）焊接连接。钢管焊接是指将管子接口处及焊条加热，使之达到使金属熔化的状态，进而使两个被焊件连接成一个整体。焊接的方法有很多，一般管道工程上常用的是焊条电弧焊及氧乙炔焊，尤其是焊条电弧焊用得多，而氧乙炔焊一般用于公称通径大于57 mm、壁厚小于3.5 mm的管道焊接。

焊接连接的优点是接头强度高、牢固耐久、接头严密性高、不易渗漏、不需要接头配件、造价相对较低、工作性能安全可靠，且不需要经常维护检修。焊接的缺点是接口是固定接口，不可分离，拆卸时必须把管子切断，并且接口操作工艺要求较高，须受过专门培训的焊工配合施工。

（4）管道安装。中央空调管道的安装包括支吊架的安装、管道的安装和管件的安装。

1）支吊架的安装

①支吊架安装的规定。金属管道支吊架的形式、位置、间距、标高应符合设计或有关技术标准的要求。无设计规定时，应符合下列规定。

a. 支吊架的安装应平整牢固，与管道接触紧密，管道与设备连接处应设独立支吊架。

b. 冷（热）媒水以及冷却水系统管道。机房内总、干管的支吊架应采用承重防晃管架，与设备连接的管道管架应有减振措施。当水平支管的管架采用单杆吊架时，应在管道起始点、阀门、三通、弯头及长度方向每隔 15 m 设置承重防晃支吊架。

c. 无热位移的管道吊架，其吊杆应垂直安装；有热位移的管道吊架，其吊杆应向热膨胀（或冷收缩）的反方向偏移安装。

d. 滑动支架的滑动面应清洁、平整，其安装位置应从支承面中心向位移反方向偏移 1/2 位移值或符合设计文件规定。

e. 竖井内的立管，每隔 2～3 层应设导向支吊架。在建筑结构负重允许的情况下，水平安装管道支吊架的间距应符合表 3—19 所列的规定。

f. 管道支吊架的焊接应由合格持证焊工施焊，并不得有漏焊、欠焊或焊接裂纹等缺陷。在进行支吊架与管道焊接时，管道侧的咬边量应小于 0.1 倍管壁厚。

**表 3—19　　钢管道支吊架的最大间距**

| 公称通径/mm | | 15 | 20 | 25 | 32 | 40 | 50 | 70 | 80 | 100 | 125 | 150 | 200 | 250 | 300 |
|---|---|---|---|---|---|---|---|---|---|---|---|---|---|---|---|
| 支吊架的最大间距/m | L1 | 1.5 | 2.0 | 2.5 | 2.5 | 3.0 | 3.5 | 4.0 | 5.0 | 5.0 | 5.5 | 6.5 | 7.5 | 8.5 | 9.5 |
| | L2 | 2.5 | 3.0 | 3.5 | 4.0 | 4.5 | 5.0 | 6.0 | 6.5 | 6.5 | 7.5 | 7.5 | 9.0 | 9.5 | 10.5 |
| | 大于 300 mm 的管道，可参考 300 mm 管道 | | | | | | | | | | | | | | |

注：表中数据适用于工作压力不大于 2.0 MPa，不保温或保温材料密度不大于 200 kg/m³ 的管道系统；L1 用于保温管道，L2 用于不保温管道。

②支吊架的选用

a. 有较大位移的管段应设置固定支架。

b. 在管道上无垂直位移或垂直位移很小的地方，可装活动支架或刚性支架。活动支架的形式应根据管道对摩擦作用要求的不同来选择：当对由于摩擦而产生的作用力无严格限制时，可采用滑动支架；当要求减少管道轴向摩擦作用力时，可采用滚柱支架；当要求减少管道水平位移的摩擦作用力时，可采用滚珠支架。在架空管道上，当不便装设活动支架时，可采用刚性吊架。

c. 在水平管道上只允许管道单向水平位移的地方，则应在铸铁阀件的两侧或Ⅱ补偿器两侧适当距离的地方装设导向支架。

d. 在管道具有垂直位移的地方，应装设弹簧吊架；在不便装设弹簧吊架时，也可采用弹簧支架；在同时具有水平位移时，应采用滚珠弹簧支架。

e. 垂直管道通过楼板或屋顶时，应设套管，但套管不应限制管道位移和承受管道垂直负荷。

f. 对于室外架空敷设的大直径管道的独立活动支架，为减少摩擦力，应设计为挠性、双铰接的支架或采用滚动支架，应避免采用刚性支架。

当要求沿管道轴线方向有位移和横向有刚度时，应采用挠性支架，并且挠性支架一般布置在管道沿轴向膨胀的直线上。补偿器应用两个挠性支架支撑，以承受补偿器重量和使管道膨胀收缩时不扭曲。这两个支架的跨距一般为 3～4 m，车间内部最大不超过 6 m。

当仅承受垂直力，并允许管道在平面上作任何方向移动时，可采用双铰接支架，一般将其布置在自由膨胀的转弯点处。

2）管道的安装。管道的安装一般在支吊架安装完成后进行。

①管道安装的准备工作

a. 中央空调管道的安装多数为隐蔽管道工程，管道在隐蔽前，必须经监理人员检验及认可签证。

b. 管子的检查和清洗

ⓐ各种管材和阀件应具备检验合格证，外观检查时，不得有砂眼、裂纹、重皮、夹层、严重锈蚀等缺陷。

ⓑ对于洁净性要求较高的管道，安装前，应进行清洗；对于忌油管道，安装前，应进行脱脂处理。

c. 管材的下料切割

ⓐ管道下料尺寸应为现场测量的实际尺寸。切断的方法有手工切割、氧乙炔焰切割和机械切割。公称通径小于或等于 50 mm 的管子用手工或割刀切割，公称通径大于 50 mm 的管子可用氧乙炔焰切割或机械切割。

ⓑ管子切口表面应平整，不得有裂纹、重皮，如有毛刺、凸凹、缩口、熔渣、氧化铁、铁屑等，应予以清除；切口表面倾斜偏差为管子直径的 1%，但不得超过 3 mm。

d. 阀门宜采用闸阀，施工前应进行单体试压。

e. 管道弯制弯管的弯曲半径，热弯时不应小于管道外径的3.5倍，冷弯时不应小于管道外径的4倍，焊接弯管不应小于管道外径的1.5倍，冲压弯管不应小于管道外径的1倍。弯管的最大外径与最小外径的差不应大于管道外径的8/100，管壁减薄率不应大于15%。

f. 焊接钢管、镀锌钢管不得采用热煨弯制方法。

②管道安装的技术与要求

a. 一般当管径较大时，可采用焊接钢管，连接方式为焊接；当管径较小时，可采用镀锌钢管，连接方式为丝扣连接。敷设在管井内的空调水立管，全部采用焊接，保温前，须进行试压，土建管井应在立管安装、保温完毕后再砌筑。管井如设有阀门，阀门位置应在管井检查门附近，并且手轮朝向易操作面处。

b. 管道穿越墙体或楼板处应设钢制套管，管道接口不得置于套管内，钢制套管应与墙体饰面或楼板底部平齐，上部应高出楼层地面20～50 mm，并不得将套管作为管道支撑。保温管道与套管四周间隙应使用不燃保温材料填塞紧密。

c. 空调供水、回水水平干管应保证有不小于3%的敷设坡度，空调供水干管为逆坡敷设，回水干管顺坡敷设，在系统干管的末端设自动排气阀。当自动排气阀设置在吊顶内时，排气阀下面应做一接水托盘，防止因自动排气阀工作失灵跑水而污染吊顶，托盘可接出管道与系统中凝结水管连通。

d. 凝结水管用于排除夏季空调设备中表冷器或风机盘管表面因结露而产生的冷凝水，以保证空调设备正常运行。凝结水因是靠重力流动的，因此凝结水管应具有足够的坡度，一般不宜小于8%，并顺坡敷设。凝结水汇合后可排至附近的地漏或拖布池内。凝结水管应作开式排放，不允许与污水管、雨水管作闭式连接。

e. 冷热水管道与支吊架之间应有绝热衬垫，其厚度不应小于保温层厚度，宽度应大于支吊架支承面的宽度。衬垫的表面应平整，衬垫接合面的空隙应填实。

f. 当管道安装间断时，应及时封闭敞开的管口。

g. 管道与设备的连接应在设备安装完毕后进行，与水泵、制冷机组的接管必须为柔性接口。柔性短管不得强行对口连接，与其连接的管道应设置独立支（吊）架。

③管道安装后的工作

a. 管道绝热施工。

b. 管道冲洗：冷热水及冷却水系统应在系统冲洗、排污合格（目测，排出口的水色和透明度应与入口处对比相近，无可见杂物）后再循环试运行2 h以上，且水质正常后才能与制冷机组、空调设备相贯通。

# 第2节　中央空调系统常用仪器仪表

## 学习目标

1. 了解温度、湿度、压力、风速检测仪表的工作原理。
2. 了解洁净度检测的工作原理。

空调系统需要测定的参数主要有空气的状态参数（温度、湿度）、风速、风压、风量、设备压降（即阻力）、噪声强度等。常用的测量仪表有温度检测仪表、湿度检测仪表、压力检测仪表和风速检测仪表。

### 一、温度检测仪表的工作原理

#### 1. 液体温度计的工作原理

液体温度计是用玻璃毛细管和感温包内充注水银或酒精制成的。充注水银的称为水银温度计，充注酒精的称为酒精温度计。液体温度计是利用玻璃管内的液体受热膨胀、遇冷收缩产生体积变化，使与感温包相通的毛细管中液体体积发生变化来工作的。

液体温度计由感温包、毛细管、膨胀泡、玻璃管及标度尺组成，如图3—32所示。

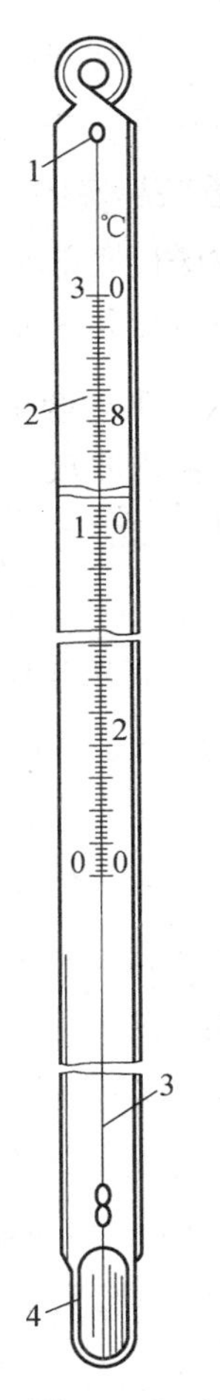


图3—32　液体温度计
1—膨胀泡　2—标度尺
3—毛细管　4—感温包

液体温度计在构造上有棒式和内标式两种。两者的不同点如下：棒式温度计的标度尺直接刻在玻璃棒表面；内标式温度计是将乳白色琉璃板标度尺嵌装在玻璃或金属套管中。液体温度计的测量范围因内装液体不同而异。水银温度计测量范围一般为−30～60℃；酒精温度计测量范围一般为−100～75℃。其分度值有1℃、0.5℃、0.2℃、0.02℃、0.01℃等几种。分度值为0.02℃和0.01℃的温度计，只用于校正其他温度计或进行高精度测量用。在空调系统测定工作中，一般选用0～50℃或0～100℃的水银温度计。

使用液体温度计时，要注意以下几点。

(1) 根据测量范围和测量精度要求选取相应分度值的温度计，并要事前进行校验。

(2) 测量温度时，人体要与温度计拉开一些距离，读数时要屏住呼吸，视线与水银液面及标度尺刻线平行，先读小数、后读整数。

(3) 由于水银温度计的热惰性较大，在使用时应提前 15 min 左右将温度计放入被测介质（空气）中。

### 2. 金属液体式温度计的工作原理

液体温度计的另一种形式是金属液体式温度计，其也叫做压力式温度计。它的感温包和毛细管是用金属制成的。毛细管的一端与波登压力计相连，另一端与感温包相连，三者的空腔内充满液体（或气体）。当感温包感受到温度发生变化时，其内部的液体体积会膨胀或收缩，从而迫使波登管受压变形，并用指针指示出温度示数。这种温度计的特点是感温包坚固，而且可以根据测量需要来确定毛细管长度，从而可以进行远距离测量。金属液体式温度计的结构如图 3—33 所示。

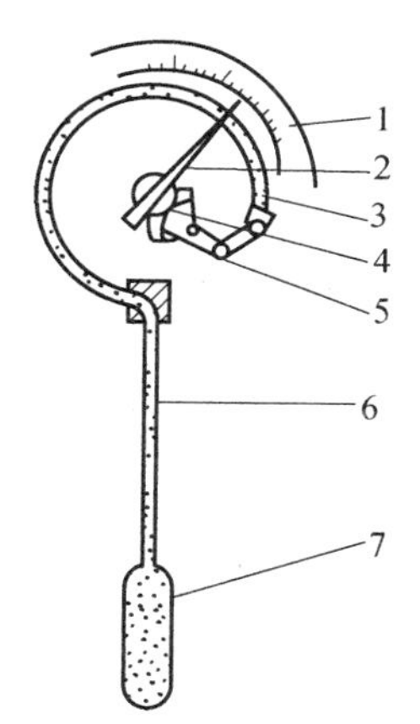


图 3—33　金属液体式温度计的结构

1—标度尺　2—指针　3—波登管

4—中心齿轮　5—扇形齿轮

6—毛细管　7—感温包

### 3. 双金属温度计的工作原理

双金属温度计是一种固体膨胀式温度计。它利用两种膨胀系数相差很大的金属材料复合制成金属带，金属带受热后向膨胀系数小的一侧弯曲，弯曲程度的大小能够反映出被测温度的高低，其工作原理如图 3—34 所示。

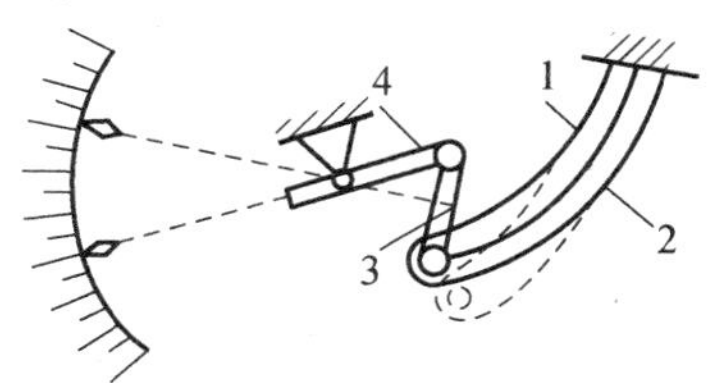


图 3—34　双金属温度计的工作原理

1—有较大膨胀系数的金属片

2—有较小膨胀系数的金属片

3—杠杆　4—记录笔

图 3—35 所示是一种双金属自记温度计。它是由双金属片感温元件、自记钟、自记针等组成的自动温度记录仪。

双金属自记温度计的自记钟机构可以使记录纸随滚筒一起旋转，并自动记录一天或一周的空气温度。它的测量范围为－35～40℃。

双金属自记温度计在使用前要用分度值为 0.01℃的水银温度计进行对比校正，如有误差可通过调整调节螺钉来校正。校正时，一次调整差值的 2/3，逐渐校准。在使用时，应将其水平放置，离开门窗或热源，放在室内有代表性的位置上。要将记录纸摆正，用金属压条压紧在记录滚筒上。然后加足墨水，在记录纸上填好日期，上足发条，并使记录笔与记录纸之间的接触松紧度合适。

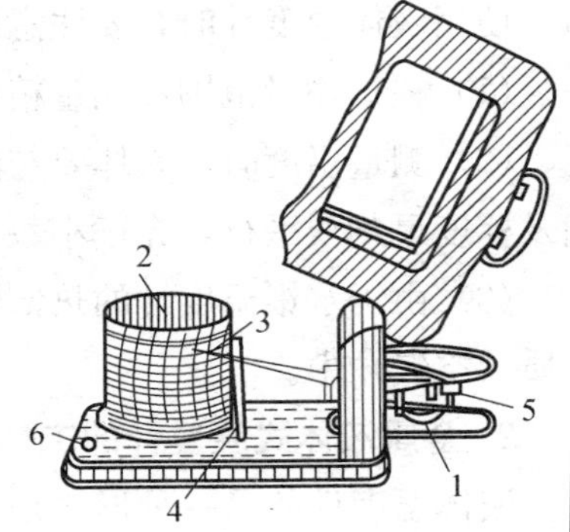

图 3—35　双金属自记温度计
1—双金属片　2—自记钟　3—自记针　4—手柄　5—调节螺钉　6—按钮

**4. 热电偶温度计**

热电偶温度计是一种间接测量温度的仪表。它的特点是热惰性小、反应快，适用于远距离和集中测量。

热电偶温度计的工作原理如下：将两种不同性质的金属导体的两端连接在一起，使其形成一个闭合回路。两个连接点间的温差越大，其电动势也越大。如果将其中一个连接点的温度恒定，另一个连接点置于被测的空气环境中，再接入一个毫伏计，所测得的热电动势即为被测空气温度的函数值。

## 二、湿度检测仪表的工作原理

空气相对湿度参数的测量，在空调工程中，与空气温度一样具有十分重要的意义。用于空气相对湿度的测量的工具主要有如下几种。

**1. 普通型固定式干湿球温度计**

普通型固定式于湿球温度计是将两个相同的水银温度计固定在一块平板上，其中一个温度计的感温包上缠有一直保持湿润状态的纱布，作为湿球温度计；另一个温度计的感温包直接暴露在空气中，作为干球温度计。其外形如图 3—36 所示。

普通型固定式干湿球温度计的工作原理如下：湿球温度计由于感温包上包裹了湿纱布，水分不断蒸发，使感温包表面温度降低，其值一般会低于干球温度。干湿球温度的差值大小与空气相对湿度的高低有关，两者的差值越大，相对湿度越小，空气越干燥；反之，则两者差值越小。由于通过湿球感温包处的空气流速很小（小于 0.5 m/s），因此在实际使用中不能根据干湿球温度直接读出空气的相对湿度值，而必须使用专门制作的相对湿度查算表。查算表一般附在固定式干湿球温度计的平板上。

在使用普通型固定式干湿球温度计时，一般是将其悬挂于空调房间的某一固定位置上进行测量。这种温度计的结构简单、价格便宜，但测量精度稍差，因此其一般多用于测量精度要求不高的场所。

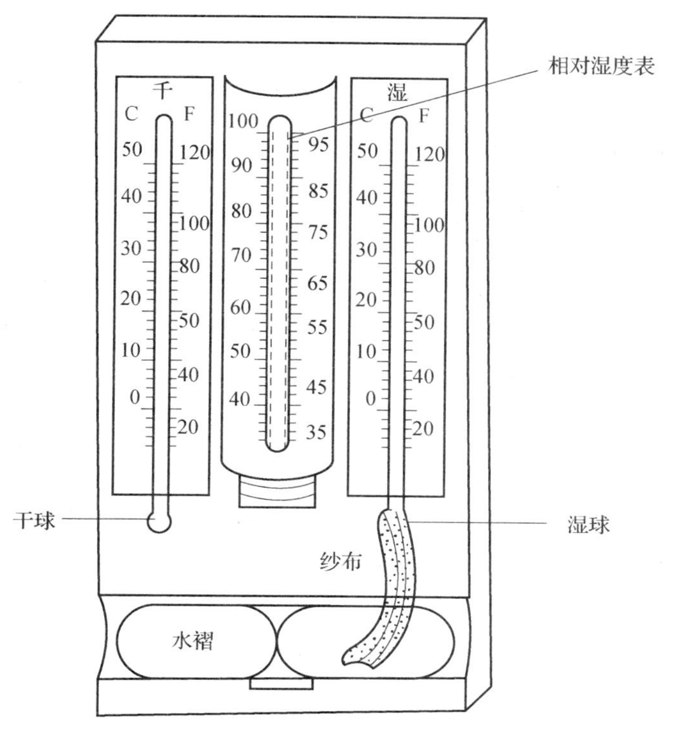


图 3—36　普通型固定式干湿球温度计的外形

**2. 通风式干湿球温度计**

通风式干湿球温度计的结构如图 3—37 所示。

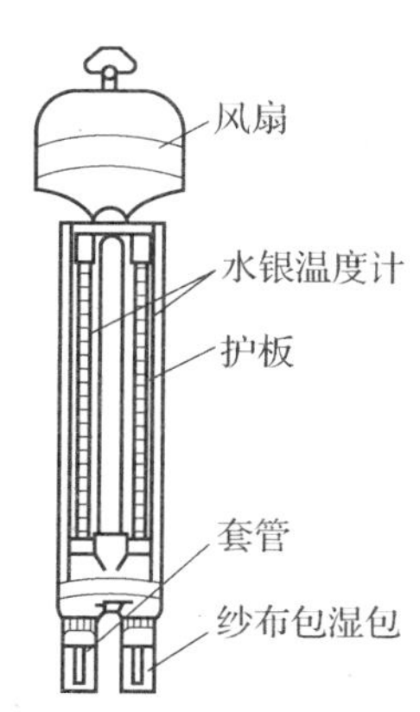


图 3—37　通风式干湿球温度计的结构

通风式干湿球温度计由两个准确度较高（分度值分别为 0.1℃或 0.2℃）的水银温度计组成：一个叫做干球温度计；另一个叫做湿球温度计。在两个温度计上部装有一个电动或机械（发条）驱动的小风扇，通过导管使气流以等于或小于 2.5 m/s 的速度通过两个温度计的感温包。感温包的四周装有金属保护套管，以防止辐射热对其产生影响。

通风式干湿球温度计的测量精度较高，可以用它来校正测湿仪表。在使用时，应始终保持湿球温度计的纱布松软，并具有良好的吸水性。要将其提前 15 min 放置在测量地点，若在有风的情况下使用，人应处在下风方向上，以免影响测量效果。

**3. 毛发湿度计**

毛发湿度计是利用脱脂毛发随环境湿度的变化而改变其长度的原理制成的一种测量空

气湿度的仪器，其形式有指针式和自记式两种。

图 3—38 所示为指针式毛发湿度计。它是将一根脱脂毛发的一端固定在金属架上，另一端与杠杆相连。当空气的相对湿度发生变化时，毛发会随其发生伸长或缩短的变化，并牵动杠杆机构动作，带动指针沿弧形标度尺移动，从而指示出空气的相对湿度值。

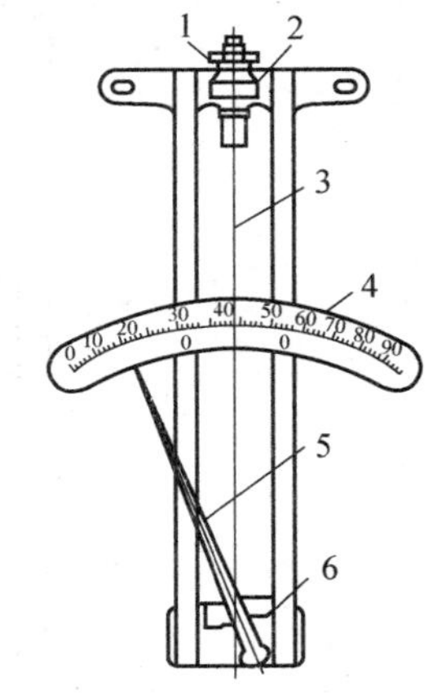
图 3—38　指针式毛发湿度计
1—紧固螺母　2—调整螺母　3—毛发
4—标度尺　5—指针　6—重锤

由于在毛发相连的机构中存在轴摩擦时会影响其正确指示，因此，在使用时，要先将指针推向使毛发放松的状态，然后再让其自然复位，观察指示值是否有复现性。平时要保持毛发清洁，如果毛发不干净，则可用干净的毛笔蘸蒸馏水轻轻刷洗。再次使用前也要用毛笔蘸蒸馏水洗刷毛发束，使其湿润。若要移动毛发湿度计，则应先将毛发调至松弛状态。在移动过程中，动作要轻，以防造成毛发的崩断。

## 三、压力检测仪表的工作原理

### 1. 液柱式压力计

液柱式压力计又叫做 U 形管压差计，它是最简单的测量风压的仪表，其外形如图 3—39 所示。液柱式压力计的工作原理如下：当被测系统内的压力高于外界大气压力时，在系统内压力 $p_1$ 和大气压力 $p_2$ 的压差作用下，U 形管两端出现压力差 $\Delta p$，即

$$\Delta p = p_1 - p_2 = \rho g h$$

式中　$\rho$——U 形管内注入液体的密度，g/cm³，常用的液体有水、酒精等，其密度分别为 $\rho_{水} = 1.0\ g/cm^3$，$\rho_{酒精} = 0.81\ g/cm^3$；

$h$——液体液面高度差，mm；

$g$——重力加速度，$g = 9.8\ m/s^2$。

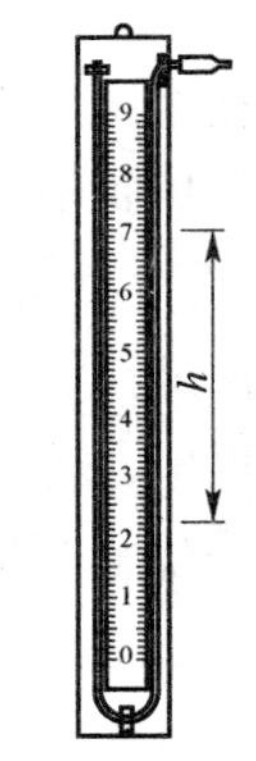
图 3—39　U 形管压差计

液柱式压力计主要在要求不高的测试中使用，如用来测量各级过滤器的前后压差。

### 2. 倾斜式微压计

在空调系统的压力测量中，为了测得较小的压力，常采用倾斜式微压计。倾斜式微压计是在液柱式压力计的基础上，将液柱倾斜放置于不同的斜率上制成的，其工作原理如图 3—40 所示。它由一根倾斜的玻璃毛细管做成测量管和一个横断面比测量管断面大得多的

液杯构成。测量管与水平面间的夹角 $\alpha$ 是可调的。

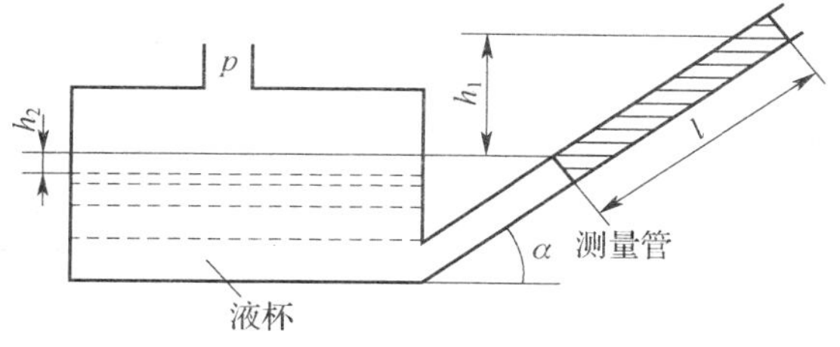


图 3—40 倾斜式微压计的工作原理

当有一个压强 $p$ 作用于液杯时，假设液杯液面下降高度为 $h_2$，测压管液面升高为 $h_1$，则液柱上升总高度 $h$ 为

$$h = h_2 + h_1 = h_2 + l\sin\alpha$$

由于液杯面积远远大于测压管面积，因此 $h_2$ 实际很小，可以忽略不计，所以有

$$h = l\sin\alpha$$

于是，所测压力 $p$ 为

$$p = \rho g h = \rho g l \sin\alpha$$

式中 $\rho$——工作液体的密度，通常为 0.81 g/cm$^3$ 的酒精；

$l$——测量管液面上升长度，mm；

$\alpha$——测量管与水平面间的夹角。

倾斜式微压计是空调系统风压测试的主要仪器，因此，使用时要认真阅读说明书，并严格按说明书中规定的操作方法进行操作。同时，还必须注意测量管与液杯连接管以及液体内部是否有气泡，若存在气泡，将造成很大的测量误差。

### 3. 皮托管

皮托管又叫做皮托静压管，是一种与倾斜式微压计配合使用，插入流体中与流体流向平行，管嘴对着流向，用以测量流体流速的管状仪器。

皮托管的构造如图 3—41 所示，它由外管、风管、端部、水平测压段（测头）、引出接头、定向杆等部分组成。在皮托管测头部分的适当位置上钻有静压感受孔，测头感受的静压通过内、外管间的空腔传至静压引出接头。内管的一头与端部开口处（即总压感受孔）相连，另一端与总压引出接头连接。

当用皮托管测压时，须用橡胶（或塑料）软管将其与倾斜式微压计连接起来，由微压计指示出风管中的全压、静压和动压值。测试时的连接方法如图 3—42 所示。测试时，全压孔必须对准气流，不准发生倾斜。

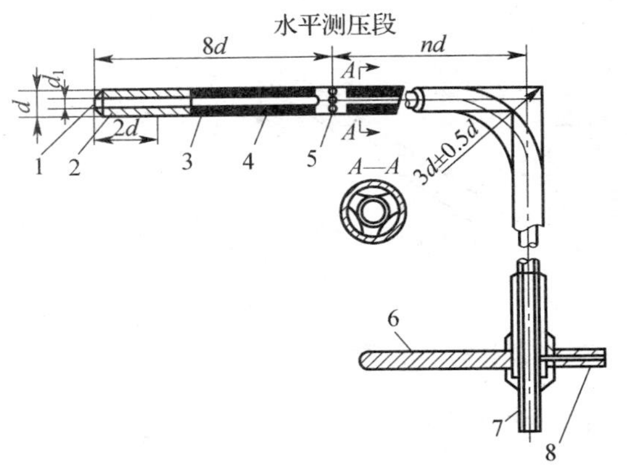


图 3—41　皮托管的构造

1—总压感受孔　2—端部　3—外管　4—风管　5—静压感受孔
6—定向杆　7—总压引出接头　8—静压引出接头

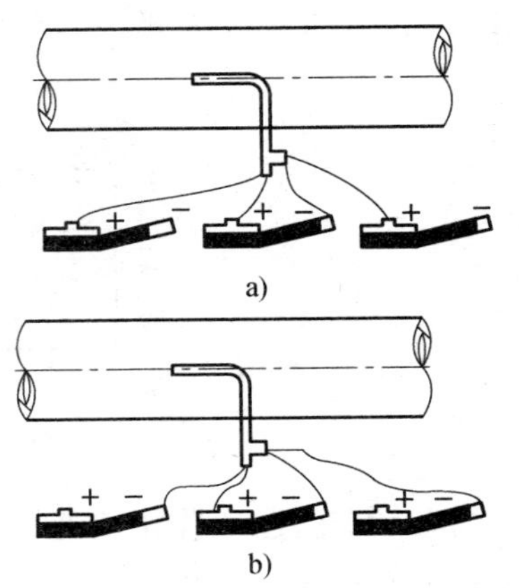


图 3—42　皮托管与微压计的连接

a）正压管道　b）负压管道

由于皮托管受到结构上种种因素的影响，它所感受的动压与测试的实际动压间存在着差异。因此，必须用一系数对所测动压进行修正。经常采用的修正公式为

$$\nu=\xi\sqrt{\frac{2p_d}{\rho}}$$

式中　$\nu$——气体流速，m/s；

$\rho$——气体密度，$kg/m^3$；

$\xi$——皮托管校正系数；

$p_d$——动压，Pa。

例如，将皮托管放置在风管的某一测点上，从微压计上测得动压 $p_d=150$ Pa。已知 $\rho=1.2\ kg/m^3$，校正系数 $\xi=1.002$，则该测点气流速度为

$$\nu=\xi\sqrt{\frac{2p_d}{\rho}}\ m/s=15.83\ m/s$$

用于管内流速测试的皮托管，其测头直径与所测管道直径之比一般可选为 1/25。测点应选在气流平直段处。

## 四、风速检测仪表的工作原理

### 1. 叶轮风速仪

叶轮风速仪有两种形式：一种叫做自记式叶轮风速仪；另一种叫做转杯式风速风向仪。图 3—43 所示为自记式叶轮风速仪。

自记式叶轮风速仪的转轮叶片由几片扭成一定角度的薄叶片组成。转轴与表盘平行或

垂直。

自记式叶轮风速仪的工作原理如下：当叶轮受到气流压力作用产生旋转运动时，叶轮转速与气流风速成正比，其转速由轮轴上的齿轮传递给指针和计数器，在表盘上显示出风速值。

自记式叶轮风速仪测量范围为 0.5～10 m/s，其主要用于测量风口和空调系统装置中人员能够出入的大断面的风速。

2. 杯式风速仪

杯式风速仪又叫转杯式风速风向仪。它的风速感应元件是 3 个（或 4 个）半球形风杯，转轴与记速表盘平行，如图 3—44 所示。

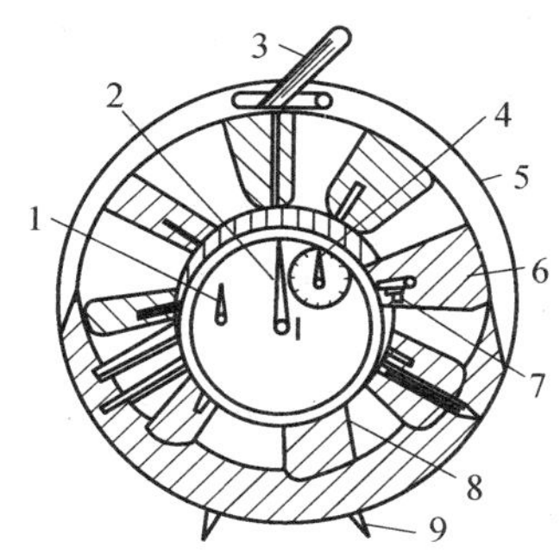

图 3—43　自记式叶轮风速仪

1—红指针　2—长指针　3—提环　4—短指针　5—圆形框架　6—叶轮　7—回零压杆　8—启动压杆　9—座架

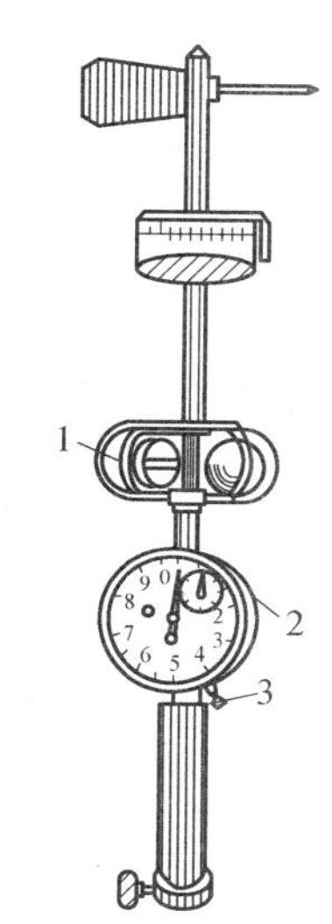

图 3—44　转杯式风速风向仪

1—风杯　2—回零压杆　3—启动压杆

转杯式风速风向仪的工作原理与叶轮风速仪相似，使用时，风杯的旋转平面应平行于气流。它的测速范围为 1～40 m/s。有的转杯式风速仪上还带有风标，用以指示风向。转杯式风速仪多用于空调系统主风道中风速的测定。

3. 热球风速仪

热球风速仪是空调系统测试中常用的仪表。它是根据流体中热物体的散热率与流速存在一定函数关系而制成的风速测量仪表，其工作原理如图 3—45 所示。

热球风速仪由两个电路组成：一个是加热电路，另一个是测温电路。

电路的工作原理如下：当一定大小的电流通过加热电路的线圈时，电热线圈发热使玻璃

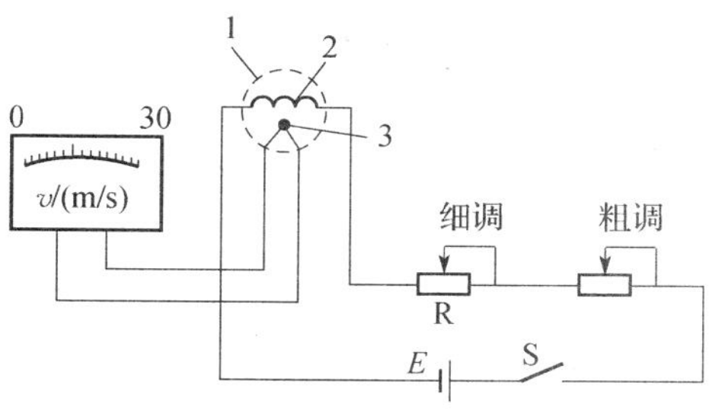

图 3—45　热球风速仪的工作原理

1—玻璃球　2—电热线圈　3—热电偶

球的温度升高，测温电路热电偶产生的热电动势由表头反映出来。玻璃球的温升、热电动势的大小与气流速度有关。风速越大，球体散热越快，温升越小，热电动势也就越小；反之，风速越小，球体散热越慢，温升越大，热电动势也就越大。因此，在表头上直接用风速标度即可读出风速大小。仪表箱上的粗调、细调是用来调整加热电路电热线圈的，以使其保持稳定的电流。

热球风速仪具有使用方便、反应快、热惰性小、灵敏度高等特点。它的风速测量范围一般为 0.05～30 m/s，用其测量低速风时尤为优越，因此它是空调系统测试时的常用仪表。由于热球风速仪的测头结构较脆弱，很容易损坏，因此使用时要小心。其使用注意事项如下。

（1）将测杆连接导线的插头按正负号或标记插入仪表面板的插座内。

（2）测杆要垂直放置，头部朝上，滑套的套紧程度应不使测头露出，并保证测头在零风速下校准仪表零位。

（3）将选择开关由“断”旋转到“满度”位置，调节满度旋钮，使指针指示在上限标度上。若达不到上限标度，则应调换电池。

（4）将选择开关旋转到“零位”的位置上，然后调节“粗调”“细调”旋钮，观察表针是否能处于零位上。若达不到零位，则应更换电池。

（5）测量时，将测头上的红点对着迎风面，测杆与风向呈垂直状态，即可读数。若出现指针来回摆动，则可读取中间数值。

（6）每次测量 5～10 min 后，要重新校对一下“满度”和“零位”。

（7）测量完毕后，将滑套套紧，使工作开关置于“断”的位置，拔下插头，收拾好装箱。

（8）使用中，不要用手触摸测头。测头一旦受污染，将影响其正常工作。

（9）使用完毕后，要将电池取出；搬运时，要轻拿轻放。

## 五、洁净度检测的工作原理

超净空调系统中空气含尘浓度的测定应包括系统中各级空气过滤器效率和室内外空气含尘浓度的测定。测定应在系统清扫干净和调整完毕并经渗漏检验和堵漏后，再经连续运行一段时间（自净）后进行，一般采用尘埃粒子计数器测定。送风含尘浓度应在送风口高效过滤器后测定。新风含尘浓度应在调试期间，选择最佳（雨后含尘量最少时）和最差（风沙天）的天气进行昼夜测定，记录下数据，绘出变化曲线。

室内空气含尘浓度的测定应在各种静态（测定时室内无生产并且无人员）和动态（测定时室内已处在实际生产）条件下进行多点测量，结果按下列条件乘以相应的系数，才是实际工作条件的含尘浓度：静态条件下，对于平行流净化系统，系数为3；对于乱流高效过滤器空气净化系统，系数为5；动态条件下，系数为1。

# 第3节　空调装置及冷（热）源设备的小修

## 学习目标

1. 掌握风系统设备的检修知识。

2. 熟悉活塞式冷水机组的故障分析与判断、冷（热）源机组的换热器和其他辅助设备的维护、节流结构的维护。

## 一、风系统设备的检修知识

### 1. 通风管的维护

通风管系统的日常维护的主要内容是做好通风管（含保温层）、风阀、风口、风管支承构件的巡检与维护保养工作。

（1）通风管。空调系统通风管日常维护保养的主要任务如下。

1）保证管道保温层、表面防潮层及保护层无破损和脱落现象，特别要注意与支（吊）架接触的部位；对使用黏胶带封闭防潮层接缝的，要注意黏胶带是否有胀裂、开胶的现象。

2）保证管道的密封性，绝对不漏风，重点是法兰接头和风机及风柜等与风管的软接头处以及风阀转轴处。

3）定期通过送（回）风口用吸尘器清除管道内部的积尘。

4）保温管道有风阀手柄的部位要保证不结露。

（2）风阀。空调系统的风阀是风量调节阀的简称，主要有风管调节阀、风口调节阀和风管止回阀等几种类型。风阀在使用一段时间后，会出现松动、变形、移位、动作不灵、关闭不严等问题，不仅会影响风量的控制和空调效果，还会产生噪声。因此，日常维护保养除了做好风阀的清洁与润滑工作以外，重点是要保证各种阀门能根据运行调节的要求，变动灵活，定位准确、稳固；关则严实，开则到位；阀板或叶片与阀体无碰撞，不会卡死；拉杆或手柄的转轴与风管结合处应严密不漏风；电动或气动调节阀的调节范围和指示角度应与阀门开启角度一致。

（3）风口。空调系统的风口有送风口、回风口、新风口等，日常维护保养工作主要是做好清洁和紧固工作，不让叶片积尘和松动。根据使用情况，送风口 3 个月左右拆下来清洁一次；而回风口和新风口，则可以结合过滤网的清洁周期一起清洁。

对于可调型风口，根据空调或送风要求调节后，要能保证调后的位置不变，而且转动部件与风管的结合处不漏风；对于风口的可调叶片或叶片调节零部件（如百叶风口的拉杆、散流器的丝杆等），应松紧适度，既能转动又不松动。

（4）支承构件。空调系统的风管系统的支承构件包括支（吊）架、管箍等，在长期运行中会出现断裂、变形、松动、脱落和锈蚀等故障现象。运行维护管理时，应根据支承构件出现的问题和引起的原因，采取更换、修补、紧固和重新补刷油漆的维护修理工作。

**2. 风机的维护**

（1）风机的运行管理与维护操作方法

1）检查与维护保养。风机的停机检查及维护保养工作。风机停机不使用可分为日常停机（如白天使用，夜晚停机）或季节性停机。从维护保养的角度出发，停机（特别是日常停机）时主要应做好以下几方面的工作。

①风机的皮带松紧度检查。对于连续运行的风机，必须定期（一般一个月）停机检查调整一次；对于间歇运行（一天运行 10 h 左右空调系统）的风机，则在停机不用时进行检查调整工作，一般也是一个月做一次。

②各连接螺栓螺母紧固情况检查。在进行皮带松紧度检查时，应同时对风机与基础或机架风机与电动机以及风机自身各部分（主要是外部）连接螺栓螺母是否松动做检查和紧固工作。

③风机的减振装置受力情况检查。日常运行值班时，要注意检查风机的各减振装置是否受力均匀、压缩或拉伸的距离是否都在允许范围内，如有问题，要及时调整和更换。

④风机的轴承润滑情况检查。风机若常年运行，轴承的润滑脂应半年左右更换一次；如果只是季节性使用，可一年更换一次。

⑤风机的运行检查工作。风机运行检查的主要检查内容有电动机升温情况、轴承温升情况（不能超过 60℃）、轴承润滑情况、噪声情况、振动情况、转速情况和软接头完好情况。

2）风机的运行调节。风机的运行调节主要是改变其输出的空气流量，以满足相应的变风量要求。调节方式可以分为两大类：一类是风机转速改变的变速调节；一类是风机转速不变的恒速调节。

①风机变速风量调节。风机变速风量调节常用的主要是改变电动机转速和改变风机与电动机间的传动关系。

a. 改变电动机转速常用的电动机调速方法按效率高低顺序排列有变极对数调速；变频调速、串级调速、无换向器电动机调速；转子串电阻调速、转子斩波调速、调压调速、涡流（感应）制动器调速。

有关电动机调速原理和应用的详细内容可参阅有关参考文献。

b. 改变风机与电动机间的传动关系。调节风机与电动机间的传动机构，即改变传动比。常用的方法有更换皮带轮、调节齿轮变速箱、调节液力耦合器（离合器）。

前两种调节方法显然是不能连续进行的，需要停机，其中更换皮带轮调节风量更麻烦，需要做传动部件的拆装工作。虽然液力耦合器可以根据需要随时进行风量的调节，但其作为一个专门的调节装置，需要投入专项资金另外配置。

②风机恒速风量调节。风机恒速风量调节，即保持风机转速不变的风量调节方式，其主要方法有如下两种。

a. 改变叶片角度。改变叶片角度是只适用于轴流风机的定转速风量调节的方法，通过改变叶片的安装角度，使风机的性能曲线发生变化。由于叶片角度通常只能在停机时才能进行调节，因此调节时操作比较麻烦，同时为了保持风机效率不能降低，致使角度的调节范围较小，所以，此种调节方法应用不多。

b. 调节进口导流器。调节进口导流器是通过改变安装在风机进口的导流器叶片角度，使进入叶轮的气流方向发生变化，从而使风机性能曲线发生改变的定转速风量调节方法。导流器调节主要用于轴流风机，并且可以进行不停机的无级调节。

（2）风机的技术维护

1）离心式通风机的一级保养内容与要求

①擦拭风机的外壳，要求表面不能有能看到的灰尘，要看到机壳本色。

②对有保温层的风机，应及时清除保温层上的灰尘，以保持保温层的本色。

③检查风机的地脚或风机底座与减振台座、减振台座与减振器之间的连接螺栓有无松动，若有，应及时予以排除。

④检查联轴器或带轮、V带是否完好，保护是否牢靠。

⑤检查各润滑部位，保持油质干净、油量适当、油标清楚。

⑥检查各摩擦部位的温度是否正常，若不正常，应及时予以调整。

⑦监听风机运转声音是否正常。

⑧检查各调节阀门，保持开关灵活可靠。

⑨检查各软接头是否完好，有无泄漏，若有，应及时处理泄漏问题。

2）离心式通风机的二级保养内容与要求

①进行一级保养各项工作内容。

②对风机的外壳、扇叶进行擦拭，检查叶轮是否完好、有无松动现象。

③清洗风机的轴承、轴瓦。

④检查或更换联轴器的螺钉及衬垫或带轮及 V 带。

⑤检查或更换阀门。

⑥修补管道或更换帆布接头。

⑦全面检查各种防护设备及电气控制部件，对损害部件进行更换。

（3）风机常见故障的分析与处理方法

空调系统风机的常见故障的处理方法见表 3—20。

**表 3—20　　空调系统风机的常见故障和处理方法**

| 故障现象 | 原因分析 | 处理方法 |
|---|---|---|
| 轴承箱振动剧烈 | 1. 机壳或进风口与针轮摩擦<br>2. 基础的刚度不够或不牢固<br>3. 叶轮铆钉松动或传动带轮变形<br>4. 叶轮轴盘与轴松动<br>5. 机壳与支架、轴承与支架、轴承盖与机座连接螺栓松动<br>6. 风机进出气管道安装不良<br>7. 转子不平衡 | 1. 进行整修，消除摩擦部位<br>2. 基础加固或用型钢加固支架<br>3. 将松动铆钉铆紧或调换铆钉重铆，更换变形的传动带轮<br>4. 拆下松动的轴盘用电焊加工修复或调换新轴<br>5. 将松动螺栓旋紧，在容易发生松动的螺栓中添加弹簧垫圈，以防止产生松动<br>6. 在风机出口与风道连接处加装帆布或橡胶布软接管<br>7. 校正转子至平衡 |
| 轴承温升过高 | 1. 轴承箱振动剧烈<br>2. 润滑脂质量不良、变质、填充过多或含有灰尘、砂垢等杂质<br>3. 轴承箱盖座的连接螺栓过紧过松<br>4. 轴与滚动轴承安装歪斜，前后两轴承不同心<br>5. 滚动轴承损坏<br>6. 轴承磨损过大或严重锈蚀 | 1. 检查振动原因，并加以消除<br>2. 挖掉旧的润滑脂，用煤油将轴承洗净后调换新油<br>3. 适当调整轴承座盖螺栓紧固程度<br>4. 调整前后轴承座安装位置，使之平直同心<br>5. 更换新轴承 |

续表

| 故障现象 | 原因分析 | 处理方法 |
| --- | --- | --- |
| 电动机电流过大或温升过高 | 1. 开车时进气管道内闸门或节流阀未关严风量超过规定值<br>2. 输送气体密度过大，使压力增高<br>3. 电动机输入电压过低或电源单相断电<br>4. 联轴器连接不正，橡皮圈过紧或间隙不匀<br>5. 受轴承箱振动剧烈的影响<br>6. 受并联风机发生的故障的影响 | 1. 关闭风道内闸门或节流阀（离心式）调整节流装置或修补损坏的风管<br>2. 调节节流装置，减少风量，降低负载功率<br>3. 电压过低应通知电气部门处理，电源单相断电应立即停机修复<br>4. 调整联轴器或更换橡皮圈<br>5. 停机排除轴承座振动故障<br>6. 停机检查和处理风机故障 |
| 传动带滑下 | 两传动带轮中心位置不平行 | 调整传动带轮的位置 |
| 传动带跳动 | 两传动带轮距离较近或皮带过长 | 调整电动机的安装位置 |
| 风量或风压不足或过大 | 1. 转速不合适，或系统阻力不合适<br>2. 风机旋转方向不对<br>3. 管道局部阻塞<br>4. 调节阀门的开度不合适<br>5. 风机规格不合适 | 1. 调整转速或改变系统阻力<br>2. 改变转向，如改变三相交流电动机的接线程序<br>3. 清除杂物<br>4. 检查和调节阀门的开启度<br>5. 选用合适的风机 |
| 风机使用日久后风量风压逐渐减少 | 1. 风机叶轮、叶片或外壳锈蚀损坏<br>2. 风机叶轮或表面集积灰尘<br>3. 传动带太松<br>4. 风道系统内积有杂物 | 1. 检修或更换损坏部件<br>2. 彻底清除叶轮和叶片表面的积尘<br>3. 调整传动带的松紧程度<br>4. 清除整理 |
| 风机噪声过大 | 1. 通风机噪声较大<br>2. 振动太大<br>3. 轴承等部件磨损、间隙过大 | 1. 采用高效率低噪声风机<br>2. 检查叶轮的平衡性，检查减振器等隔振装置是否完好<br>3. 更换损坏部件 |
| 风机机壳过热 | 在进风阀或出风阀关闭的情况下，运行时间过长 | 先停止风机运行，待冷却后再开 |
| 风机振动空载时小，负荷时过大 | 联轴器安装不正，风机轴和电动机轴不同心或风机的传动带安装不正，两不平衡 | 对联轴器和传动轮轴进行校正和调整 |

### 3. 风机盘管的日常维护、保养与检修

(1) 风机盘管的日常维护与保养

1）空气过滤网。空气过滤网的维护保养方法如下：一般可用吸尘墨吸过滤网。对于不容易吸干净的湿、重、粘的粉尘，可拆下过滤网使用清水加压冲洗或刷洗，或采用药水刷洗的清洁方法。

2）滴水盘。由于风机盘管的空气过滤器一般为粗效过滤器，一些细小粉尘会穿过过滤器孔眼而附着在盘管表面，当盘管表面有凝结水形成时就会将这些粉尘带落到滴水盘里。因此，对滴水盘必须进行定期清洗，将沉积在滴水盘内的粉尘清洗干净。否则，会产生由于排泄不及时造成堵塞排水口，凝结水从滴水盘中溢出损坏房间天花板的事故。

滴水盘一般一年清洗两次，如果是季节性使用的空调系统，则在空调系统使用季节结束后清洗一次。清洗方式一般采用水冲刷，污水由排水管排出。为了消毒杀菌，还可以对清洁干净了的滴水盘再用消毒水（如漂白水）刷洗一遍。

3）盘管。为了保证风机盘管中盘管的传热效率，在中央空调系统运行时，风机盘管的盘管表面必须保持光洁。盘管的清洁方式可参照空气过滤器的清洁方式进行，但清洁的周期可以长一些，一般一年清洁一次。如果是季节性使用的空调，则在空调使用季节结束后清洁一次。

4）风机。风机盘管一般采用的是多叶片双进风离心风机，这种风机的叶片形式是弯曲的。由于空气过滤器不可能捕捉到全部粉尘，所以漏网的粉尘就有可能粘附到风机叶片的弯曲部分，使得风机叶片的性能发生变化，而且重量增加。

风机叶轮由于有蜗壳包着，因此可以采用小型强力吸尘器吸的清洁方法。一般一年清洁一次或一个空调季节清洁一次。

（2）风机盘管系统主要故障的分析与解决方法。风机盘管常见问题和故障的分析与解决方法见表 3—21。

**表 3—21　　风机盘管常见问题和故障的分析与解决方法**

| 问题和故障现象 | 原因分析 | 解决方法 |
|---|---|---|
| 风机旋转但风量较小或不出风 | 1. 送风挡位设置不当<br>2. 过滤网积尘过多<br>3. 盘管肋片间积尘过多<br>4. 电压偏低<br>5. 风机反转 | 1. 调整到合适挡位<br>2. 清洁<br>3. 清洁<br>4. 查明原因<br>5. 调换接线相序 |
| 吹出的风不够冷（热） | 1. 温度挡位设置不当<br>2. 盘管内有空气<br>3. 供水温度异常<br>4. 供水不足<br>5. 盘管肋片氧化 | 1. 调整到合适挡位<br>2. 开盘管放气阀排出<br>3. 检查冷热源<br>4. 开大水阀或加大支管径<br>5. 更换盘管 |

续表

| 问题和故障现象 | 原因分析 | | 解决方法 |
|---|---|---|---|
| 振动与噪声偏大 | 1. 风机轴承润滑不好或损坏<br>2. 风机叶片积尘太多或损坏<br>3. 风机叶轮与机壳摩擦<br>4. 出风口与外接风管或送风口不是软连接<br>5. 盘管和滴水盘与供回水管及排水管不是软连接<br>6. 风机盘管在高速挡下运行<br>7. 固定风机的连接件松动<br>8. 送风口百叶松动 | | 1. 加润滑油或更换<br>2. 清洁或更换<br>3. 消除摩擦或更换风机<br>4. 用软连接<br>5. 用软连接<br>6. 调到中、低速挡<br>7. 紧固<br>8. 紧固 |
| 漏水 | 1. 滴水盘溢水 | （1）排水口（管）堵塞<br>（2）排不出水或排水不畅 | 1.<br>（1）用吸、通、吹、冲等方法疏通<br>（2）加大排水管坡度或管径 |
| | 2. 滴水盘倾斜<br>3. 放气阀未关<br>4. 各管接头连接不严密 | | 2. 调整，使排水口处最低<br>3. 关闭<br>4. 连接严密并紧固 |
| 有异物吹出 | 1. 过滤网破损<br>2. 机组或风管内积尘太多<br>3. 风机叶片表面锈蚀<br>4. 盘管翅片氧化<br>5. 机组或风管内保温材料破损 | | 1. 更换<br>2. 清洁<br>3. 更换风机<br>4. 更换盘管<br>5. 修补或更换 |
| 机组外壳结露 | 1. 机组内贴保温材料破损或与内壁脱离<br>2. 机壳破损漏风 | | 1. 修补或粘贴好<br>2. 修补 |
| 凝结水排放不畅 | 1. 外接管道水平坡度过小<br>2. 外接管道堵塞 | | 1. 调整坡度≥8%<br>2. 疏通 |
| 滴水盘结露 | 滴水盘底部保温层破损或与盘底脱离 | | 修补或粘贴好 |

## 二、冷水机组的故障分析与判断

### 1. 冷水机组的故障分析与判断

（1）活塞式冷水机组的故障分析与判断（表3—22）

活塞式冷水机组、离心式冷水机组、螺杆式冷水机组、热泵型冷水机组、溴化锂吸收式冷水机组的故障分析与判断见表 2—3 至表 2—10。

**2. 燃油燃气锅炉的检查与维护保养**

锅炉的检查与维护保养是为了防患于未然，使锅炉能持久、安全、经济地运行。检查和维护保养工作做得好，可以防止锅炉使用状态恶化，使其不发生或减少故障。通过检查与维护保养，可以及早发现并排除存在的小故障，使其不致发展成重大故障或酿成事故。

（1）锅炉的检查。锅炉的检查包括运行状态的检查和定期停炉检查，两者目的相同，都是为了使锅炉长期、安全、经济地运行，但着重点不同，而且不能相互替代。

1）安全正常运行的标志

①安全显示系统（包括安全阀等安全附件以及压力表等测量仪表）灵敏可靠，指示正确，无漏水现象。

②燃料燃烧系统（包括燃料的储备装置、输送管道及中间设备、点火装置、燃烧设备、各种阀门等）工作正常，无油、气泄漏。

③自控系统（包括火焰监测器、水温和压力检测报警装置以及各种连锁装置、显示控制装置等）性能状态符合要求。

④通风系统（包括送、引风机）运行正常，调节阀门开度合适。

⑤给水系统（包括给水泵、循环水泵、水处理设备等）运行正常，管道、阀门无渗漏水现象。

⑥燃烧正常，无偏烧、结焦、火焰不正常等情况。

⑦炉内无异常声音，受压部件可见部位无异常现象。

⑧人孔盖、手孔盖及排污阀门等无渗漏水现象。

在燃油燃气锅炉运行期间，以上内容既是运行管理人员在值班时要重点巡视检查的内容，同时也是判断锅炉及其附属设备、部件在运行中是否存在问题和故障的主要依据。

2）锅炉运行状态检查。锅炉运行状态检查又称外部检查，是指在停炉内外部检查的基础上，按一定的周期，对锅炉在运行状态下各方面情况进行的综合检查，一般在两次停炉内外部检查之间进行。具体检查内容及要求可见表 3—22。

**表 3—22　　锅炉运行状态检查记录**

| 锅炉名称 | | 锅炉型号 | | 出厂日期 | 年　月 |
|---|---|---|---|---|---|
| 铭牌压/MPa | | 运行压/MPa | | 热功率/MW | |

**检查项目及结果**

说明：检查结果在每项检查内容括号中选择打√。

<table>
<tr><td rowspan="3">锅炉本体</td><td colspan="2">锅炉受压元件（简体、水冷壁、炉膛）（有，无）变形、泄漏，（有，无）结焦、积灰</td></tr>
<tr><td colspan="2">耐火砌筑（有，无）破损、脱落，有__处部位</td></tr>
<tr><td colspan="2">管接头。法兰（有，无）渗透；人孔、手孔等（有，无）腐蚀、渗透</td></tr>
<tr><td rowspan="8">安全及自动装置、辅机</td><td>安全阀</td><td>（有，无）铅封，（有，无）泄漏，75%压力手动泄放（正常，不正常），（有，无）泄放管，泄放管上（有，无）阀门</td></tr>
<tr><td>压力表</td><td>（有，无）铅封，（有，无）存水弯管，（有，无）三通旋塞，连通管（通、堵）</td></tr>
<tr><td>超压报警装置</td><td>（有，无）装置，进行试验（灵，不灵），连锁压力值（高于，低于）安全阀（低起始压力，高起始压力）</td></tr>
<tr><td>辅机运转情况</td><td>送风机（正常，不正常），引风机（正常，不正常）</td></tr>
<tr><td>排污装置</td><td>排污阀（有，无）渗透，排污管（已，未）畅通，排污（有，无）振动</td></tr>
<tr><td>给水系统</td><td>给水泵供水（正常，不正常），给水阀（完好，失灵）</td></tr>
<tr><td>超温报警装置</td><td>（有，无）装置，进行试验（灵，不灵）</td></tr>
<tr><td>炉膛保护装置</td><td>（有，无）点火程序及熄火保护装置，进行试验（灵，不灵）</td></tr>
<tr><td>其他</td><td colspan="2">出口水温显示值（正确，不正确），集气装置、除污器、恒压措施、膨胀水箱（符合，不符合）规程要求</td></tr>
<tr><td>备注</td><td colspan="2"></td></tr>
</table>

3）定期停炉检查。锅炉定期停炉检查又称内外部检查，检查方法主要有直接检查法、量具检查法、金属表面探伤、射线探伤和超声波探伤等，检查的重点如下。

①锅炉受压元件的内、外表面，特别是开孔、铆缝、焊缝、板边等处有无裂纹、裂口和腐蚀等现象。

②管壁有无磨损和腐蚀，特别是处于烟气流速过高及吹灰器作用附近的管壁。

③铆缝是否严密，有无苛性脆化。

④胀口是否严密，管端的受胀部分有无环状裂纹。

⑤锅炉的拉撑以及被拉元件的结合处有无断裂和腐蚀。

⑥受压元件有无凹陷、弯曲、鼓包和过热。

⑦锅筒和砖衬接触处有无腐蚀。

⑧受压元件或锅炉钢架有无因砖墙或隔火墙损坏而过热。

⑨给水管和排污管与锅筒的接口处有无腐蚀、裂纹，排污阀和排污管连接部分是否

牢固。

不同类型的锅炉，检查程序有所不同，大致程序如下。

外部结构→上锅筒（或火管锅炉的上部）→下锅筒（或卧式火管锅炉的下部）→上下集箱→炉膛→烟道（顺烟气流动方向）→安全附件→附属装置。

（2）燃烧器的维护保养。燃烧器是燃油燃气锅炉的心脏，其工作状态如何对燃油燃气锅炉安全经济运行起着举足轻重的作用，确保燃烧器在工作时具有良好的状态是对燃烧器进行维护保养的主要任务。

1）燃油燃烧器的维护保养

①需要每周清洁的部件

a. 燃油过滤器内的滤油网。

b. 风门。

②通常情况下应每月清洁一次的部件

a. 点火棒：用干净软布轻轻擦去灰污。

b. 指示灯：用柔软洁净布擦去光点管受光处的灰污。

c. 喷嘴：拆开后用煤油清洗过滤网上的油污。

d. 滤油器：拆开后用煤油清洗。

e. 稳焰器：用干净软布轻轻擦去灰污。

f. 油泵过滤器：取出后用煤油清洗。

g. 日用油箱排污阀：打开后排除水分和污油、杂质。

此外，还应每半年清洁一次喷嘴，如发现由于磨损严重而影响油的雾化时，应及时更换。

③注意事项

a. 当点火棒积炭时，绝缘变差，造成点火困难，此时应拆下点火棒进行清洗。装配点火棒时，压紧螺钉要用力合适，以免损坏绝缘瓷套，并要注意原来的装配位置与尺寸，否则无法点火。

b. 拆卸喷嘴时，要用两把扳手：一把卡住喷嘴使之固定；一把卡住喷嘴旋下，要用力平衡，防止用力过猛损坏燃烧器。

c. 如燃烧器长期不用，为避免油泵齿轮生锈或因油垢等杂质堵塞无法转动，应给油泵注入机油，加以保护。

2）燃气燃烧器的维护保养

①经常性的维护保养内容

a. 检查喷嘴、调风器，消除漏风、漏气现象。

b. 检查点火和保护装置。

c. 维护电路。

②运行一年须维护保养一次的内容。

a. 检修或更换烧坏的喷嘴或调风器。

b. 检修燃气管路。

c. 检修调压装置。

d. 检查电路。

（3）安全附件的维护保养。燃油燃气锅炉上的安全阀、压力表及相应的控制装置是锅炉安全、经济运行不可缺少的重要部件，应经常维护保养，以保证其灵敏、可靠。

1）安全阀的维护保养

①运行期间每周进行一次维护保养的主要内容

a. 清理干净安全阀外部的水垢和铁锈。

b. 做手动排水试验，防止安全阀阀芯和阀座粘住，操作时要轻拉、轻抬、轻放。

c. 检查安全阀有无泄漏，如有应及时查明原因消除。如因阀芯与阀座接触面有污物等造成安全阀不严密而产生泄漏，可手动几次排水，将污物带走；如因阀芯或阀座接触面有锈蚀或沟槽造成泄漏，则要除锈或进行研磨或更换新配件。

d. 检查安全阀的铅封是否完好，如有损坏，要查明原因并重新封好。

e. 检查有无异物将安全阀压住或卡住，如有要及时排除。

②一年进行一次维护保养的主要内容

a. 检查阀壳，应无裂纹、砂眼等缺陷。

b. 检查阀杆，应平直无弯曲，螺纹扣完整无滑扣。

c. 弹簧式安全阀的弹簧不应有裂纹、锈蚀，应试验其弹性或更换新弹簧。杠杆式安全阀应保持杠杆不扭曲，杠杆上支力点的刀刃应在一个水平面，重锤上的固定装置应完好。

d. 调整、校验安全阀并加铅封。

e. 安全阀外壳涂刷油漆。

f. 更换损坏件。

2）压力表、压力控制装置的维护保养

a. 每周至少冲洗一次压力表存水弯管，防止堵塞。

b. 定期转动旋塞，检查压力表指针是否能恢复到零位，如不能恢复，则应及时调校或更换新压力表。

c. 定期校验压力表指示值是否准确，如压力指示值超过精度，则应查明原因，并调校或更换新压力表。

d. 压力控制器接管的疏通要在停炉、停电、无压力且常温时进行。疏通时，可旋开压力控制器连接螺母，用细铁丝疏通，一般视水质情况 1～2 个月疏通一次。当使用中发现压力控制器与原来设定值有变化或失灵时，首先要分清是电气控制问题还是压力调整、压力控制开关处漏水或水管受阻问题，然后有针对性地调整或修复。

（4）燃油燃气有关装置的维护保养。燃油燃气供应系统的作用是把符合质量要求的燃料连续不断地定量输送至锅炉前燃烧器，以确保燃烧器安全、经济地燃烧。因此，油过滤器、油加热器、燃气调压器、燃气过滤器等装置工作可靠是燃油燃气锅炉正常运行的重要条件。

1）油过滤器的维护保养。燃油的杂质主要是机械杂质、渣质和固体碳化物等。这些杂质在管道中不易流动，不仅会使管道阻力增大或堵塞，而且还会使加热器受到污染、腐蚀，损坏油泵，妨碍燃烧器工作（如堵塞喷嘴、影响雾化等），更严重的是这些杂质一旦进入炉膛，会使燃烧恶化，甚至导致熄火、炉膛爆炸事故。因此，燃油系统均装有过滤器来滤除这些杂质。为保证过滤器的效能，必须对过滤器进行定期清洗。过滤器的前后压差一般为 0.02 MPa，如果超过该值，则表明过滤器内部可能堵塞，就需要及时清洗。

油过滤器的清洗有拆洗和冲洗两种方式。

①拆洗。拆洗即打开法兰盖，取出滤料，把滤料放在高温水中，用毛刷刷洗污垢。在拆洗中，要保证滤料不受损坏，如损坏，则应换新的。在安装滤料时，一定要注意滤料与过滤器器壁应吻合密实，不使油过滤器短路。

②冲洗。在原管路上关闭过滤器前后阀门，将过滤器上的排气阀拆下，并安装一个三通，三通的向上口安装阀门，三通的水平口接一短管，该短管接蒸汽管。接上蒸汽管后，打开过滤器下的排污口，并开启新接的排气阀，让蒸汽冲刷过滤器内滤料，清除油污、杂质。反复进行几次，直至无油污、杂质排出为止，再复位原装的排气阀。

拆洗较彻底，但较冲洗麻烦；冲洗简单，但除油污、杂质的效果不如拆洗好。

轻油过滤器也可以使用适当的清洗液及压缩空气清洗；重油过滤器则应视油品质量定期清洗容器及过滤柱。过滤柱宜用清洗液整个浸泡清洗，不要拆散。

2）油加热器的维护保养。燃油加热器应定期拆开，用药剂或工具去除容器内壁及加热管上的积炭层或油垢。当采用蒸汽加热时，还应经常注意加热管的出汽口或蒸汽疏水管，如有油渍出现，证明加热器内的加热管已经穿漏，应立即处理。

加热器维护保养的主要内容有如下几个方面。

①冲净加热器管内存油，将油、汽系统全部停掉，关闭所有进、出口阀门。解体加热器。

②检查加热油管壁厚，减薄量严重的，应进行更换。清除加热器壳内氧化物。

③用专门工具清扫管束，清除管束间的杂物及油垢。逐根通水打压试验，有泄漏的可焊补，严重的，则须更换。

## 三、冷（热）源机组的换热器和其他辅助设备的维护

### 1. 蒸发器、冷凝器的维护保养

由于蒸发器、冷凝器是组成制冷系统的重要部件，并在其运行中起着重要的作用，因而对它们进行正确的维护保养和必要的修理是关系到制冷系统能否正常运行的关键因素之一。

（1）蒸发器的维护保养

1）蒸发器的日常维护保养

①对于立管式和螺旋管式蒸发器，在系统启动之前，应先检查搅拌机、冷媒水泵及其他接口处有无泄漏现象，蒸发器水箱内水位是否高出蒸发器上集气管 100 mm，若高出，则应及时处理。

②监视制冷剂的液位。制冷系统在运行中，蒸发器内制冷剂的过多或过少，对制冷正常运行都是不利的。保持要求的正确液位，是制冷机组在要求工况下正常运行的重要保证。因此，系统在正常运行中，应经常从各个部位的视镜处观察蒸发器（包括离心式制冷机组中的浮球室等）的制冷剂液位和汽化情况。

对于活塞式压缩制冷系统和螺杆式压缩制冷系统，蒸发器内制冷剂的过多和过少，可通过调节系统中节流阀的开度大小来进行调节，并由浮球阀来维持适当的液面高度。对于离心式制冷系统，如果蒸发器中液面过高，则可采用如下的方法进行排放。

a. 如果机组在运行中，可将抽气回收装置上的制冷剂回收管路与蒸发器断开，接通制冷剂回收罐，同时将回收罐顶部预冷却，以防止高温高压的制冷剂在回收罐中造成闪发而形成损失。启动抽气回收装置进行排放。

b. 当机组处于停机状态时，可充入 0.1 MPa（表压）的干燥氮气将多余部分的制冷剂压出。

c. 离心式制冷机组在正常运行中，浮球室内的制冷剂液面应处于要求的液面位置且浮球阀的浮球位于液面之上。如果存在液面过低，浮球位于液面之下，看不见液位或浮球悬空与液位脱离等现象，则表明已出现故障，应及时进行处理。造成上述情况的原因大致有如下 4 种。

一是浮球室液面过低，则为制冷剂充灌量不足或浮球室的过滤网堵塞所致。

二是浮球室看不到液位，则可能为浮球室前过滤网堵死或浮球阀卡死，节流孔无法关闭所致。

三是浮球被液面所淹没，可能是因为浮球本身有漏眼，而使制冷剂进入浮球内或浮球卡死、节流孔无法打开所造成的。

四是浮球悬空或与液面脱离，是因为浮球阀卡死，无法落下关闭。

③注意检查和监视蒸发器冷媒水的出水温度。严格保证制冷机组蒸发器冷媒水出水温度是制冷运行的中心任务。应避免蒸发器冷媒水出水温度过高或过低。

a. 当蒸发器冷媒水出水温度过高时，可采取以下措施。

一是加大能量调节，如增加活塞式制冷压缩机的运行气缸数，加大离心式制冷机进气口处的导叶开度等。

二是如果运行中冷媒水出水温度与系统的蒸发温度差过大，则可能是制冷剂充灌量不足或经长期运行蒸发器水管积垢产生所致，则应进行必要的处理。

三是如果要求首先保证提供规定的冷媒水温度，而制冷机组运行中冷媒水温度较高，则须适当减少进入蒸发器的水量。在冷媒水出水温度达到规定温度后，在其他相应参数正常下，再恢复正常的供水量。

b. 当蒸发器冷媒水出水温度过低时，则可采取以下措施。

一是减小能量调节，如关小离心式制冷机进口导叶开度（但必须避开压缩机的喘振工作区），减少活塞式制冷压缩机的运行气缸数等。

二是当制冷系统设有冷媒水池和冷媒水回水池时，可将回水池与冷媒水池之间的通路打开，使冷媒水池温度升高，或在冷媒水回水池中补充一定量的高于冷媒水温度的自来水，进而提高蒸发器的冷媒水进水温度，从而达到提高冷媒水出水温度的目的。

三是如果机组在运行中，需要较快的提高冷媒水的出水温度，则可适当加大冷媒水的供水量，在冷媒水温度提高达到要求值后，若其他参数仍在正常范围内，则可再恢复正常水量。

④应随时注意检查冷媒水出水温度与蒸发温度差。制冷系统在正常运行中，一般冷媒水出水温度与蒸发温度之差（对于空调制冷工况）在5℃左右，如温度差大于5℃，则应进行检查和处理。造成温差过大的原因可能有如下几个。

a. 蒸发器冷媒水侧结垢过多。

b. 蒸发器内制冷剂量太少。

c. 蒸发器内换热管漏水。

d. 冷媒水供水量不足。

e. 制冷剂不纯。

f. 机组内真空度破坏，有空气漏入。

经分析判断，凡发生上述情况时，则应及时采取措施予以排除，以保证运行的正常。

⑤运行中应随时监视冷媒水量和水质。制冷系统在运行中，冷媒水量的保证取决于冷媒水泵和冷媒水管路系统的工作情况，而冷媒水量是否达到要求值，一般是根据水泵出口

压力的大小、水泵电动机运行电流的大小来判断的。水量的过大或过小，对制冷系统的正常运行都是不利的，因此应及时进行调整。

冷媒水水质应按国家规定的标准执行。由于水质的不纯，会产生换热管水侧的结垢和腐蚀，从而减少机组的制冷量和造成漏水等事故，因而在机组的运行中，应定期对冷媒水系统中的水质进行化验分析。

⑥应注意蒸发器中积油的及时排放，以防止油膜对传热系数的影响。

2）蒸发器长期停止使用时的维护保养。当蒸发器长期停止使用时，应将蒸发器中的制冷剂抽到储液器中保存，使蒸发器内压力保持在 0.05～0.07 MPa（表压）即可；立管式蒸发器在水箱中，如蒸发器长期不用，则箱内的水位应高出蒸发器上集气管 100 mm；若为盐水蒸发器，则应将盐水放出箱外，将水箱清洗干净，然后灌入自来水保存；对于卧式壳管式蒸发器的清洗除垢与水冷冷凝器相同，表面式蒸发器肋片间的积灰和污垢，应及时采用压缩空气吹除，必要时，可使用清洁剂进行清洗。

（2）冷凝器的维护保养

1）运行中应随时注意检查系统中的冷凝压力。制冷系统在正常运行时，冷凝压力应在规定范围内。若冷凝压力过高，则说明制冷系统中存在着故障，如对于离心式制冷系统而言，若系统中不凝性气体过多，则可能引起压缩机喘振的发生。因此，在制冷系统运行中，如果冷凝压力过高，但保护系统又未动作时，则应采取以下措施。

①对于活塞式压缩制冷系统，可按有关说明的办法从冷凝器的顶部进行不凝性气体的排放；对于离心式制冷系统，可启动系统中的抽气回收装置进行空气和不凝性气体的排放。

②如果必须迅速降低冷凝压力（如在机组启动过程中），可采用加大冷却水量、降低冷却水温的方法处理。当冷凝压力逐渐调整到额定值后再减小冷却水量到额定值即可。

③对于活塞式压缩制冷系统，可减少投入运行的压缩机气缸数；对于离心式制冷系统，可以适当关小进口导叶开度，以对制冷压缩机进行减载运行。

④对于离心式制冷机组可检查浮球室制冷剂的液位和浮球阀是否正常，否则应及时进行处理。

⑤如果冷凝器上安装的压力表出现故障，则应及时更换。

⑥如果冷凝压力超过停机保护压力设定值而未实现自动保护动作，就应停机检查保护设定值，并重新按要求设定。

⑦如果制冷系统在启动过程中，当冷凝压力急剧上升，直至达到压缩机的停机保护值而自动停机时，应首先检查水冷式冷凝器的冷却水系统是否正常运转、水量是否正常；其次应检查制冷机组内，尤其是冷凝器顶部的空气与其他不凝性气体是否过多，若过多，则可在停机状态下进行排放。对于离心式制冷机组，则可启动抽气回收装置进行气体排放，

连续运行时间不得少于 20 min，之后，方可对机组启动运行。

⑧检查冷却水系统中，如冷却塔风机运行是否正常，当一台冷却塔不能满足制冷系统降低冷凝压力时，就可采用两台冷却塔并联运行的方式。如冷却塔在正常运行状态下，进出水温差较小，则应对冷却塔喷水管、填料等进行除垢处理和疏通喷孔处理。

2）运行中，应随时注意冷凝器换热冷却水一侧的结垢和腐蚀程度。一般制冷系统的冷凝温度与冷凝器出水温差（对于空调制冷工况）为 4～5℃，如果温差不在这一范围，且冷凝器进出水温差较小，则说明冷凝器的换热管内有结垢、腐蚀、漏水、空气进入、制冷剂不纯、冷却水量不足等故障，应及时进行排除。

制冷系统在运行中，若冷凝温度小于冷凝器内冷却水的出水温度，这是由于冷凝压力表的接管内制冷剂液化而使压力表管路堵塞，导致冷凝器压力表读数偏低。此时，应采取措施。

3）风冷式冷凝器的除尘风冷式冷凝器是以空气作为冷却介质的。混在空气中的灰尘随空气流动，粘结在冷凝器外表面上，堵塞肋片的间隙，使空气的流动阻力加大，风量减少。灰尘和污垢的热阻较大，降低了冷凝器的热交换效率，使冷凝压力升高，制冷量降低，冷间温度下降缓慢。因此，必须对冷凝器的灰尘进行定期清除，常用方法如下。

①刷洗法。其主要用于冷凝器表面油污较严重的场合。准备 70℃左右的温水加入清洁剂（也可加入专用清洗剂），用毛刷刷洗。刷洗完毕后，再用水冲淋。目前，有一种喷雾型的换热器清洗剂，将清洗剂喷在散热片上，片刻后用水冲洗即可。

②吹除法。其利用压缩空气或氮气，将冷凝器外表附着物吹除。同时，也可用毛刷边刷边吹除。在清洗冷凝器时，应注意保护翅片、换热管等，不要用硬物刮洗或敲击。

4）水冷式冷凝器的除垢。水冷式冷凝器所用的冷却水是自来水、深井水或江河湖泊水。当冷却水在冷却管壁内流动时，水里的一部分杂质沉积在冷却管壁上，同时经与温度较高的制冷剂蒸气换热后，水温升高，溶解于水中的盐类就会分解并析出，沉淀在冷却管上，粘结成水垢。时间长了，污垢本身具有较大的热阻，因而使热量不能及时排出，冷凝温度升高，影响了制冷机的制冷量，因此要定期清除水垢。常用方法如下。

①手工除垢法。将壳管式冷凝器两端的铸铁端盖拆下，用螺旋形钢丝刷伸入冷却管内，往复拉刷，然后再用接近管子内径尺寸的麻花钢筋，塞进冷却管内反复拉捅，一边捅一边用压力水冲洗。这种除垢方法设备简单，但劳动强度大。

②电动机械除垢法。将卧式水冷冷凝器的端盖打开，对于立式水冷冷凝器，可将上边的挡水板拿掉，用专用刮刀接在钢丝软轴上，另一端接在电动机轴上。将刮刀以水平或垂直方向插入冷却管内，开动电动机就可刮除水垢，同时用水管冲洗刮下的水垢并冷却刮刀，应注意冷凝器的焊口或胀口，以防振动而出现泄漏。这种方法效果很好，但只适用于

钢制冷却管的冷凝器，不适用于铜管冷凝器。铰锥式刀头在管内清除水垢的示意图如图3—46所示。

③化学除垢法。化学除垢法是利用化学品溶液与水垢接触时发生的化学变化，使水垢脱离管壁。它的方法有多种，通常采用酸洗法。酸洗法除水垢适用于立式和卧式壳管式冷凝器，尤其适用于铜管冷凝器。酸洗法除垢有采用耐酸泵循环除垢和灌入法（直接将配置好的酸洗溶液倒入换热管子）除垢两种方法。

酸洗法除垢的操作方法如下。

a. 当采用耐酸泵循环除垢时，首先将制冷剂全部抽出，关闭冷凝器的进水阀，放净管道内积水，拆掉进水管，将冷凝器进出水接头用相同直径的水管，最好采用耐酸塑料管接入酸洗系统中，如图3—47所示。

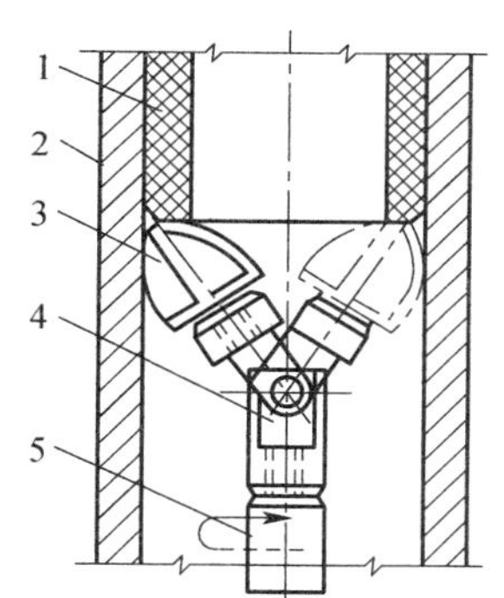


图3—46　铰锥式刀头在管内清除水垢的示意图

1—水垢　2—水管　3—刀头
4—万向联轴器　5—传动软管

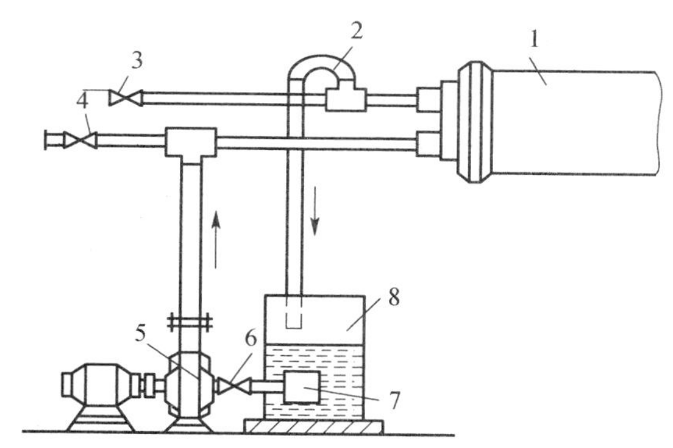


图3—47　酸洗法除垢装置

1—冷凝器　2—回流弯管　3、4、6—截止阀
5—耐酸泵　7—过滤网　8—溶液箱

b. 向用塑料板制成的溶液箱中倒入适量的酸洗液。酸洗液为10%浓度的盐酸溶液500 kg加入缓蚀剂250 g，缓蚀剂一般用六次甲基四胺（又称乌洛托品）。酸洗液的实际需用量可按冷凝器的大小进行配制。启动酸洗泵，使酸洗液沿冷凝器管道和溶液箱循环流动，酸洗液便会与冷凝器管道中的水垢发生化学反应，使水垢溶解脱落，从而达到除垢的目的。

c. 酸洗20～30 h后（时间的长短，可根据水垢的性质与厚度而定），停止耐酸泵工作，打开冷凝器的两端封头，用刷子在管内来回拉刷，将水垢刷去，这时的水垢就比较容易刷掉，然后用水冲洗一遍。重新装好两端封头，利用原设备换用1%的氢氧化钠溶液或5%的碳酸钠溶液循环清洗15 min左右，以中和残留在冷凝器水管内的酸溶液。再用清水循环冲洗1～2 h，直到水清为止。

除垢工作可根据水质的好坏和冷凝器的使用情况决定清洗时间，一般可间隔1～2年进行一次。除垢工作结束后，要对冷凝器进行压力检漏。

目前，市场上有配置好的专用“酸性除锈除垢”清洗剂出售，按说明书要求倒入清洗设备中，按上述清洗法进行除垢即可。采用此种清洗剂不但效果好，而且省去了配置清洗液的麻烦，既安全又省时省力，是目前推荐的方法。

冷凝器也可在运行时除垢。运行去垢剂可直接加在冷却水中进行除垢，使用时，制冷系统不必停止运行。将运行去垢剂按冷却水量0.1%的比例加入冷却水中，随着运行去垢剂与冷却水混合均匀，在运行中达到除垢的目的。除垢期为20～30天，在除垢期间，水池中有白盐类沉淀物，应经常排污并及时补水、补药，以保证运行去垢剂的浓度。除垢期后，系统正常运行。

④磁化水除垢法。其流程图如图3—48所示，将冷凝器的冷却水管和水泵、过滤器、磁水器、水箱串接为磁化水循环系统除垢。因其无毒且不腐蚀管壁，所以较酸洗更安全可靠和方便。其工作原理如下：水流经磁水器（图3—49），在磁场作用下变成磁化水。磁化水在冷却水管内会使硬质水垢（碳酸钙结晶）改变为黏固力和附着力较弱的松脆状态，从而很容易被流动的磁化水排出冷却水管。

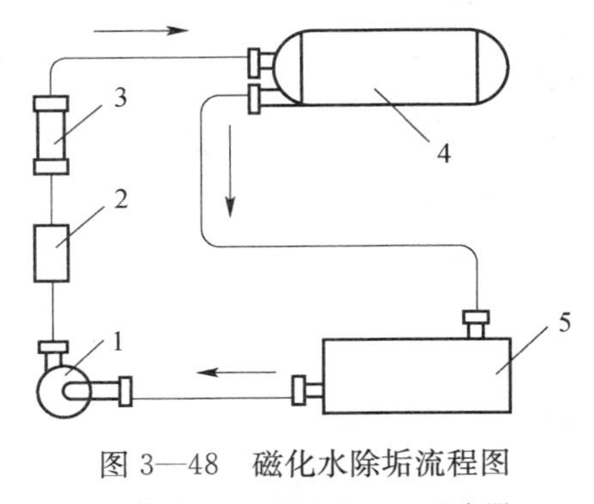


图3—48　磁化水除垢流程图

1—水泵　2—过滤器　3—磁水器

4—冷凝器　5—水箱

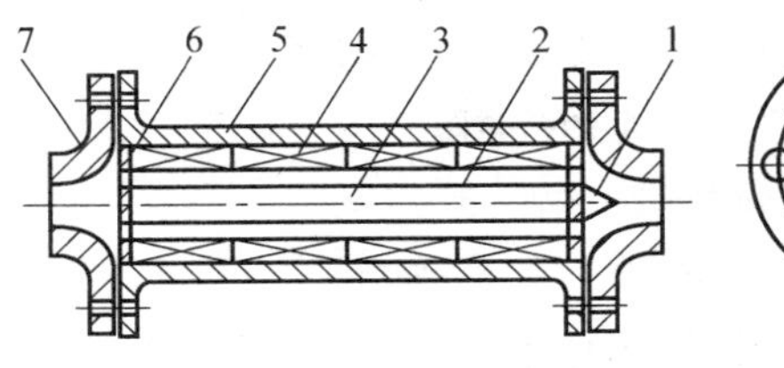


图3—49　磁水器结构图

1—分水器　2—导水间隙　3—铁芯　4—磁块

5—外壳　6—支架　7—法兰

### 2. 制冷系统中阀门的使用与维护

由于制冷系统中的各种阀起着调节和控制气体、液体流量的作用，因此其质量的好坏对制冷系统能否正常运行起着重要的作用，同时运行操作中的不慎造成阀门的泄漏（包括外漏和内漏），阀门的变形、弯曲、断裂等都会影系统的正常运行。

阀门所出现的一些故障往往是由于使用不当造成的。如已最大开度的阀门、在交接班时如果没有交接清楚，接班人员发现通过的流量不足，误认为阀门未开或开度不够，再次进行开启，而在用手开动时采用加长力臂的方法且用力过猛就会造成阀杆变形、弯曲、断裂等。由此可见，正确地使用阀门是减少阀门故障的有力保证。使用和维护阀门时，应注意以下几点。

（1）阀门在启、闭时禁止用力过猛和加长力臂。

（2）阀门在最大开度时，应将手轮回转 1～2 圈，以避免造成全开误认为全关而进行反操作。

（3）阀门中阀杆密封的填料室内填料不宜过多或过少，以压盖基本能压下为宜，同时应保持填料室内有一定的润滑油。以避免沿阀杆处的泄漏，减少干摩擦，防止阀杆的咬死，从而达到阀门启闭灵活。对于不常使用的阀门，在保证系统安全的前提下，可定期进行启、闭操作。

（4）阀门在关闭时，如果一次不能关闭严密，可将阀芯再提高一些（如阀门手轮朝开启方向旋转 1～2 圈），使系统中的高速介质流对阀芯和阀座进行冲刷，以除去阀座和阀芯上的颗粒杂质后，再用力一次关紧即可。

（5）阀门上的手轮不得随意拿下以作他用，以避免紧急使用时找不到。对于正常运行或处于停机后的氟阀，应将密封帽旋紧，可避免制冷剂从阀杆处向外泄漏。

（6）一般情况下，不得使用其他工具（如扳手）来代替阀门手轮进行操作。

（7）当阀门需拆卸进行修理时，首先应将要拆下的阀一端与系统切断，即关闭有关阀门，然后开启压缩机，将阀门与有关连接的管路内制冷剂尽量抽净。同时，做拆卸准备（如戴橡皮手套，对于氨系统还要准备好防毒面具，开启事故风机进行通风）。拆除时，不应面对阀盖处，防止制冷剂气体冲出伤人，在拆卸阀盖螺帽时，首先应均匀松开但不要拿下，当阀盖松动后，且无制冷剂冲出时，则可拆卸，如仍有制冷剂冲出，则应将阀盖仍旋紧，查明原因并排除后再行拆卸。

**3. 水泵的维护保养**

虽然水泵有些问题或故障虽然在停机状态或短时间运行时是不会出现或产生的，必须运行较长时间才会出现或产生，但是，日常运行检查工作仍是水泵维护保养工作中不可缺少的一个重要环节。在水泵日常运行时，需要运行值班人员经常关照和给予充分重视，检查和维护的项目如下。

（1）电动机不能有过高的温升，且无异味产生。

（2）轴承温度不得超过周围环境温度 35～40℃，轴承的极限最高温度不得高于 80℃。

（3）轴封处（除规定要滴水的形式外）、管接头均无漏水现象。

（4）运行中无异常噪声和振动。

（5）地脚螺栓和其他各连接螺栓的螺母无松动。

（6）基础台下的减振装置受力均匀、进出水管处的软接头无明显变形等，都会起到减震和隔震作用。

（7）电流在正常范围内。

（8）压力表指示正常且稳定，无剧烈抖动。

为了使水泵能安全、正常地运行，为整个制冷系统的正常运行提供基本保证，除了要做好其启动前、启动以及运行中的检查工作，保证水泵有一个良好的工作状态，发现问题能及时解决，出现故障能及时排除以外，还需要定期做好以下几方面的维护保养工作。

（1）加油。轴承采用润滑油润滑的，在水泵使用期间，每天都要观察油位是否在油镜标识范围内。油不够就要通过注油杯加油，并且要一年清洗换油一次。根据工作环境温度情况，润滑油可以采用L－AN32号或L－AN46号全损耗系统用油。

轴承采用润滑脂（俗称黄油）润滑的，在水泵使用期间，每工作2 000 h换油一次，润滑脂最好使用钙基脂。

（2）更换轴封。由于填料用一段时间就会磨损，当发现漏水量超标时就要考虑是否需要压紧或更换轴封。对于采用普通填料的轴封，填料密封部位滴水每分钟应在10滴之内，而机械密封泄漏量则一般不得大于5 mL/h。

（3）解体检修。一般每年应对水泵进行一次解体检修，内容包括清洗和检查。清洗主要是刮去叶轮内外表面的水垢，特别是叶轮流道内的水垢要清除干净，因为它对水泵的流量和效率影响很大。此外，还要注意清洗泵壳的内表面以及轴承。在清洗过程中，对水泵的各个部件顺便进行详细认真的检查，以便确定是否需要修理或更换，特别是叶轮、密封环、轴承、填料等部件要重点检查。

（4）除锈刷漆。水泵在使用时，通常都处于潮湿的空气环境中，有些没有进行保温处理的冷媒水泵，在运行时泵体表面更是被水覆盖（结露所致），长期这样，泵体的部分表面就会生锈。为此，每年应对没有进行保温处理的冷媒水泵泵体表面进行一次除锈刷漆作业。

（5）放水防冻水泵停用期间，如果环境温度会低于0℃，就要将泵内的水全部放干净，以免水的冻胀作用胀裂泵体。特别是安装在室外工作的水泵（包括水管），尤其不能忽视。如果不注意做好这方面的工作，则会带来重大损坏。

**4. 冷却塔的维护保养**

冷却塔在制冷系统中用来降低冷凝器的进口水温（即冷却水温），并在保证制冷系统的正常运行中起着重要的作用。如果没有冷却塔对冷却水进行降温处理，就会由于冷却水温的过高而造成冷凝温度、压力过高，从而使制冷机在运行中过多地消耗冷量，甚至会使制冷系统无法运行。因此，对冷却塔正确的维护保养则是十分重要的。

为了使冷却塔能安全正常地使用得尽量长一些时间，除了做好启动前检查工作和清洁工作外，还需做好以下几项维护保养工作。

(1) 运行中，应注意冷却塔配水系统配水的均匀性，否则应及时进行调整。

(2) 管道、喷嘴应根据所使用的水质情况定期或不定期地清洗，以清除上面的脏物及水垢等。

(3) 集水盘（槽）应定期清洗，并定期清除百叶窗上的杂物（如树叶、碎片等），以保持进风口的通畅。

(4) 对使用带传动减速装置的，每两周停机检查一次传动带的松紧度，当不合适时，要调整。如果几根传动带松紧程度不同，则要全套更换；如果冷却塔长时间不运行，则最好将传动带取下来保存。

(5) 对使用齿轮减速装置的，每一个月停机检查一次齿轮箱中的油位。当油量不够时，要补加到位。此外，冷却塔每运行 6 个月要检查一次油的颜色和黏度，达不到要求的必须全部更换。当冷却塔累计使用 5 000 h 后，不论油质情况如何，都必须对齿轮箱做彻底清洗，并更换润滑油。齿轮减速装置采用的润滑油一般多为 L－AN46 或 L－AN68 全损耗系统用油。

(6) 由于冷却塔风机的电动机长期在湿热环境下工作，为了保证其绝缘性能，不发生电动机烧毁事故，每年必须做一次电动机绝缘情况测试。如果达不到要求，则应及时处理或更换电动机。

(7) 要注意检查填料是否有损坏的，如果有，则应及时修补或更换。

(8) 风机系统所有轴承的润滑脂一般一年更换一次，不允许有硬化现象。

(9) 当采用化学药剂进行水处理时，要注意防止风机叶片的腐蚀问题。为了减缓腐蚀，每年清除一次叶片上的腐蚀物，均匀涂刷防锈漆和酚醛漆各一道，或者在叶片上涂刷一层 0.2 mm 厚的环氧树脂，其防腐性能一般可维持 2～3 年。

(10) 在冬季冷却塔停止使用期间，有可能因积雪而使风机叶片变形，这时可以采取两种办法避免：一是停机后将叶片旋转到垂直于地面的角度紧固；二是将叶片或连轮毂一起拆下放到室内保存。

(11) 在冬季冷却塔停止使用期间，有可能发生冰冻现象时，要将冷却塔集水盘（槽）和室外部分的冷却水系统中的水全部放光，以免冻坏设备和管道。

(12) 冷却塔的支架、风机系统的结构架以及爬梯通常采用镀锌钢件，一般不需要油漆。如果发现生锈，再进行去锈刷漆工作。

## 四、节流结构的维护

### 1. 节流装置的分类

在制冷系统中，除了制冷压缩机、冷凝器、蒸发器及其他换热装置等主要设备外，节流装置是实现制冷所必需的四大部件之一，其种类繁多，如膨胀机、手动膨胀阀、热力膨胀阀、恒压膨胀阀、电子膨胀阀、毛细管等。它们共同点就是节流降压，使制冷剂在低温、低压下就能汽化，吸收汽化潜热，从而达到制冷的目的。

节流装置是制冷机系统中的关键部件之一。到目前为止，在蒸气压缩式、吸收式和喷射式制冷机中，仍然是用各种形式的节流机构来实现制冷剂液体的膨胀过程。节流装置位于冷凝器之后，它的作用是将冷凝压力下的饱和液体（或过冷液体），节流至蒸发压力和蒸发温度，然后进入蒸发器。此外，节流装置还起着根据负荷的变化调节进入蒸发器的制冷剂流量的作用。

节流装置按其在使用中的调节方式可以分为如下 4 类。

（1）手动调节的节流装置，即手动节流阀。它的结构较简单，既可以单独使用，也可以同其他控制器件配合使用。常用于工业用的制冷机系统。

（2）用液位调节的节流装置，常用的是浮球调节阀。浮球阀既可以单独用作节流机构，也可以作为感应元件与其他执行元件配合使用。现在主要用于中、大型氨制冷装置中。

（3）用蒸气过热度调节的节流装置，包括热力膨胀阀及热电膨胀阀等，主要用于管内蒸发的氟利昂蒸发器及中间冷却器等。

（4）不调节的节流装置，有自动膨胀阀、毛细管、节流短管和节流孔等多种，宜用于工况比较稳定的制冷机组，如冰箱及空调器等小型制冷设备使用毛细管，而小型商业用制冷机则多采用自动膨胀阀。

### 2. 手动节流阀的结构与特点

手动节流阀用于干式或湿式蒸发器。当其在干式蒸发器中使用时，为适应负荷的变化，须频繁地调节流量，以保证制冷剂离开蒸发器时有轻微的过热度。如果蒸发器出口处蒸气的过热度太大，则可以开大阀门，使较多的制冷剂进入蒸发器，从而降低过热度。如果过热度太小，或者没有过热度，则须将阀门关小。在制冷装置的运转过程中，手动节流阀需要经常进行调节，不但操作频繁，而且较难保持稳定的工况。如果操作人员一时疏忽，还会导致运转工况失常，甚至造成事故。因此，过去应用很广的手动节流阀现在已经较少单独使用，大部分被自动控制阀取代，或者作为自动膨胀阀的旁路阀，以备应急时使用，也可以同液面控制器及电磁阀配合使用，共同实现供液量的控制。

手动节流阀的外形与普通截止阀相似，但在结构上有许多差异，如图 3—50 所示，它由阀体、阀芯、阀杆、填料函、压盖、进出口接头、手轮和螺栓等零件所组成。手动节流阀的阀芯锥度较小，呈针状或 V 形缺口的锥体，以保证阀芯的升程与制冷剂流量之间保持一定的比例关系；阀杆采用细牙螺纹，从而保证在手轮转动时，阀芯与阀座之间的间隙平缓变化，以便于制冷剂流量的调节。手动节流阀的开启度随负荷的大小而定，通常开启度为手轮旋转 1/8 或 1/4 圈，开启过大就起不到节流膨胀的作用了。

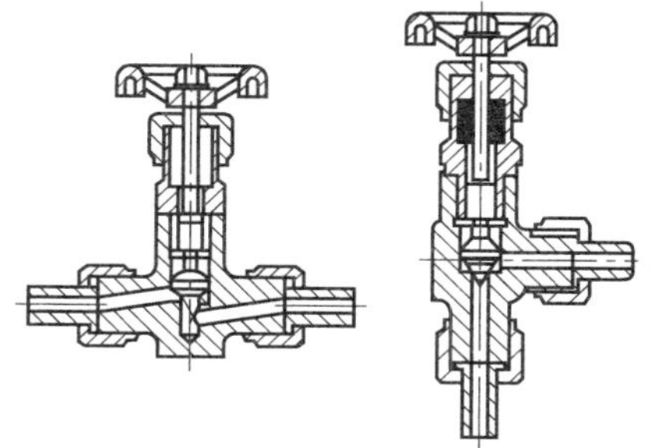

图 3—50　手动节流阀

3. **热力膨胀阀**

热力膨胀阀是应用最广的一类节流机构，氟利昂制冷装置一般都用热力膨胀阀来调节制冷剂流量。它既是制冷装置的节流阀，又是控制供液量的调节阀，所以也称为热力调节阀或感温调节阀。根据力平衡元件的不同，热力膨胀阀可分为膜片式和波纹管式两种；根据感温包中充注工质的相态不同，其可分为充气式和充液式两种；而根据热力膨胀阀结构的不同，其又可以分为内平衡式和外平衡式两种。其工作原理都是利用蒸发器出口制冷剂蒸气过热度的变化来调节阀孔的开度，以调节供液量的。它适用于没有自由液面的蒸发器（如干式蒸发器、蛇管式蒸发器等）。热力膨胀阀不仅能根据蒸发器热负荷大小向蒸发器增减供液量，而且可在相当大的范围内调节制冷剂液体的流量，从而保证蒸发器换热面积的有效利用。热力膨胀阀也可用于氨制冷机，但其结构材料中不能使用有色金属。

（1）热力膨胀阀的工作原理。热力膨胀阀是由阀芯、阀座、弹性金属膜片、导压管、感温包、调节螺钉、弹簧、进出口接管等组成。其工作原理是建立在力平衡的基础之上的。图 3—51 所示是内平衡式热力膨胀阀的工作原理图。感温包安放在蒸发器出气口附近，导压管是连接阀门顶端气室与感温包的连接管。工作时，弹性金属膜片上部受感温包内工质（一般充注与系统相同的制冷剂液体）的压力 $p_3$ 的作用，下面受阀后制冷剂压力 $p_1$ 与弹簧力 $p_2$ 的作用。膜片向上或向下鼓起是 3 个力平衡的结果。

1）当 $p_1+p_2=p_3$ 时，膜片上下受力平衡，不发生变形，阀芯保持不动，系统处于稳定供液状态。

2）当 $p_1+p_2<p_3$ 时，膜片向下产生变形，经传力杆推动阀芯向下移动，从而增大供液出口面积，加大供液量，其原因是蒸发器的热负荷增大或供液过少。

3）当 $p_1+p_2>p_3$ 时，膜片向上产生，阀芯在弹簧力作用下向上移动，从而减小供液出口面积，减少供液量，其原因是蒸发器的负荷减小或供液过多。

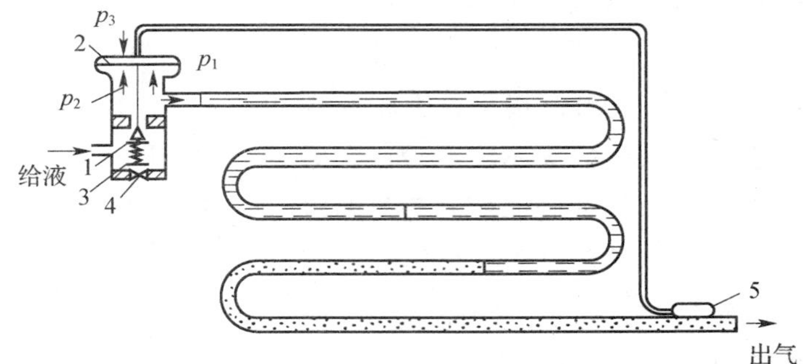


图 3—51　内平衡式热力膨胀阀的工作原理图

1—阀芯　2—弹性金属膜片　3—弹簧　4—调整螺钉　5—感温包

这样，由于膜片受 3 个力的作用产生或向上或向下的变形，使阀孔关小或开大，用以调节蒸发器的供液量。

内平衡式热力膨胀阀的工作受蒸发器内制冷剂的流动压力降影响很大，所以只适用于小容量、蒸发器内压力降不大的小型蛇管式蒸发器。

外平衡式热力膨胀阀与内平衡式的结构基本相同，两者最大的区别在于，作用于膜片下方的制冷剂压力不是阀后蒸气的压力，而是用一根平衡导管把蒸发器出口的压力引入到膜片的下部，如图 3—52 所示。对于管路较长、阻力较大或多路供液的大型蒸发器，由于制冷剂的流动阻力较大，压力降对膨胀阀性能的影响不可以忽略，因此应选用外平衡式热力膨胀阀。这样，可以改善蒸发器的工作条件，使蒸发器传热面积得到有效利用。

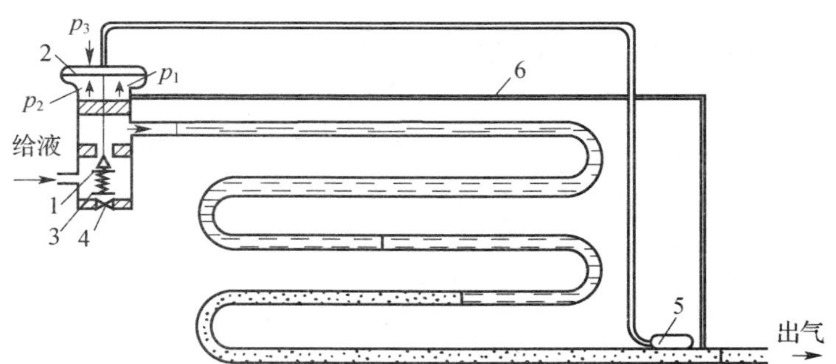


图 3—52　外平衡式热力膨胀阀的工作原理

1—阀芯　2—弹性金属膜片　3—弹簧

4—调整螺钉　5—感温包　6—平衡管

(2) 热力膨胀阀的调试。热力膨胀阀的调试依据为蒸发压力，略去管道极微的压力损失，依据制冷压缩机吸气压力表的数值，并结合全系统各部分工作状态来决定。一般要把供液调到吸气压力在要求的数值上，如蒸发温度为－15℃的 R12 系统，要求压力调在 0.086 MPa（表压），偏差在±0.001 MPa 范围内，并能稳定在 20 min 以上。再结合蒸发器结霜是否均匀、压缩机工作是否正常等系统状态，确定调试是否正确。

膨胀阀一般最小关闭热度不大于 2℃，最大关闭过热度不小于 8℃。出厂时，一般弹簧的预紧力调在 0.023 MPa，相当于 3℃的过热度，称之为静装配过热度，其物理意义是感受到 3℃过热度，阀芯从关闭状态刚刚打开。膨胀阀调节杆一般可旋转的圈数为 8 圈，每一圈近似看成相当于 1℃的过热度，也就是近似地等于 0.012 MPa 的压力差（弹簧弹力是非线性的，两端与中间不一样，这里是指平均值，最好使用弹簧弹力的中间一段），还有 5℃范围可供调节开启度使用，制造厂称之为阀针梯度过热度，形象地称为自动调节过热度。阀杆顺时针转将压紧弹簧，加大开启过热度，使开启滞后，减小供液量；如阀杆逆时针转，则放松弹簧力，减小开启过热度，使阀芯开启提前而增大供液。

下面通过图 3—53 讨论一下调试的相关因素。一般要求温包放在过热度 5℃的地方，此时阀杆未动，而供液量又恰如其分，那么在这 5℃的过热度中，有 3℃为开启过热度，还有 2℃为自动调节过热度，即有 2℃的开启度供液。如果把温包放在过热度为 4℃的地方，则这 4℃中有 3℃为开启过热度，还剩下 1℃为自动调节过热度，也就是只有 1℃的开启度供液，那么供液量显然是不够的。此时，将阀杆逆时针转一圈左右，即放松弹簧预紧力，减小 1℃左右的开启过热度，此时开启过热度为 2℃，那么 4℃中还将剩余 2℃的过热度作为自动调节过热度，即又恢复到 2℃的开启度供液，从而达到供液正常；如果把温包置于 6℃的地方，温包感受 6℃的过热度，其中有 3℃作开启过热度，多出的 3℃过热度则用来作自动调节过热度，即将有 3℃的开启度供液，明显可知供液量增大了。此时，将阀杆顺时针调一圈左右，即增大弹簧的预紧力，增大 1℃的开启过热度，此时开启过热度为 4℃，那么还剩下 2℃过热度作为自动调节过热度，即有 2℃开启度的供液，又恢复到在过热度 5℃的地方放置温包正常供液的状态，这就是减少供液和增大供液的调节机理。以上过程变换一下，如果温包置于过热度 5℃地方后，觉得供液不够，则减小弹簧的预紧力，即减小开启过热度，从而提前开启阀芯，增大了自动调节的过热度，即增大了开启度，增加了供液。

简单地说，调节阀杆就是调节弹簧的预紧力，也就是调节阀芯开启所需要的最小过热度，从而改变开启度的大小，达到改变供液状况的目的。

值得注意的是，开启过热度不宜调得太小，一般最小也要留有 1℃的开启过热度，否则，阀芯将不能关闭。

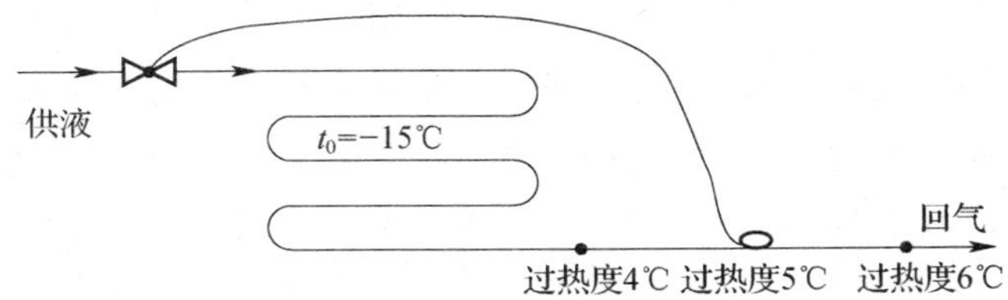


图 3—53　热力膨胀阀的调节示意

在蒸发温度需要特别调低时，有的大幅度调阀杆，一直达到顶点，甚至把阀杆调弯尚未达到目的，这样调阀是不正确的。当阀杆调两圈的幅度还不能达到要求时，则应该考虑改变感温包的位置，而不应大幅度旋紧螺钉。将感温包移近蒸发器，也就是相应地减小供液量。调阀时，应该视调节阀杆与感温包的位置合适与否相结合。

（3）热力膨胀阀的安装。热力膨胀阀的安装应注意以下各点。

1）阀体应垂直，不要倾斜。

2）阀体不应有明显振动。

3）阀体的位置应高于感温包的位置。

4）阀的进出方向不要接错，应特别注意不要漏掉过滤网。

5）阀体尽量靠近蒸发器，减少闪发气体的产生，保证单位质量制冷剂的制冷量。

6）焊接时，应将阀的部件拆下来，只需将阀体与管道焊接，再清洗干净并干燥后装上各部件。

7）内平衡式热力膨胀阀的感温包应放在回气过热 5℃的地方；外平衡式的感温包应尽量靠近平衡管与回气管的接口处，并放在蒸发器的一侧。

8）当感温包放置于管外壁时，应保持接触面在水平的位置，前面不得有存液弯。接触面要清洁干净并与感温包充分接触。感温包要绑扎牢固，外面还应包有隔热层。

9）感温包安装的形式可参考下列情况。

①当回气管径不大于 20 mm 时，应将温包置于管子的上平面。

②当回气管径为 20～50 mm 时，应将感温包置于中心线下斜 45°的地方。

③当回气管径大于 50 mm 时，应将感温包置于管中，图 3—54 为感温包的安装形式。孔内装冷冻油导热。

10）毛细管的弯曲半径不能太小，不得与其他的热源或冷源接触。

（4）热力膨胀阀的选用

1）根据制冷系统的回路和工况选用合适型号及数量的膨胀阀。

①当一台制冷压缩机带一条制冷回路时，应选一只膨胀阀。

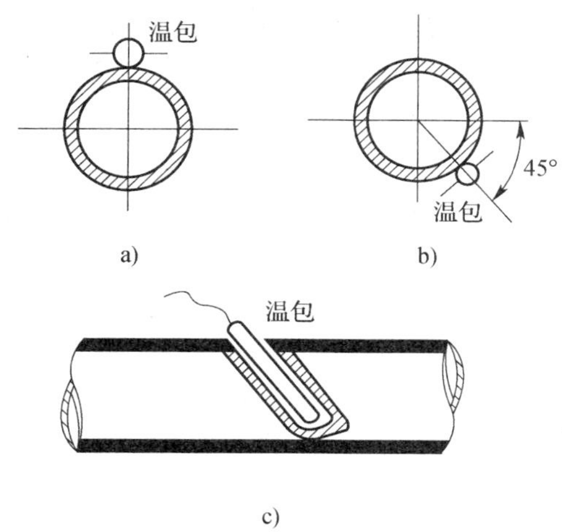


图 3—54 感温包的安装形式

a) $D \leqslant \phi 20$ b) $\phi 20 \leqslant D \leqslant \phi 50$ c) $D > \phi 50$

②当一台制冷压缩机带几条蒸发温度相同的回路时，应选用几只型号相同的热力膨胀阀。

③当一台压缩机带不同蒸发温度系统的制冷回路时，则应选择各自相适应的热力膨胀阀，并在高蒸发温度系统的回气管上装置背压阀。

2）当蒸发器内压力降超过表 3—24 中所列的数值时或使用分配器时，应采用外平衡式热力膨胀阀。

**表 3—24** **蒸发器内的压力降**

| 制冷剂 | 不同蒸发温度下的压力降/kPa | | | | | |
|---|---|---|---|---|---|---|
| | 5℃ | 0℃ | −10℃ | −20℃ | −30℃ | −40℃ |
| R12 | 19.6 | 17.6 | 12.7 | 9.8 | 6.8 | 4.9 |
| R22 | 14.7 | 12.7 | 9.8 | 6.8 | 4.9 | 2.9 |

3）根据使用的工质选择适用的膨胀阀。

4）选择热力膨胀阀的容量（额定制冷量）应比系统蒸发器冷负荷要大，在冷负荷比较稳定的场所，须大 20％～30％；在冷负荷波动较大的场所，须大 70％～80％，但最大不超过蒸发器冷负荷的两倍，各产品样本表格上的容量是热力膨胀阀在标准工况或空调工况下的额定制冷能力，选用时，要换算至工作工况后再选用。

5）根据不同的蒸发温度选择不同的热力膨胀阀，当蒸发温度不同时，膨胀阀的制冷量须按表 3—25 中的修正系数进行修正。

表 3—25　　蒸发温度不同时的修正系数

| 制冷剂 | 蒸发温度/℃ | | | | | |
|---|---|---|---|---|---|---|
| | 5 | −5 | −15 | −23 | −28 | −40 |
| R12 | 1.6 | 1.3 | 1.0 | 0.88 | 0.76 | 0.52 |
| R22 | 1.4 | 1.3 | 1.0 | 0.91 | 0.80 | 0.60 |

6）选用时，应注意热力膨胀阀前后压差的不同对膨胀阀制冷量的影响，应按表 3—26 中的相应系数进行修正。

表 3—26　　阀前后压力差不同时的修正系数

| 制冷剂 | 膨胀阀前后的压力差/kPa | | | |
|---|---|---|---|---|
| | 196 | 392 | 588 | 784 |
| R12 | 0.77 | 0.89 | 1 | 1.04 |
| R22 | 0.75 | 0.86 | 0.96 | 1 |

7）根据使用的系统和工作环境选择恰当的感应过热度的装置。

①充液式。感温包内充注的感温剂与制冷剂相同，如采用 R12 为制冷剂，则感温剂为 R12 的液体，并且在较大的温度变化范围内，感温系统中始终有液体存在。

这类热力膨胀阀即使处于比感温包所感受的温度还要低的场合下，也能正常工作，由于过热度随温度下降而增大，故在降温过程中，制冷量大、降温速度快。但这类感温包的热惯性大，所以调节的灵敏度稍显不足，其次是使用的温度范围较小，启动时开启度比较大。

②充气式。感温包内充注与制冷剂相同的感温剂。充注量是根据热力膨胀阀工作时的最高蒸发温度再加上最大的过热度来确定的，在这一温度值时，所充注的感温剂全部转化为过热蒸气；在低于这一温度时，充注的感温剂开始凝结为液态。

这类膨胀阀要求阀体和毛细管所处的温度区要高于感温包的温度，否则，感温剂会在毛细管内和密封气箱盖处凝为液体。启动时，阀的节流流量较小，降温稍迟缓。此类阀适用于有融霜装置或有高温加热的制冷系统中，绝大多数用于空调工况下的供液调节。

③单一交叉式。单一交叉式，即感温剂是比本系统制冷剂在常压下沸点高一点的制冷剂，如 R502 制冷系统采用 R22 为感温剂，这样就克服了低蒸发温度时过热度变大的缺点。

④混合交叉式。混合交叉式，即在单一交叉式基础上在感温剂内充入一定量的不凝性气体，如 RF 型热力膨胀阀的感温剂是由 R40 和氮气组成的。不凝性气体可以提高感温系

统内的压力，在低蒸发温度下，仍能得到稳定的过热，同时能防止感温包内液体倒灌而发生阀门的误动作。

⑤吸附充注式。吸附充注式，即在感温包内装入吸附剂，如活性炭、硅胶、分子筛、铝胶等。使用最普遍的为活性炭，吸附气体即感温系统充注的气体是二氧化碳气体。

这类膨胀阀不论处于何种环境温度，不管环境温度变化高低如何，均能对阀门进行正常的控制，传动膜片所受的压力完全按照感温包感受的温度而变化。在制冷压缩机启动后，一直等到吸入压力下降到适当的数值时，阀门才开启供液，所以能作为压缩机的超载保护元件使用。此外，其还具有良好的控制特性。RF17 型就是此类膨胀阀。

8）在选用热力膨胀阀时，还应注意毛细管的长度是否够长、接口螺纹是否与系统管道能连接等。

9）当使用分液器时，阀的出口有效面积应大于各支管有效面积之和。分液器常被称为莲蓬头，各分液口应向上安装，不可倒置或平放。

（5）热力膨胀阀常见故障分析与排除

1）制冷压缩机运转时，热力膨胀阀不能开启供液。一种原因可能是感温包或毛细管道破损，造成温包内充注的工质泄漏，无法感受蒸发器出口制冷剂蒸汽过热度的变化，应该进行修理或更换膨胀阀；另一种原因是膨胀阀过滤器或阀孔被污物堵塞，需要清洗过滤器或阀件。

2）制冷压缩机启动后，膨胀阀很快被堵塞，造成吸入压力迅速降低，如对阀加热，阀又恢复供液，吸入压力升高，可以断定系统内有水存在。由于水与氟利昂不相混溶，游离水在节流阀孔处被冻结，造成冰塞。必须在供液管上安装干燥器或更换失效的干燥剂。

3）膨胀阀进液口管段结霜。这是由阀前过滤器堵塞造成的，需要清洗过滤器。

4）膨胀阀“咝咝”作响。可能是系统内制冷剂不足，或者液体无过冷度，供液管阻力过大，在阀前供液管中产生闪发气体造成的。需要补充制冷剂，加装或调整气—液热交换器，以保证阀前制冷剂液体有足够大的过冷度。

5）膨胀阀供液量时多时少。这是由于选用了过大的膨胀阀，或者由于开启过热度调节过小，或者由于温包包扎位置、外平衡管连接位置不当造成的。只要改用适当容量的膨胀阀，或者调整膨胀阀开启过热度，或者调整感温包、外平衡管安装位置即可解决。

6）膨胀阀关闭不严或无法关闭。可能是由于膨胀阀损坏、感温包包扎位置不正确造成的；也可能由于是膨胀阀的传动杆太长造成的。这就需要更换、修理膨胀阀，调整感温包的安装位置，或者调整传动杆的长度。

4. **电子膨胀阀**

电子膨胀阀是 20 世纪 80 年代推出的一种先进的膨胀阀，它按照预设的程序调节蒸发器供液的流量。因其由电力调节，故而被称为电子膨胀阀。它适应了制冷机电一体化的发展要求，具有传统的热力膨胀阀无法比拟的优良特性。

热力膨胀阀的不足之处有如下几点。

(1) 信号的反馈有较大的滞后。蒸发器处的高温气体首先要加热感温包外壳。感温包外壳有较大的热惯性，导致反应滞后。感温包外壳对感温包内工质的加热引起进一步的滞后。信号反馈的滞后会使被调参数产生周期性的振荡。

(2) 控制精度较低。感温包中的工质通过薄膜将压力传递给阀针。因薄膜的加工精度及安装均会影响其受压产生的变形以及变形的灵敏度，故难以达到高的控制精度。

(3) 调节范围有限。因薄膜的变形量有限，使阀针开度的变化范围较小，故流量的调节范围较小。在要求有大的流量调节范围时（例如在使用变频压缩机时），热力膨胀阀无法满足要求。

电子膨胀阀的应用，克服了热力膨胀阀的上述缺点，并为制冷装置的智能化提供了条件。电子膨胀阀利用被调节参数产生的电信号，控制施加于膨胀阀上的电压或电流，进而控制阀针的运动，从而达到调节的目的。

电子膨胀阀由检测、控制、执行三部分构成。按照电子膨胀阀的驱动方式分类，有电磁式电子膨胀阀和电动式电子膨胀阀两大类。其中，电动式电子膨胀阀又可分为直动型和减速型两种。

(1) 电磁式电子膨胀阀。电磁式电子膨胀阀的结构如图 3—55a 所示。被调参数先转化为电压，施加在膨胀阀的电磁线圈上。在电磁线圈通电前针阀处于全开位置；通电后，在电磁力的作用下，吸引电磁性材料制成的柱塞上升，带动与柱塞连为一体的阀针向开度变小的方向移动。阀针的开度取决于加在线圈上的控制电压（线圈电流）的高低，电压越高，开度越小，流经膨胀阀的制冷剂流量也越小。制冷剂流量随控制电压的变化情况如图 3—55b 所示。因此，可以通过改变控制电压的高低来调节通过膨胀阀的制冷剂流量。

电磁式电子膨胀阀结构简单、动作响应快，但在其工作过程中，需要始终提供控制电压。

(2) 电动式电子膨胀阀 。它由步进电动机、阀芯、阀体、进出液管等主要部件组成。电动式电子膨胀阀广泛使用脉冲电动机作为阀针动作的驱动动力，一个屏蔽套将步进电动机的转子和定子隔开，在屏蔽套下部与阀体作周向焊接，形成一个密封的阀内空间。大多采用四相脉冲电动机。电动式电子膨胀阀可分为直动型和减速型两种，由电动机轴与阀杆直联带动阀针动作的为直动型；通过齿轮组减速带动阀针动作的为减速型。

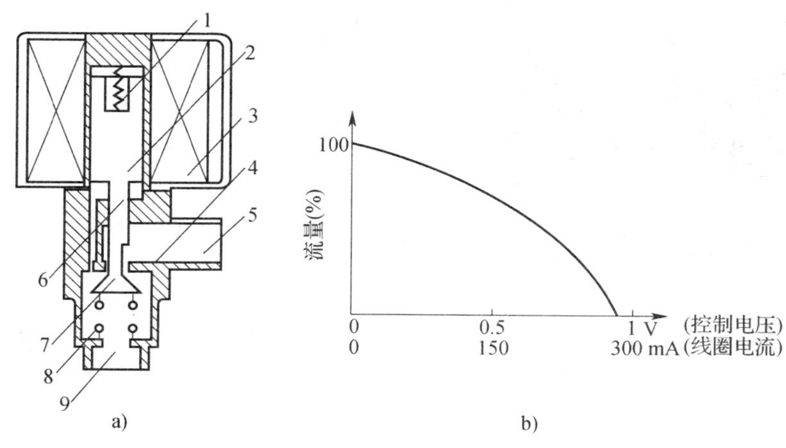


图 3—55　电磁式电子膨胀阀

a）结构图　b）流量特性曲线

1—柱塞弹簧　2—柱塞　3—线圈　4—阀座　5—入口

6—阀杆　7—阀针　8—弹簧　9—出口

1）电动式直动型电子膨胀阀。电动式直动型电子膨胀阀的结构如图 3—56a 所示。它是由控制制冷剂流量的阀体部分和使阀体动作的驱动电动机两部分构成。阀体部分与电动机轴直联是其最大的特征，即直动型电动式电力膨胀阀用脉冲电动机直接驱动阀针。电动机转子通过一个螺纹套与阀芯连接，当控制电路产生的脉冲电压作用到电动机定子上时，永久磁铁制成的电动机转子转动，通过螺纹的作用，使转子的旋转运动转变为阀针的上、下运动，可使阀芯下端的锥体部分在阀孔中上下移动，从而调节阀针的开度，以此改变阀孔的流通面积，起到调节制冷剂流量的作用。在屏蔽套上部设有升程限制机构，将阀芯的上下移动限制在一个规定的范围内。若有超出此范围的现象发生，步进电动机将发生堵转。通过升程限位机构可以使计算机调节装置方便地找到阀的开度基准，并在运转中获得阀芯位置信息，读出或记忆阀的开闭情况。电子脉冲控制膨胀阀的步进电动机具有启动频率低、功率小、阀芯定位可靠等优点，属于爪极型永磁式步进电动机。电动式直动型电子膨胀阀的流量特性如图 3—56b 所示。

2）电动式减速型电子膨胀阀。减速型电动式电子膨胀阀内装有减速齿轮组。脉冲电动机通过减速齿轮组将其磁力矩传递给阀针，从而带动阀针上下移动，改变制冷剂的流通面积，调节向蒸发器的供液量。由于减速齿轮组的作用（起放大磁力矩的作用），可以用较小的定子线圈产生足够大的磁力矩。可以使脉冲电动机与齿轮组与不同口径的阀体组合，灵活地配装成不同规格的膨胀阀，满足不同流量调节范围之需。

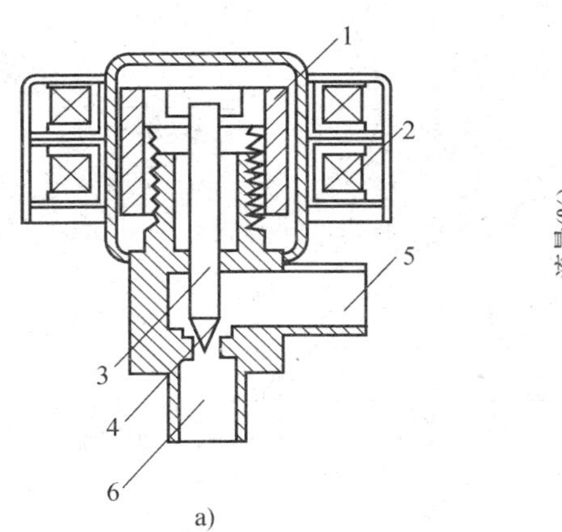


a)

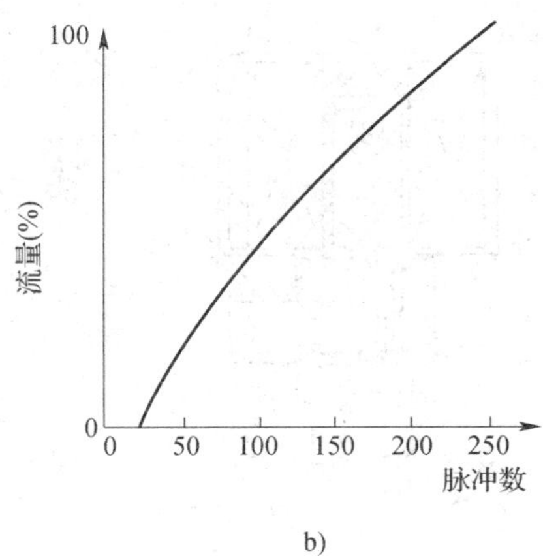


b)

图 3—56　电动式直动型电子膨胀阀

a）结构图　b）流量特性曲线

1—转子　2—线圈　3—阀杆　4—阀针　5—入口　6—出口

3）电动式膨胀阀的动作原理。电动式膨胀阀的动作原理及脉冲电动机的接线图如图 3—57 所示。当脉冲电动机定子绕组的开关线路中的 4 个开关 SW1、SW2、SW3、SW4，根据计算机按一定逻辑关系发出的指令，以 1、2、3、4 顺序启闭开关时，就在电动机定子绕组上施加脉冲电压，在定于绕组感应的磁极与永磁铁转子感应的磁极之间产生旋转磁场，驱动转子旋转。直动型膨胀阀从全开到全关需要 240 次脉冲；减速型膨胀阀需要 1 440 次脉冲。膨胀阀开度的大小由输入的脉冲次数来决定。在制冷装置运行过程中，由传感器取到实时信号，输入计算机进行处理后，转换成相应的脉冲信号，驱动步进电动机获得一定的步距角，形成对应的阀芯上升或下降的移动距离，得到合适的制冷剂在阀孔的流通面积和与热负荷变化相匹配的供液量，实现了装置的高精度能量调节。

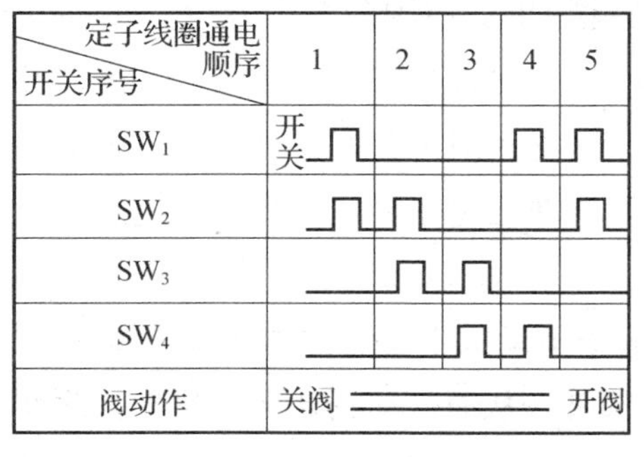


a)

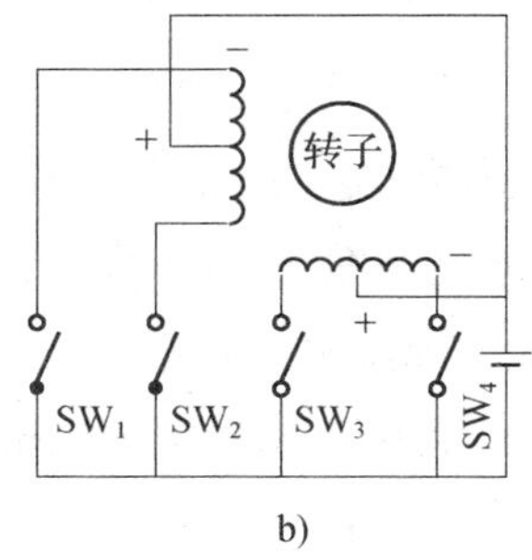


b)

图 3—57　电动式电子膨胀阀的动作示意

a）电动式电子膨胀阀的动作原理　b）脉冲电动机的接线图

当指令信号序列反向时，电动机反向转动。由此可知，脉冲信号可以控制电动机正、反方向自由转动及转动周数，驱动阀杆上、下移动和移动距离，改变阀针的开度，从而实现对制冷剂流量的调节，提高冷却设备最佳供液量的匹配性能。

（3）电子膨胀阀的应用。电子膨胀阀的应用以调节蒸发器出口处制冷剂的过热度为例来说明。为了获得调节信号，在蒸发器的两相区段管外和蒸发器出口处管外各贴热敏电阻一片，如图 3—58 所示。其中，$\theta_{1w}$表示蒸发器出口处管壁温度；$\theta_{2w}$表示蒸发器两相区管壁温度；（$\theta_{1w}-\theta_{2w}$）表示蒸发器出口处制冷剂的过热度。按照图 3—58，将两片热敏电阻测得的制冷剂过热度输入控制电路中，按规定的程序转换成脉冲信号后，控制阀针的运动。

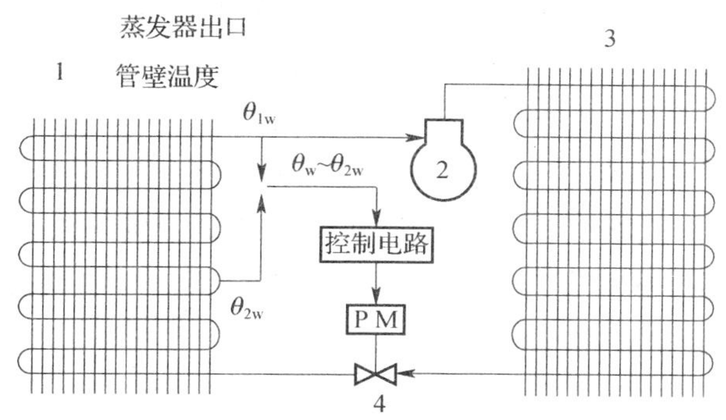


图 3—58　空调器应用电子膨胀阀的过热度调节系统

1—蒸发器　2—压缩机　3—冷凝器　4—电子膨胀阀

由于管壁的热阻很小，故热敏电阻感受的温度即该两处制冷剂的温度，两电阻片反映的温度之差，即制冷剂的过热度。这样测定过热度的方法，比热力膨胀阀测得的过热度要准确得多。实际上，热力膨胀阀是无法检测真实过热度的，它只是通过调节弹簧的预紧力，设定给定蒸发温度时的静态过热度。在启动和负荷突变时，实际的蒸发温度偏离给定的蒸发温度，从而影响了热力膨胀阀的准确工作。当热力膨胀阀的静态过热度设定较小时，甚至会产生蒸发器出口处制冷剂液体不能完全蒸发的情况，因而影响系统的可靠运转。

电子膨胀阀直接检测蒸发器出口的真实过热度，信号传递快，调节反应迅速。阀本身有很好的线性流量特性，且调节范围宽。计算机系统可以对阀设置开度基准和开度记忆，从而实现制冷剂流量的精确调节。按要求设计调节规律，不仅可采用反馈调节，而且还可采用前馈加反馈复合调节，并且可以与压缩机能量调节联动，精确地控制制冷剂的过热度，即使在热负荷波动大而频繁的条件下，仍能获得优良的调节品质。根据试验结果表明，采用电子膨胀阀的制冷系统，在相同制冷工况下，其平均运转时间比采用热力膨胀阀时缩短 32%；压缩机的平均电力消耗减少 30%。

又如，在现代舒适性空调装置中，有一种以数字化测检空调舒适度（如房间内的温度、湿度、气流状况、人员增减、人体衣着条件等）作为房间空气调节控制基础的新型舒适节能型空调装置。它根据检测到的房间舒适度，相应改变压缩机转速，产生最佳舒适状态所需要的制冷（或制热）量，从而有效地避免了开停调节式空调器因开停温差产生的能量浪费。电子脉冲式膨胀阀就是由压缩机变频脉冲控制阀孔开度，向蒸发器提供与压缩机变频条件相适应的制冷剂量，时刻保持在蒸发器和压缩机之间的能量和质量的平衡性，从而满足高舒适性空气调节的要求。

由于变流量调节时间以秒计算，因此其可以有效地杜绝超调现象发生。对于一些需要精细流量调节的制冷装置，采用此种膨胀阀，可以得到满意可靠的高效节能效果。

**5. 恒压膨胀阀**

恒压膨胀阀大多用作蒸发压力调节阀，蒸发压力调节阀又称背压阀。它在制冷系统中有两种功能：一是在一台制冷机同时向几个不同蒸发温度的蒸发器供给制冷剂时，它可以使各蒸发器在不同的蒸发压力下运行，获得不同的蒸发温度，如用在一机多库的冷库系统中；二是保持各蒸发器蒸发压力的恒定。

蒸发压力调节阀只随其进口压力的变化而动作，因此它是根据进口压力的变化而动作。它是根据进口压力提高而开大的原理设计的，阀的出口压力作用在波纹管的下部和阀盘的上部，由于两者的有效受压面积相等，所以出口压力的变化不起任何动作功能。而进口压力作用在阀盘的底部，与弹簧力相反，这两个力的合力构成了阀的工作力。当蒸发器中负荷变化时，该阀的开和关与蒸发压力相对应。当蒸发压力大于阀的设定值时，阀的开度增加；相反，则减小。

阀的安装位置选在吸气管路上其他控制阀或低压平衡筒的上游，但阀所在位置不能在泄油弯的地方。为了系统的清洁，应在阀前装过滤器或过滤网。

蒸发压力调节阀的压力可调范围一般为 0～0.4 MPa 或 0.2～0.7 MPa，工作时的压力波动范围为 0.06 MPa。

**6. 毛细管**

作为制冷剂流量控制装置，毛细管是结构最简单的一种。毛细管是指管径在 5 mm 以下（一般为 0.5～2.5 mm），长度均在 0.5 m 以上的细而长的金属管，多为紫铜管。由于其内径小且相对长度较长，所以在流体流过时，有节流减压的作用，常常用在家用冰箱、窗式空调器及小型制冷设备中。管子的长度和直径视制冷剂、流量及温度要求而定，一般先做计算，然后再以实验方法获得与制冷装置匹配的长度和内径，也有用类比法选配的。

（1）毛细管的作用。在冰箱、空调等小型氟机中，由于其蒸发压力相对稳定，冷凝器和蒸发器的压差比较稳定，所以用毛细管代替热力膨胀阀。当制冷剂在毛细管内流动时，阻力大、压力损失大（压力下降）、液体闪发，使由冷凝器底部来的高压过冷液体变成低压低温液体进入蒸发器。在压缩机停机时，高低压通过毛细管很快平衡，使压缩机下次启动时启动转矩小，这对于半封闭和全封闭压缩机来说相当重要。

（2）毛细管节流降压的特点

1）因其长度和内径是预先做好的，因此它不能按工况需要进行调节。

2）制冷压缩机停机后，高压与低压系统由毛细管仍旧沟通。经过 2～3 min 后，两端压力几乎相等，减轻了电动机再启动时的转矩。但要避免停机后马上开机，在高低压未平衡之前，马上启动易烧毁电动机。

3）毛细管也稍具有自行平衡的调节能力，如两端压差 $\Delta P(P_k-P_0)$ 增大，促使流经毛细管的流量增大，但同时流动阻力也增大，进而又抑制流量的增加，直至达到新的平衡；相反，当 $\Delta P(P_k-P_0)$ 减小时，促使流量减小，但阻力也减少，又能抑制流量的减少，不过这种调节能力是很小的。

4）因毛细管的管内粗糙度不均匀以及制造时的误差等因素，使得毛细管互换性很差。

5）使用毛细管的制冷系统充注制冷剂要适量，不能过多，否则，会引起制冷剂冲进压缩机的气缸而产生“液击”。

6）毛细管因管长孔细、易堵塞，所以要求制作工艺洁净、干燥。

（3）毛细管的选配。选配毛细管一般先确定毛细管的内径，然后再调节长度。根据有关资料提供的计算公式，计算出有关数据，如果在已知毛细管工作时的高低压差和初步确定内径的前提下，以系统制冷剂的质量流量为依据，计算出毛细管的长度，然后再经实际实验找出准确的最佳尺寸。推荐使用下式进行计算：

$$G=5.44\left(\frac{\Delta P}{L}\right)^{0.571}\cdot D^{2.71}$$

式中 $G$——制冷剂的质量流量，g/s；

$\Delta P$——毛细管进、出口压力差，MPa；

$L$——毛细管长度，m；

$D$——毛细管的内径，mm。

在计算的基础上，可采用液体流量测量法加以核准，压力钢瓶内装有液体（如水、酒精等），用氮气或空气加压，通过恒压阀控制瓶内压力，最好与真实系统的压力相同。此时，液体会通过毛细管流入量筒，同时应记录流通的时间。如 1 min 后，再看量筒内出来的液体数量（体积乘以密度），这样就可以测出 1 min 内液体的流量。与实际需要流量比较，根据流量是多还是少，便可以调节毛细管的长短，最后找出最佳匹配尺寸。

毛细管的接口截取与安装应特别注意，截取长短时，用剪刀沿管做圆周运动，适当加力，当接近剪断处时，去掉剪刀，用手掰开即可。接口应用细锉锉成大于45°的斜面，并且去除毛刺，以便扩大进出口面积，在伸入过滤器等设备中也有利于避免产生堵塞。毛细管与其他管路或设备接口相连接时，伸进的长度应在8～10 mm之间为宜。

毛细管的长度与内径之间存在一定的比例关系，在压力一定的条件下，当内径增大5%时，为保证流量的不变，则其长度要相应地增长25%左右。使用时，毛细管弯曲半径不能太小，以免管子变形使内径减小或堵塞。

用等截面的毛细管代替膨胀阀，具有结构紧凑、简单、制造方便、价格便宜及不易发生故障等优点。由于采用毛细管的制冷系统充液量较少，即使在全部制冷剂液体流入蒸发器的情况下，也不会引起压缩机的液击，但在高低压差较大的情况下，难免会有少量制冷剂蒸气未曾冷凝即流入蒸发器，将导致制冷系数的降低，这就是节流管的特点。因此，毛细管只适用于工况较稳定和采用泄漏量小的全封闭或半封闭式制冷压缩机的制冷装置。

## 技能要求

3—1　直燃型溴化锂吸收式冷（热）水机组抽真空安全操作中要注意什么？

直燃型溴化锂吸收式冷水（热）机组抽真空安全操作中，要注意的有如下几点。

（1）用真空泵抽真空时，首先按要求调整好吸收器的液面高度。

（2）使真空泵在运转时油位保持在视镜的中心标志上。

（3）确定真空泵的旋转方向无误。

（4）真空泵启动时，要确认电磁阀动作无误。

（5）真空泵启动后，要先打开靠近真空泵的阀门，然后再打开通向主机的阀门，停止抽真空前要先关闭通向主机的阀门，然后关闭靠近真空泵的阀门，抽真空系统的阀门全部关闭后，再停止真空泵的运转。

（6）对于带有储气室的抽真空系统，启动真空泵后要先抽储气室，然后再打开通向主机的阀门。

（7）带有自动抽气装置的机组排气时，应按自动机组说明书的要求进行操作。当储气室的压力大于大气压力后，才可打开排气阀进行排气。

（8）严禁在供热工况运转过程中以及停机后机组内温度较高时启动真空泵。

3—2　直燃型溴化锂吸收式冷（热）水机组燃油系统应按怎样的顺序安全操作？

直燃型溴化锂吸收式冷（热）水机组燃油系统安全操作的顺序如下。

（1）严禁使用闪点小于或等于 40℃的燃油（汽油等）。

（2）油箱应高于燃烧器 0.5～1.5 m。

（3）室内油箱应采用闭式，总容积不应超过 1 $m^3$。

（4）油箱应设置直通室外的通气管，并设置燃油的紧急排放管。

（5）燃油燃气的管道上应有静电接地保护装置。

（6）开机前，必须仔细检查机房内是否有燃油泄漏现象，以确保燃油管道正常。

（7）必须保证机房通风良好。

3—3　溴化锂吸收式制冷机组应该怎样加液？

溴化锂吸收式制冷机组加液，应该按照以下几个步骤进行。

（1）确认机组内真空度合格。

（2）将真空橡胶管连接到机组的加液阀上，并在橡胶管的另一端装上过滤网。

（3）将真空橡胶管插入装溶液的容器内，打开机组加液阀。

（4）加液的过程中应防止空气进入机组。

（5）加液根据需要可分多次进行。

（6）加液完毕后，应及时关闭加液阀，并启动真空泵。

3—4　溴化锂吸收式制冷机组怎样安全排出溶液？

溴化锂吸收式制冷机组安全排出溶液的操作有以下几个步骤。

（1）检查储液罐是否已被抽成合格的真空状态。

（2）用真空橡胶管连接机组的加液阀与储液罐。

（3）打开机组加液阀和储液罐上的溶液进口阀，启动溶液泵，将溶液排入储液罐内。

（4）溶液泵运行过程中应防止泵吸空现象。

（5）如因溶液泵损坏无法启动，可往机组内充入 0.02～0.04 MPa 压力的氮气，将机内溶液压出。

（6）如机内溶液要放尽，则应在充氮条件下，拧开机组各部件上的螺塞，将机内溶液压出。

# 理论知识考试模拟试卷及答案

## 中央空调系统操作员（四级）理论知识试卷

### 注 意 事 项

1. 考试时间：90 min。

2. 请首先按要求在试卷的标封处填写您的姓名、准考证号和所在单位的名称。

3. 请仔细阅读各种题目的回答要求，在规定的位置填写您的答案。

4. 不要在试卷上乱写乱画，不要在标封区填写无关的内容。

| | 一 | 二 | 总 分 |
|---|---|---|---|
| 得 分 | | | |

| 得 分 | |
|---|---|
| 评分人 | |

**一、判断题**（第 1 题～第 60 题。将判断结果填入括号中。正确的填“√”，错误的填“×”。每题 0.5 分，满分 30 分。）

1. 在氟利昂制冷系统充注制冷剂前须经严格的干燥处理，而且在充液管路中或系统中应设置干燥过滤器。（ ）

2. 冷冻油中混入水分会导致变质。（ ）

3. 水既可以用作制冷剂，又可以用作载冷剂。（ ）

4. 有一部分氟利昂对大气臭氧层有破坏作用，主要原因是因为其分子中有氯原子。（ ）

5. 中央空调开机前，需要确认冷却水系统的畅通。（ ）

6. 中央空调系统启动前，需要检查各管路系统连接处的紧固、严密程度，不允许有松动、泄漏现象。（ ）

7. 空调系统启动前，不需要检查喷水泵中各轴承的供油情况。（ ）

8. 中央空调系统启动前，需要检查供配电系统，以保证按设备要求正确供电。（ ）

9. 空调系统启动前，需要根据室外空气状态参数和室内空气状态参数的要求调整好温度、湿度等自动控制空气参数装置的设定值与幅差值。（ ）

10. 空调系统启动前，需要检查各种安全保护装置的工作设定值是否在要求的范围内。（ ）

11. 风阀开度减小，送风量减少。（　　）

12. 当其他条件不变时，通风机转速降低，送风量降低。（　　）

13. 故障停机是指在运行过程中某部位出现故障，电气控制系统保护装置动作，从而实现机组正常自动保护停机。（　　）

14. 当由于某种原因突然造成冷却水断水时，应首先切断压缩机电动机的电源，停止压缩机的运转。（　　）

15. 当热媒水系统出现漏水故障时，应立即关闭水泵并对冷热源机组进行故障停机操作。（　　）

16. 当冷却系统故障停机时，应迅速对冷热源机组进行故障停机操作。（　　）

17. 焓湿图是指在某一大气压力条件下，由空气状态参数焓、含湿量、温度、相对湿度及水蒸气分压力等组成。（　　）

18. 在空气升温过程中，空气的相对湿度一定增加。（　　）

19. 全新风空调系统在全年的任何时刻都需要消耗比一次回风系统更多的能量。（　　）

20. 在夏季，由于室内有余热余湿，所以送风温度应低于室内要求的温度。（　　）

21. 在条件允许下，为了保证冬夏季送风参数及送风温差稳定，提高空调装置运行经济性，采用了二次回风系统。（　　）

22. 热泵是一种以消耗部分能量作为补偿条件，使热量从低温物体转移到高温物体的能量利用装置。（　　）

23. 按照低位热源，热泵可以分为空气源热泵系统、水源热泵系统、土壤源热泵系统及太阳能热泵系统四类。（　　）

24. 同一台热泵，其制热系数大于制冷系数。（　　）

25. 电磁四通换向阀的作用就是完成制冷循环与制热循环之间的切换。（　　）

26. 典型的空气源热泵系统有 3 种类型：风管空调系统、冷热水空调系统和多联机空调系统。（　　）

27. 水源热泵可以分为地下水源热泵系统、地表水源热泵系统、海水源热泵系统和污水源热泵系统。（　　）

28. 夏季空调运行时，房间负荷变化后，可通过调整冷媒水水流量、冷媒水水温的方式进行送风温度的调整。（　　）

29. 二次回风系统就是回风与新风混合后送出。（　　）

30. 合理利用新风，可以达到空调系统节能的目的。（　　）

31. 水蓄冷的优点是降低了运行费用。（　　）

32. 空气—空气全热交换器分为回转型和静止型两类。（　　）

33. 全新风系统卫生条件好，但能耗大。（ ）

34. 我国北方地区，冬季必须对送入的新风进行加热、加湿。（ ）

35. 空调系统在夏季运行时，利用回风可以降低能耗。（ ）

36. 冬季单风管一次回风系统的空气状态混合点，基本与夏季状态混合点相同。（ ）

37. 在新风百分比相同的情况下，二次回风与一次回风相比降低了能耗。（ ）

38. 冬季寒冷地区，室外新风与回风按最小新风比混合后，要使混合后的空气的焓值低于所需要的机器露点的焓值，就要使用预热器进行加热。（ ）

39. 进口导叶角度调节使离心式压缩机制冷量在25％～100％范围内进行调整。（ ）

40. 进口导叶调节法是改变了制冷剂蒸汽进入叶轮的速度和方向。（ ）

41. 螺杆式制冷压缩机的能量调节一般是依靠滑阀来实现的。（ ）

42. 送风系统的风道漏风是造成送风量小于设计风量的原因之一。（ ）

43. 金属与橡胶组合减振器是一种较理想的空调系统风机的减振器。（ ）

44. 压缩机与主电动机的轴承孔不同心会一起压缩机的振动。（ ）

45. 油冷却器的水量不足会引起轴承温度逐渐升高无法稳定。（ ）

46. 油质严重不纯会造成离心式压缩机的轴承温度骤然升高。（ ）

47. 控制线路熔断器断线会造成压缩机的无法启动。（ ）

48. 电动机的单向运转会造成电动机的电流不平衡。（ ）

49. 单相运转不是造成主电动机的振动大的原因。（ ）

50. 底脚紧固螺栓松脱不是造成主电动机有金属声响的原因。（ ）

51. 气隙不等不是造成主电动机有磁噪声的原因。（ ）

52. 压缩机内磨损烧伤不是造成不能启动或者启动后立即停机的原因。（ ）

53. 控制电路故障不是造成压缩机在运转中突然停机的原因。（ ）

54. 膨胀阀开启过小不是造成排气温度过高的原因。（ ）

55. 油量不足不是造成油压过低的原因。（ ）

56. 轴封弹簧力不足不是造成压缩机轴封漏油的原因。（ ）

57. 螺杆式压缩机组没有油环，不会出现奔油现象。（ ）

58. 系统内有空气是压力表指针跳动剧烈的原因。（ ）

59. 主轴承与主轴颈间隙过大不是曲轴箱中有敲击声的原因。（ ）

60. 润滑油黏度太低不是气缸拉毛的原因。（ ）

| 得　分 | |
| --- | --- |
| 评分人 | |

**二、单项选择题**（第1题～第70题。选择一个正确的答案，将相应的字母填入题内的括号中。每题1分，满分70分。）

1. 在用盐水作载冷剂的制冷系统中，要求盐水的凝固点温度应低于制冷剂的蒸发温度是（　　）。

A. 2～3℃　　B. 4～6℃　　C. 6～8℃　　D. 8～10℃

2. 在制冷剂的选用原则中，选用制冷剂的黏度和密度要小，目的是为了（　　）。

A. 避免制冷剂凝固　　B. 避免制冷剂液化

C. 减少流动阻力损失　　D. 增加制冷量

3. 电子膨胀阀的流量受（　　）的影响。

A. 蒸发压力　　B. 冷凝压力　　C. 排气压力　　D. 回油压力

4. 离心式制冷机内，改变进入叶轮的气流方向和气体流量大小的部件是（　　）。

A. 气缸　　B. 进口导叶　　C. 滑阀　　D. 导轮

5. 单螺杆式制冷压缩机常用转动环来调节（　　）的基元容积，实现在25%～100%范围内无级调速。

A. 齿间　　B. 齿槽　　C. 齿根　　D. 齿端

6. 夏季室内负荷减少、送风量不变时，送风温度（　　）。

A. 降低　　B. 升高　　C. 不变　　D. 具体情况具体分析

7. 室内的湿度可以由（　　）进行控制。

A. 加湿器和表冷器　　B. 加湿器和加热器

C. 加湿器和过滤器　　D. 过滤器和表冷器

8. 中央空调系统高压保护开关的设定值与（　　）有关。

A. 制冷剂的种类　　B. 管道的管径　　C. 制冷剂的流速　　D. 制冷剂的压降

9. 具有手动卸载能量调节的压缩机，开机前应将能量调节阀的控制手柄放到（　　）能量位置。

A. 最小　　B. 最大　　C. 中间　　D. 任意

10. 活塞式压缩机年度开机在正式启动前，必须（　　）。

A. 打开吸气阀，打开排气阀　　B. 打开吸气阀，关闭排气阀

C. 关闭吸气阀，打开排气阀　　D. 关闭吸气阀，关闭排气阀

11. 离心式压缩机日常开机的检查不包括（　　）。

A. 油位　　B. 油温　　C. 油质　　D. 油压

12. 离心式压缩机年度开机前，需要测量供电系统的相电压，要求平均不稳定电压应不超过额定电压的（　　）。

A. 1%　　B. 2%　　C. 3%　　D. 4%

13. 螺杆式压缩机开机前，应检查（　　）的设定值。

A. 冷媒水供水温度　　B. 冷媒水回水温度

C. 冷却水供水温度　　D. 冷却水回水温度

14. 螺杆式压缩机年度开机启动前，必须对机组的冷冻润滑油加热（　　）以上。

A. 8 h　　B. 12 h　　C. 16 h　　D. 24 h

15. 吸收式冷（热）源机组的日常开机前，需要检查抽气系统的（　　）。

A. 真空泵中润滑油的油位　　B. 凝水管路的通畅

C. 开水系统的畅通　　D. 蒸汽系统的畅通

16. 吸收式冷（热）源机组在年度开机前，测量真空度在一昼夜下降值不应超过（　　）Pa。

A. 33.3　　B. 66.7　　C. 100　　D. 133.3

17. 由于某种原因突然造成冷媒水断水时，应首先（　　）。

A. 切断冷却水系统运转　　B. 切断冷媒水的供应

C. 停止压缩机的运转　　D. 关闭供液阀

18. 若制冷系统中使用（　　），在突然停电时，可以首先关闭活塞式压缩机的吸排气阀。

A. 常开电磁阀　　B. 常闭电磁阀　　C. 电动阀　　D. 截止阀

19. 突然停冷却水时，对活塞式压缩机紧急操作是（　　）。

A. 首先切断压缩机电动机的电源　　B. 首先关闭供液阀

C. 首先关闭压缩机吸气阀　　D. 首先关闭压缩机排气阀

20. 冷媒水突然停止时，活塞式冷（热）源机组的紧急操作是关闭供液阀，其目的是为了（　　）。

A. 防止蒸发器中的水结冰　　B. 防止冷凝器中的水结冰

C. 防止压缩机出现湿冲程　　D. 防止压缩机出现结霜现象

21. 当发生火警报警时，对活塞式冷（热）源机组应（　　）。

A. 首先切断电源　　B. 首先关闭节流阀

C. 首先关闭压缩机吸气阀　　D. 首先关闭压缩机排气阀

22. 当突然停电时，针对带有常闭电磁阀的系统，对螺杆式压缩机紧急操作是（　　）。

A. 首先立即关闭系统中的供液阀　　B. 首先立即关闭冷却水

C. 首先立即关闭压缩机吸排气阀　　D. 首先立即关闭冷媒水

23. 如果由于冷却水的停止，造成螺杆式冷（热）源机组的安全阀跳开，则必须对安全阀进行（　　）检测。

A. 压力　　B. 温度　　C. 压力和温度　　D. 材料

24. 当冷媒水系统出现漏水故障时，应立即（　　）。

A. 关闭水泵　　B. 关闭风机　　C. 关闭冷却塔　　D. 关闭压缩机

25. 冷却干燥过程中空气含湿量（　　）。

A. 增加　　B. 减少　　C. 保持不变　　D. 无法确定

26. 利用超声波加湿器对室内空气的加湿过程为（　　）过程。

A. 等温加湿　　B. 等焓加湿　　C. 增焓加湿　　D. 升温加湿

27. 等温加湿过程中空气含湿量（　　）。

A. 增加　　B. 减少　　C. 保持不变　　D. 无法确定

28. 一个空调房间的温度要求保证在 25±1℃，则该房间的空调温度基数是（　　）。

A. 24℃　　B. 25℃　　C. 26℃　　D. 1℃

29. 在全空气空调系统中，对于房间高度低于 4 m 的房间的送风温差不应超过（　　）。

A. 3℃　　B. 5℃　　C. 10℃　　D. 15℃

30. 对于风机盘管加新风的空调系统，加新风的目的是为了（　　）。

A. 提高室内的舒适度　　B. 提高室内的温度控制精度

C. 提高室内的湿度控制精度　　D. 提高系统的节能效果

31. 土壤源热泵，冬季向地下存储（　　）。

A. 热量　　B. 冷量　　C. 能量　　D. 温度

32. 夏季空调运行时，房间负荷变化后，可通过调整（　　）的方式调节中央空调系统的送风温度。

A. 冷媒水水流量　　B. 制冷剂的水流量

C. 冷却水水流量　　D. 压缩机的转速

33. 夏季空调运行时，房间负荷变化后，可通过调整（　　）的方式调节中央空调系统的送风量。

A. 压缩机吸气阀片的开度　　B. 冷媒水水阀的开度

C. 风道风阀的开度　　D. 冷却水水阀的开度

34. 冬季我国北方地区对新风（　　）。

A. 先预热再与回风混合　　B. 先冷却再与回风混合

C. 直接与回风混合　　D. 先加湿再与回风混合

35. 活塞式压缩机制冷量的调节一般是通过（　　）来实现的。

A. 吸气节流 B. 转速改变 C. 导叶角度调节 D. 气缸的卸载和挂载

36. 由于螺杆式压缩机使用的是滑阀调节，所以压缩机的制热量可以在（　　）范围内进行调节。

A. 0%～100%　　B. 10%～100%　　C. 20%～100%　　D. 50%～100%

37. 吸收式制冷机制冷量的调节方法为（　　）。

A. 吸气节流　　B. 转速改变

C. 导叶角度调节　　D. 冷却水流量调节

38. 锅炉的质调节是指（　　）。

A. 流量不变，改变供水温度　　B. 供水温度不变，改变流量

C. 改变流量同时改变供水温度　　D. 改变锅炉运行时间

39. 导致送风量大于设计送风量的原因可能是（　　）。

A. 系统的风管阻力大于设计阻力，设计时风机选配得风量偏小

B. 系统的风管阻力小于设计阻力，设计时风机选配得风量偏大

C. 系统的风管阻力小于设计阻力，设计时风机选配得风量偏小

D. 系统的风管阻力大于设计阻力，设计时风机选配得风量偏大

40. 解决送风量小于设计送风量的方法可以是（　　）。

A. 在风道弯头中增设导流叶片　　B. 增大风道风阀的开度

C. 提高送风机的转速　　D. 提高回风机的转速

41. 夏季供冷时，风系统的送风温度不符合要求的原因可能是（　　）。

A. 空气加热器能力偏小　　B. 空气加热器能力偏大

C. 冷媒水水泵偏小　　D. 表冷器的能力偏大

42. 当冬季空调系统送风温度偏低时，可以采取（　　）措施。

A. 提高热媒水泵的转速　　B. 降低热媒水泵的转速

C. 提高热媒水的回水温度　　D. 降低热媒水的回水温度

43. 当夏季空调系统送风湿度偏高时，可以采取（　　）措施。

A. 提高冷媒水的供水温度　　B. 降低冷媒水的供水温度

C. 提高冷媒水的回水温度　　D. 降低冷媒水的回水温度

44. 当频繁启动定时器而使油泵不能启动时，需要（　　）才能启动油泵。

A. 过了设定时间　　B. 更换继电器

C. 更换接触器　　D. 更换低压断路器

45. 在以下选项中，（　　）不会造成主电动机达不到规定转速。

A. 采用了不适当的电动机和启动器　　B. 线路电压降过大、电压过低

C. 启动负荷过大　　D. 一相断路

46. 造成主电动机轴承无油的原因有油系统断油或供油量不足、供油管路未开启、（　　）。

A. 油的牌号不对　　B. 轴承磨损

C. 供油管路阀堵塞　　D. 油泵选型太小

47. 在以下选项中，（　　）不是造成主电动机内部浸水的原因。

A. 蒸发器传热管破裂　　B. 冷凝器传热管破裂

C. 充灌制冷剂时带入大量水分　　D. 制冷剂喷液量不足

48. 在以下选项中，（　　）不是造成抽气回收装置的故障的原因。

A. 传动带过紧而卡死　　B. 断电

C. 减压阀失灵　　D. 气隙不等

49. 在以下选项中，（　　）不是造成油槽油温异常的原因。

A. 油冷却器冷却水管内脏　　B. 制冷剂大量溶入油槽内

C. 轴承温度过高引起油槽油温过高　　D. 气隙不等

50. 在以下选项中，（　　）不是造成油压表故障的原因。

A. 油压表接管中混入制冷剂蒸气和空气

B. 油泵气蚀

C. 供油压力表后油路有堵塞

D. 油槽油位高于总回油管口

51. 在以下选项中，（　　）不是造成油泵不转的原因。

A. 油泵电动机过热　　B. 油泵反转

C. 油泵超负荷　　D. 油压阀开度不够

52. 在以下选项中，（　　）不是造成机组腐蚀的原因。

A. 漏水、漏载冷剂　　B. 水质不好

C. 湿空气渗入　　D. 油加热器升温过高而油量过多

53. 造成机组振动过大的原因有（　　）、机组与管道固有振动频率相近而共振、吸入过量的润滑油或液体制冷剂、压缩机与电动机不同轴度过小。

A. 机组地脚未紧固　　B. 系统中有空气

C. 吸气过滤器堵塞　　D. 压缩机内有异物

54. 造成运行中有异常声音的原因有压缩机内有异物、止推轴承磨损破裂、（　　）、

滑动轴承磨损、转子与机壳摩擦。

A. 排温过高　　B. 吸气压力过高

C. 联轴节的键松动　　D. 吸入过量的润滑油或液体制冷剂

55. 在以下选项中，（　）不是造成压缩机本体温度过高的原因。

A. 喷油量不足　　B. 压力比过大

C. 油冷却器冷却能力不足　　D. 吸气温度过低

56. 在以下选项中，（　）不是造成蒸发温度过低的原因。

A. 蒸发器结霜太厚　　B. 节流阀出现脏堵或冰堵

C. 干燥过滤器堵塞　　D. 节流阀开启过大

57. 造成油压过高的原因有油泵排出管堵塞、油压表损坏、指示错误、（　）。

A. 油泵故障　　B. 油泵转子磨损

C. 油压调节阀开启度过小　　D. 油量不足

58. 造成油温过高的原因有因冷媒过滤器滤网堵塞而使油冷却器冷却用冷媒的供给量不足、（　）、轴承磨损等。

A. 制冷剂密度过小　　B. 制冷剂密度过大

C. 油冷却器冷却能力降低　　D. 润滑油过多

59. 造成冷凝压力过高的原因有冷凝器冷却水量不足、冷凝器传热面结垢、（　）、冷却水温过高。

A. 制冷剂不足　　B. 制冷剂过多

C. 系统中空气含量过多　　D. 润滑油过多

60. 造成润滑油消耗过大的原因有加油过多、奔油、（　）。

A. 管道或油过滤器堵塞　　B. 油泵故障

C. 油分离器效果不佳　　D. 油冷却器效果下降

61. 造成吸气压力过高的原因有系统中有空气、（　）、感温包未扎紧。

A. 冷却水温过高　　B. 制冷剂冲灌过多

C. 润滑油过多　　D. 节流阀开启过小

62. 在以下选项中，（　）不是造成制冷量不足的原因。

A. 冷却水温过高　　B. 蒸发器结霜太厚

C. 干燥过滤器堵塞　　D. 冷凝器或储液器的出液阀开启度过大

63. 在以下选项中，（　）不是造成压缩机结霜严重或者机体温度过低的原因。

A. 热力膨胀阀感温包未扎紧　　B. 热力膨胀阀感温包捆扎位置不正确

C. 供油温度过低　　D. 热负荷过大

64. 以下不是造成压缩机能量调节机构不动作的原因的是（　　）。

A. 滑阀或油活塞卡住　　B. 油活塞间隙大

C. 四通阀不通　　D. 油压过高

65. 在以下选项中，（　　）不是造成压缩机运行中油压表指针振动的原因。

A. 油压调节阀动作不良　　B. 油泵故障

C. 精过滤器堵塞　　D. 油温过高

66. 吸气止回阀卡主会引起（　　）。

A. 停机时压缩机反转不停　　B. 运转时压缩机反转不停

C. 压缩机奔油　　D. 油压表指针振动

67. 在以下选项中，（　　）不是造成蒸发器压力和压缩机吸气压力不等的原因。

A. 压力传感元件故障　　B. 吸气过滤器堵塞

C. 阀的错误操作　　D. 吸气止回阀故障

68. 压缩机的液击可能导致（　　）。

A. 压缩机阀片变形　　B. 气缸拉毛

C. 曲轴箱有敲击声　　D. 压缩机轴承发热

69. 在以下选项中，（　　）不是轴封严重漏油的原因。

A. 装配不良　　B. 动环与静环摩擦面拉毛

C. 橡胶密封圈变形　　D. 曲轴箱压力过低

70. 主轴承装配间隙过小会引起（　　）故障。

A. 活塞在气缸中卡住　　B. 轴封油温过高

C. 气缸中有敲击声　　D. 排气温度过低

## 中央空调系统操作员（四级）理论知识考试参考答案

**一、判断题**（第1题～第60题。将判断结果填入括号中。正确的填“√”，错误的填“×”。每题0.5分，满分30分。）

1. √　2. √　3. √　4. √　5. √　6. √　7. ×　8. √　9. √
10. √　11. √　12. √　13. √　14. √　15. √　16. √　17. √　18. ×
19. ×　20. √　21. √　22. √　23. √　24. √　25. √　26. √　27. √
28. √　29. ×　30. √　31. √　32. √　33. √　34. √　35. √　36. √
37. √　38. √　39. √　40. √　41. √　42. √　43. √　44. √　45. √
46. √　47. √　48. √　49. ×　50. ×　51. ×　52. ×　53. ×　54. ×
55. ×　56. ×　57. ×　58. √　59. ×　60. ×

**二、单项选择题**（第1题～第70题。选择一个正确的答案，将相应的字母填入题内的括号中。每题1分，满分70分。）

1. C　2. C　3. A　4. B　5. B　6. B　7. A　8. A　9. A　10. A
11. D　12. B　13. A　14. A　15. A　16. B　17. D　18. B　19. A
20. A　21. A　22. C　23. A　24. A　25. B　26. B　27. A　28. B
29. C　30. A　31. B　32. A　33. C　34. A　35. D　36. B　37. D
38. A　39. B　40. A　41. C　42. A　43. B　44. A　45. D　46. C
47. D　48. D　49. D　50. D　51. D　52. D　53. A　54. C　55. D
56. D　57. C　58. C　59. C　60. C　61. B　62. D　63. D　64. D
65. D　66. A　67. D　68. A　69. D　70. B

# 操作技能考核模拟试卷

**注　意　事　项**

1. 考生根据操作技能考核通知单中所列的试题做好考核准备。

2. 请考生仔细阅读试题单中具体考核内容和要求，并按要求完成操作或进行笔答或口答，若有笔答请考生在答题卷上完成。

3. 操作技能考核时，要遵守考场纪律、服从考场管理人员指挥，以保证考核安全顺利进行。

注：操作技能鉴定试题评分表及答案既是考评员对考生考核过程及考核结果的评分记录表，也是评分依据。

**国家职业资格鉴定**

**中央空调系统操作员（四级）操作技能考核通知单**

姓名：

准考证号：

考核日期：

**试题 1**

试题代码：1.1.1。

试题名称：调节压缩式冷水机组的冷媒水的温度。

考核时间：30 min。

配分：20 分。

**试题 2**

试题代码：1.2.1。

试题名称：调节风机盘管的工作参数。

考核时间：30 min。

配分：20 分。

**试题 3**

试题代码：2.1.1。

试题名称：离心式冷（热）源机组的工作状态判断与处理。

考核时间：60 min。

配分：30 分。

**试题 4**

试题代码：3. 1. 1。

试题名称：组合空调箱的保养。

考核时间：60 min。

配分：30 分。

## 中央空调系统操作员（四级）操作技能鉴定

## 试题单

试题代码：1.1.1。

试题名称：调节压缩式冷水机组的冷媒水的温度。

考核时间：30 min。

**1. 操作条件**

（1）压缩式冷水机组系统一套。

（2）组合工具一套。

（3）电流表，温度压力测量仪表，流量测量仪表。

**2. 操作内容**

（1）根据空调末端负荷要求对冷媒水的温度进行调整。

（2）在答题卷上记录冷媒水的进出口温度和流量，在答题卷上记录冷却水的进出口温度和流量。

（3）在答题卷上计算制冷量，冷凝散热量和压缩机的耗功。

**3. 操作要求**

（1）正确使用测量仪表。

（2）正确进行冷媒水的温度调整。

（3）正确记录冷媒水的进出口温度和流量，冷却水的进出口温度和流量。

（4）正确计算制冷量，冷凝器散热量和压缩机的耗功。

## 中央空调系统操作员（四级）操作技能鉴定

## 答题卷

考生姓名：　　　　　　　　　　　　　　　准考证号：

试题代码：1.1.1。

试题名称：调节压缩式冷水机组的冷媒水温度。

考核时间：30 min。

（操作过程中需填写相关内容和结果的，应提供答题卷包括必需的图表）

一、请在下表中记录冷媒水的进出口温度和流量，冷却水的进出口温度和流量

| | 进口温度（℃） | 出口温度（℃） | 流量（kg/s） |
|---|---|---|---|
| 冷媒水 | | | |
| 冷却水 | | | |

二、请计算制冷量，冷凝器散热量和压缩机的功耗

## 中央空调系统操作员（四级）操作技能鉴定

### 试题评分表及答案

考生姓名：　　　　　　　　　　　　　　　　准考证号：

| 试题代码及名称 | | 1.1.1 调节压缩式冷水机组的冷媒水的温度 | | | 考核时间 | | | | | 30 min |
|---|---|---|---|---|---|---|---|---|---|---|
| 评价要素 | | 配分 | 等级 | 评分细则 | 评定等级 | | | | | 得分 |
| | | | | | A | B | C | D | E | |
| 1 | 使用测量仪表 | 4 | A | 测量仪表使用完全正确 | | | | | | |
| | | | B | | | | | | | |
| | | | C | | | | | | | |
| | | | D | 测量仪表使用错误 | | | | | | |
| | | | E | 未答题 | | | | | | |
| 2 | 进行冷媒水的温度调整 | 4 | A | 冷媒水的温度调整完全正确 | | | | | | |
| | | | B | | | | | | | |
| | | | C | | | | | | | |
| | | | D | 冷媒水的温度调整错误 | | | | | | |
| | | | E | 未答题 | | | | | | |
| 3 | 记录冷媒水的进出口温度和流量，冷却水的进出口温度和流量 | 6 | A | 记录完全正确 | | | | | | |
| | | | B | 记录有 1 次错误 | | | | | | |
| | | | C | 记录有 2 次错误 | | | | | | |
| | | | D | 记录有 3 次及以上错误 | | | | | | |
| | | | E | 未答题 | | | | | | |
| 4 | 计算制冷量，冷凝器散热量和压缩机的耗功 | 6 | A | 计算完全正确 | | | | | | |
| | | | B | 计算有 1 次错误 | | | | | | |
| | | | C | 计算有 2 次错误 | | | | | | |
| | | | D | 计算有 3 次及以上错误 | | | | | | |
| | | | E | 未答题 | | | | | | |
| 合计配分 | | 20 | 合计得分 | | | | | | | |

考评员（签名）：

| 等级 | A（优） | B（良） | C（尚可） | D（较差） | E（未答题） |
|---|---|---|---|---|---|
| 比值 | 1.0 | 0.8 | 0.6 | 0.2 | 0 |

“评价要素”得分＝配分×等级比值。

## 中央空调系统操作员（四级）操作技能鉴定

## 试题单

试题代码：1.2.1。

试题名称：调节风机盘管的工作参数。

考核时间：30 min。

### 1. 操作条件

（1）中央空调系统一套。

（2）组合工具一套及测量仪表一套。

### 2. 操作内容

（1）提高室内空气的温度，并将操作前后的室内温度和风机盘管的出口温度记录在答题卷上。

（2）降低室内空气的温度，并将操作前后的室内温度和风机盘管的出口温度记录在答题卷上。

### 3. 操作要求

（1）正确进行提高室内空气温度的操作。

（2）正确进行降低室内空气温度的操作。

（3）正确记录室内空气的温度和风机盘管的出口温度。

## 中央空调系统操作员（四级）操作技能鉴定

## 答题卷

考生姓名：　　　　　　　　　　　　　　准考证号：

试题代码：1.2.1。

试题名称：调节风机盘管的工作参数。

考核时间：30 min。

（操作过程中需填写相关内容和结果的，应提供答题卷包括必需的图表）

一、请在下表中填写提高室内温度操作前后的室内温度和风机盘管的出口温度。

| | 室内温度（℃） | 风机盘管的出口温度（℃） |
|---|---|---|
| 操作前 | | |
| 操作后 | | |

二、请在下表中填写降低室内温度操作前后的室内温度和风机盘管的出口温度。

| | 室内温度（℃） | 风机盘管的出口温度（℃） |
|---|---|---|
| 操作前 | | |
| 操作后 | | |

## 中央空调系统操作员(四级)操作技能鉴定

### 试题评分表及答案

考生姓名：　　　　　　　　　　　　　　　　准考证号：

| 试题代码及名称 | | 1.2.1　调节风机盘管的工作参数 | | 考核时间 | | | | | 30 min |
|---|---|---|---|---|---|---|---|---|---|
| 评价要素 | | 配分 | 等级 | 评分细则 | 评定等级 | | | | 得分 |
| | | | | | A | B | C | D | E | |
| 1 | 进行提高室内空气温度的操作 | 7 | A | 操作完全正确 | | | | | | |
| | | | B | 操作有 1 次错误 | | | | | | |
| | | | C | 操作有 2 次错误 | | | | | | |
| | | | D | 操作有 3 次错误 | | | | | | |
| | | | E | 未答题 | | | | | | |
| 2 | 进行降低室内空气温度的操作 | 7 | A | 操作完全正确 | | | | | | |
| | | | B | 操作有 1 次错误 | | | | | | |
| | | | C | 操作有 2 次错误 | | | | | | |
| | | | D | 操作有 3 次错误 | | | | | | |
| | | | E | 未答题 | | | | | | |
| 3 | 记录室内空气的温度和风机盘管的出口温度 | 6 | A | 参数记录完全正确 | | | | | | |
| | | | B | 参数记录有 1 项错误 | | | | | | |
| | | | C | 参数记录有 2 项错误 | | | | | | |
| | | | D | 参数记录有 3 项及以上错误 | | | | | | |
| | | | E | 未答题 | | | | | | |
| 合计配分 | | 20 | 合计得分 | | | | | | | |

考评员（签名）：

| 等级 | A（优） | B（良） | C（尚可） | D（较差） | E（未答题） |
|---|---|---|---|---|---|
| 比值 | 1.0 | 0.8 | 0.6 | 0.2 | 0 |

“评价要素”得分＝配分×等级比值。

## 中央空调系统操作员（四级）操作技能鉴定

### 试题单

试题代码：2.1.1。

试题名称：离心式冷（热）源机组的工作状态判断与处理。

考核时间：60 min。

**1. 操作条件**

（1）中央空调系统一套。

（2）离心式冷（热）源机组模拟板一套。

（3）组合工具一套。

（4）温度计压力表一套。

**2. 操作内容**

（1）在答题纸上记录离心式冷（热）源机组的工作状态（压缩机的吸排气压力）并进行判断。

（2）对离心式冷（热）源机组的工作状态（压缩机的吸排气压力）进行调整。

（3）在答题纸上记录调整后离心式冷（热）源机组的工作状态。

**3. 操作要求**

（1）正确使用测量仪表。

（2）正确记录离心式冷（热）源机组的工作状态（压缩机的吸排气压力）。

（3）正确判断离心式冷（热）源机组的工作状态（压缩机的吸排气压力）。

（4）正确进行离心式冷（热）源机组工作状态（压缩机的吸排气压力）的调整。

（5）正确记录处理后的离心式冷（热）源机组的工作状态（压缩机的吸排气压力）。

## 中央空调系统操作员（四级）操作技能鉴定

## 答题卷

考生姓名：　　　　　　　　　　　　　　　　　　准考证号：

试题代码：2.1.1。

试题名称：离心式冷（热）源机组的工作状态判断与处理。

考核时间：60 min。

（操作过程中需填写相关内容和结果的，应提供答题卷包括必需的图表）

一、请在下表中填写离心式冷（热）源机组的工作状态参数并进行判断。

| 压力种类 | 压力值（bar） | 状态正常与否 |
| --- | --- | --- |
| 吸气压力 | | |
| 排气压力 | | |

二、请在下表中填写处理后的离心式冷（热）源机组的工作状态参数。

1. 提高吸气压力后的工作状态记录。

| 压力种类 | 压力值（bar） |
| --- | --- |
| 吸气压力 | |
| 排气压力 | |

2. 降低吸气压力后的工作状态记录。

| 压力种类 | 压力值（bar） |
| --- | --- |
| 吸气压力 | |
| 排气压力 | |

## 中央空调系统操作员（四级）操作技能鉴定

## 答题卷

考生姓名：　　　　　　　　　　　　　　　　　　　　准考证号：

试题代码：3.1.1。

试题名称：组合式空调箱的保养。

考核时间：60 min。

（操作过程中需填写相关内容和结果的，应提供答题卷包括必需的图表）

请写出组合式空调箱保养内容。

## 中央空调系统操作员（四级）操作技能鉴定

### 试题评分表及答案

考生姓名：　　　　　　　　　　　　准考证号：

| 试题代码及名称 | | 3.1.1　组合空调箱的保养 | | | 考核时间 | | | | | 60 min |
|---|---|---|---|---|---|---|---|---|---|---|
| 评价要素 | | 配分 | 等级 | 评分细则 | 评定等级 | | | | | 得分 |
| | | | | | A | B | C | D | E | |
| 1 | 正确使用工具 | 5 | A | 使用工具完全正确 | | | | | | |
| | | | B | | | | | | | |
| | | | C | | | | | | | |
| | | | D | 使用工具错误 | | | | | | |
| | | | E | 未答题 | | | | | | |
| 2 | 保养组合式空调箱 | 20 | A | 保养完全正确 | | | | | | |
| | | | B | 保养有 1 次错误 | | | | | | |
| | | | C | 保养有 2 次错误 | | | | | | |
| | | | D | 保养有 3 次错误 | | | | | | |
| | | | E | 未答题 | | | | | | |
| 3 | 做好善后工作 | 5 | A | 完成善后工作 | | | | | | |
| | | | B | | | | | | | |
| | | | C | | | | | | | |
| | | | D | 未完成善后工作 | | | | | | |
| | | | E | 未答题 | | | | | | |
| 合计配分 | | 30 | 合计得分 | | | | | | | |

考评员（签名）：

| 等级 | A（优） | B（良） | C（尚可） | D（较差） | E（未答题） |
|---|---|---|---|---|---|
| 比值 | 1.0 | 0.8 | 0.6 | 0.2 | 0 |

“评价要素”得分＝配分×等级比值。